Werner Huber

Klima-Wahrheit

GHV

Werner Huber

Klima-Wahrheit

Ewiger Wandel, Geschichtsmacht, Klimastreit, Klima- und Energiezukunft

Gerhard Hess Verlag

Werner Huber

Klima-Wahrheit

Ewiger Wandel, Geschichtsmacht,
Klimastreit, Klima- und Energiezukunft

2., unveränderte Auflage 2026

Gerhard Hess Verlag
Jahnstraße 14
73066 Uhingen

Abbildungen: gemeinfrei, soweit nicht anders vermerkt

Druck: Bookpress, Allenstein/Polen

www.gerhard-hess-verlag.de
info@gerhard-hess-verlag.de

ISBN 978-3-87336-858-3

Inhalt

Teil I
Klimageschichte prägt Menschengeschichte

Teil III

Klima- und Energiepolitik

Teil IV

News-Ticker

Teil V
Blick vom Klimatunnel auf andere Probleme

Anhang

Teil I

Klimageschichte prägt Menschengeschichte

1

Statt Vorwort: ein prähistorischer Mord. Und: Klima kann Evolution

Die fast 3800 Meter aufragenden Ötztaler Alpen scheiden als Teil des Alpenhauptkamms die Wasser zwischen Inn und Etsch, zwischen Nordsee und Mittelmeer, zwischen nordischem und mediterranem Klima.

Die ungeheuren Gewalten der Kontinentaldrift, die dort vor Jahrmillionen kilometerdicke Gesteinsschichten gegeneinander trieben, warfen nicht nur das Hochgebirgsmassiv auf, sondern schmolzen auch den ursprünglichen Kalkstein zu kristallhartem Granitfels um. Ideal für Bergsteiger. Nicht zufällig residiert der Bergsteigerkönig Reinhold Messner im Castel Juval in Sichtweite der Ötztaler Felsriesen. Aber auch Freizeitalpinisten finden hier auf dem Hochbalkon über Nord- und Südtirol ihr Paradies.

So im September 1991 das Nürnberger Ehepaar Erika und Helmut Simon, beide passionierte Berggänger. Am 18. September hatten sie den Similaun erstiegen und von 3600 Metern herab die Rundsicht über die weiß vergletscherten Bergketten genossen. Anderntags nehmen sie sich die 3500 Meter hohe Finailspitze vor – bei prächtigem Bergwetter und südtirolisch lauer Luft. Auch ganz oben in der Gletscherregion ist es ungewöhnlich mild. Um die Mittagszeit wollen sie wieder absteigen, über das Hauslabjoch und den Similaungletscher. Unterhalb des Jochs hat das Tauwetter einen Schmelzwassertümpel entstehen lassen. Sie weichen vom markierten Weg ab und umrunden das Nass. Da fällt ihnen in einer vereisten Felsmulde etwas auf. Eine Puppe? Verloren von einem Kind? So der erste Gedanke, wie die Simons später sagen werden. Auf den ersten Blick einleuchtend: ein gänzlich haarloser, bräunlicher Hinterkopf wie bei alten Schildpattpuppen. Aber: eine Kinderpuppe auf 3200 Meter Höhe? Und der zweite Blick: Aus dem Eis ragen auch Partien von Schultern und Rücken: gegerbte Haut wie Leder, hart gespannt über hervortretende Knochen und Rippen. „Das ist ja ein Mensch", entfährt es Erika Simon.

Ein verunglückter Alpinist, jahrelang vom Eis verschluckt, denkt Helmut Simon. Vielleicht eine Frau, wegen der schmalen Figur, meint die Gefährtin. Ein handtellergroßes Stück Birkenrinde, verschnürt mit etwas wie Bast, liegt nahe am Kopf. Sie nehmen es in die Hand, betrachten es, legen es wieder hin. Noch ein Foto vom Toten, dann setzen sie den Abstieg über den Gletscher zur Similaunhütte fort. Teilen dem Wirt den Fund mit. Die Mühlen beginnen zu mahlen. Nicht eben reibungslos ...

Der Fundtag ist ein Donnerstag, spät montags darauf kommt der Eismann, wenig professionell aus dem Eis geschlagen, endlich per Helikopter in Innsbruck zur Untersuchung an. Es hätte noch länger gedauert, hätte nicht Reinhold Messner zuvor am Berg den Eingefrorenen begutachtet – „muss Jahrhunderte alt sein" – und dank Promi-Bonus die Dinge beschleunigt. Glücklicherweise, denn unmittelbar nach der Bergung fegt ein Wetterumschwung die Warmluft hinweg und bringt Schnee und Sturm.

Schon am Dienstag ist Ötzi, wie der Eismann bald genannt wird, erneut gealtert, dramatisch: auf sensationelle 4000 Jahre. Bronzezeit! Bald darauf neues Alter, neue Sensation: 5300 Jahre! Ermittelt mittels präziser Radiokarbon-Datierung. Und gestützt durch weitere Funde ums Eisgrab herum, darunter ein Steinmesser und Utensilien aus Feuerstein, sowie belegt durch den korrigierten Befund des Beilmaterials als Kupfer. Noch nie hat man aus dieser Urzeit, noch vor dem Pyramidenbau der Ägypter, eine so gut erhaltene Mumie samt großen Teilen der Ausrüstung und Bekleidung gefunden.

5300 Jahre vor heute: Übergang von der Jungsteinzeit zur Kupferzeit, von nomadischen Jägern und Sammlern zu sesshaften Ackerbauern und Viehzüchtern. Und zu Technologen, die nach endlosen Steinzeit-Äonen – 1 Million Jahre Faustkeil-Jubiläum! – die Fortschrittsspirale anstießen hin zur Metallzeit: erst Kupfer, dann Bronze, schließlich Eisen. Jeweils ein Quantensprung in Härte und damit Gebrauchs- und Zivilisationsnutzen. Metalläxte ermöglichten etwa den Bau solider Behausungen mittels gefällter Bäume: Basisinnovation für Sesshaftigkeit und Agrarwirtschaft, für die Entstehung fester Siedlungen, für das Wachstum der noch spärlichen, von Mangel und Auslöschung bedrohten Vorzeitbevölkerung. Es war die *Neolithische Revolution*, ein Durchbruch zu besseren Lebensbedingungen, ein Zivilisationssprung. Eine der wirkmächtigsten Revolutionen der Menschheitsgeschichte.

Ötzi war augenscheinlich unterwegs auf Ferntour – in der Todeszone der Dreitausender! Ohne extremes Warmklima wäre daran nicht zu denken gewesen. Und: Er lag bäuchlings auf nacktem Fels, als man ihn fand. Alles zusammen: zu seiner Zeit kein Gletscher, trotz 3210 Metern! *Grüne Alpen*, so das Kürzel für das Klimaphänomen: statt Eis grüne Flora – Wald, Buschwerk, Grasmatten bis in Gipfelhöhen. Schweizer Forscher bestätigten das Phänomen auch für ihre Bergwelt: So etwa gab der Tschierva-Gletscher den 7000 Jahre alten Stamm einer Zirbelkiefer frei – Jahrtausende muss die Hochgebirgsregion eisfrei gewesen sein. Darüber hinaus belegen zahlreiche internationale Forschungsarbeiten eine enorme Warmzeit im Zeitraum 8000 bis 4000 Jahre vor heute (v. H.). Nicht nur lokal in den Alpen, sondern weltweit. Ötzis Lebenszeit um 5300 v. H. liegt da mittendrin.

Die Warmzeit fügt sich nahtlos ins Bild der Neolithischen Revolution vom Übergang zu sesshaftem Bauerntum und festen Siedlungen, zu Aufbruch und Handel und Wandel. Schon lang vor Ötzi hatten Bauern ihre Schafherden auf hochalpine grüne Weidegründe getrieben. Vom engen Südtiroler Schnalstal etwa über das Tisenjoch hinüber ins weite Ötztal. Wie Funde belegen begingen Feuersteinhändler aus dem Gardasee-Raum die Saumwege und Pässe zwischen Süd und Nord.

Und umgekehrt schaffte man etwa hochbegehrtes Kupfer aus Nordtirol nach Süden. Ötzis Kupferbeil wurde nachweislich im Raum südlich des Gardasee gefertigt – in sorgfältigster, aufwendiger Arbeit. Eine Kostbarkeit, die Überlegenheit verlieh, vergönnt nur wenigen. Führt da eine Spur hin zum Hintergrund seiner Tour? Vielleicht gar zu seinem Tod? Womöglich einem gewaltsamen? Geduld ...

Zehntausend Jahre reichen Funde menschlicher Lebensspuren in den Alpen zurück. Um dann jäh abzubrechen: Markstein für eine grundstürzende Umwälzung – die Klimarevolution. Eine erd- und menschheitsgeschichtliche Zeitenwende: Vor gut zehntausend Jahren endete das Eiszeitalter! Davor herrschte zwei Millionen Jahre lang ein Schauderregime: periodische Vereisungswellen, im Takt langer Kaltzeiten und kurzer Milderungen (Abb. 1, Anhang). Von den Alpen schoben sich die Gletscher bis vors heutige München. Auch Teile von Schwarzwald und anderen Mittelgebirgen vergletscherten. Und vom Nordpolarkreis her krochen gigantische Eispanzer, teils Kilometer dick, über die Nordhemisphäre, schoben sich über große Teile von Nordamerika, Europa, Asien und Japan.

In Deutschland stießen sie bis zu den Mittelgebirgen vor, krochen über den Ostharz bis hinunter zum Thüringer Wald und Erzgebirge, schürften Urstromtäler aus, schoben wie Titanen-Bulldozer Moränenhügel auf und luden verschleppte Felskolosse ab. In Kältespitzen, oft zehntausende Jahre lang, war fast ein Drittel des Weltfestlands unter Eis begraben. Kein Leben mehr. Nur Stille. Die Stille des Todes. Bisweilen unterbrochen vom Krachen aufreißender Gletscherspalten.

Zum Ende hin, vor gut zwanzigtausend Jahren, ein letztes Kälteextrem: lange eisige Winter, kurze kühle Sommer. Lebensraum nur von Gnaden der Gletscher. Aber auch dort Überlebenskampf. Jagdzüge in beißender Kälte, Beute oder Tod, Kampf Mensch mit Mensch und Raubtier – Bären, Löwen, Hyänen. Kampf um Zuflucht in Höhlen, unter Felsdächern, in fellüberspannten Erdgruben. Tausende lebensfeindliche Jahre lang.

Wie schon bei früheren Eiszeitperioden stand die Existenz der noch sehr spärlichen Menschheit am Rand der Auslöschung. Und wie damals überlebten nur die Anpassungsfähigen, Zähen. Nur etliche tausend waren es in ganz Europa, die meisten davon im klimabegünstigten südlichen Frankreich. *Struggle for life, survival of the fittest.* Nadelöhr der Evolution, durch das es nur die Auslese schaffte. Die Anpassungsfähigsten. Die ihre Gene den Nachkommen hinterließen. Letztlich uns. Wir sind Kinder der Eiszeit!

Schon lange davor war das Klima der Motor für die menschliche Evolution. Die Eiszeiten der Nordhemisphäre spiegelten sich in Afrika als Trockenzeiten und Dürren wider, die den Regenwald in Savanne verwandelten. Ostafrika wurde zur Wiege der Menschheit. Eine Primatenart – Schwinghangel-Affen, eine Gibbon-Art –, die anatomisch gute Voraussetzungen für Zweibeinigkeit und Aufrechtgang mitbrachte, wagte das Leben in der Savanne, statt sich wie andere Primaten in die schrumpfenden Wälder zurückzuziehen, wo die Nahrungskonkurrenz immer schärfer wurde. Wollten die Savannenaffen überleben, mussten sie – angesichts ganz neuer Bedrohungen aber auch Möglichkeiten – ungeheure, sozusagen über*äffische* Anpassungsleistungen erbringen. Nur die *Fittesten* durchstanden die oft jahrtausendlangen Dürren. In den Milderungsphasen konnten sie sich dann wieder vermehren. Über zahllose Klima- und Selektionszyklen, fast zwei Millionen Jahre lang, entwickelten sie immer größere Gehirne, wurden zu Allesfressern, erlernten immer geschickteres Jagen, das Teilen der Beute und enge soziale Kooperation. Worauf sie als letztes den krönenden Schlussstein setzten: die Sprache – Urknall der Menschwerdung!

Kurzum: In den Überlebenskämpfen der ostafrikanischen Savanne formte die Evolution kraft steter Klimawechsel über unzählige Generationen hinweg aus Primaten den Homo sapiens. Der dann dem Attribut *sapiens* – klug, weise – alle Ehre machte, indem er dem Dürreland durch Auswanderung nach Norden zu entkommen suchte. Beginnend vor über hunderttausend Jahren. Zunächst in die damals grüne Sahara und, weil auch die periodenweise verdorrte, weiter über den Landkorridor der Sinai-Halbinsel hinaus in die weite eurasische Welt: Die einen bogen rechts ab und besiedelten Asien bis zum Fernsten Osten, die anderen, nördlich wandernd über Sibirien und die damalige Landverbindung nach Alaska, auch Nordamerika. Hut ab, starke Leistung, großer Mut: *Homo sapiens fortis,* müsste es eigentlich heißen ...

Die anderen Auswanderer schwenkten links Richtung Europa. Nahm man bisher an, dass sie hier vor rund 40 000 Jahren auftauchten, belegen neue Ausgrabungen in Thüringen, publiziert 2024, eine frühere Ankunftszeit: In der Ilsenhöhle südlich Jena fand man in 8 Metern Tiefe Knochenreste des Homo sapiens, die 47 500 Jahre alt waren. Als unsere Ahnen in Thüringen ankamen und dort Rentiere, Wollnashörner und Wildpferde jagten, war es im Schnitt bis zu 15 Grad kälter als jetzt und die Landschaft ähnelte der im heutigen Nordsibirien. Der Homo sapiens lebte hier längere Zeit Seite an Seite mit dem Neandertaler, vielleicht sogar mehr als 10 000 Jahre.

Unsere Ahnen mussten also endlose 37 000 Jahre Eiszeit überstehen. Mit neuem Überlebenskampf und neuer Auslese wie geschildert. Nur noch rund tausend Menschen lebten damals zwischen Atlantik und Ural. Danach aber schlagartige Milderung, die Gletscher weichen zurück, die Menschheit atmet auf, vermehrt sich, in Frankreich etwa verdreifacht sie sich. Auch die Kultur beginnt aufzublühen, jetzt entstehen die großartigsten Höhlenmalereien, so in Lascaux und Altamira.

Aber dann, vor 12 800 Jahren, ein urplötzlicher, brutaler Rückschlag: Schockfrost! Der abrupte Einfall erinnert an den Hollywood-Schocker *The Day After Tomorrow*. Binnen Monaten frieren Teile Europas ein, wie Sedimentbohrkerne belegen. Auch für Nordamerika ist die Blitzkälte belegt. Selbst im subtropischen Südamerika und in Syrien wurde noch eine markante Abkühlung nachgewiesen. Offenbar nahm auch die Bevölkerung stark ab.

Im Oktober 2023 legten US-Forscher eine ebenso spektakuläre wie plausible Erklärung für diesen *Rapid Climate Change* vor: Ein großer Meteorit zerbarst beim Eintritt in die Erdatmosphäre in zahllose Teile, die verglühend und verdampfend in einem kontinenteweiten Schauer auf die Erde niedergingen. In rund 50 Sedimentbohrkernen aus Nord- und Südamerika sowie Europa konnte man in der 12 800-Jahreschicht umgeschmolzene Quarzpartikel nachweisen: Beweis für

Temperaturen über 2000 Grad. Vergleichbares hat man nur an Atombombentestplätzen gefunden. Ein ungeheurer Energieausbruch, den der kosmische Einschlag freisetzte. Und ähnlich einem gigantischen Vulkanausbruch die Atmosphäre mit Schwebstoffen trübte und die Sonneneinstrahlung dämpfte. Danach dauerte es Jahrhunderte, bis sich das Ökosystem wieder berappelte.

Eine furiose Erwärmung folgte: endgültiges Ende des Eiszeitalters. Und Einsetzen der neolithischen Warmzeit – Fachausdruck: *Atlantikum.* Nach endlosen Überlebenskämpfen am Rande der Auslöschung öffnet sich dem Homo sapiens das Tor zur Beherrschung der Welt. Sein naher Verwandter aber, der Neandertaler, der schon viel früher aus Afrika eingewandert war, war da den gnadenlosen Klimahärten schon erlegen.

Hinter dem lapidaren Satz steckt das tausendfache Unglück von Menschen, die mit uns eng verwandt waren. Ihr Untergang ist mehreren Faktoren geschuldet, so etwa dem gedrungenen Körperbau, angepasst an Kälte, nicht an Wärme. Die Folge: eine dem Homo sapiens unterlegene Agilität und Vitalität. Unterlegen war er zum anderen auch in der geringer entwickelten Kulturtechnik. Im früher viel gelesenen Vorgeschichtsroman *Rulaman* klagen die Unterliegenden über die Neuzuwanderer: „Nie leiden die Kalats Hunger. Denn sie leben von Körnern und Pflanzen, die alle Jahre in Mengen wachsen. Und in der Zeit der kurzen Tage, wenn unsere Glieder erstarren wie Eis, müssen unsere Männer die Rentiere jagen und den Stier, aber die Männer der Kalats sitzen zu Hause am Feuer und essen und schlafen. Ihre Frauen haben zwölf Kinder und unsere nur fünf ... Wehe über uns, wenn sie in unser Land kommen!“ Wenn auch in historischen Details nicht mehr up to date, lässt der Roman doch das menschliche Drama der Untergehenden aufleben.

Mit der fulminanten Erwärmung schmelzen die Gletscher dahin. Der Meeresspiegel steigt um bis zu 130 Meter: weltweit verheerende Überflutungen der Küstenregionen. Um die Alpen herum füllen sich die von den Gletschern ausgeschürften Becken mit Schmelzwasser und umkränzen die Bergwelt mit großen und kleinen Seen – bald die Heimgründe für Pfahlbaudörfer und ihre Fischerleute. Dank der enormen Warmzeit, wärmer als heute, ist Europa gegen 8000 v. H. weitgehend gletscherfrei. Auch in den Alpen weicht das Eis dem Grün. In Nordamerika dauert die Schmelze der dort kilometerdicken Gletschergiganten deutlich länger. Im klimabegünstigten Orient keimen dagegen schon Hochkulturen.

Die Ursachen der Eiszeitwellen? Ein Hauptfaktor sind zyklische Änderungen von Erdumlaufbahn und Neigung der Erdachse sowie eine leichte Kreiselbewegung der Erdachse (Abb. 2). Aufgrund dieser sogenannten Milankovic-Zyklen, benannt nach ihrem Entdecker, schwankt die auf die Erde treffende Sonnenenergie. Dies wirkt auch auf die Strömungen der Ozeane, auf die polaren Eismassen und die globale Wolkenbildung. Auch die Sonne verursacht Klimavariationen: Sie ist kein fixer Glutball, sondern ein durch 15 Millionen Grad Kerntemperatur befeuerter siedender Gaskoloss mit ungeheuren zyklischen Innenströmungen sowie Energie- und Partikelausbrüchen. Davon zeugen die Sonnenfleckenzyklen und die durch Sonnenstürme erzeugten Polarlichter. Mehr als gemeinhin bekannt variieren viele Sonnenparameter und beeinflussen etwa über Magnetfeldfernwirkungen das Erdklima. Dies wird noch wichtig werden.

Weitere Einflüsse kommen hinzu, etwa die CO2-Aufnahme durch Ozeane und durch die globale Pflanzenwelt, oder variierende Ozeanströmungen im Atlantik und Pazifik. Diese und weitere Faktoren beeinflussen sich gegenseitig: ein hyperkomplexes System, das noch nicht vollständig verstanden ist.

Seit dem Ende der letzten Eiszeit leben wir in einem *Interglazial*, also einer überwiegend warmen Periode zwischen zwei Eiszeitaltern. Woher man das weiß? Wissenschaftlich gesehen begann die Eiszeit schon vor 65 Millionen Jahren, als der Kontinent Antarktika aufgrund der Kontinentaldrift zum Südpol gewandert war und dort dauerhaft vereiste. Die Folge: Temperatursturz der Erde um 15 Grad. Vorbei das Treibhausklima der Kreidezeit, vorbei das warme Thetysmeer mit seinen Riesenechsen, vorbei die Dinosaurierherrschaft. Zumal da auch noch ein Asteroideneinschlag mithalf. Vor zwei Millionen Jahren wurde das Klima gänzlich instabil, stürzte um weitere 5 Grad und fiel in die krassen Auf-und-Ab-Zyklen, welche die Humanevolution zustande brachten. Und bei denen wir das Glück haben, gerade in einem Interglazial zu leben.

Seit gut 10 000 Jahren nun. Wie lange noch? Bislang dauerten Interglaziale typischerweise 10 000 bis 15 000 Jahre. Unser Interglazial aber würde noch weitere zehntausende Jahre anhalten, allein schon des Menschen-CO2 wegen, meinen Klimatologen. – Hoffentlich zutreffender als in den 1960ern, als sie vor einer nahenden Eiszeit warnten. Und hoffentlich auch ohne Dreinfunken eines Rapid Climate Change wie durch den platzenden Meteor ...

Zurück zur Neolithischen Revolution: Dank Warmzeit und schwindender Gletscher erholt und mehrt sich die überlebende Menschheit, packt an, erschließt sich bessere Lebensgrundlagen und ist dank evolutionärer Ertüchtigung ruckzuck im bewussten Zivilisationssprung. Hierzu ein Einwurf: Der Sprung ist in Europa nicht allein der einheimischen Bevölkerung zu verdanken, sondern wesentlich auch Zuwanderern aus dem Südosten jenseits des Bosporus, namentlich Anatolien und Anrainergebieten. Dank günstiger subtropischer Klimazone kam dort der Entwicklungssprung zu Ackerbau und Bevölkerungswachstum wesentlich früher. Und es entstand schon früh Auswanderdruck ins noch schwach besiedelte Europa.

So ist Zuwanderung nachgewiesen bereits ab 8000 v. H. von Nordgriechenland über den Donauraum, Balkan, Ungarn bis nach Zentraleuropa. Diese sogenannte Linearbandkeramik-Kultur ist die älteste bäuerlich-sesshafte Zivilisation Mitteleuropas. Sie beschleunigte wesentlich den Fortschritt zu besseren Lebensgrundlagen, zu produktiver Landwirtschaft, zu neuen Erwerbsfeldern wie Handwerk oder Handel. Ein Handel, der nach und nach immer weitere Entfernungen überwand.

Passt Ötzi da ins Bild? In seinen Haaren fand sich auffallend viel Arsen. Er musste mit der Verhüttung des innovativen Materials Kupfer zu tun gehabt haben, das oft mit Arsenanteilen vorkommt. So auch das Kupfer seines Beils, was dieses besonders gediegen, bruchfest und damit wertvoll machte. Wertvoll wie Gold: als Waffe und Werkzeug. Und seinem Träger einen besonderen Rang zuwies. Bestärkt noch durch Ötzis aufwendige Ausrüstung und die hochwertige, geradezu exklusive Bekleidung: darunter eine lange Jacke aus mit Tiersehnen vernähten Streifen Ziegenfell von wechselnd heller und dunkler Farbe. – Sehr repräsentativ! Offenbar gearbeitet von einem Meister seines Fachs unten im Tal. Und erschwinglich nur für einen vermögenden Mann. Der sein Vermögen offenbar Unternehmungsgeist und auch Risikobereitschaft verdankte, denn andernfalls hätte er sich nicht auf eine tagelange Tour durchs Hochgebirge begeben. Zumal, wie es scheint, mit wertvollem Gut.

Es kostete ihn das Leben: Erst zehn Jahre nach Ötzis Auffinden entdeckte man durch eine Computertomographie eine Pfeilspitze unter der linken Schulter. Der von hinten gesetzte Schuss zerriss Arterien, Ötzi verblutete binnen kurzem. Revolutionen forderten schon immer Opfer, auch die neolithische ...

Denn Ötzi hatte da in der Tat Anteil. Vermutlich als Führer einer Kupferexpedition aus Norditalien – Axtfertigung und Feuersteine verweisen dorthin – zu den Kupfervorkommen jenseits der Alpen. Nachgewiesen sind sie etwa nördlich der Ötztaler Alpen unweit des Inntals – für Ötzi nachgerade die Direttissima. Laut einer plausiblen Theorie sei seine Gruppe dann bei der Rückkehr, beladen mit Kupferschätzen, am Nadelöhr Tisenjoch in Raubabsicht überfallen worden. Im Kampf habe Ötzis Gruppe die Räuber in die Flucht geschlagen. Er selbst aber, tödlich getroffen, sei entweder in die bewusste Felsrinne gestürzt oder aber dort von seiner Gruppe bestattet worden. Wobei sie ihrem geschätzten Führer nach Steinzeitsitte seine persönlichen Gegenstände beigaben, voran das wertvolle Kupferbeil. Ausdruck eines festen Wertegefüges! Die Gruppe zog mit dem Kupferschatz schnell weiter. Offenbar setzte kurz darauf Schneefall ein und begann Ötzi sein Eisgrab zu bereiten. Es war vermutlich Spätsommer und die Warmzeit hatte ihren Höhepunkt schon überschritten: So barg die immer dicker eingeschneite Felsrinne Ötzi bis in unsere Zeit.

Zeigte vorher die Evolutionsgeschichte, wie die endlosen Klimawechsel die Entwicklung einer Primatenart zum Homo sapiens antrieben, so illustriert das Ötzi-Drama, wie rapid das nachfolgende Gunstklima die Zivilisation voran brachte: innerhalb weniger Jahrtausende – nur ein Wimpernschlag auf der Evolutionsskala – der Sprung vom Steinzeitmenschen zu Wesen, deren Kosmos dem unseren stark ähnelt: Arbeitsteilung, Fernhandel, Technik in Gestalt Metallurgie, Natureingriffe wie Brandrodung oder die Gewinnung von Bodenschätzen, aber auch Schönheitssinn und Repräsentationsbedürfnis in Form schöner Kleidung.

Es *menschelte* also schon sehr früh. Übrigens auch schon beim älteren Vetter des Homo sapiens, dem Neandertaler. Wie Funde belegen, schmückte er sich mit Körperbemalung, Vogelfedern und Ketten aus bemalten Muscheln oder Adlerklauen – durchaus geeignet als Statussymbole. Der Homo neanderthalensis war mitnichten ein tumber Primitivling, er verstand sich aufs Kleiderherstellen aus Pflanzenfasern und gegerbten Tierfellen, aufs Perfektionieren von Steinwerkzeugen, auf Jagdtechnik, Höhlenkunst. Alles Belege für abstraktes Denken und Kulturentwicklung. Auch glaubte er an Überweltliches, an ein Nachleben, wie Grabbeigaben beweisen.

Freilich: Der Homo sapiens legte ein noch höheres Kulturtempo vor. Als die Neandertaler untergingen, schnitzte er bereits kunstvolle Kleinplastiken aus Mammutelfenbein, welche Großtiere der Eiszeit auferstehen lassen: neben Mammut auch Wisent, Wollnashorn, Pferd, Bär, Rentier. Die großartige Löwenmenschfigur, gefunden mit anderen Plastiken in Höhlen der Schwäbischen Alb, verrät eine schamanenartige Spiritualität, die in Nöten und Ängsten den Beistand starker Jenseitsmächte beschwörte. Die feine Elfenbeinbearbeitung erforderte messerscharf geschliffene Steinklingen – tüftelige Ur-Schwaben am Werk? Die Funde üppiger Venus-Statuetten mit krass überzeichneten weiblichen Geschlechtsmerkmalen bezeugen die Hochschätzung von Fruchtbarkeit und neuem Leben – ohne die es vielleicht uns nicht gäbe. Das alles illustriert ein ausgeprägtes Gefühls- und Seelenleben der Vorzeitmenschen.

Apropos: Wussten die Frühmenschen schon was von Medizin? Bei Ötzi jedenfalls zeigte sich Erstaunliches: Es fand sich eine Urform der

Akupunktur in Gestalt von Ritzungen an seinen arthrotisch veränderten und wohl schmerzenden Körperstellen – die zu rund 80 Prozent mit modernen Akupunkturpunkten übereinstimmen! Und weiter: Die gefundene bastverschnürte Birkenrinde war Teil eines Behältnisses, worin Ötzi Birkenporlinge mit sich trug, die laut Deutschem Ärzteblatt „ein weites Spektrum von Heilmaßnahmen abdecken", äußerlich gegen Blutungen, innerlich antibakteriell und antibiotisch gegen Entzündungen bis hin zur Krebstherapie. Wieder mal: Hut ab!

Zurück zum Klima. Die Haupterkenntnisse aus dem Kapitel sind also:

- Das Erdklima ist nicht konstant, sondern wechselt nach eigenen Gesetzen. Diese sind äußerst vielfältig sowie aufgrund vielfacher Wechselwirkungen hochkomplex und erst teilweise verstanden.
- Die zahllosen krassen Kalt-Warm-Wechsel des zwei Millionen Jahre währenden Eiszeitalters waren der Motor für die Evolution einer Primatenart zum Menschen.
- Die beim Ende der letzten Eiszeitperiode vor 10 000 Jahren anbrechende Warmzeit – zeitweise wärmer als heute – förderte entscheidend die Entwicklung des Steinzeit-Menschen zum modernen Menschen.

Dies alles bildet den Boden, auf dem die Menschheit ihren Weg in die Zukunft antrat.

2

Eiszeit, Gletscherschmelze, Sintfluten: Die Bibel hat recht

In der Eiszeit, als ungeheure Wassermassen in den oft kilometerdicken Gletschern gebunden waren, griff das Land beträchtlich weiter aus aufgrund des niedrigen Meeresspiegels. Stellenweise gab es Landbrücken, wo heute Meer ist. Die menschheitsgeschichtlich wichtigsten waren die Brücke zwischen Asien und Amerika, heute die Meerenge Beringstraße, sowie die enorm ausgreifende Landverbindung von Südostasien über die heutige indonesische Inselkette bis knapp vor Australien. Beide Brücken sind gut nachvollziehbar anhand der dort extrem geringen Meerestiefen, die teils sogar unter 50 Meter betragen.

Die Besiedlung Amerikas erfolgte durch jene Eiszeitjäger, die weit ins nördliche Asien und dort bis an die Ostspitze Sibiriens vorgedrungen waren. Sie brauchten nur dem Wild zu folgen, um schließlich hinüber nach Alaska zu kommen. So hoch oben im Norden stellte sich ihnen kein Eis entgegen, die Luft war zu trocken. Vor rund 20 000 Jahren betraten sie – als Vorfahren der ersten Amerikaner –, den menschenleeren Doppelkontinent. Im Laufe einiger Jahrtausende schlugen sie sich bis nach Kanada durch, und dann immer zügiger hinunter nach Süden über Mittelamerika bis ins tiefste Südamerika. Vor 12 000 Jahren kamen sie laut Funden dort an. Von Nord nach Süd hatten sie 15 000 Kilometer unbesiedeltes Land durchwandert und teilweise in Besitz genommen. Um es in der Neuzeit wieder zu verlieren an andere Landnehmer.

Das am weitesten nach Süden vorgedrungene Volk der Mapuche widersetzte sich 300 Jahre lang den spanischen Eroberern in erbitterter Gegenwehr, hatte sogar bis 1883 einen eigenen Staat. Und gab, selbstbewusst und freiheitsliebend, bis heute das Streben nach Unabhängigkeit und Selbstbestimmung nicht auf! Schon wieder mal: Chapeau!

Noch mal zu Südasien: Es bot den Zuwanderern ein vergleichsweise sehr günstiges Klima, so dass die Migration dorthin besonders stark und rasch vor sich ging. Bis weit nach Südostasien. Dort angekommen, bezwangen die Siedler auch noch den damaligen enormen, fünftausend Kilometer langen Landbogen vom heutigen Thailand südostwärts hinunter bis kurz vor Australien. Ein ungeheures Areal, von dem jetzt noch der weltgrößte Archipel mit unzähligen Inseln kündet. Darunter Sumatra, Borneo, Java und das ebenso kleine wie bekannte Bali – heute alles Indonesien. In beispielloser Zielstrebigkeit und Kühnheit überwanden die Kontinentestürmer schließlich auch noch die knapp 100 Kilometer Meeresbreite hinüber nach Australien. Mit Flößen, Einbäumen oder Auslegerbooten. Wie überhaupt fanden sie sich zurecht? Im Wasser, wo ein Abirren den Tod im Ozean bedeutete, auf dem Land mit seinen unermesslichen, undurchdringlichen Wäldern? Hatten sie über die Wanderjahrtausende ihren Orientierungssinn so außerordentlich geschärft? Den wir uns inzwischen kraft Navis wieder abtrainieren ...

Down under verbreiteten sie sich auf dem ganzen Kontinent. Den dann der steigende Meeresspiegel von der übrigen Welt abschnitt. So dass sie, die heutigen Aborigines, bis zur Ankunft der ersten englischen Siedler – genau genommen Sträflinge –, völlig isoliert lebten, in ihrer eigenen Jäger- und Sammlerkultur.

Ihr Schicksal war ähnlich dem der amerikanischen Ureinwohner: Weniger als ein Zehntel überlebte. Ihre Spiritualität gilt als die älteste noch gepflegte der Welt: Mächtige Jenseitswesen gelten als Schöpfer und Beherrscher von Land, Mensch und Wasser – letzteres in der australischen Wüste gleichbedeutend mit Leben. Den jenseitigen Herrschern sind heilige Plätze geweiht, der heiligste der Uluru, der *Rote Berg* inmitten der Wüste. Es ist eine Spiritualität mit Schamanismusanklängen ähnlich den europäischen Steinzeitmenschen und anderen Naturreligionen.

Eine Landbrücke gab es in der Eiszeit übrigens auch am Bosporus, der heute Mittelmeer mit Schwarzem Meer verbindet. Letzteres war ein riesiger Binnensee. Bei der Gletscherschmelze drückten die steigenden Wassermassen immer gewaltiger gegen die Brücke. Eines

Tages, vor rund 8400 Jahren, ein ungutes Gurgeln, sich steigernd zum Rauschen, zum Tosen, zum Donnern: Eine ungeheure Flut bricht sich Bahn, schießt, die Landbrücke einreißend, hinab in die Tiefe, flutet die flachen Küsten, schließt den See dem Meer an. Verschlingt und vertreibt die Küstenbewohner. *Sintflut?* Hat die Bibel doch recht? Nicht so schnell, es gibt da noch anderes ...

London 1872: An einem trüben Novembertag geht der 32-jährige George Smith im Britischen Museum seiner Arbeit nach: Vor ihm auf einem langen Tisch liegen Scherben von Tontafeln, die Archäologen zu Tausenden von Ausgrabungen aus Niniveh, Hauptstadt des assyrisch-babylonischen Großreichs, nach London gebracht haben. Gelehrten war es gelungen, etliche Scherben zusammenzusetzen und ihre Keilschrift zu entziffern: Sie handeln von Leben und Politik Assyriens und seiner Nachbarn zwischen 800 und 700 v. Chr., es geht um Ochsen, Sklaven, Wein, Verträge, Petitionen an den König. Nichts wirklich Bahnbrechendes. Das wird sich an diesem Tag noch ändern.

Smith ist unter den hochstudierten Museumsmitarbeitern ein Underdog: geboren aus einfachen Verhältnissen hat er 14-jährig die Schule verlassen und eine Lehre als Graveur begonnen. Die Freizeit widmete er mehr und mehr der Altertumskunde. Im nahen Britischen Museum bot sie ihm genug Anschauungsmaterial. Den Museumsleuten fiel sein scharfes, durchs Graveurhandwerk geschultes Auge für zusammengehörige Scherben auf, er durfte sich für geringes Salär daran versuchen. Smith sah die Chance, es gegen die englischen Klassenschranken zu einem erfüllenden Beruf zu bringen. Und warf sich ins Zeug, erlernte nebenher Altertumswissenschaften, Sprachen und Keilschrift. Er entzifferte bald die jüdische Königsfolge – Fundierung des biblischen Alten Testaments –, publizierte Artikel und wurde schließlich vom Museum angestellt.

An jenem Novembertag beginnt er wieder ein Tonfragment zu enträtseln. Es stammt aus den Ruinen der königlichen Palastbibliothek von Niniveh. Von einer großen Flut liest er da, von einem Schiff auf einem Berg, von einem zur Landsuche ausgesandten Vogel.

Bestätigung der biblischen Sintflutlegende! Und offenbar der Urtext dazu, weil lange vor der Bibel entstanden. Eine Weltsensation! Die ein halbes Jahr danach erneut aufbrandet, als Smith in Ninivehs Königsbibliothek ein zum ersten Sintflut-Fragment passendes zweites findet. Es beschreibt, wie Gott den zum Urvater eines neuen, geläuterten Menschengeschlechts Auserwählten anweist, wie das Schiff zu beladen sei: „In die Mitte dein Korn, deine Güter, deine Frauen, all die Tiere, die ich dir senden werde, sollst du aufnehmen." Nicht eben feminismusgerecht, aber eben O-Ton Frühgeschichte.

Wie sich herausstellt, hat Smith mit der Sintflut-Erzählung einen wichtigen Teil des berühmten Gilgamesh-Epos gefunden. Er gilt als Entdecker der ältesten Großerzählung der Welt, deren Wurzeln über viertausend Jahre zurückreichen. Die Juden haben den Sintflut-Stoff in der Babylonischen Gefangenschaft kennengelernt, schriftlich niedergelegt und im Buch Genesis in die Heimat mitgebracht.

Laut Bibel wollte Gott die Menschen wegen ihrer Schlechtigkeit „vom Erdboden vertilgen", und durch den einzig Gerechten – Noah – eine bessere Menschheit begründen. Erstaunlich: Auch nach der indischen Überlieferung *Manus Flut* wurde die Welt durch eine vernichtende Flut neu geschaffen. Manu war der einzige Überlebende der alten Welt und wurde zum Stammvater einer neuen Schöpfung. Alle anderen Wesen, seine Gefährtin eingeschlossen, mussten wieder neu erschaffen werden.

Und damit hat es an Flutmythen noch lang kein Ende. Es gibt derer viele, ein Klimahistoriker hat 85 Sagen über Riesenfluten aus der ganzen Welt zusammengetragen. Die Ureinwohner Nordamerikas kennen gleich mehrere. Ihr Ursprungsraum ist die Zone südlich der gewaltigen Gletscherkolosse Nordamerikas: Bei der Schmelze bildeten sich in ihnen riesige Seen, die sich dann plötzlich entleerten und mit ungeheuren Wassermassen Vernichtung über weite Landstriche brachten. Und selbst auf der entgegengesetzten Seite des Globus, in Australien und Neuseeland, erzählen die Aborigines und Maoris Legenden von vernichtenden Fluten.

Welche Flut aber ist nun die in der Bibel und im Gilgamesh-Epos? Zahllose Forscher haben darauf schon viel Zeit und Mühe verwendet. So waren etwa auf dem Schwarzen Meer mehrfach technisch hochgerüstete Forschungsschiffe unterwegs, um die Folgen des Bosporus-Durchbruchs zu analysieren. Als Ergebnis wurden vermutete Sintflut-Beweise verkündet – von der Presse sensationell aufgeblasen, etwa zum „Fund von Noahs Teller". Nur um von anderen Forschern wieder in Frage gestellt zu werden. Und vor allem: Um bald anderen, überzeugenderen Erkenntnissen Platz zu machen. Die sich mittlerweile zu einem plausiblen Gesamtbild fügen.

Die Spur dazu fand man über die Herkunft des Bibel- und Gilgamesh-Mythos. Sie führt letztlich zur ersten Hochkultur: zum Sumerer-Reich, Vorgänger von Assyrien und Babylon. In deren Etana-Sage gab es vor dem ersten Sumerer-König Etana eine „große Flut". Sie galt den Sumerern als Beginn ihrer Geschichte. Ergänzt wird diese Spur durch einen ähnlichen Mythos des Elamer-Volks am Rand des Persischen Golfs. Der nun scharf in den Fokus rückt. Denn während der Eiszeit lag der Golf trocken – der Meeresspiegel war 130 Meter tiefer als heute. Und weil dieser weit gestreckte Golfgrund – durchflossen von Euphrat und Tigris und weiteren Flüssen und gesegnet mit großen Süßwasserseen und fruchtbarem Schwemmboden – geradezu paradiesische Lebensbedingungen bot. Deswegen, und gestützt auf die Paradiesbeschreibungen, halten ihn Forscher für den tatsächlichen Ort der uralten Menschheitsmythen von Paradies und Garten Eden. Sie meinen das Paradies sogar genau lokalisieren zu können: die Bucht von Bender-Abbas auf der persischen Golfseite, gegenüber dem Horn von Oman. Bis wohin zur Eiszeit gerade das Meer reichte.

Damit beginnt die Sintflut-Indizienkette: Zum Ende der Eiszeit begann mit der Gletscherschmelze das Meer zu steigen, immer tiefer in den Golf einzudringen und nach und nach das Paradies zu fluten. Ein Teil der Menschen zog flussaufwärts: Keimzelle der Sumerer-Zivilisation. Andere wichen ostwärts ins Zagros-Bergland aus: Keimzelle von Elam und letztlich von Persien samt der antiken Hauptstadt Persepolis. Wieder andere wollten ihr Paradies nicht lassen, zogen sich auf Anhöhen zurück, deichten sie schließlich ein – belegt durch Unterwasserprofile. Aber ab 8000 v. H. brachte der enorme Warmzeitanbruch einen weiteren starken Flutschub, hinzu kam eine instabile, unwetterträchtige Klimaphase: In Stürmen und tobenden Fluten gingen die Inseln offenbar unter. Und mit ihnen alles Leben.

Diesbezügliche Erfahrungen haben sich eingebrannt. Im Sumerer-Mythos Atrahasis heißt es:

Die Flut brüllte wie ein Stier,
wie der Schrei des Wildesels war das Heulen der Stürme,
Dunkelheit war überall, es gab keine Sonne.

Es muss zahllose einzelne Tragödien gegeben haben. In den Sintflut-Mythen flossen sie zusammen zum einen großen Menschenuntergang. Ins Werk gesetzt von einem strafenden Gott, der eine geläuterte, bessere Menschheit begründen wollte.

Es gibt die These, unsere Zivilisation entspringe letztlich der Sintflut. Diese war laut Glaubenswelt der Zweistromkulturen die Gottesstrafe dafür, dass die Menschen nicht mehr ihrer Pflicht zur täglichen Ernährung der Götter nachkamen. Deshalb wachten die Priester nun peinlich auf die Einhaltung dieser Pflicht. Bei einbrechenden Dürrezeiten war die gleichzeitige Ernährung von Göttern und Menschen nur noch mittels hochentwickelter Organisation möglich: stetig verbesserte Landwirtschaft, Bewässerungsanlagen, Vorratshaltung, Kontrolle und Planung, Buchführung, Rechnungs- und Bezahlwesen. Dies erforderte ein ausgeklügeltes Schriftsystem, vielfältige Spezialberufe sowie Gesetzgebung und Rechtspflege.

Solche – klimagetriebenen – Errungenschaften wurden zur Basis unserer Kultur und Zivilisation. Eine These, der ein Korn Wahrheit schwer abzusprechen ist.

Apropos steigender Meeresspiegel: Laut Pressemitteilung vom Juli 2024 fanden spanische Forscher auf dem Grund des Atlantiks vor der Ostküste Lanzarotes mehrere unterseeische Bergkuppen, die teils in nur 60 Meter Tiefe liegen. In der Eiszeit, bei 130 Meter tieferem Meeresspiegel, bildeten sie eine große Inselgruppe zwischen den Kanaren und Afrika, die dann vor rund 12 000 Jahren versank. „Das könnte der Ursprung der Atlantis-Legende sein", kommentierten die Forscher. Plausibel wäre es insofern, als der griechische Philosoph Platon das sagenhafte Inselreich Atlantis „jenseits der Säulen des Herakles" verortete, also im Atlantik westlich der Straße von Gibraltar.

3

Das Klimafatum der Hochkulturen im Alten Orient

Die Mitternacht zog näher schon;
in stiller Ruh lag Babylon.
Nur oben in des Königs Schloß,
da flackerts, da lärmt des Königs Troß.

So der Beginn von Heinrich Heines fabelhafter, schön-schauriger Historienballade *Belsazar*. Zum Ende hin entströmt den Zeilen geradezu nackenhaarsträubendes Grauen:

Das gellende Lachen verstummte zumal;
es wurde leichenstill im Saal.
Uns sieh! und sieh! an weißer Wand,
da kams hervor wie Menschenhand;
und schrieb, und schrieb an weißer Wand
Buchstaben von Feuer, und schrieb und schwand.
Der König stieren Blicks da saß,
mit schlotternden Knien und totenblaß.

Allen Grund hatte er: Die Erscheinung erwies sich als Unglücks-Omen, als Menetekel. Bei den Feinden Babylons, denen die reichste, prächtigste und mächtigste Metropole der Alten Zeit als Hort von Laster, Gottlosigkeit und Selbstüberhöhung galt und als „Mutter der Sünden", als „Große Hure Babylon", löste ihr Sturz Jubel aus: „Jauchzt über ihren Untergang! Freut euch, die ihr zu Gottes heiligem Volk gehört." Man ahnt es: Jubelworte der Bibel sind es, des Alten Testaments. Geschrieben von den Todfeinden Babylons, den Juden.

Heines Ballade greift getreulich den Bibeltext auf. Darin prophezeien die Wandzeichen dem König den Untergang seines Reichs. Die verbriefte Historie passt dazu: Das übermächtige Babylonien, „vor dem sich alle Völker fürchteten“, wurde gegen 540 v. Chr. von den Persern erobert. Zu Belsazars Zeit. Aber: Eine in Saft und Kraft stehende Großmacht stürzt nicht so schnell. Warum also doch? Die plausibelste Erklärung: Laut Forschung gab es dort damals verheerende Trockenzeiten und Dürren. Durch Not und Tod, durch Hungerrevolten, Raubzüge und innere Machtkämpfe brachten sie das Großreich auf die Knie.

Es wäre nicht der einzige klimabedingte Umsturz dieser Epoche. Denn das Jahrtausende lange Gunstklima des Atlantikum, das *Goldene Zeitalter* menschlichen Aufbruchs und Fortschritts, war zur Zeit jener Hochkulturen längst vorbei. Und härteren Zeiten gewichen. Weltweit gilt das. Aber in den südlichen Breiten waren die Folgen besonders hart. Denn die Fallhöhe war ungeheuerlich: von Macht und Pracht in den Staub.

Zwar blieb dank subtropischer Lage der Vordere Orient mit Mesopotamien, dem Zweistromland an Euphrat und Tigris, von Eis und Frost verschont. Hier entfaltete sich die Neolithische Revolution und Zivilisation früher und ungestümer als sonst wo auf der Welt. Schon vor knapp 10 000 Jahren ging man zum Ackerbau über, einige Jahrtausende vor der Nordhemisphäre. Parallel dazu entstanden die ersten größeren Siedlungen, Städte, Kultplätze. Jericho in Palästina, Bibel-Stichwort: „die Posaunen von Jericho“, datiert über 9000 Jahre zurück. Der *Fruchtbare Halbmond* – der große Landbogen von Palästina über ganz Mesopotamien bis hinunter zum Persischen Golf – gilt als die Wiege der Zivilisation.

Eine erste Hochkultur entwickelten ab 6000 v. H. sumerische Stadtstaaten wie Ur, Uruk, Kish im südlichen Mesopotamien. Dort wurde die Schrift erfunden: In Kish grub man die ältesten Schriftstücke der Menschheit aus, in Gestalt von Keilschrifttafeln. Man nützte sie für die Kontrolle von Vorräten, für Verträge und Geldgeschäfte. Die Sumerer entwickelten erstmals Mathematik, Astronomie, ausgeklügelte

Bewässerungstechnik, hochintensive Landwirtschaft. Und waren effektive Erstanwender von Rad, Pflug, Töpferscheibe. Sie glaubten an Götter, vorzugsweise ihre Stadtgötter, und an Dämonen, die sie etwa in – tunlichst zu meidenden – schwarzen Katzen vermuteten.

Neue, mächtigere Hochkulturen entstanden, welche die alten ganz oder teilweise aufsogen: das große Reich von Akkad vom Mittelmeer bis zum Persischen Golf; das Babylonische Reich, dessen 6. König Hammurabi vor knapp 3800 Jahren den berühmten ersten Gesetzeskodex schuf, der bis in unsere Zeit ragt in der konzentrierten Form der biblischen Zehn Gebote. Weitere Hochkulturen waren das Hethiter-Reich, das sich vom Norden Mesopotamiens bis ans Schwarze Meer erstreckte. Und schließlich das mächtige Assyrien um die Hauptstadt Niniveh, das zeitweise weit bis hinüber nach Ägypten ausgriff.

Die Reiche erlebten ein wechselvolles Geschick zwischen glanzvollem Aufstieg und Höllensturz, teils sogar mehrfach. Der Motor dazu waren neben Rivalitätskriegen ganz maßgeblich klimabedingte Dürren. Beispiel: Das Riesenreich von Akkad, aufbauend auf der Hochkultur der Sumerer, brach vor rund 4150 Jahren zusammen, gleichzeitig übrigens wie das Alte Reich Ägyptens. Zweifelsfrei belegt sind für diese Zeit verheerende Dürren im gesamten Subtropengürtel, hinüberreichend sogar bis China. Der Fruchtbare Halbmond verdorrte, die Menschen darbten, die Reiche kollabierten unter Hungerrevolten und Gewalt und Chaos. Die um Rettung angeflehten Wettergottheiten halfen nicht. In einem Wettergott-Mythos heißt es: „Droben ließ Adad seinen Regen selten werden, drunten ward abgespart, die Flut erhob sich nicht aus der Grundwassertiefe, das Feld minderte den Ertrag, das Getreide wandte sich ab, die Fluren wurden weiß“ [salpetrig].

Not und Wirren zogen sich über Jahrhunderte. So groß waren sie, dass schließlich das Oberhaupt einer kleinen, aber strategisch günstig zwischen Euphrat und Tigris gelegenen Stadt – Babylon – die Macht an sich reißen konnte. Der schon bekannte 6. König der Dynastie, Hammurabi, festigte sie über das Zweistromland hinaus, Babylon wurde zur größten, mächtigsten Kapitale der Alten Welt, gewissermaßen zum New York der Frühgeschichte.

Nach einem halben Jahrtausend stürzte die Weltenkapitale gegen 3200 v. H. Zeitgleich wieder mit dem Kollaps anderer Zivilisationen aufgrund Dürren, diesmal sogar weltumspannend: nachgewiesen im Subtropengürtel von Südasien über China, Indien, den Mittelmeerraum samt Vorderer Orient, wo auch das Hethiter-Reich sowie die erste europäische Hochkultur unterging, das griechische Mykene. Und auf der anderen Globusseite stellte man eine jahrhundertelange Trockenheit an kalifornischen Kiefern fest. Archäologen sprechen vom *Dark Age*, einer Dunkelzeit der globalen Zivilisation.

Zur Veranschaulichung jüngste Erkenntnisse zum Untergang des Hethiter-Reichs: Ab 3700 v. H. erstarkte das in Anatolien gelegene Reich und zählte um 3300 v. H. zu den Führungsmächten im östlichen Mittelmeerraum. Gut hundert Jahre später war ihre Hauptstadt Hattuscha verlassen und das Reich zerfallen. Dabei hatte noch 3207 v. H. ein neuer König den Thron bestiegen und in Inschriften erfolgreiche Feldzüge feiern lassen. Zehn Jahre danach war alles vorbei, König samt Reich im Abgrund der Geschichte verschwunden, die Hauptstadt verlassen und ein Raub der Flammen.

Neue Erkenntnisse dank der Radiokarbon-Analyse von ausgegrabenen Wacholderhölzern erhellten nun die rätselhaften Vorgänge: Die damalige Trockenzeit gipfelte zwischen 3198 und 3196 v. H. in drei extremen Dürrejahren, die dem Reich den Todesstoß versetzten. Womöglich hatte sich der König samt Hofstaat anderswo in Sicherheit gebracht, während das Volk, so es überlebte, das Land „weitgehend" verließ, wie Professor Hubert Lamb schreibt, der große englische Pionier der Klimageschichte.

Am Rande: Der Mächtekollaps im Vorderen Orient ermöglichte die Bildung von Volk und Staat Israel in Palästina. Dessen Gott duldete, anders als der der Nachbarvölkern, keine anderen Götter neben sich. Das Christentum übernahm mit dem jüdischen Ein Gott-Glauben auch den altorientalischen Wettergott, der die Menschen straft mit Dürren und Fluten und Unwettern: „Der Herr lässt seine mächtige Stimme erschallen [...] mit Sturm, Gewitter und Hagel." Das Alte Testament kennt viele solcher Mahnungen.

Zurück zu Babylon: Nach dem Sturz gelang erst nach Jahrhunderten der Wiederaufstieg zu neuer Macht und Größe. Dann aber gründlich: Unter König Nebukadnezar wurde es ab 600 v. Chr. erneut zur glanzvollen Weltstadt, die alle anderen Städte überstrahlte. Laut dem griechischen Geschichtsschreiber Herodot „gewaltig und prächtig gebaut wie keine andere Stadt der Welt“. Babylon glänzte mit zwei der sieben antiken Weltwunder: dem monumentalen „hunderttorigen“ Mauergürtel und den sagenhaften Hängenden Gärten der Semiramis. Der Paradiesgarten war Teil des königlichen Prachtpalastes – in dem wohl das wüste Fest von Nebukadnezars Nachfahr Belsazar stattfand.

Was uns zurückführt zu Heinrich Heines Ballade und zum biblischen Jubel über den schlussendlichen Sturz der „Großen Hure Babylon“. Als Strafe Gottes, so die Bibel. Historisch aber durch die Perser, begünstigt durch die Schwächung Babyloniens aufgrund verheerender Dürren.

Im selben sagenhaften Prachtpalast residierte übrigens Alexander der Große nach seinen ungeheuren Eroberungszügen: Sinnbild von Europas Erhebung über die untergegangenen Reiche des Alten Orients.

Babylon sank als letzte der Zweistrom-Hochkulturen in den Staub. Aus dessen meterdicken Schichten wurden Jahrtausende später die Ruinen wieder ausgegraben. Vom deutschen Star-Archäologen Robert Koldewey um 1900 in 17-jähriger Arbeit. Seine grandiose Leistung ist im Berliner Pergamon-Museum zu bewundern: das monumentale Ischtar-Tor, die von König Nebukadnezar erbaute doppeltürmige Toranlage, einst der Zugang zum Palastbezirk. Das Gigantentor aus blau glasierten Ziegeln mit kultischen Stier-, Löwen- und Drachenmotiven war nach jahrelangen Rekonstruktionsarbeiten wieder auferstanden aus zahllosen Bruchstücken. Und ist seitdem ein grandioses Memento mori für Macht und Pracht Babylons, aber auch für die Verheerungen durch Klimakatastrophen.

Während die Wiege der Zivilisation samt ihren Hochkulturen ins Dunkel der Geschichte sank, lebte 1500 Kilometer westlich mit Ägypten eine andere hohe Zivilisation weiter – wenn auch seit Alexander unter griechischer Hegemonie. Und spätestens seit Cäsars

Bund mit Kleopatra unter römischer Vorherrschaft. Aber doch im Fortbestand seiner eigenen ägyptischen Hochkultur, am glänzendsten in der Neugründung Alexandria, der Weltwunderstadt, die dank ihrer legendären Bibliothek zum Zentrum der antiken Geisteswelt wurde, noch vor Athen.

Und das, obwohl Ägypten den gleichen klimatischen Heimsuchungen ausgesetzt war wie die Zweistromkulturen: Sowohl das Alte Reich wie das Mittlere Reich wurde von den großen Trockenkatastrophen schwer getroffen. Zusätzlich hatte das Land mit dem Zyklus der sieben Gut-Schlecht-Jahre zu kämpfen, wie im biblischen Joseph-Mythos überliefert. Darin deutet der prophetische jüdische Sklavenjüngling Joseph dem Pharao dessen Traum von den aus dem Nil steigenden sieben fetten und sieben mageren Kühen als göttlichen Fingerzeig auf zyklische Hoch- und Niedrigstände des Nils: „Siehe, sieben reiche Jahre werden kommen in ganz Ägyptenland. Und nach ihnen werden sieben Jahre des Hungers kommen. Und er drängt den Pharao zu sammeln den ganzen Ertrag der guten Jahre, die kommen werden, dass sie Getreide aufschütten im Auftrag des Pharao zum Vorrat in den Städten."

Tatsächlich führte Ägypten ein rigoroses System der Wasserbewirtschaftung und Vorratshaltung ein: *Nilometer,* wie heute noch in Kairo zu besichtigen, ermöglichten Messung und Vorhersage der Wasserfracht des ägyptischen Lebensflusses; eingedeichte Bassins und Kanäle speicherten und verteilten die kostbare Sommerflut auf die Ackerböden; gut gesicherte Kornspeicher verwahrten Überschüsse für die Dürreperiode. Auf diesem System beruhte die ökonomische und kulturelle Stärke Ägyptens – Beispiel Pyramiden! Und auch der Fakt, dass es die Dürrekrisen besser bewältigte als die anderen Zivilisationen.

„Auf sieben gute folgen immer sieben schlechte Jahre", bringt der Agrarwissenschaftler und Ostafrika-Experte Kurt Peters den aktuellen Forschungsstand auf den Punkt. Zwar schwankten die Perioden, aber der Bibelmythos habe eine reale Grundlage. Nach heutigem Wissen tragen mehrere Klimafaktoren zum Zyklus bei, darunter ganz wesentlich das Phänomen der periodischen Nordatlantik-Luftdruckoszillationen NAO. Obwohl weit entfernt vom Ursprungsgebiet des Nils in Ostafrika beeinflussen sie die dortigen Niederschlagsmengen und damit die Wasserfracht des Nils.

Dank genauer Nilometer-Aufzeichnungen war der Zyklus den Ägyptern wohl bekannt. Darüber hinaus waren sie Pioniere auf anderen Feldern: Astronomie, erster Jahreskalender mit 365 Tagen und 12 Monaten à 30 Tagen, Medizin und Chirurgie, Spinnen und Weben feinster Stoffe, Papyrus-Papier und Tinte, hochentwickelte Ästhetik und Kunst, siehe die unvergleichliche Tutanchamun-Totenmaske. Und zu all dem die Monumentalbauten von den Pyramiden bis zu den gewaltigen Kultstätten wie Abu Simbel am Nil. Kurzum: Die Griechen sahen Ägypten als Wunderland und nahmen schon sehr früh Einflüsse auf, die letztlich in den Strom der abendländischen Kultur einflossen.

Am Rande: Verlockt durch seine Stärke griff Ägypten über seine Grenzen aus. Auch nördlich ins heutige Syrien Richtung Hethiter-Reich, das sich in erbitterten Kämpfen wehrte. Schließlich obsiegte die Vernunft: Es kam zum weltweit ersten belegten Friedensvertrag, niedergeschrieben auf Tontafeln. Sie sind ausgestellt im UNO-Hauptquartier in New York. Eine Friedensmahnung! Die in unserer Zeit offensichtlich wenig bewirkt. Gilt Vernunft heute weniger als vor Jahrtausenden?

4

Klimakrisen formen Europas Völkerschaften

„Donnerstag gingen wir von Frascati auf Monte Cavo über Rocca di Papa“, so Goethe in seiner *Italienischen Reise.* Davon inspiriert unternahm auch ich die Wanderung auf die imposanteste Höhe der Albaner Berge südöstlich von Rom. Wenn auch nur von Rocca di Papa aus, der einstigen Bergfestung des Papstes, die von Rom aus per Bus leicht erreichbar ist.

Schon hier prächtige Ausblicke: auf den türkisfarbenen Kratersee des einstigen Vulkanmassivs, hinüber zur mächtigen päpstlichen Sommerresidenz Castel Gandolfo, hinunter in die Ebene Roms mit dem silbrigen Meersaum im Hintergrund. Der Weg führt durch den Ortsteil Campi d`Annibale – dort soll Hannibal mit seinem Heer beim Marsch auf Rom gelagert haben –, dann auf langem ansteigendem Weg durch üppiges Grün: Es ist die *Via Sacra* der alten Latiner, Roms Ahnenvolk, auf der sie den Heiligen Berg hinauf pilgerten zum Jupiter-Tempel.

Hier liegen Roms Wurzeln: Hier und auf den benachbarten Sabiner Berge hatten Latiner und Sabiner vor undenklichen Zeiten sichere Höhensiedlungen begründet, die Schutz boten vor Feinden. Warum sind sie dann nach 1000 v. Chr. hinunter gezogen in die fieberträchtige Sumpfniederung um den unberechenbaren Tiber? Wo sie nur beengt auf sieben kleinen Hügeln siedeln konnten, die kaum Schutz und kaum Ackerflächen boten. Wo sie dann in Schwerstarbeit die Sümpfe trockenlegen und den Tiber eindeichen mussten.

Historische Aufzeichnungen, etwa die des römischen Geschichtsschreibers Titus Livius, geben einen Fingerzeig: Berichtet wird von strengen Wintern im frühen Rom, dass sogar der Tiber zufror, dass Schnee lag, dass Buchen wuchsen, ein Baum, der es lieber kühl mag. Oben in den Bergen auf 900 Metern Höhe muss es dann noch viel unwirtlicher gewesen sein, geradezu lebensfeindlich – ein plausibler Grund, die Nachteile der Niederung in Kauf zu nehmen.

Blick ins benachbarte Griechenland: Das ab 1600 v. Chr. aufgeblühte Mykene, die erste Hochkultur Europas, deren fabelhafte Keramikkunst sogar den Weg in den Pharaonenpalast von Echnaton gefunden hatte, ging ab 1200 v. Chr. in einer vernichtenden Dürrekatastrophe unter. Sie traf ganz Griechenland: Städte und ganze Landstriche verödeten, Mensch und Tier verdarben. Unvorstellbare Tragödien müssen sich abgespielt haben. Es folgten die *Dunklen Jahrhunderte* (*Dark Age*), die keinerlei Kulturzeugnisse mehr hervorbrachten, 400 Jahre lang bis etwa 800 v. Chr. Wo dann Homers Dichtungen das Dunkel wieder zu erhellen begannen.

Schauen wir nach Europas Norden, nach Norwegen. „Die Gletscher rückten im Norden und Süden Norwegens vor, zwischen 800 – 700 v. Chr. erreichten sie eine maximale Ausdehnung", heißt es über diese Zeit im Klimageschichts-Standardwerk von Hubert Lamb. Und er zitiert aus der nordischen Edda-Sage: „Der Schnee treibt aus allen Himmelsrichtungen mit einem beißenden Wind heran; drei solcher Winter folgen aufeinander, und dazwischen gibt es keinen Sommer." Gemeint ist der legendär-schreckliche *Fimbulwinter*. Und Lamb mutmaßt, dass die Legende ihren Ursprung in der Zeit der vorrückenden Gletscher hat.

Auch in England wurde es kalt und nass. Ab 900 v. Chr. wurden über die Niederungen Holzstege verlegt, weil die Wege im sumpfigen Boden versanken. Alles in derselben Zeitspanne, als Griechenland ein verdorrtes Totenland war und den Ahnen der Römer das Leben auf ihren angestammten Bergen unmöglich wurde.

Solche Klimaberichte aus Nord- und Südeuropa werden gestützt durch die rekonstruierte Historie des Globalklimas: Es zeigt nach dem Ende des 4000 Jahre langen Nacheiszeit-Gunstklimas, des Atlantikum, eine zunehmende Instabilität. Sie gipfelt im *Kulturkollaps* des *Dark Age* gegen 1200 v. Chr. Er wirkte sich weltweit aus, aber unterschiedlich ausgeprägt in der Nord- und Südhemisphäre: im Norden als Kälte und teils Starkniederschlägen, im Süden wie geschildert als Abkühlung plus katastrophale Trockenheiten.

Der Klimaeinbruch hatte auch für die Menschen in Mitteleuropa verheerende Folgen, wie archäologische Befunde zeigen: Ab 1200 v. Chr. brechen Siedlungen ab, so in Süddeutschland entlang der Donau und besonders in ungünstigen Lagen wie Höhen oder auf weniger fruchtbaren Böden. Im Gegenzug werden vorteilhafte Lagen wie geschützte Täler stärker aufgesiedelt. Vermehrt finden sich Schutzbauten wie Wälle oder Ummauerungen sowie Indizien auf Kämpfe wie Brandsiedlungen und Pfeilspitzen. Und auch Hinweise auf verstärkte Wanderungsbewegungen entlang der Hauptverkehrswege an den großen Flüssen wie Rhein oder Rhône.

Dabei ein vorgeschichtlicher Paukenschlag: Die Migrierenden, vielleicht auch Flüchtenden, hinterlassen eine neue, vielleicht aus der Not geborene Bestattungssitte: Totenverbrennung und Urnenbestattung statt der bisherigen Körperbestattung. *Urnenfelderkultur* heißt deshalb diese neue Epoche, die Europas Zukunft prägen wird. Sie breitete sich „explosionsartig“ und „ohne bekannte Vorläufer“ in weiten Teilen Europas aus, so die Literatur. Insgesamt ergibt sich das Bild einer klimabedingten großräumigen Not- und Migrationszeit aufgrund Nahrungsmangel, kriegerischer Ereignisse, Siedlungsaufgabe, Abwanderung oder Flucht.

Die Wissenschaft rätselt über den plötzlichen europaweiten Umschlag zu jener Urnenfelderkultur: Was sind die Ursachen? Die Not allein oder auch Fremdzuwanderung? Den schon erwähnten sehr frühen Zuwanderwellen aus dem Südosten folgten weitere Wellen über die Jahrtausende hinweg bis in die fragliche Zeit: Europa blieb kontinuierlich ein Magnet für die geburtenstarken Ackerbau-Völker Vorderasiens, die offenbar auf Wachstumsgrenzen stießen. Und außerdem nach dem Ende des Gunstklimas immer öfter mit Dürren zu kämpfen hatten.

Dazu ein jüngerer Sensationsbefund: Eine starke, hochentwickelte Zuwanderkolonie schon ab 7000 v. H. im Balkan am Unterlauf der Donau. Also zeitgleich mit den Hochkulturen des Alten Orients! „Der Funke sprang von Anatolien über, aber schon bald hüteten die Europäer ihr Feuer ganz allein“, so ein Urteil über diese noch genauer zu erforschende sogenannte Donauzivilisation.

Zurück zum „explosionsartigen" Umschlag zur Urnenfelderkultur: Als mögliche Ursache sticht da nun ins Auge eine Zuwanderwelle aus der Donauzivilisation oder aus noch näheren Siedlerkolonien, wie nachgewiesen in Ungarn und Serbien. Und die Plötzlichkeit, mehr Sturzflut als Welle, gemahnt an Flucht. Vor wem? Die berüchtigten schnellen Reiternomaden aus den Steppen des Ostens, die sich damals Richtung Westen aufmachten? Offenbar auch wegen Dürren in ihrer Steppenheimat. Ihr grausamer Ruf eilte ihnen voraus: Bei früheren Einfällen hatten sie alle Männer getötet, um Frauen und Land für sich zu nehmen. Die Menschen der Donauzivilisation hätten guten Grund zu eiligster Flucht gehabt ... Noch viel Spekulation dabei, hoffentlich bringen weitere Forschungen Genaueres.

Was aber bleibt: Die Urnenfelderkultur breitete sich in mehreren großen Gruppen über weite Teile Europas aus. Die größte Gruppe, die *Proto-Keltische*, expandierte von einem Zentrum im Voralpenraum bis hinauf über die Mosel, hinüber zur Seine, südwärts hinunter zur Rhône und ostwärts bis zum Salzkammergut.

800 v. Chr. dann der Urknall für Europas Völkerbildung: Die ethnisch nur vage zu greifenden Proto-Kelten treten aus dem Schatten der Vorgeschichte in die durch reiche Funde erhellte „richtige" Geschichte ein: als Kelten, alias Hallstattkultur, alias Eisenkultur. Im pittoresken Hallstatt im Salzkammergut stieß man auf ein großes Gräberfeld, in dem tausende Menschen bestattet waren, samt Schmuck, Waffen, Geschirr. Neben solchen reichen Beigaben noch ein weiterer eklatanter Unterschied zur bronzezeitlichen Urnenfelder-Kultur: die Beherrschung der Eisentechnologie. Ein klarer Zivilisationssprung, der allein schon durch eisenbewehrte Pflüge großen Nutzen brachte. Die weniger harte Bronze verwendete man nur noch für Schmuck oder Kultgegenstände, aber dies mit größter Meisterschaft.

Die aufwendige Bestattungsart der Hallstatt-Kultur gipfelte in prächtig ausgestatteten Fürstengräbern, wie etwa beim Sensationsfund von Hochdorf, unweit von Stuttgart: Der Tote ruht auf einer kunstvoll gefertigten, ornamentierten Bronzebank. Ihm ins Grab beigegeben ein vierrädriger, eisenbeschlagener Prunkwagen samt Geschirr für zwei Pferde – zu seinen Lebzeiten wohl genutzt bei hohen Anlässen –, sowie zahlreiche kostbare persönliche Gegenstände bis hin zu umfangreichem Goldschmuck, sogar noch für die Schuhe. Ein kolossaler bronzener 500-Liter-Prunkkessel zeigte Rückstände von Met: Bestätigung der legendären keltischen Trinkfreude – und Gruß von Miraculix, dem Zaubertrankbrauer. Das Prunkgrab von Hochdorf ist sozusagen ein Showroom der Keltenkultur: unerhörtes handwerkliches Können, exorbitanter Luxus der Elite, mediterrane Kultureinflüsse, prächtige Grabbeigaben als Ausdruck des Glaubens an ein Jenseitsleben.

Markante Auffälligkeit: Gleichzeitig mit dem Wechsel zur Eisenzeit stürzte ab 800 v. Chr. das Klima noch weiter ab, und das global: Die Baumgrenzen, sowohl die der Alpen wie auch der White Mountains in Kalifornien, fielen steil ab. In Mitteleuropa wurde das Klima noch nasser und kälter als ohnehin schon. Als Folge extremer Niederschläge stieg laut Lamb der Bodensee um rund 10 Meter an, die Seeufersiedlungen wurden vernichtet und damit der Lebensraum zahlloser Menschen. Zweifellos kam es zu schweren Migrationskonflikten. In den Alpen zogen sich die Menschen in geschützte Täler zurück, die Bevölkerungszahl fiel auf einen Tiefstand. Auch die Gletscher drangen wieder vor, unterbrachen den Verkehr und Handel über die Alpenpässe, beendeten den seit Menschengedenken florierenden alpinen Bergbau, etwa den Goldbergbau in den Hohen Tauern. Hunger, Krankheiten und hohe Sterblichkeit müssen grassiert haben. In der Literatur ist vom *Hallstatt Disaster* die Rede.

Katastrophal getroffen wird ausgerechnet Hallstatt mit seinem Salzbergbau, der der ganzen Region schon seit undenklichen Zeiten ein Auskommen bot. Selbst Kinder halfen untertage mit, man fand lederne Kinderschuhe. Salz war ein hoch begehrtes Gut, zum Würzen, aber mehr noch zum Konservieren von Fleisch, zur Herstellung von Käse, zum Gerben von Fellen und Häuten, als Salzleck fürs Vieh. Eines Tages in dem engen Bergtal ein fernes Grollen, schnell lauter werdend, ein gewaltiger Luftstoß: Ein ungeheurer Muränenabgang, Bäume mit sich reißend, wälzt sich den Berg herab und über die Stolleneingänge, schwemmt Schlamm, Felsen, zersplitterte Bäume hinein, deckt sie meterhoch zu. Das Bergwerk ist verloren samt Mann und Maus. Der Ort, eng eingeklemmt zwischen See und Berg und bar anderer Erwerbsmöglichkeit, sinkt in bitterste Armut und Not. Erst spätere Generationen legen ein neues Bergwerk an.

Die Gleichzeitigkeit von Klimasturz und Beginn Eisenzeit lässt vermuten, dass das eine ursächlich fürs andere war: Nur mit widerstandsfähigen Eisenpflügen war den Böden noch genügend Ertrag abzutrotzen – ein vom Schlechtklima erzwungener Menschheitsfortschritt.

Auch Europas Süden war wieder betroffen: Griechenland hatte sich von der vernichtenden Dürre erholt, nicht zuletzt durch Zuwanderung des verwandten Stamms der Dorier aus Dalmatien. Nun litt das Land unter neuen Missernten aufgrund Trockenheit und Abkühlung. Deshalb wanderten zahlreiche Griechen aus, besonders nach Sizilien und Süditalien – Gründung von Neapel! In Süditalien finden sich heute mehr griechische Tempel als im Mutterland. An der Küste Südfrankreichs gründeten Griechen die Stadt Massilia, die dank der nahen Rhône bald zu einer florierenden Handels- und Kulturmittlerin zwischen Süd und Nord wurde.

Die an der oberen Rhône lebenden Kelten fühlten sich sehr angezogen vom prestigeträchtigen Gold und Glitter der Mittelmeerwelt – was sich oft in ihren Prunkgräbern wiederfand –, und mindestens ebenso vom dort umgeschlagenen Wein. Als gehobene Alternative zum gemeinen Met kam er ihnen sehr zupass. Sie besetzten das ganze Rhône-Tal und Küstengebiete, nicht aber Massilia. Vielmehr wurden sie zu deren besten Abnehmern. Und sorgten als Händler für die Weiterverbreitung von Waren und mediterranem „Lifestyle", der besonders der Keltenelite immer mehr zusagte. – Auspizium auf die künftige Völkerbildung Europas: Die Kelten wurden als Gallier zur Grundbevölkerung Frankreichs, und die frühe mediterrane Vorprägung bereitete der späteren Romanisierung den Weg. À propos: Aus Massilia wurde Marseille.

Zurück zum Klima: Nach kurzer Besserung – die den Luxus der Prunkgräber erlaubte – brach ab 500 v. Chr. das Klima erneut ein.

Lamb sieht für Mitteleuropa hier sogar „die kältesten Wetterlagen“ seit dem Atlantikum. Anstelle der Prunkgräber nur mehr einfache, oft ärmliche Gräber. Eklatante Krisenzeichen: starker Siedlungsrückgang, besonders im keltischen Stammgebiet Süddeutschland. Kelten ziehen in großer Zahl ab in mildere Gefilde: nach Südosten Richtung Balkan und Schwarzes Meer – von „kriegerischen, plündernden Horden“ ist die Rede. Sogar über den Bosporus setzen sie über, um sich dann in Anatolien niederzulassen, wo sie später als Galater in die Bibel eingehen.

Nach Westen ziehen sie bis an die Atlantikküste – gründen zwischendurch Paris –, besetzen von der Rheinmündung im Norden über die Bretagne – Asterix lässt grüßen – alles Land bis hinunter an die Pyrenäen: Gallien werden die Römer das Land nennen.

Damit der Südsehnsucht nicht genug: Vom Rhône-Gebiet aus überwinden die Gallier die Seealpen und fallen in die Po-Ebene ein, besiedeln sie bis zur Adriaküste und hinunter bis zum heutigen Ancona. Dies alles unter Zurückschlagen der Etrusker. Als denen die Römer zu Hilfe kommen wollen, müssen sie es, im Wortsinne, teuer bezahlen: Die Gallier überfallen und plündern 387 v. Chr. das erst schwach befestigte Rom. Nur das legendäre Gänsegeschnatter verhindert die Erstürmung auch noch des Kapitols, wohin sich Roms Aristokratie geflüchtet hatte. Die Demütigung war total: Laut Überlieferung fordert der Gallier-Capo Brennus 1000 Pfund Gold als Ablöse für den Abzug. Als die Römer beim Abwiegen monieren, die Gewichte seien gefälscht, wirft „der übermütige Gallier“ noch sein Schwert darauf und höhnt: „Vae victis“ – Wehe den Besiegten!

Der Tag gebiert Weltgeschichte: Er brennt sich den Römern ein als *dies ater* – Schwarzer Tag – und wird zum immerwährenden Trauma. Und Fanal: Kampf und Sieg gegen die Barbaren aus dem Norden! Und das nicht auf römischem Boden, sondern auf dem der Feinde: Geburt der römischen Eroberungs- und Expansionspolitik bis zur Erringung der Weltherrschaft! Als erste würden die in Italien eingedrungenen Gallier bezahlen, später jene in ihrer gallischen Heimat – mit sehr, sehr viel Blut und ihrem ganzen Land. Das würde Cäsar besorgen.

Klima macht Geschichte. Nicht nur Weltgeschichte, sondern auch lokale: Die Gallier gründeten in Italien uns auch heute noch wohlklingende Städte, darunter Milano, Torino, Verona, Brescia, Bologna, Pavia. Und neben schönem Klang wecken sie oft auch schöne Erinnerungen.

Am Rande noch: Bei aller Expansionslust schafften es die Kelten nicht bis an die Nord- und Ostsee. Da waren die Germanen und Slawen vor. Erstere würden, vom Klima getrieben, den Kelten bald noch mehr zu schaffen machen. Danach auch den Römern. Was aber dann wechselseitig galt ...

5

Hannibals Alpenzug: im Winter über Dreitausender?

„Hannibal war von der Druentia meistens durch Ebenen, ohne von den Bewohnern jener Gegenden, den Galliern, gehindert zu werden, bis an die Alpen gekommen." So beginnt der Bericht des schon zu seiner Zeit berühmten römischen Geschichtsschreibers Titus Livius über Hannibals Alpenüberquerung im 2. Punischen Krieg gegen Rom im Jahr 218 v. Chr.

Was trieb den karthagischen Feldherrn Hannibal Barkas – mit Anfang Dreißig eher noch ein Eleve seines Fachs – zu seinem beispiellos tollkühnen Feldzug mit Dutzenden Kriegselefanten über das winterliche Hochgebirge? Ein Feldzug, der bis heute und wohl auf ewig ikonisch über der Militärgeschichte prangt. Da kam einiges zusammen: Nachdem Rom, das gegen 250 v. Chr. schon über das gesamte Stiefelland gebot, auch noch immer größere Teile des Mittelmeers als sein *mare nostrum* zu beanspruchen begann, geriet es über Kreuz mit der bis dahin vorherrschenden Mittelmeermacht Karthago. Im Ersten Punischen Krieg musste Karthago 241 v. Chr. unter Hannibals Vater, Hamilkar Barkas, Sizilien den Römern überlassen. Der Überlieferung nach hat Hamilkar den 9-jährigen Hannibal schwören lassen, die Demütigung zu rächen und Karthagos Größe wieder herzustellen.

Der realere Anlass für Hannibals Feldzug war jedoch der neue Konflikt um die Herrschaft über die iberische Halbinsel. Hannibal, dort gegen Sagunt vorrückend, fürchtete den Gegenschlag der Römer und beschloss dem zuvorzukommen. Und zwar gemäß dem vom Vater erworbenen Ehrentitel Barkas – *Blitz*: unerwartet, schnell und wuchtig. So sammelte er ein gewaltiges Heer um sich: rund 50 000 Fußsoldaten, 9000 Reiter und 37 nordafrikanische Kriegselefanten. Und begann etwas, was völlig außer Denkweite der Zeit war: einen gigantischen

Heerzug über die „unüberwindbare“, todkündende alpine Felsen- und Eiswelt. Der dann direkt ins Herz des Todfeindes, Rom, stoßen sollte.

Livius, ein Zeitgenosse und sogar Freund von Kaiser Augustus, bekennt, dass es ihm nicht gelang, aus den überlieferten Quellen Hannibals genauen Weg zu rekonstruieren. Klar ist nur, dass das Heer eine große Etappe der Rhône aufwärts folgte und dann längs einem Gebirgsfluss, wohl die heutige Drôme oder Isère, die Seealpen hinauf marschierte.

Livius kompensiert das fehlende Detailwissen durch hochdramatische Schilderungen – wohl sein Erfolgsrezept als populärer Geschichtsautor: „Die Höhe der Gebirge, als die Soldaten sie in der Nähe sahen, die fast mit dem Himmel zusammenhängenden Schneemassen [...] erregten ihr Entsetzen.“ Beim Aufstieg, „von manchfaltigem Ungemach erschöpft, sahen sie sich durch den gefallenen Schnee zu ihrem großen Schrecken überrascht. Als er durch den Heerzug so vieler Menschen und Tiere auseinandergetreten war, gingen sie auf dem darunter stehenden nackten Eise und im fließenden Schlamme des geschmolzenen Schnees. Und stürzten sie, dann, wenn sie sich auf ihren Händen oder Knien aufrichten wollten, glitten sie wieder aus und stürzten von neuem nieder. So wälzten sie sich nun auf lauter glattem Eise und im zerflossenen Schnee. Wobei Menschen und Vieh, eins über das andre, hinstürzten. [Oft] scheuten die Pferde, sodass sie eine Menge Menschen und Gepäck aller Art zu Boden stießen. Viele warf auch das Gedränge, da der Pass auf beiden Seiten steil und abgerissen war, in den Abgrund hinunter. Packtiere aber rollten, als stürzten große Gebäude ein, mit ihren Lasten bergab.“

16 Tage dauerte die Alpenüberquerung insgesamt, allein drei Tage brachten sie auf dem Pass zu, um Geröll zu beseitigen und ihn „mittels Baumstämmen“ begehbar zu machen. Und da fällt auf: So schauerlich Livius die Schnee- und Eisstücken schildert, fällt andererseits kein Wort über die Plagen von Kälte, Erfrierungen, Krankheiten. Und das bei gut zwei Wochen im Hochgebirge und bei mitnichten winterfestem Outfit – bei Nordafrikanern gänzlich unbekannt. Wie kalt kann es da dann eigentlich gewesen sein? Was uns endlich zum Klima bringt.

Allerdings noch mal über einen notwendigen Umweg: In welche Höhen führte denn die Überquerung, über welche Pässe?

Dieses Rätsels Lösung überließen die antiken Chronisten der heutigen Zeit. Und in der Tat, Jahrzehnte lang pusselten Forscherteams daran. Und kamen zu zwei denkbaren Routen: eine nördliche über das Tal der Isère mit mehreren möglichen Passübergängen zwischen 1854 und 2488 Metern hoch; und eine südliche über das Tal der Drôme und über den 2947 Meter hohen Col de la Traversette – was man wegen der enormen Höhe spontan ausschließen möchte. Und doch haben fundierte Forschungen dies als die wahrscheinlichste Route identifiziert. Denn zum einen wurden 2016 am Col de la Traversette Sedimente gefunden, die durch „die ständige Bewegung von Tausenden von Tieren und Menschen" entstanden waren, zum anderen fanden sich dort mikrobiologisch identifizierte Ablagerungen von Pflanzenfresserkot. Weil beide Funde auf die Zeit um 200 v. Chr. datiert wurden, sieht man sie als Beweis für Hannibals Route.

Was endlich die Brücke zum Klima schlägt: zigtausende Soldaten ohne warme Kleidung 16 Tage im Gebirge, drei Tage davon auf fast 3000 Metern Höhe, und das im beginnenden Winter. Und dies alles auch noch in der allgemein als Kühlphase angesehenen Zeit zwischen dem schon geschilderten Klimasturz um 800 v. Chr. und dem sogenannten Klimaoptimum der Römerzeit ab etwa Christi Geburt. Zu Winteranfang, November und Dezember, fällt im Hochgebirge die Temperatur vor allem nachts auf scharfe Frostgrade. Jedenfalls unter heutigen Klimabedingungen. Hannibals Heer wäre also ratzfatz erfroren. Stattdessen aber, marschierte es, unten in der Po-Ebene angelangt, schnurstracks auch noch über den Apennin, gewann mehrere Schlachten, darunter die für die Römer so vernichtende bei Cannae – 50 000 Gefallene! –, und bald ertönte in Rom der Schreckensruf „Hannibal ante portas!"

Wir kennen zwar Hannibals eigenes Cannae-Schicksal danach, aber immer noch nicht die Lösung des Klimarätsels. Da hilft uns die moderne Klimageschichtsforschung, auf vornehm Paläoklimatologie. Dank ungemein verfeinerter Analysen von sogenannten Klimazeugen, in denen die wechselvolle Klimageschichte Spuren hinterlassen hat. Dazu gehören etwa Baumjahresringe, See- und Meeressedimente oder Eisbohrkerne. Und zunehmend auch Tropfsteine, die in Höhlen seit Urzeiten durch kalkhaltiges Sickerwasser gewachsen sind. Sie erwiesen sich dank ihrer von anderen Einflüssen geschützten Entstehung als besonders geeignet für die hochauflösende Rekonstruktion vergangener Klimajahrtausende.

Das Verfahren freilich ist komplex, basiert auf der radiometrischen Analyse der Sauerstoff- und Kohlenstoffisotope im Kalk dieser Tropfsteine. Dafür sind die Ergebnisse, wie vorgelegt von verschiedenen Forscherteams, umso aufschlussreicher. Auch zum Hannibal-Rätsel: Sie lösen die bisher vermeintlich durchgängige Kühlphase ab 800 v. Chr. feiner auf in einen krassen Temperatursturz von 800 bis 500 v. Chr. mit allmählich wieder steigender Temperatur, getoppt von einer scharfen, 100 Jahre währenden Heißspitze zwischen 300 und 200 v. Chr. – also zu Hannibals Zeit. Nach deren Abklingen stellte sich dann das moderatere Römische Klimaoptimum ein, vergleichbar etwa unserem modernen Optimum.

In Summe also, um mit den Römern zu sprechen: „Q.e.d." – „Was zu beweisen war." Oder genauer: Die moderne Forschung stützt die antiken Berichte über die kaum zu glaubende Alpenüberquerung Hannibals mit seinem Riesenheer. Ermöglicht durch höhere Temperaturen als heute, und dies ganz ohne menschgemachtes CO2. Was uns ja auch schon das Ötzi-Kapitel bewies: nämlich *Grüne Alpen* über lange Zeiten hinweg. Bewiesen durch die Schweizer Gletscherforscher anhand der Baumfunde bis auf Gipfelhöhen hinauf.

Mindestens zehnmal, so die Forscher, schrumpften die Gletscher seit dem Ende der letzten Eiszeit teils fast bis zu ihrem völligen Verschwinden. Das ergibt über 50 Prozent der Zeit mit kleineren Gletschern als heute", schreibt der Berner Klimaforscher Jörin. Auch das heutige Schrumpfen ist Teil dieses Kommens und Gehens von Eis und Schnee. Nach zahlreichen Forschungsergebnissen zumindest teilweise verursacht durch den natürlichen Klimawandel. Wie groß der Teil ist und wie groß der Anteil des anthropogenen CO2: dazu später ausführlich. Freilich, die offizielle Klimawissenschaft, unter Direktive des mächtigen Weltklimarats, mag von natürlichem Klimawandel nicht viel hören. Das wird uns noch sehr beschäftigen ...

Übrigens, kritisches Hinterfragen empfiehlt sich auch bei unserem römischen Chronisten Livius: „Schreckenserregende Schneemassen" werden die Hannibalesen in dieser Heißzeit wohl kaum zu Gesicht gekriegt haben. Der Forscher Jörin mutmaßt eher, sie hätten „nie eine größere Eismasse zu sehen bekommen". Sehen wir`s dem guten Livius nach, er brauchte ja Futter für seine Leser, wer hätte sonst seine Pergamentschinken gekauft? Und er hatte Erfolg damit, gewann sogar den damaligen Oberherrn der Welt, Kaiser Augustus, zum Freund. Den heutigen Herren der Klimatologie aber wollen wir schon genau auf den Mund schauen, ihre Aussagen und Forderungen nach Totaltransformation haben ja ungemeine Auswirkungen auf uns alle.

6

Nordsee – Mordsee: Das Klimaschicksal der Kimbern und Teutonen

Im norddänischen Jütland lebten im 2. Jahrhundert v. Chr. längs der Nordseeküste mehrere große Germanenstämme in bedrängten Verhältnissen: Schwere Sturmfluten hatten das Land überflutet, hatten Verderben über Mensch und Tier gebracht und aus Äckern unfruchtbare Salzfluren gemacht. Dabei gönnte das raue, nasskalte Klima den Bauern ohnehin nur noch geringen Ertrag. Hunger drohte.

Kaltklima und Sturmhäufung ging meist Hand in Hand. Lamb berichtet von „Sturmwetterlagen von besonderer Heftigkeit“ samt Überflutungen in den Jahrhunderten vor der Zeitenwende im Gürtel von Britannien bis Dänemark. Die tiefgelegenen Nordseeküsten waren stark bedroht. Antike Überlieferungen sprechen von einer verheerenden, landverschlingenden *Kimbrischen Flut,* allerdings mit unsicherer Datierung zwischen 340 und 120 v. Chr. Die Gewalt der Nordsee wird drastisch bezeugt durch spätere zerstörerische Sturmfluten: Um 800 v. Chr. war Helgoland noch eine respektable Insel, gut doppelt so groß wie Amrum – heute ist es nur noch ein besserer Felsen. Ein anderer Beleg ist die Große Mandränke 1362, die in Nordfriesland und Dänemark ganze Landschaften mit Dutzenden Dörfern samt ihren Menschen verschlang.

Zurück zu Jütland: Unter den Stämmen gärte es. Besonders unruhig wurden die Jungen, die Taten- und Abenteuerlustigen. Sollten sie in Ödnis und Kargheit weiterhin ihr Leben fristen? Immer am Rande des Hungertods? Zumal man von jenseits der Grenze, dem Süden und der Sonne zu, Wunderdinge hörte. Die dortigen Fremden, die ganz anders sprachen, mussten nicht Sturmfluten und Kälte fürchten, hatten dank Wärme und fruchtbarer Böden viel bessere Ernten, schmiedeten die besten Schwerter und eisernen Gerätschaften für Ackerbau und

Waldrodung. Ihre Häuptlinge hatten unvorstellbare Schätze, eingetauscht oft von einem noch anderen Volk noch weiter südwärts, was an einem wunderbar milden Meer lebte und selbst den Gemeinen noch ein üppiges Auskommen bot. Von diesem Überfluss sollte doch auch was für sie Nordmänner zu holen sein ...

Um 120 v. Chr. brachen sie auf. Zehntausende aus drei Stämmen hatten sich zusammengetan: Kimbern, Teutonen und Ambronen. Die Jüngeren, Starken waren es, mit Frauen und Kindern, auf pony-kleinen Pferdchen und Ochsenkarren. Immer südwärts zogen sie, auf alten Handelswegen: in jahrelangem Treck, immer wieder sich mit fremden Stämmen schlagend, nach einem Irrweg in den Balkan wieder zurück an die Ostalpen, wo die Römer sie vernichten wollten, aber dem *Furor teutonicus* unterlagen.

Weiter ging der Treck, plündernd, raubend, mordend, entlang der Nordalpen – wo sich ihnen ganz unerwartet Keltenscharen anschlossen, die ebenfalls südensüchtig waren und mittels der wilden Germanenkämpfer die Römer zu überwinden trachteten. Über den Rhein zogen sie nach Burgund, wo sie mal gegen die Römer unterlagen, dann wieder siegten. Der Zug, anwachsend zu einer Menschenlawine von geschätzt 300 000, wälzte sich weiter, mal geteilt, mal zusammen, in unfassbaren, tausenden Kilometer langen Schleifen durch Nordgallien und wieder zurück nach Süden. Wo dann die Teutonen und Ambronen am Mittelmeer beim heutigen Aix-en-Provence von einem römischen 35 000-Mann-Heer vernichtend geschlagen wurden.

Die Kimbern schlugen derweil nach Einfall über den Brenner ein Römerheer und zogen weiter in die Po-Ebene. Wie ein Lauffeuer verbreitete sich in Rom Panik, das Trauma des *dies ater,* des Überfalls der Gallier, brach wieder auf. Der Furor teutonicus machte die Runde: „Mit der Schnelligkeit und Gewalt eines Feuersturms griffen sie an, tollkühn und unerschrocken, mit tierischen Stimmen und furchtbaren Schreien.“ Aber was machten die Kimbern ganz unerwartet? Erbaten per Boten vom römischen Senat Siedlungsland. Jedoch die Legionen marschierten schon, unter Führung des Konsuls und ersten Feldherrn Roms persönlich, des hoch bewährten Caius Marius. Sein

Legionenheer schlug die Kimbern, massakrierte 120 000 Menschen, samt Frauen und Kindern, und zwang 60 000 in die Sklaverei. Reichlich Nachschub für die Gladiatorenkämpfe ...

Zwei Jahrzehnte lang suchten die drei Germanenstämme in unfassbarem 7000 Kilometer langen Zug eine neue Heimat. Um schließlich grausam unterzugehen. Klima macht Geschichte? Zunächst eher mal eine fürchterliche Tragödie. Von den ausgezogenen Germanen blieb nichts. Geschichtliches blieb allerdings indirekt: ein zweiter Barbarenschock der Römer mit der Folge noch härterer Entschlossenheit, die unberechenbaren Völker jenseits der Grenzen zu unterwerfen, auf dass sie nie wieder das Reich heimsuchten.

Und noch was Bleibendes: Die überbordende Popularität des Siegers Marius machte ihn zum mächtigen Feind des Quasi-Diktators Sulla, was den Bürgerkrieg zwischen Adels- und Volkskräften blutig verschärfte und den Todeskampf der römischen Mehrparteien-Republik einläutete. Die dann Cäsar nach seiner ruhmvollen Gallien-Eroberung endgültig ins Grab stieß. Und faktisch das monarchische Kaisertum begründete: Nach ihm währte es dann als wirkliches Kaisertum von Augustus über Rom hinaus letztlich bis in die Neuzeit.

Noch eine Randnotiz: Die in der Heimat zurückgebliebenen Kimbern schickten später Gesandte an Augustus, um sich für die Taten der Stammesgenossen zu entschuldigen. Eine ganz neue Seite der Germanen – anregend zu mancherlei Gedanken und Gefühlen ...

7

Imperium Romanum: von Klimas Gnaden?

Rom: das antike *Haupt der Welt – caput mundi –*, von dem aus der damals bekannte Erdkreis beherrscht wurde. Danach Mittelpunkt der Christenheit und schließlich *Ewige Stadt.*

Ich stehe am Fuß des Kapitols, des steilsten und uneinnehmbarsten der sieben Stadthügel. Und immer ihr erhabenster Ort. Im Altertum noch mehr als heute: Mit dem heiligsten römischen Tempel überhaupt war das Kapitol der sakrale Mittelpunkt des ganzen Imperium Romanum. Hier hinauf zogen unter lautem Tubaschall und Volksjubel die Triumphzüge der siegreichen Legionen und endeten mit festlichen Dankeszeremonien für die Götter.

Die majestätische Prozessionstreppe – in der heutigen Form geschaffen vom unsterblichen Michelangelo – wird beidseitig flankiert von zwei wasserspeienden schwarzen Basaltlöwen mit pharaonischem Kopfschmuck: Siegestrophäen aus dem von Cäsar und Augustus eroberten Ägypten. Bei deren Triumphzügen waren die Löwen wohl mitgeführt worden zusammen mit anderen Beutestücken, zur Ergötzung der Schaulustigen wie es Brauch war.

Cäsar war schon Jahre davor mit seinen Legionen das Kapitol hinauf paradiert: als umjubelter Bezwinger Galliens und Britanniens. So markiert allein schon er die gewaltige Ausdehnung des Imperiums: tausende Kilometer zwischen Nordsee und Nil.

Cäsars Glorienschein hat allerdings hässliche Flecken: seine grausame Kriegsführung, wozu Massenmord oder Hände abschneiden gehörte. Im Staatskerker unterhalb des Kapitols hatte er den Anführer der Gallier, Vercingetorix, einkerkern lassen; er wollte ihn bei seinem Triumphzug als Trophäe mitführen. Nur war ihm die nächsten sechs Jahre der Kampf um die Alleinherrschaft wichtiger. Als dann endlich

Vercingetorix den Massen vorgeführt war und seinen Zweck erfüllt hatte, ließ Cäsar ihn hinrichten.

Oben auf dem Kapitol eine andere Verkörperung von Roms Kontinente überspannender Größe: das wunderbare antike Reiterstandbild des *Philosophenkaisers* Marc Aurel. Seine Feldzüge festigten das Territorium im Osten über Kleinasien hinaus bis nach *Mesopotamia* und im Norden jenseits der mittleren Donau bis zu den Karpaten. Und schließlich noch Roms Ausgreifen nach Germanien: dazu der Blick von der Kapitolshöhe hinüber zum Palatin mit den Palastruinen von Kaiser Augustus. Unter ihm marschierten die Legionen erstmals über die Alpen, unterwarfen in bluttriefenden Kämpfen die sich erbittert wehrenden Bergstämme und besetzten das ihnen unheimliche, walddunkle Land der Barbaren bis zu Donau und linkem Rheinufer.

Um die Heerlager siedelten sich immer mehr Zivilisten an, ob nun Kelten als geschätzte Handwerker oder nachgezogene Romanen, die ihre Zivilisation mitbrachten. Oder auch friedfertige Germanen, die als Arbeiter, Bauern, Händler ihr Auskommen suchten. Es waren die Keimzellen späterer Städte. Die ältesten – etwa Zürich, Trier, Augsburg – konnten schon vor Jahren ihr 2000-jähriges Wiegenfest feiern.

Vom besetzten Land aus sollte ganz Germanien bis zur Elbe erobert werden. Da aber war Arminius vor, der Cheruskerfürst. „Varus, Varus, gib mir meine Legionen wieder!“, klang danach der Schreckensruf von Augustus wider – der Legende nach: Denn sein Feldherr Varus hatte sich im Angesicht der Katastrophe – der Vernichtung seiner 20 000 Mann starken Legionen – ins Schwert gestürzt. Danach gab es dann zwar noch grausame römische Rachefeldzüge nach Germanien hinein, aber der Traum von der Unterwerfung bis an die Elbe war ausgeträumt. Im Gegenteil: Jahrhunderte später würde gerade auch von Germanien aus Rom in die Knie gezwungen werden. Der Sieg von Arminius war die Zeugungsstunde für das nachmalige, germanisch geprägte Römische Reich deutscher Nation.

Ein achtsamer Anstieg die Paradetreppe hinauf zum Kapitol samt sinnendem Rundblick von dort über die hier aufscheinenden

Bedeutsamkeiten gehört meinem Gefühl nach zu den Höhepunkten eines Rom-Besuchs.

Trotz misslungener Germanien-Eroberung: Roms riesige Expansion durch Urwälder und über Berge, Meere und Kontinente hinweg – mit den damaligen Mitteln und in relativ kurzer Zeit – gehört zu den Großphänomenen der Weltgeschichte. Möglich war sie nur durch das Römische Klimaoptimum (Abb. 4). Die teils noch höheren Temperaturen als heute ermöglichten das ganzjährige Passieren der Alpenpässe. Der Hochalpenbergbau, etwa in den Hohen Tauern, lieferte Eisen und Gold für Aufrüstung und Finanzierung. Moderate Niederschläge ließen frühere Sumpfgebiete trocknen und erlaubten den Bau strategischer Fernstraßennetze. Beispielhaft die Via Appia: Vom Herzen Roms führte sie hinunter in den Süden nach Brindisi, wo dann Truppen und Nachschub für die östlichen Mittelmeerregionen eingeschifft wurden. Dank Gunstklima war Roms *Mare nostrum* bis auf wenige Wintermonate weitgehend sturmfrei und gefahrlos befahrbar.

Nur deshalb gelang es auch, die schon zur Augustus-Zeit auf eine Million angewachsene Bevölkerung Roms zu ernähren. Tag für Tag verschlang die Kapitale tausend Tonnen Getreide, flossen 430 Hektoliter Öl in die Küchen – und Schönheitssalons –, sowie 500 000 Liter Wein in die Kehlen. Dass Korn und Öl an die Plebs kostenlos verteilt wurde, war sicher kein Anreiz zum Einhalten. Sehr viel kam übers Meer. Im globalisierten Wettbewerb konkurrierten die Kornkammern Siziliens, Nordafrikas und der kaiserlichen Ländereien Ägyptens. Beim Olivenöl war mal Andalusien angesagt, mal Nordafrika. Griechische Inseln wechselten sich beim Wein ab mit Südfrankreich und Spanien. Und das hochbegehrte *Garum,* laut dem Chronisten Plinius eine „nach Verwesung stinkende“ Fischsoße, kam von der Atlantikküste, heute Portugal. Das meiste wurde in Roms Haupthafen Ostia angelandet, den Augustus stark ausbauen ließ mit großem Hafenbecken und zahlreichen enormen Speichern für die Amphoren – die Standardbehältnisse für Getreide bis zu Wein und Garum. Übrigens: Roms Monte Testaccio, der *Scherbenberg,* besteht aus nichts anderem als aus den Scherben von geschätzt 53 Millionen zerschlagener Amphoren.

Weiteres Indiz für die römische Warmzeit: Laut dem römischen Gelehrten Plinius konnten Wein und Oliven weiter nördlich in Italien angebaut werden als in früherer Zeit. Und ein kaiserliches Edikt verbot den Weinanbau nördlich der Alpen: Beleg, dass es möglich gewesen wäre. Glücklicherweise wurde das Edikt 280 n. Chr. kassiert, worauf der Weinanbau in Deutschland und England derart zu florieren begann, dass sich der Weinimport aus dem Süden erledigte. Das in Neumagen an der Mosel gefundene steinerne Abbild eines antiken Weinschiffs mit vier Riesenfässern lässt die damaligen Geschäftigkeiten um den sorgenbrechenden Rebensaft wieder aufleben.

Herausragend aus dieser Zeit ist neben der epochalen Kaisergestalt Augustus – und natürlich dem im fernen Bethlehem geborenen Begründer der Abendlandreligion Jesus Christus – der Kaiser Trajan, wenn auch in bescheidenerer Weise: In Germanien trieb er den Aufbau von Verwaltungszentren voran mit Gründungen wie Mainz, Wiesbaden, Frankfurt. Auch markiert seine Regentschaft eine Epochenwende: Unter ihm erreichte um 117 n. Chr. das Imperium seine größte Ausdehnung, von der Grenze Schottlands bis zum Persischen Golf: Zenit der äußeren Macht, aber auch Zenit der Überdehnung. Und damit Hauptursache für zunehmende Instabilität und schließlich Zerfall des Reichs.

Interessant als Klimazeuge: Die mächtige Trajans-Säule in Rom feiert in detailgetreuen Reliefs die Eroberungen Trajans und zeigt die dabei über die Donau geschlagene Brücke östlich Belgrad. Sie überdauerte 170 Jahre – dank ungewöhnlich milder Winter ohne Eisgang, der ansonsten die Brücke mit Sicherheit zum Einsturz gebracht hätte.

Im damaligen globalen Klimaoptimum lebten in Rom über eine Million Menschen, im gesamten Imperium Romanum 75 Millionen (einschließlich Nordafrika, Ägypten und Mesopotamien mit ihren hohen Bevölkerungszahlen). Weltweit waren es 300 Millionen, allein 150 Millionen in den zwei alten Hochkulturen Asiens, China und Indien. Die Zahlen hatten keinen Bestand – es nahten dunkle Zeiten, das Klima würde dafür sorgen. Ein erstes Wetterleuchten war eine

Abkühlphase etwas vor 200 n. Chr. Immerhin trieb sie schon einige Germanenvölker nach Süden: Die Goten zogen von Ostsee und Weichsel zum Schwarzen Meer, die Vandalen drangen über die Karpaten in die Donau-Ebene vor. Dies sollte Konsequenzen haben ...

Rom trieb derweil seinen Bautengigantismus auf die Spitze mit den riesenhaften marmorprunkenden Caracalla-Thermen. „Eintritt frei!" Mehrere solcher kolossaler Badepaläste boten dem Heer untätig-arbeitsloser Römer angenehmen Zeitvertreib. Auch dies gehörte zu *Brot und Spielen*, neben Gratis-Lebensmitteln und monströsen Gladiatorenkämpfen im Kolosseum: Die Plebs musste ruhiggestellt werden, zumal ihre Zahl geradezu explodierte, weil Kleinbauern, verarmt durch immer höhere Steuern – nötig für Prunk, Militär, Sozialkosten –, massenhaft ins gelobte *Roma* zogen. Immer stärker zehrte das Imperium von seiner Substanz.

Zunehmend schien Fortuna dem Reich seine Gunst zu entziehen: Die Dezimierung von Volk und Militärkraft durch Pandemien wie die Pest, begünstigt durch die immer häufigeren Kalteinbrüche, war nicht das einzige Zeichen. Ein anderes war der zunehmende Druck von Grenzvölkern auf das Reich, zumal der Germanen im Norden – etwa Eroberung der Provinzhauptstadt Trier 275 n. Chr. – und der Perser im Nahen Osten.

Die Imperatoren hatten die Christen, die die Staatsgötteranbetung ablehnten, immer schärfer und grausamer verfolgen lassen. Ohne Erfolg, ihre Zahl wuchs weiter. Dank der Anziehungskraft der christlichen Heilsbotschaft und weil viele Römer angesichts der Unglücksschläge nicht mehr an die Staatsgötter glaubten. Kaiser Konstantin – eine weitere epochale Gestalt, residierend zeitweise in Trier: sehr imposant die monumentale Konstantin-Basilika! – gestand schließlich 313 n. Chr. im Mailänder Toleranzedikt den Christen die Religionsfreiheit zu. Er begann die Christen sogar zu fördern in der Hoffnung auf eine neue staatstragende Kraft und Klammer für die divergierenden Reichsvölker. Vielleicht auch aus eigenem Glauben und Hoffen auf Gottesbeistand. Beeinflusst wurde er dabei wohl durch seine früh getaufte Mutter Helena, die *Heilige Helena*, die lange bei ihm lebte, schon in Trier.

Kleiner Tipp für die, die`s gerade nicht nach Rom schaffen: ein Ausflug nach Trier tut`s fürs Erste auch – die Porta Nigra, die Konstantins-Basilika, der phänomenale Dom – grandios!

Konstantin gilt jedenfalls als erfolgreicher, großer Herrscher, der das Imperium noch einmal festigen konnte. Auch eine neue, strategisch günstiger gelegene Reichshauptstadt begründete er und ließ sie prachtvoll ausbauen: Konstantinopel. Sie sollte nach der Reichsteilung 395 n. Chr. zur Hauptstadt von Ostrom werden.

Die Teilung kam nicht zuletzt, weil immer härtere Schläge über das Reich hereinbrachen. Eine globale Klimaverschlechterung brachte weitab in Zentralasien, von Tibet bis ans Kaspische Meer, Trockenheit und noch eisigere Winter als sonst. Und ließ den dortigen Reiternomaden kaum noch das nackte Leben. Schon bisher brachte der Winter Monate des Hungers für Mensch und Tier, die kleinen Pferdchen magerten ab, die Stuten gaben keine Milch mehr. Das ab 370 n. Chr. nochmal feindlichere Klima veranlasste die Steppenbewohner sich ein milderes Land zu suchen. Besonders zog sie der ferne Weltteil weit jenseits der Steppen an, der sowohl fabelhaft warm als auch reich sein sollte. So schwangen sie sich auf ihre Pferde, gerüstet mit Pfeil und Bogen und Kurzschwert, und setzten sich gen Westen in Bewegung. Richtung Schwarzes Meer und Gotenreich. Nicht lange, und dort erschallte der Schreckensruf: „Die Hunnen kommen!"

Der römische Chronist und hohe Offizier Marcellinus schildert den Einfall der Hunnen ins Gotenland, der die Völkerwanderungszeit anstieß: „Nachdem diese unbändigen Invasoren plündernd und mordend die Grenzen überwunden, die Verteidiger geschlagen und Städte und Dörfer verwüstet hatten, beschlossen die Bewohner, von Hunger geschwächt, sich eine neue Zuflucht zu suchen. Wegen der Fruchtbarkeit seiner Weiden und dem Schutz, den die breite Donau bot, fiel ihre Wahl auf Thrakien [heute Bulgarien], unweit Konstantinopel." Und bald darauf: „Eine Masse Barbaren, durch Gewalt aus ihren Wohnsitzen verdrängt, trieb unstet mit Weib und Kind in einzelnen Gruppen am Donau-Ufer umher." Auf Ochsenkarren irrten die Goten am Strom entlang, wollten auf die Südseite übersetzen.

Der Kaiser befahl, in der Hoffnung auf gotische Söldner für sein geschwächtes Heer, eine Gruppe ins Reich zu lassen. Mit Booten, Flößen oder Baumstämmen setzten die Goten über, Tag und Nacht, immer mehr. Viele schwammen neben ihren Pferden her, verzweifelt bemüht, von der Macht des Stroms nicht abgetrieben zu werden. Alle wollten hinüber. Und dank überforderter römischer Grenzsoldaten schafften sie es auch: geschätzt 90 000, darunter 15 000 Kämpfer. Ausgehungert und voll Ingrimm über ausbleibende römische Hilfe gehen sie auf Beutezug, ziehen plündernd und brandschatzend auf Konstantinopel. Die Römer planen ihre Zerschlagung: Tötung der Anführer bei einem Gastmahl, wahlweise Vernichtung durch das Heer. Der Plan scheitert, stattdessen schlagen umgekehrt die Goten das Römerheer. Maßgeblich dank ihrer den Hunnen abgeschauten Bogenschützenreiterei. „Wohin auch die Augen sich richteten, lagen die Gefallenen zu Bergen aufgetürmt", so der Chronist. Gezwungenermaßen muss Rom ihnen Land zugestehen.

Was ein paar Jahre Frieden bringt. Bis die Hunnen nun direkt ins Reich einfallen, ausgerechnet die Goten wieder angreifen und sie zu neuer Flucht zwingen: Nun fallen sie unter ihrem Führer Alarich in Italien ein. In diesem eisigen Winter 406 n. Chr. aber steht das Kaiserheer im Abwehrkampf gegen eine beispiellose Invasion am Oberrhein: Wohl über 100 000 Germanen aus zahlreichen Stämmen überqueren samt Kind und Kegel den zugefrorenen Rhein, überrennen die römischen Verteidigungslinien und dringen in Gallien nach Süden vor. Ihre Antriebe ähnlich denen der Hunnen: Verheißungen von Reichtum und besserem, milderen Land. Das Ergebnis aus Sicht der Betroffenen: „Ganz Gallien war erfüllt vom Rauch eines einzigen Scheiterhaufens." Das Kaiserheer weiß kaum wo anfangen.

Die Goten in Italien jedenfalls haben freie Bahn. Wütend, dass man ihnen gutes Siedlungsland verweigert, ziehen sie gegen Rom, stürmen 410 n. Chr. zu Zehntausenden die mächtigen Mauern der Hauptstadt der Welt. Drei Tage wird geplündert und geraubt, besonders aus den Prachtvillen der Patrizier. Verschont werden jene, die sich in Kirchen flüchten – Alarich ist bereits Christ. Beim Abzug werden Römer verschleppt, darunter die Halbschwester des Kaisers, Galla Placidia. Sie wird später durch Heirat die Königin des späteren Gotenreichs in Südgallien und dann Spanien, wo die Goten endlich Heimat finden werden.

Der mit Tragödien gefüllte bittere Becher, den Europas Bevölkerung leeren muss, quillt über, als um 450 n. Chr. nun auch noch 50 000 Hunnen-Krieger, darunter die gefürchteten Bogenschützen, sengend und mordend quer durch Germanien und Gallien ziehen, wo sie erst durch die Schlacht auf den Katalaunischen Feldern, unter Mithilfe der Goten, aufgehalten werden. Dann aber nach Italien einfallen. Nicht genug damit: Nachdem das wankende Reich sie mühsam abgedrängt hat, fallen germanische Vandalen, ebenfalls vertrieben von den Hunnen – bis nach Nordafrika sogar – per Schiffsinvasion ein. Erneut wird Rom gestürmt und beraubt: Mit Schätzen und Gefangenen beladen kehren die Vandalen nach Karthago zurück. Mit dem Verlust Nordafrikas ist Rom nun von lebenswichtigen Getreidelieferungen abgeschnitten: Auch ökonomisch taumelt das Westreich nun seinem Ende entgegen. Das verwüstete Rom wird entthront, der Regierungssitz nach Ravenna verlegt.

Die Kaiser sind nur noch die purpurgekleideten Hüllen einstiger Macht. Diese liegt inzwischen bei den – nun meist germanischen – Heermeistern. 476 n. Chr. erheben die von Germanensöldnern dominierten Truppen ihren Heermeister Odoaker zum *rex italiae* – in der germanischen Stammestradition der Königsherrschaft. Kaiser ist da gerade Romulus Augustulus, das fremdgelenkte, noch kindliche *Kaiserlein* – als groteske Figur die passende Vorlage für eine Realsatire, siehe Dürrenmatts *Romulus der Große.* Odoaker setzt das Kaiserlein ab und begründet das germanische Königstum auf der Apenninenhalbinsel. Ein gutes Jahrzehnt kann er das Westreich stabilisieren. Doch dann tritt ein neuer Gotenstamm auf den Plan: Mit 100 000 Menschen zieht der Führer Theoderich gegen Odoakers Residenz Ravenna, erobert sie nach dreijähriger Belagerung, tötet Odoaker und erhebt sich zum neuen König über Italiker und Goten.

Menschliche Unergründlichkeit: Der Mörder führt über lange drei Jahrzehnte ein kluges Regiment und verewigt sich nebenher im grandiosen Mosaikenparadies Ravennas, heute ein Star der Welterbekulturstätten.

Nach Theoderichs Tod 526 n. Chr. aber sinkt das Westreich ins Dunkel der Geschichte. Anders als das Ostreich, das mit seiner prächtig-kunstreichen Hauptstadt Konstantinopel, später umbenannt in Byzanz, die römische Zivilisation noch fast tausend Jahre weitertragen wird. Manifestiert im monumentalen Ewigkeitsbau der Hagia Sophia, dem Leuchtstern der Ost-Christenheit. Der dann im Jahr 1453 mit der Erstürmung von Byzanz durch die Türken für eine andere Religion zu leuchten beginnt.

8

Dunkle Himmel: Imperiumsfall, Völkerwanderungen und -tragödien

Der *Runde Berg* bei Bad Urach am Trauf der Schwäbischen Alb, 250 Meter über das Tal aufragend, war um 500 n. Chr. Sitz eines alamannischen Fürstengeschlechts. Wir wagen eine Zeitreise dahin zurück.

„Reiter vom Tal herauf!" Schreiend rennt der Junge aufs Haupthaus zu. Die Herrin kommt hastig zur Tür, schaut hoffnungsvoll in die angezeigte Richtung. Die kleineren Kinder sammeln sich um sie, krakeelen fragend zu ihr hinauf. Fünf Reiter nur! Und ... ihr Mann nicht dabei! Schrecken gräbt sich in ihr Gesicht, unwillkürlich zieht sie die Kinder enger um sich. Unten halten die Reiter auf das Palisadentor zu, der voraus reitende – ein Arm an die Brust gebunden – lenkt das Pferd nur einhändig. Der Bruder ihres Mannes! Verwundet. Die anderen vier nur ein kleiner Teil der Ausgezogenen, ebenso mit Blessuren ... Auch ihr Ältester beginnt zu verstehen, schlingt furchtsam den Arm um sie. Unten sprengen die Reiter durchs Tor, hetzen zwischen den Gehöften und Werkstätten den Weg zum Haupthaus herauf.

Keuchend, noch vom Pferd herab, berichtet der Schwager. Was die Herrin erfährt, lässt sie die Kinder noch tiefer in die Rockfalten drücken. Ihr Mann tot, mit fast allen Gefolgsleuten. Die hier hinter dem Schwager die einzigen Überlebenden. Chlodwig hat gesiegt, das Alamannenheer vernichtet – und will die beteiligten Adelssippen ausrotten und ihren Besitz zu seinem machen. Die Verfolger sind schon hinter ihnen her, keucht der Schwager, können jeden Augenblick da sein. Sie müssen sofort hier weg, die Kinder auf den Pferdewagen gepackt, den leichten, schnellen. Und mitnehmen nichts als paar Goldsachen, anderes können die zwei älteren Kinder noch kurz ums Haus rum verstecken, in Felsspalten, im Buschwerk. Aber schnell! – Noch vorm Dunkeln müssen sie weit weg sein, die Franken haben scharfe Schwerter. Wo er hinwolle? Nach Süden zum Rhein, zum Kastell Constantia am großen See. Dort sind noch die Römer, Theoderichs Reich, der werde sie vor den Franken schützen, sie aufnehmen. Aber genug des Redens, schnell jetzt, wir müssen los!

Wieder zurück ins Heute: Am Runden Berg fand man zahlreiche, offenbar hastig versteckte Besitztümer der alamannischen Bewohner: im Unterdorf vor allem landwirtschaftliches Gerät und Werkzeuge, oben aber wertvollen Gold- und Silberschmuck. Nach dem Sieg des Frankenkönigs Chlodwig um 500 rissen die Bestattungen alamannischer Nobler weithin ab, danach aber finden sie sich wieder unter anderem südlich des Rheins, sogar bis nach Oberitalien: Indiz für die Flucht der Elite in das Reich Theoderichs. In der Tat ergriff Theoderich Partei für die Alamannen gegen die allzu expansiven Franken: Die töteten 507 sogar seinen Schwiegersohn, den König der Westgoten, als sie Südgallien eroberten. Theoderich war *not amused.*

Was aber hat das alles mit dem Klima zu tun? Kurze Replik: Rom, das Weltreich vom Atlantik bis zum Persischen Golf, war in eine immer schneller drehende Abwärtsspirale geraten. Teils waren die Ursachen selbst verschuldet, voran die Kräfteüberdehnung, teils aber auch bedingt durch Folgen des einsetzenden Schlechtklimas, so der drastische Bevölkerungsrückgang, teils Halbierung, durch die Pandemien, besonders die Pestkatastrophen: am allerschrecklichsten die Beulenpest. Als Folge wurde das Heer mit Söldnern aus Fremdvölkern aufgefüllt, voran Germanen, die aber immer stärker ihre eigenen Interessen verfolgten. Zudem wuchsen deren Landsleute im freien Germanien zum gefährlichen Feind des Reichs heran, drängten die Römer an den Rhein und nach Süden über die Donau zurück, hoffend auf milderes, fruchtbareres Land und auf Beute.

Schließlich, ganz maßgeblich klimabedingt, die verheerenden Invasionsstürme der Völkerwanderungszeit, ausgelöst durch die Hunneneinfälle ab 370 n. Chr. Zusätzlich ließ die globale Klimakrise die Kornkammern Roms austrocknen: Die Lieferungen aus Sizilien, Ägypten und erst recht aus dem von den Vandalen besetzten Nordafrika versiegten. Zu schlechter Letzt verfielen auch Geldwert und Finanzkraft, zumal Silber und Gold aus dem vereisenden Alpenbergbau ausblieben.

Das Reich blutete aus, die Kräfte schwanden. Mangels Versorgung und Sold verließen die römischen Grenztruppen ihre Garnisonen am Rhein – es schlug die Stunde der Germanen: Die Franken stießen ins nördliche, die Goten und Burgunder ins südliche Gallien vor, die Alamannen machten sich zwischen Main und Alpen breit. Bis der machthungrige Frankenkönig Chlodwig ihrer Herrschaft den Garaus machte, sie in der Schlacht von Straßburg unterwarf und die Alamannen-Elite, soweit sie nicht entkam, ausrotten ließ. Auf dass die Franken-Herrschaft unumschränkt und auf Ewigkeit gesichert sei.

Womit wir wieder bei der Herrin und ihren Kindern vom Runden Berg sind. Und uns mit dieser Schleife über die römische Agoniezeit versichern konnten, dass das Klima tatsächlich, ob direkt oder indirekt, den Untergang des römischen Weltreichs mit verursachte. Und gleich auch die Entstehung einer europäischen Nachfolgeordnung mitbestimmte. Eine sehr zweischneidige Ära: Aufbruch inmitten Untergang, Triumphe – zumal der obsiegenden Franken – inmitten der Katastrophen und Elendszeit Unzähliger.

Und Letzteres steigerte sich in einem Horrorlauf zu einer der dunkelsten Epochen der Menschheit: gemeinhin als Völkerwanderungszeit bezeichnet, und meist bis ins 8. Jahrhundert gerechnet. Lange Elendsjahrhunderte für den Großteil der Menschen. Verursacher: der Mensch selbst und das Klima.

Ein Vorzeichen setzten schon vor Beginn der Hunnenstürme die auftrumpfenden Germanen. Eroberungen und Beutemachen reichte ihnen nicht, es musste auch noch möglichst gewalttätig zugehen. Belegt ist ein Alamannenüberfall auf Christen, die in Mainz in einer Kirche zur Messe versammelt waren: Neben ihrer Ausraubung wurde ein Teil von ihnen auch noch verschleppt. Auch nach Bayern bis zum heutigen Passau gingen die alamannischen Raubzüge. Aber: Wo blieben denn da die krachledernen Bayernseppel? Die sonst immer gleich mit der Faust auf den Tisch hauen ... Die Bajuwaren waren bei ihrem

Zug nach Süden noch auf Etappe in Böhmen, hatten bloß ein Vorauskommando nach Bayern geschickt, das sich bei der verbliebenen romanischen Zivilbevölkerung als Security verdingte – aber die abgezogenen römischen Truppen nicht ersetzen konnte.

Die Franken mitnichten besser als die Alamannen. Mehrfach überfielen sie die „glänzende" Stadt Trier, die einstige römische Kaiserresidenz. „Durch drei aufeinanderfolgende Zerstörungen ist die Hauptstadt der Gallier ausgetilgt und verbrannt", berichtet als Augenzeuge der Christenmönch Salvian von Marseille. „Alles, was bei der Zerstörung dem Tode entronnen war, überlebte nachher das Unheil nicht. Überall lagen nackte und zerfleischte Leichen beiderlei Geschlechts, zerhauene Glieder von Gemordeten von Vögeln und Hunden zerrissen. Überall ein Bild des Todes."

Kleine Abschweifung: Der aufrechte Salvian, offenbar ein Gallier, beklagt mehr noch als die brandschatzenden Franken die skrupelloskorrupten römischen Steuereintreiber, die die „Niederen", besonders die Kleinbauern, um Land und Existenz bringen: „Milder sind die Feinde [Germanen] gegen sie als die Steuereinnehmer. Arme werden ausgeplündert, Witwen seufzen, Waisen werden mit Füßen getreten. Ja, viele von ihnen fliehen zu den Barbaren. Trotz deren anderer Gebräuche und Sprache und auch, wenn ich so sagen darf, ihres abstoßend üblen Geruchs der Leiber und der Barbarenkleider." Auch laut anderer Quellen dufteten die Germanen nicht eben nach Maiglöckchen. Im Klartext: Sie stanken. Andererseits aber wurde der Gerechtigkeitssinn der Franken gerühmt. Vielen also waren, laut Salvian, die stinkenden Franken erträglicher als die korrupten römischen Blutsauger. – Omen für die Zukunft: Die in Gallien eindringenden Franken würden à la longue mit den Galliern verschmelzen: zu einem neuen – französischen – Volk.

Zurück zu den Kriegsplagen. Hinzu kam dann in der eigentlichen Völkerwanderungszeit das Grauen von Attilas Hunnenzügen: Nur noch Brandschichten zeugen von ihrem Wüten, alle sonstigen Lebenszeichen sind ausgelöscht – Ödland der Geschichte. Und, nicht genug der Plagen, kommt auch noch ein Fluch des Klimas hinzu. In der

Lebensbeschreibung des in Bayern wirkenden Heiligen Severin finden sich zahlreiche Hinweise auf eisige Kälte, Hunger und Krankheiten. Severin organisierte Hilfslieferungen per Innschiffe: Sie wurden im Eis eingeschlossen. Der Heilige selbst war Asket, er ging ohne Schuhe selbst „mitten im Winter, welcher von schrecklichem Frost starrt [...] Für die Entsetzlichkeit der dortigen Kälte ist der beste Beweis die Donau, die durch den grimmigen Frost oft so fest wird, dass sie sogar Fuhrwerken eine sichere Überfahrt gestattet."

Wieder war es ein globaler, langanhaltender Klimaeinbruch: das *Klimapessimum der Völkerwanderungszeit.* Und wieder war im Süden das Hauptproblem die Trockenheit, vom Mittelmeergebiet über Anatolien bis nach Asien. In China schlugen sowohl Dürren wie auch Kälte zu: Mehrfach trocknete der Yangtse aus und fror im Winter zu. In der Notzeit wurde der angestammte Konfuzianismus verdrängt durch den trostreich-jenseitsorientierten Buddhismus.

Weiterer Beleg für die schwere, lange Klimakrise: Über die Römerzeit hinweg waren jahrhundertelang Kamelkarawanen von China, beladen mit Luxusgütern, auf der Großen Seidenstraße ins Imperium gezogen. Forscher fanden heraus, unter anderem aufgrund verlassener Siedlungen entlang der Route, dass zwischen 300 und 800 n. Chr. der Verkehr aufgrund Trockenheit zum Erliegen kam. Dies bestätigt auch die These, dass Auslöser der verheerenden Hunneninvasionen neben der Extremkälte auch die Austrocknung der Weidegründe in Zentralasien war – mithin war das Klima eine der Ursachen des Imperiumfalls.

Noch mal kurze Gesamtschau: Der ewige Süddrang der Germanen hatte lange vor Christi Geburt eingesetzt. Spätestens mit dem Zug der Kimbern und Teutonen um 112 v. Chr. zeigte er sich in seinem ganzen Furor. Ursache: verschlechterte Lebensbedingungen, laut Lamb durch die Ausbreitung arktischer Luftmassen in Nordeuropa. Später dann, nach 300 n. Chr., verursachte das zunehmende globale Schlechtklima den eskalierenden Invasionsdruck sowohl von Germanen an der Nordgrenze wie auch von Ostvölkern im Zuge von Hunnensturm und Völkerwanderung. In Verbindung mit weiteren Schlägen, wie durch das erstarkte Perser-Reich sowie durch innere Erosion, brach die Jahrhunderte lang dominierende Weltmacht Rom zusammen. Nur Ostrom mit der Hauptstadt Konstantinopel blieb noch eine Frist als eine – niedergehende – Macht unter mehreren.

Mitten in dieser Katastrophenzeit häufte sich ein Übel aufs andere: „Die Sonne war dunkel, und diese Dunkelheit dauerte 18 Monate", schrieb der Bischof Johannes von Ephesus aus Kleinasien. „Jeden Tag schien sie für etwa vier Stunden, und dennoch war dieses Licht nur ein fahler Schatten." Die Früchte seien nicht gereift und der Wein sei sauer gewesen. Laut dem römischen Historiker Prokopius strahlte die Sonne ein Jahr lang ohne Helligkeit und sah aus wie der Mond. Laut dem Bischof von Lesbos waren Sonne und Mond verdunkelt, und der Winter war „so schlimm, mit einer großen und unerhörten Menge an Schnee, dass die Vögel eingingen". Und in China notierte ein Chronist: „Gelber Staub regnete wie Schnee herab."

Laut der Analyse von Eisbohrkernen ist die Sonnenverdunklung zu erklären durch einen kolossalen Vulkanausbruch auf Papua-Neuguinea Anfang März 536. Auch die These eines gewaltigen Meteoriteneinschlags vor Australien wird diskutiert. Jedenfalls stürzten die Sommer- und Wintertemperaturen auf ein Rekordtief, und eine zehnjährige Klimadepression schloss sich an. Kalte Winde und das Dunkel ließen die Ernte verderben. Der Bischof Gregor von Tours berichtet aus dem Frankenreich von endlosen starken Regenfällen, Gewittern, Überschwemmungen, Missernten, Hungersnöten und späten Kälteeinbrüchen, denen Vögel zum Opfer fielen. Die Notzeit schlug um zur Todzeit.

Zumal auch noch die Beulenpest ausbrach, eingeschleppt aus Ägypten. Wegen der geschwächten Immunabwehr der Menschen griff sie rasend schnell um sich, vor allem in den Städten, und raffte Abermillionen dahin. Die Hälfte der Bevölkerung erlag dem Teufelspakt aus Klima- und Hungersnöten, Pandemien, Kriegs- und Raubzügen. Weite Landstriche verödeten, Wald und Buschwerk überwucherte die mühsam gerodeten Ackerflächen. Es schlug die Stunde der Wölfe. Hungrig schlichen sie um die Dörfer. Die noch Lebenden kämpften gegen sie an mit Fallen, Giftködern, Treibjagden. Doch Hunger macht aggressiv. In eine Dorfkirche südöstlich Paris platzte ein Wolf mitten in die sonntägliche Messe. Dunkle Himmel, dunkle Zeit.

Getrieben vom in Skandinavien noch lebensfeindlicheren Klima langten die germanischen Langobarden, die *Langbärtigen,* auf dem Zug nach Süden im Gebiet zwischen dem heutigen Wien und Budapest an. Um 570 aber brachen dort die Awaren ein, mörderische Steppenreiter, getrieben wie zuvor die Hunnen von der Eiseskälte und den Dürren Asiens. Laut 2024 publizierter Gen-Analysen an 400 Skeletten nahmen die Awaren sich die Frauen aus den eroberten Regionen. Was mit deren Männern und Kindern geschah, lässt sich nur erahnen. Kein Wunder, dass die Langobarden die Flucht antraten – Richtung Süden, nach Italien. Sie eroberten große Teile davon und errichten ein Königreich mit der Hauptstadt Pavia. Ihre 200-jährige Herrschaft bringt der Apenninenhalbinsel Stabilität: Dies gilt den Historikern als das Ende der Völkerwanderungszeit mit ihren unaufhörlichen Einfällen, Kriegen und Schrecken.

Übrigens, in dieser Zeit traf das Trockenklima auch Arabien. Hungersnöte grassierten, Siedlungen wurden aufgegeben, die Menschen verloren Sicherheit und Halt. Und suchten nach neuer Hoffnung. Schon lange diskutieren Forscher einen Zusammenhang mit dem Siegeszug des Islam. Eine neue Studie bestärkt die These: Der Verfall des Altarabischen Reichs sei durch „schwerste Dürreperioden“ im 6. Jahrhundert ausgelöst worden. Das habe der neuen Religion den Boden bereitet und den Muslimheeren oft die Tore der Städte geöffnet. Wo nicht, sprach das scharfe Schwert der Gotteskrieger. Und ihr religiöses Sendungsbewusstsein tat ein Übriges. Die Dürren waren mithin eine von mehreren Ursachen für den ungeheuren Siegeszug, der den Islam schließlich bis an den Hindukusch und Indus im Osten und nach Spanien im Westen führte.

Es sind Jahrhunderte scharfer Klimaumschwünge, die Anomalien nehmen kein Ende: Im Jahr 763 der „Jahrtausendwinter“, der furchtbarste seit Menschengedenken. Ein extremer Temperatursturz verwandelt Europa in eine Eiswüste. Die Flüsse frieren zu, und sogar das Schwarze Meer. Vor Konstantinopel trieben Eisberge. „Es war damals ein so strenger Winter, dass man sich keiner ähnlichen Kälte von früheren Jahren her zu erinnern wusste", notiert Einhard, der Biograf Kaiser Karls des Großen. Er hat nicht übertrieben: Laut dendrologischer Untersuchung von antiken bayerischen Holzbrunnen waren die Jahresringe der Eichenstämme im Jahr 764 nur um knapp 0,1 Millimeter gewachsen: Ein vergleichbarer Einbruch der jährlichen Zuwachsrate lasse sich bisher für kein anderes Jahr in der Geschichte Europas feststellen, so das Fazit.

Für die 760er-Dekade berichten zahlreiche Annalen eine Serie von langen Extremwintern, von den Britischen Inseln über die Mittelmeerländer bis zum Schwarzen Meer und Nahen Osten. Sie hatten schlimme Folgen, zumal man sich nach einigen milden Jahrzehnten nicht auf die plötzliche Kälte vorbereitet hatte. Laut einer Chronik war „großes Eis" auch in Gallien und südlichen Ländern: „Viele Oliven- und Feigenbäume vertrockneten, aber auch die Saaten des Getreides. Und im nachfolgenden Jahr drückte der Hunger die genannten Regionen schwerer als sonst nieder, so dass viele Menschen wegen Mangels an Brot starben."

Kein Wunder, dass Kaiser Karl der Große, geboren 748 und aufgewachsen mitten in der Kaltzeit, Aachen wegen der heißen Quellen, genutzt schon von den Römern, zu seiner Hauptresidenz wählte. Besonders häufig hielt er sich dort im Winter auf – nur allzu verständlich. Hier fanden Reichsversammlungen und Synoden statt, hier herrschte reges politisch-kulturelles Leben, von hier aus wurde das frühmittelalterliche Europa entscheidend geprägt. Hier im Grenzgebiet zwischen romanisierten Galliern und freien Germanen sowie sprachlich zwischen *lingua rustica romana* und *lingua theodisca* wurden die künftigen zwei Nationalitäten und ihre Sprachen Französisch und Deutsch legitimiert.

Hier steht, glücklicherweise noch heute, die grandiose Pfalzkirche Karls des Großen: nacheifernd dem Tempel Salomon und dem Mythos des himmlischen Jerusalem. Ihr oktogonaler Grundriss symbolisiert die vollkommene Zahl Acht, die antiken Säulen und Kapitelle sind ein Legitimationsgeschenk des Papstes aus Rom, der alten Imperiumskapitale. Gekrönt ist die Pfalzkirche von einem Kuppelgewölbe in

31 Metern Höhe – damals höchster Kuppelbau nördlich der Alpen. Dies alles sollte zeigen: Hier ist das neue, zweite Rom, das Zentrum der Christenheit und des neuen Reiches.

Zurück zum Klima: Die Blitzumschwünge zwischen milden und kalten Perioden waren ein tödliches Unheil. Endlich, zur Zeit von Karls Kaiserkrönung um 800, häuften sich vermehrt Gutphasen. Unterbrochen aber immer noch von Hungerjahren aufgrund Überschwemmungen oder Extremwintern. Sogar die Lagune von Venedig fror zeitweise zu. Das Vieh ging zugrunde, unter den Menschen grassierten Seuchen, darunter die schreckliche Lepra. Vermeintliche Verbreiter der Seuchen, angeblich im Auftrag von Feinden des „allerchristlichsten Kaisers Karl", wurden grausam umgebracht. Wie ein finsteres Unwetter verzog sich die Dunkelzeit, englisch: *Late Antique Ice Age*, mit letzten, nur langsam verhallenden Schrecken.

Ein halbes Jahrtausend hatte sie gedauert und eine allumfassende Zerstörung bewirkt mit Zivilisationsverlust, Entvölkerung und Landverödung. In aller Agonie aber waren zwei Kräfte geblieben: die Kirche und die von den obsiegenden Franken bewahrten Reste römischer Ordnung. Die Kirche wurde zur Ankermacht, die den Totalabsturz verhinderte. Sie bewahrte die Verwaltungsstrukturen in Gestalt der Bistümer sowie in den Klöstern Zivilisation, Bildung und lebenswichtige Fertigkeiten wie Land- und Gartenbau. Nicht zuletzt erwuchs sie in Chaoszeiten zur einzigen haltgebenden Autorität und Nothelferin, siehe etwa die Hilfsaktionen des bayerischen Severin für die Hungernden und sein mutiges Auftreten gegen marodierende Alamannen.

Die Franken wiederum stützten sich bei ihrer großräumigen Landnahme auf eben diese kirchlichen Strukturen und gewannen Stärke durch Kontinuität: Anerkennung von römischem Verwaltungssystem und Recht, von privatem und kirchlichem Grundbesitz sowie Assimilation an die römische Zivilisation – einschließlich Sprache. Dank solch staatstragender Umsicht gewann das Frankenreich dauerhafte Suprematie über all die anderen kurzlebigen Herrschaften der Völkerwanderungszeit – wie Alamannen, Goten, Hunnen, Langobarden – und wurde zur Dominante des neu entstehenden Europas, des christlichen Abendlandes.

So markiert der Aufstieg der Franken das Ende der langen, dunklen Jahrhunderte mit ihren Schrecken von Massakern bis zum Kälte- und Hungertod von Groß und Klein. Und das langsame Beginnen eines helleren Morgen.

9

Aufbruch ins Licht: die Mittelalterliche Warmzeit

August 1001. An der Südspitze Grönlands gleitet ein mit drei Dutzend Männern besetzter Wikinger-Segler durch einen Fjord Richtung offener Ozean. Vorbei an weidegrünen Hängen und basaltschwarzen Bergen. Der Fjord weitet sich, die Ufer treten zurück, kalt frischt der Wind auf, bläht das große Vierecksegel. Das Schiff nimmt Fahrt auf, durchkreuzt den aufkommenden Seegang, das Rauschen der gischtenden Bugwelle schwillt an.

Der Steuermann im Heck umklammert das große Holzruder, aufmerksam wachend, dass das Schiff die anrollenden Wogen sicher nimmt. Ist es Leif Eriksson, der Anführer des Unternehmens? Wir wissen es nicht, Leif könnte auch vorne im Bug navigieren und auf Treibeis achten, das sich, sie halten Nordkurs, allmählich zu zeigen beginnt. Bei der beachtlichen Fahrt, die der Segler jetzt macht, würden die Holzplanken einen Zusammenstoß nicht überstehen. Sie wären verloren, bevor sie auch nur das geringste Anzeichen auf ihr fernes Ziel erblickt hätten ...

Nur kurz spürte Leif Wehmut und Zweifel beim Verlassen des vertrauten Fjords: Würden sie Brattahild je wiedersehen, die friedlich weidenden Rinder, Schafe, Ziegen? Der große Besitz würde von seinem Vater auf ihn übergehen, samt dessen Rang als Erster der Grönland-Wikinger. Er, Leif, wäre hochgeachtet, würde ein gutes Leben führen. Aber: Nie hätte er es sich verziehen, dem Vater nachzustehen, Erik dem Roten, Entdecker Grönlands und Pionier der Besiedlung. Und das umso mehr, als die Kunde von einer fernen Küste jenseits des Eismeers ihn nicht ruhen ließe: Weithin grün und bewaldet soll sie sein, mit riesigen Weideflächen für die Herden und unermesslich Holz für den Hausbau – alles, was auf Grönland so knapp ist. Ein Siedlungsparadies, bei weitem Grönland übertreffend in Größe und Ertrag. Und er der Entdecker, der Gründer und Herr, von dem man sich weithin erzählen wird ...

Der mächtige Segler, zwanzig Meter lang, sechs Meter breit, durchrauscht die Wogen. Gischt und der immer schneidendere Eiswind lassen die Männer frösteln. Zur Rechten Grönlands Westküste: berghohe vergletscherte Klippen, dazwischen tief eingeschnittene Fjorde. Nach zwei Tagen und Nächten beobachtet Leif die Küste noch aufmerksamer. Er kennt sie von Fahrten im Auftrag seines Vaters. Nun kommt sie in Sicht, die zweite Grönlandsiedlung, Vesterbygd. Wie Brattahild in einem Fjord gelegen, dem letzten mit Weideland für das Vieh. Einmal im Jahr kommen ihre Siedler nach Brattahild zum Thing. Von Vesterbygd ab weiter nach Norden gibt es nun kein Grün mehr, nur noch Eis. Als dicken Panzer auf den Klippen und als tödliche Gefahr im Meer. Er muss den Männern noch einmal höchste Aufmerksamkeit einschärfen. Und dann den Zeitpunkt bestimmen, wann sie von Nord auf West drehen mussten: Irgendwo im Westen jenseits des nebligen Eismeers liegt es, das Fabelland ...

Früher als in Mitteleuropa hatte in Nordeuropa die *Hochmittelalterliche Warmzeit* eingesetzt. Menschen aus dem notgeplagten Skandinavien – Norwegen, Schweden, auch Dänemark – wagen sich ab 800 immer öfter aufs Nordmeer: immer weniger Treibeis und gefährliche Stürme, zunehmend zugänglich und lockend die bisher vereisten fremden Küsten. Besonders die Wikinger-Krieger überqueren nun die See in ihren schnellen Drachenbooten für Raubüberfälle auf „reiche" Städte, Dörfer, Klöster. So gut wie alle an Küsten oder Flüssen gelegene Orte trifft es, von Nord bis Süd: die Britischen Inseln samt London, das ganze Frankenreich von Hamburg über Köln und Paris bis Rom. Selbst tief ins Slawenland dringen sie ein.

Die Nordmänner gründen Reiche in der Normandie und in Sizilien – wo ihre Herrscher, wundersame Wandlung, später grandiose Kunstwerke erschaffen lassen, etwa in Palermo den goldglitzernden Normannenpalast und die Kathedrale. Sie setzen Könige über die Slawen ein, beginnend mit der Dynastie der Kiewer Rus, Keimzelle des Russischen Zarenreichs. Im Jahr 1066 setzt das Invasionsheer des Normannenherzogs Wilhelm der Eroberer aus der Normandie nach England über, besiegt die Angelsachsen und begründet dort ein Königreich, das Geschichte, Sprache und Kultur Großbritanniens bis heute prägt.

Nicht nur die kriegerischen Wikinger, alias Normannen, schreiben Geschichte. Auch friedfertige Siedler ziehen aus, weil das knappe Bauernland Skandinaviens sie kaum noch ernähren kann. Ab 870 überwinden sie in großer Zahl tausend Kilometer Nordmeer hinüber nach Island – das „Eisland", wie man es in der bisherigen Schlechtzeit nannte. Jetzt aber lockendes Siedlungsland, zumal wegen des vielen Weidelands für die geschätzte Viehwirtschaft.

Gegen 980 wird dort ein gewisser Erik der Rote im Jähzorn zum Mörder – der Vater von Leif Eriksson, dem Entdecker in spe. Das Thing, der Rat aller freien Männer Islands, spricht eine dreijährige Acht über Erik: Jedermann darf ihn töten. Erik, so willensstark wie jähzornig, hat da schon vorgesorgt: Samt Frau, Sohn und etlichen Getreuen segelt er los. Sein Ziel ist eine bisher nur gesichtete, aber nie betretene Küste im Westen. Erik findet ein eisgepanzertes, unzugängliches Land vor. Verbissen suchend segelt er die Küste entlang Richtung Süden. Fast tausend Kilometer. Bis das Eis endet und er einen ausgedehnten, begrünten Fjord findet, geeignet für eine Siedlung. Brattahild wird er sie nennen, „Steiler Hang". Und drei Jahre später, nach Ablauf der Acht, zurücksegeln nach Island und eine große Zahl Isländer auf Dutzenden Schiffen nach Brattahild holen. In das Land, das er „Grünland" nennt.

Noch mehr als Erik wird sein Sohn Leif Eriksson eingehen in die Annalen als Entdecker: Nach fünftägiger Tag- und Nachtfahrt über das nebelverhangene Eismeer erreicht er die Nordspitze Neufundlands und betritt als erster Weißer die Neue Welt. Auf seine Pioniertat hin beginnen die Wikinger mit der Besiedlung, wovon sowohl die *Grönländersaga* zeugt wie auch die in den 1960er Jahren ausgegrabene Wikingersiedlung im Norden Neufundlands mit einst über hundert Bewohnern. Dieser ersten europäischen Kolonie in Amerika war aber kein langer Bestand gegönnt, der Druck der amerikanischen Ureinwohner auf die Siedler erwies sich als zu stark.

Hoch im Norden war die Mittelalterliche Warmzeit besonders ausgeprägt. Davon zeugen die aufgetauten und zum grünen Weideland gewordenen grönländischen Siedlungsgebiete, die später wieder dauerhaft vereisten, wie auch die dortigen Erdbegräbnisse in Böden, die danach wieder gefroren im Permafrost bis heute. In Mitteleuropa und anderen Weltteilen kam die Warmzeit später, datiert meist zwischen 1000 bis 1300, und zeigte sich auch uneinheitlicher. So gab es bisweilen immer noch eisige Winter: Im Jahr 1118 etwa dauerten die Fröste örtlich bis in den Juni, und in Venedig gefror die Lagune. Aber üblich waren milde Winter und warme bis heiße Sommer. So heißt es in Nürnberger Annalen für das Jahr 1022, dass Menschen „auff den Strassen vor großer Hiz verschmachtet und ersticket" seien. Um 1100 verzeichnet ein Geograf Weinbau bis hoch nach Utrecht und Bremen, und im Osten bis Krakau. Und um 1250 berichtet ein botanisches Traktat von Feigenbäumen, die „in Köln und in Teilen des Rheintals um die Stadt herum reichlich vorhanden sind und dreimal im Jahr Früchte tragen". Sogar von fruchttragenden Olivenbäumen ist die Rede.

Gemittelt ist die Warmzeit klar evident, etwa aufgrund des weltweiten Rückzugs großer Gletscher, oder der auf weit über 2000 Meter gestiegenen Baumgrenze. Auch beim Vergleich mit der davor herrschenden Schlechtzeit und der danach anbrechenden Kleinen Eiszeit sticht die Warmepoche unübersehbar ins Auge.

Die Ursache für die Klimagunst? Es gibt mehrere plausible Thesen. Mit der wichtigsten angefangen: der Rolle der unangefochtenen Regentin über alles Erdendasein – der Sonne. Neuere hochauflösende Isotopenanalysen an Eisbohrkernen zeigen eine erhöhte Sonnenaktivität und damit eine höhere Erderwärmung zwischen den Jahren 900 und 1300, mit Höhepunkt zwischen 1100 und 1250. Dies erklärt auch die relativ frühe und starke Erwärmung im hohen Norden, weil hier die Eis-Albedo-Rückkopplung zum Tragen kam: Die stärkere Sonnenstrahlung schmilzt Eis und Schnee und entblößt dadurch das darunter liegende Land und Wasser, welches dann mehr Strahlung absorbiert und eine Erwärmungsspirale auslöst.

Daneben verursachte die erhöhte Sonnenaktivität auch Strömungsänderungen in den Ozeanen. Zumal über den gewaltigen Wassermassen des Pazifiks veränderte dies die Luftdruckverhältnisse mit weitreichenden Folgen: Über atmosphärische Kopplungen wurde auch das Klimageschehen auf dem Atlantik beeinflusst, mit dem Ergebnis verstärkter Westwindlagen und damit milder Witterung von Mitteleuropa bis Sibirien, zumal in den Wintern. Die Südhemisphäre erlebte hingegen keine so ausgeprägte Warmzeit. Noch sind die komplexen Kopplungen zwischen Pazifik, Atlantik und dem Rest des Planeten nicht vollständig geklärt. Aber die Existenz dieser globalen Fernwirkungen gilt als gesichert, so etwa durch vergleichende Eisbohrkernanalysen von Gletschern aus den Hochgebirgen Perus und Tibets.

Noch eine weitere Mit-Ursache für die Mittelalterliche Warmzeit: Im Gegensatz zu den Jahrhunderten davor und danach bewirkten Vulkanausbrüche damals nur eine vergleichsweise untergeordnete Dämpfung der Sonneneinstrahlung.

Die klimatisch helleren Himmel begannen das Erdenleben zu erleuchten, das materielle wie das spirituelle. Zu Letzterem schreibt ein burgundischer Chronist kurz nach dem Jahr 1000: „Es war geradezu, als schüttelte die Welt ihr Alter ab und legte allenthalben einen weißen Mantel von Kirchen an. Damals wurden fast sämtliche Kirchen der Bischofssitze, die Klosterkirchen, ja selbst die Dorfkirchlein von den Gläubigen schöner wieder aufgebaut." Schöner und vor allem auch größer. Denn klimabedingt mehrten sich die Ernteerträge und damit die Bevölkerung. Die Missernten und Hungersnöte ebbten ab und mit ihnen die Sterblichkeit, zumal der Kleinkinder. Hinzu kamen Verbesserungen des Ackerbaus wie Dreifelderwirtschaft, Räderpflug mit Schollenwendung, Egge, Hufbeschlag der Pferde, Hülsenfrüchte als weitere Nahrungsquelle. Geschätzt verdreifachte sich Europas Menschenzahl während der Warmzeit. Die alten Kirchen vermochten die Gläubigen nicht mehr zu fassen.

In der Tat setzte ein beispielloser Baueifer ein, in Zahl sowie Größe und himmelstürmender Höhe (Abb. 5). Vorreiter war die Klostergemeinde im burgundischen Cluny. Sie ersetzte 980 das alte Kirchlein durch eine wesentlich größere dreischiffige Kirche. Und schließlich ein Jahrhundert später durch einen fünfschiffig-vieltürmigen Riesenbau von unglaublichen 187 Metern Länge – in den 1789er-Revolutionswirren aber großteils abgerissen.

Schlag auf Schlag folgten weitere Marksteine des geistig-spirituellen Aufbruchs:

- 1012 Bamberger Dom, anmutig flankiert von vier hohen Türmen
- 1065 Westminster Abbey London
- 1094 Markusdom Venedig
- 1106 Dom zu Speyer, mit 134 Meter Länge der weltweit größte erhaltene romanische Dom
- 1140 Kathedrale Saint Denis (Paris), erster gotisch inspirierter Kirchenbau, Vorbild für folgende Gotikbauten: himmelstürmende Höhe, in Relation zur Romanik riesige Fenster, deren hellstrahlendes Buntglas den Gläubigen ein Sinnenfest bereitete
- 1181 Dom zu Worms, nach Speyer zweiter romanischer Kaiserdom Deutschlands
- 1190 Beginn Straßburger Münster, mit seiner graziösen Fassade ein Höhepunkt der Gotik
- 1225 Kathedrale Notre Dame in Paris, Ikone des Abendlands, ihr Brand im Jahr 2019 eine bedenkliche Metapher
- 1239 Mainzer Dom, dritter romanischer Kaiserdom Deutschlands
- 1248 Beginn des Kölner Doms, fertiggestellt erst 1880

Der Übergang zwischen Romanik und Gotik war gleitend: Das Straßburger Münster etwa wurde romanisch begonnen und endete als Glanzpunkt der Gotik. Deren Streben nach Licht, Leichtigkeit und himmelsgleicher Höhe wurde so übermächtig, dass bisweilen das mühselig aufgemauerte Riesenwerk wieder in sich zusammenbrach, sogar zweimal hintereinander, wie die Kathedrale in Beauvais nördlich von Paris – die aber nach zweitem Wiederaufbau mit der weltweit höchsten Gewölbehöhe von 48 Metern prunken kann.

Es war ein Baurausch, gespeist aus spirituellen und materiellen Quellen. Und nicht zuletzt auch aus Prestigestreben. Das Klima hatte das Tor aufgestoßen, die Menschen waren hindurch gegangen und nutzten unter den helleren Himmeln kraftvoll die neuen Möglichkeiten. So wurde das Hochmittelalter auch zur großen Zeit der Stadtgründungen: Kiel, Lübeck, Bremen, Hannover, Berlin, Magdeburg, Leipzig, Dresden, Düsseldorf, Frankfurt, Nürnberg, Stuttgart, Freiburg, München – und viele mehr. Im deutschen Sprachraum explodierte die Zahl der Städte von den wenigen hundert, die die Schlechtzeit überlebt hatten, auf über 3000. Im restlichen Europa war es ähnlich. Nach 1350, mit Beginn der *Kleinen Eiszeit,* stürzte die Zahl der Neugründungen drastisch. Viele europäische Städte haben ihre Wurzeln zwar in der Antike, aber die heutige Städtedichte, zumal in Deutschland, stammt aus der Mittelalterlichen Warmzeit.

Die zunehmende Urbanisierung hatte eklatante Folgen. Die Städte wurden zu florierenden Zentren eines wirtschaftlichen Aufschwungs, der die alte Klassenhierarchie von Adel, Geistlichkeit und Gemeinen aufzusprengen begann. In der Freiburger Gründungsurkunde von 1120 heißt es: „Wer aber über Jahr und Tag in der Stadt gewohnt hat, ohne daß irgendein Herr ihn als seinen Leibeigenen gefordert hat, der genießt von da an sicher und unangefochten die Freiheit." Eine unerhörte Gesellschaftsumwälzung kommt in Gang: Unzählige Landleute machen sich ihrer Herrschaften ledig und folgen dem Ruf „Stadtluft macht frei!". Sie bilden das Substrat der wachsenden *stette* und deren aufblühenden Gewerben, zunächst der Handwerke: Bauen, Textil, Gerbereien und viele mehr. Tuchmacher und -händler waren unter den ersten, die wohlhabend wurden und heranwuchsen zum neuen Stand der Bürger – *burgliute:* Die Städte mit ihrer Ummauerung waren schutzbietende Großburgen. Besonders erfolgreiche Bürger schließlich, etwa Reichgewordene oder Zunftherren, stiegen auf zu Patriziern; sie ließen sich in den Rat der Stadt wählen, bestimmten den Bürgermeister und die Politik.

Bezeichnend dafür das Augsburger Fuggergeschlecht: Beginnend als Weber stieg es zunächst in der Zunft auf, verlegte sich ab 1380 auf Textilhandel und Kreditvergabe und wurde dabei so reich, dass es, unter Jakob Fugger, Fürsten, Könige und Kaiser finanzierte. Einem Kirchenmann wie Luther, obwohl vergleichsweise aufgeklärt, blieb das ein Buch mit sieben Siegeln: Bei ihm, meinte er, gebe zwei und zwei immer vier, bei Jakob Fugger aber immer fünf.

Die rapid gewachsene Potenz mancher Städte zeigt sich am Beispiel von Regensburg: Die Kaufmannsgilde ließ ab 1135 die kolossale, über dreihundert Meter lange *Steinerne Brücke* über die beiden Donauarme erbauen. Nach elf Jahren war das 16-bögige, schwer zu grundierende Monumentalwerk fertig – eine enorme Leistung für damalige Verhältnisse. Und ein weltliches Gegenstück zu den sakralen Aufbruchszeugen. Zwischen Wien und Ulm war es die einzige Donauquerung und ein starker Anschub für den Fernhandel zwischen Nord und Süd. Wovon wiederum die Stadt profitierte, allein schon durch Zolleinnahmen. Bis 2020 ging der ganze Verkehr über die Brücke, seitdem dient sie den Nichtmotorisierten – und dem historischen Rang der Stadt: Bei der Erhebung Regensburgs zum Weltkulturerbe ging das 900-jährige Geschichtszeugnis maßgeblich in die Wertung mit ein.

Mit den erstarkenden Städten erwuchs den bisherigen Autoritäten, Adel und Klerus, unerwünschte Konkurrenz. Die Ehrfurcht vor ihrer vorgeblich gottgewollten Herrschaft schwand, dafür wuchs im Volk Selbstbewusstsein, Vernunft, erfolgreiches Wirtschaften. Der gekränkte Dünkel der Alt-Autoritäten machte sich Luft: „In der Stadt fürchten die Leute weder Gott noch ihre Herren", so 1128 ein führender Kleriker. Dafür schätzten Kaiser die Städte als Gegengewicht zu Adel und Klerus, und förderten sie samt ihren Trägern, etwa die als soziale Großfamilien wirkenden Zünfte und Gilden: Sie seien, schreibt Kaiser Sigismund 1438 in seiner großen Reformbotschaft, „zu dem Zweck erfunden, dass Jeder durch sie sein täglich Brot verdiene [...] So wird die Welt ihr Elend los, und Jeder kann seinen Unterhalt finden und Jeder seiner Nahrung sicher sein".

Auch die Geschichte der Alpenüberquerungen illustriert die Warmzeit. Zwar zog Karl der Große mehrfach über die Alpen, im Jahr 800 schließlich zur Krönung als Kaiser des wieder errichteten Römischen Reichs. Die fränkischen Könige erkannten die Bedeutung der Alpenübergänge für den Zusammenhalt ihres Imperiums, aber den Verfall der alten römischen Fernstraßen konnten sie kaum aufhalten. Erst kurz vor der Jahrtausendwende unter dem Ungarn-Bezwinger Kaiser Otto der Große setzt die Sicherung und Wiederherstellung ein. Die Marksteine: 973 bis 1050 Rückeroberung der Seealpen von den marodierenden Sarazenen sowie Bau der Passhospize am Mont Cénis und Großen St. Bernhard; ab 1150 Sicherung Brennerpass durch Schutz- und Gasthäuser; gegen 1200 Ausbau verschiedener Pässe für Ochsen- statt nur Saumtiertauglichkeit; 1225 Gangbarmachung St. Gotthard-Pass durch Hängesteg, alias Teufelsbrücke, in der Reuss-Schlucht.

Mehr als hundertmal überquerten während dieser Zeit fränkische und dann deutsche Könige die Alpen zu Kaiserkrönung, zu Kriegseinsätzen oder im Fall Heinrich IV. zum Büßergang nach Canossa. Immer unter Festhalten an der Schimäre des Römischen Reichs Deutscher Nation. Letztlich ein ebenso gigantomanischer wie fruchtloser Kräfte- und Menschenverschleiß über Jahrhunderte hinweg. Letztlich auch Ursache der verspäteten deutschen Nationalstaatsbildung: Sie rief Missgunst und Widerstand der längst etablierten Nachbarmächte hervor, zumal Frankreichs, und wurde zur Mit-Ursache der späteren Katastrophen.

Zurück zu den Alpenpässen: Zeitgleich mit ihrem Ausbau begann der Fernhandel zwischen Nord und Süd zu boomen. Hauptdrehscheibe in Italien: Venedig. Schon vor 1200 richtete man dort eine eigene Niederlassung für deutsche Kaufleute ein: *deutsch* äußerst großzügig definiert bis hinauf nach Skandinavien. Der Handel schwoll so an, dass man schon 1228 eine grandiose neue Niederlassung einweihte, geradezu einen Handelspalast: den heute noch zu bewundernden *Fondaco dei Tedeschi* – Handelshof der Deutschen, direkt am Canal Grande neben der Rialtobrücke: absolut sehens- und begehenswert! Venedigs Spiegelung auf deutscher Seite war die bewusste gewerbereiche Handelsstadt Nürnberg und bald auch Augsburg. Der Ausbau des Brennerpasses beflügelte den Austausch. – Nicht nur der Waren, sondern auch Ideen:

So weilte so mancher Sohn deutscher Kaufleute zur Ausbildung in Venedig, und brachte das in Italien schon hoch entwickelte Bankwesen mit nach Hause. Darunter auch Jakob Fugger, der bezeichnenderweise später als Kreditsponsor der Mächtigen die europäische Politik mit beeinflusste.

Der aufwendige Ausbau der Hochgebirgspässe und der immer stärkere Passverkehr – Exzellenzen, Geistliche, Kaufleute, Pilger – ist ohne Klimagunst nicht leicht denkbar. In Summe bündelten sich also in dieser Zeit ganz unterschiedliche spirituelle und materielle Aufbrüche: Kathedralen- und Städteboom, erstarkendes Bürgertum als Gegengewicht zu Adel und Klerus, Aufschwung von Wirtschaft, Wohlstand, Handel, Waren- und Ideenaustausch. Alles floss zusammen in einer mächtigen Daseinsentfaltung. Im Vergleich zur davor vielfach niedergedrückten und bedrohten Menschenexistenz: fast eine Neugeburt, eine Art erste Renaissance.

Im Grau der Zukunft aber verbarg sich schon Gegenteiliges.

10

Die Kälte, die aus der Arktis kam: Kleine Eiszeit 1300–1850

Heut bin ich über Rungholt gefahren,
Die Stadt ging unter vor sechshundert Jahren.
Noch schlagen die Wellen da wild und empört,
Wie damals, als sie die Marschen zerstört.

So der Beginn der Ballade *Trutz Blanke Hans* von Detlev von Liliencron. Er schildert darin den Untergang des an der Nordsee gelegenen legendären Handelsplatzes Rungholt durch eine vernichtende Sturmflut. Die in Sagen als reich und stolz beschriebene Stadt gab es tatsächlich: 2023 und 2024 entdeckten Forscher im Wattenmeer vor Husum die Fundamente von Rungholts Kirche sowie zahlreiche Siedlungshügel, aufgrund der sie die Bewohnerzahl auf rund 2000 schätzen – eine vergleichsweise hohe Zahl ähnlich wie die des damaligen Kiel.

Auch die Umstände des Untergangs sind bekannt: Es war die verheerende Sturmflut am 16. Januar 1362, die *Große Mandränke,* die zwei bis drei Meter hoch über die Deiche schlug und große Teile der nordfriesischen Küste verschlang. Zurück blieb nur die zerrissene Kette von Inseln und kleinen Halligen von Dänemark bis vor die Elbmündung. 25 000 Menschen ertranken, noch heute finden sich im Watt Knochen der Opfer. Der Trotzruf der standhaften Rungholter gegen die Nordseestürme – „Trutz, Blanke Hans!" – ging in der Flut elendiglich unter.

Als Dichter findet Liliencron für die Ursache der Katastrophe eine mythische Deutung:

Mitten im Ozean schläft bis zur Stunde
Ein Ungeheuer, tief auf dem Grunde.
Sein Haupt ruht dicht vor Englands Strand,
Die Schwanzflosse spielt bei Brasiliens Sand.

Schließlich der Tag der Katastrophe:

Und überall Friede, im Meer, in den Landen.
Plötzlich wie Ruf eines Raubtiers in Banden:
Das Scheusal wälzte sich, atmete tief,
Und schloß die Augen wieder und schlief.
Und rauschende, schwarze, langmähnige Wogen
Kommen wie rasende Rosse geflogen.
Trutz, Blanke Hans.
Ein einziger Schrei – die Stadt ist versunken,
Und Hunderttausende sind ertrunken.
Wo gestern noch Lärm und lustiger Tisch,
Schwamm andern Tags der stumme Fisch.
Heut bin ich über Rungholt gefahren,
Die Stadt ging unter vor sechshundert Jahren.
Trutz, Blanke Hans?

Mit dem Haupt des Meerungeheuers „dicht vor Englands Strand" traf Liliencron es eigentlich ganz gut: Laut Klimahistorikern zog der Orkan über Südengland heran. Aber die eigentliche Ursache für die ungeheure Zerstörungsmacht kam von anderswo her: aus der Arktis. Unter der Überschrift „Die Klimaverschlechterung in der Arktis" schreibt Lamb, dass sich nach 1200 die Lebensbedingungen der Grönländer und der Isländer massiv verschlechterten. „Dieser Umstand hängt eindeutig mit der Abkühlung der Arktis zusammen." Die Ursache: erhöhte vulkanische Dämpfung der Sonneneinstrahlung, in Verbindung mit der besonders sensiblen Reaktion des Polareises aufgrund der bewussten Albedo-Rückkopplung. Ab etwa 1260 kam dann mit dem *Wolf-Solarminimum* ein Rückgang der Sonnenaktivität hinzu:

Vorbote weiterer Sonnenminima und damit der anbrechenden Kleinen Eiszeit.

Grönland war der westliche Vorposten der Christenheit, in der Hochzeit der Besiedlung gab es eine rege kirchliche Betreuung. Ein Bischof versuchte sogar die von Leif Eriksson gegründete Neue Welt-Gemeinde Vinland zu besuchen: Er segelte ab – und war nie wieder gesehen. Ab 1369 riss wegen vermehrten Meereises der regelmäßige Kontakt zwischen Europa und Grönland sogar ganz ab. Ein Jahrhundert später schreibt der Papst besorgt: „Schiffe gelangen sehr selten in jenes Land, weil die Gewässer erheblich zufrieren. Man nimmt an, dass seit ungefähr 80 Jahren dort kein Bischof oder Priester residiert." Und um 1540 fand ein ungewollt nach Grönland verschlagenes Schiff aus Hamburg nur noch die Leiche eines Wikingers und keine Überlebenden mehr. Die von der Arktis vordringende Extremkälte hatte volle Arbeit geleistet. In Island hingegen konnte sich ein Bevölkerungsrest halten, allerdings unter deutlich schlechteren Lebensbedingungen, wie die geschrumpften Körpergrößen von Begrabenen zeigen.

Gegen 1300 kam die Kälte in Europa an. Und mit ihr das Unheil: Ab dem Jahr 1306 reihten sich kalte bis extrem kalte Winter. Die großen Flüsse wie Rhein, Seine, sogar der Po waren eisbedeckt, auch die Lagune von Venedig fror zu. Im sonst so milden England starben die Vögel und die Herden auf den Feldern. Hinzu kamen kühle, nasse Sommer, die Sonne ließ sich kaum sehen, langanhaltender Regen verursachte riesige Überschwemmungen. Die Menschen sprachen von „Sündflut", sahen darin eine Strafe Gottes. Mit häufigen Missernten kam schließlich der *Große Hunger.* Das umso mehr, weil die Bevölkerung während der vorausgegangenen Warmzeit so stark gewachsen war. Die Winsheimer Chronik verzeichnet: „war ein naßer Sommer, große Hungersnot, so an etlichen orten die leüt gezwungen, das sie allerleyß, hund, pferd und dieb von galgen gefreßen."

Es wurde die größte und längste je in Europa verzeichnete Hungerkatastrophe. Sie grassierte von Britannien bis Russland, von Skandinavien bis ans Mittelmeer. Von 1315 bis 1322 dauerte sie sieben lange Jahre, wie die biblischen Plagezeiten. Allein in Nordfrankreich verhungerten eine Million Menschen. Damit nicht genug, befiel die Geschwächten noch eine „grausame Pestilenz", vermutlich Infektionskrankheiten wie Typhus und Ruhr. Und mit ihnen kam das Große Sterben: Vor allem in den Städten starb bis zu einem Drittel der Menschen. Eltern sollen in der Not ihre Kinder getötet haben, auch Kannibalismus kam offenbar vor. In Belgien notierte ein Klosterabt: „Männer und Frauen von den Mächtigen, dem Mittelstand, den Niedrigen, Alt und Jung, Reich und Arm, starben tagtäglich in so großer Zahl, daß die Luft durch den Gestank [der Toten] faulig war."

Die Bauern auf dem Land, so sie überlebten, mussten von ihrem kümmerlichen Ertrag noch Abgaben an Grund- und Landesherren leisten. Hunger und Groll aber machen widerständig. War es Zufall, dass die Schweizer Eidgenossen 1315 bei Morgarten die Unabhängigkeit von der Habsburger Herrschaft erkämpften? Oder die Schotten 1314 die Unabhängigkeit von den englischen Oberherren?

Kaum hatten sich die Menschen von den Hunger- und Krankheitskatastrophen etwas erholt, lauerte neues Verderben: „Zu Anfang der Seuche bildeten sich, bei Männern und Frauen in gleicher Weise, in der Leistengegend oder in den Achselhöhlen Schwellungen, die manchmal so groß wie ein gewöhnlicher Apfel oder wie ein Ei wurden", so heißt es im um 1350 entstandenen *Decamerone* des italienischen Schriftstellers und frühen Humanisten Boccaccio. „Von diesen zwei Körperteilen aus begannen die todbringenden Pestbeulen in kurzer Zeit auf alle anderen Körperteile überzugreifen."

Wie kam es zu dieser schrecklichen Geißel der Menschheit? Umtriebige Kaufleute aus Genua und Venedig hatten Handelsbeziehungen mit dem Fernen Osten aufgebaut: Sie tauschten Silber aus den reichen europäischen Minen gegen Gewürze aus Indien und Seide und Porzellan aus China. Karawanen brachten die Waren auf der Seidenstraße via Mongolei zur Hafenstadt Caffa auf der Krim (heute Feodisia), von wo sie per Schiff nach Genua und Venedig gelangten. In der Mongolei aber war der Erreger der Beulenpest endemisch. Als ein eroberungswütiger Mongolenfürst Caffa belagerte, ließ er, als frühe biologische Kriegsführung, Pestleichen in die Stadt katapultieren. Auf ihren Wirtstieren, den Flöhen, kamen die Erreger 1347 in die übervölkerten italienischen Hafenstädte, von wo sich dann Pestwellen apokalyptischen Ausmaßes über ganz Europa ausbreiteten. Weiterhin kühles, nasses Klima und die resultierende Mangelernährung machten die Menschen anfällig. So fuhr der Tod reiche Ernte ein: Bis zum Ende des Jahrhunderts ging die Hälfte der europäischen Bevölkerung elend zugrunde.

Doch immer noch kein Ende des Schreckens: Der Katastrophenzyklus setzte sich fort, das Unheil ereilte die Menschen auf immer neue Weise. Die weit nach Süden vordringende arktische Kaltfront zeugte über dem Atlantik immer heftigere Sturmtiefs, aufgrund der enormen Temperaturdifferenz zu den dortigen Luftmassen. Bei ihrem Zug nach Europa zogen die Stürme mitunter eine mörderische Spur wie bei der geschilderten *Großen Mandränke*. Bis 1362 verschlangen Sturmfluten 60 Pfarrbezirke des Bistums Schleswig, samt all ihren Menschen. Extrem betroffen waren auch die Niederlande, wo die tobende Flut hundert Kilometer weit ins Land vordrang und ein riesiges Binnenmeer schuf, die Zuidersee. Schwere Landverluste erlitten auch Dänemark und England, wo zwei große Hafenstädte im Meer versanken. Laut Lamb waren es über die weiteren Jahrhunderte viele verheerende Katastrophen mit oft Hunderttausenden von Toten – bei der damals viel geringeren Bevölkerung eine fürchterliche Opferzahl.

Mit der abnorm weit nach Süden vorgestoßenen Polarfront hatte sich die Büchse der Pandora geöffnet. Die ihr entströmenden Übel nahmen auch in den folgenden Jahrhunderten kein Ende. Zumal auch die Sonnenaktivität nach 1400 in ein neues, noch tieferes Minimum fiel. Kältewellen, Stürme, Nässe, Überschwemmungen – zwischendurch, bittere Ironie, auch Dürren – schlugen den Takt zum Todesreigen aus Missernten, Hungersnöten und Seuchen. Laut Verzeichnis einer Erfurter Chronik aus dem 15. Jahrhundert „lagen unzählige tote Körper auf den Straßen, und fünf große Gruben wurden vor den Toren der Stadt ausgehoben, in welche man täglich zahlreiche Kadaver warf".

Neben Typhus, Ruhr und Pest war eine schreckliche Geißel auch die Mutterkornvergiftung. Das hochgiftige Mutterkorn bildet sich in den Roggenähren bei viel Nässe. Selbst ein geringer Anteil führt beim

Verzehr zu qualvollem Dahinsiechen mit Krämpfen, Lähmungen, Halluzinationen und Absterben von Gliedmaßen. Die Menschen damals kannten die Ursache nicht, ganze Dörfer litten an der grässlichen Krankheit. Unvorstellbarer Horror!

In den strengen Wintern hatten Wölfe sich in den meisten Ländern Europas verbreitet. Bisweilen griffen sie auch Menschen an, wie etwa aus der Schweiz verbürgt. In den 1430er-Jahren drangen sie wiederholt in Paris ein, zerrissen ein Kind. Basierend auf einem konkreten Fall erschien eine einschlägige Geschichte mit dem Titel *Le Petit Chaperon Rouge.* Die Gebrüder Grimm nahmen sie als *Rotkäppchen* in ihre Märchensammlung auf. La Fontaine, der französische „König der Verse", lebend im schlimmsten Kleine Eiszeit-Tief, ließ in seinen Fabeln vielfach den Wolf als räuberischen Hauptakteur auftreten, der es auch auf Kinder abgesehen hat – und Eltern als disziplinierendes Schreckgespenst dient. Besonders die Hungererfahrung hallte in Sagen und Märchen lange nach, zumal sie über die Zeiten immer wieder neu auftrat. Auch *Hänsel und Gretel* – eine sehr harte Geschichte, aber lesenswert, weil die fürchterlichen Zeitnöte widerspiegelnd – speist sich daraus.

Zeitsprung ins 16. Jahrhundert: Zwischen 1510 und 1520 dominierten extrem kalte Jahre. Eine Notzeit. In Württemberg trieben Missernten und extreme Teuerung – der Dinkelpreis versechsfachte sich fast – die verzweifelten Bauern und einfachen Städter im Jahr 1514 zum *Arme Konrad*-Aufstand. Zumal gleichzeitig der Herzog von Württemberg noch höhere Steuern verhängte, um sein Luxusleben und den geplanten Kriegszug gegen Burgund finanzieren zu können. Und obendrein ein korrupter Beamtenadel sich das Weideland im Gemeinbesitz, die Allmende, unter die Nägel riss.

Ein Aufpeitscher und intellektueller Kopf des Aufstands, gewissermaßen der Lenin des Armen Konrad, war der Tübinger Theologe Reinhard Gaißer. Dieser „erste Sozialrevolutionär auf einer württembergischen Kanzel" hielt vielerorts Brandpredigten gegen die volksfeindliche Obrigkeit, verlangte Erleichterungen für den „Gemeinen Mann" und versuchte schließlich, da Herzog und Obrigkeit hart blieben, bewaffneten Widerstand zu organisieren. Der aber durch Finten der Oberen ausgekontert wurde. Während Gaißer, weil er dem Bischof von Speyer unterstand, glimpflich davonkam, wurden 1700 Bauern und Kleinbürger gefangen, gefoltert, eingekerkert, geköpft oder, so sie bloße Mitläufer waren, zu Geldstrafen verurteilt und sozial gebrandmarkt. Das Remstal, ein Weinbaugebiet nördlich Stuttgart und Rebellen-Hochburg, wurde besonders hart getroffen. Ein Museum in Weinstadt-Beutelsbach erinnert noch an diese unerhört mutigen Menschen, die sich gegen ihre angeblich gottgewollte Untertänigkeit zum Handeln entschlossen. Trotz der ihnen drohenden barbarischen Strafen.

Ganz umsonst war die Rebellion nicht. Sie blieb in Erinnerung, samt Gaißers flammenden Predigten vom gottgerechten Widerstand gegen eine verderbte Obrigkeit. Und pflasterte somit den Weg zum großen Bauernkrieg 1525. Da weder Klima noch Not noch die Oberen sich besserten, kam es von der Schweizer Grenze bis hinauf nach Thüringen zu Aufständen. Die „Zwölf Artikel" der Aufständischen waren Forderungen an ihre Grund- und Landesherren und eine der ersten Niederschriften von Menschenrechten in Europa. Darin postulierten sie etwa, „dass wir frei sind und sein wollen", und erbaten Zugeständnisse, die ihre elende Existenz erleichtern sollten. Etwa dass sie jagen und fischen dürfen sowie Rückgabe der von den Herrschern usurpierten Gemeindewälder, „damit jeder seinen Bedarf an Bau- und Brennholz daraus decken kann". In den Eiswintern eigentlich eine billige Forderung. Aber im Jahr 1525 wurden die Aufstände von den Herrschaften in Strömen von Blut erstickt.

Interessant wie Zeitgenosse Martin Luther darauf reagierte. Zunächst mit Verständnis für die Forderungen der Bauern und sogar Kritik am „hochmütigen" Verhalten der unnachgiebigen Fürsten. Als aber Bauernhaufen gewalttätig wurden und Hoheiten metzelten, ergriff er drastisch Partei für die Obrigkeit. Und forderte, gegen die „mörderischen und räuberischen Rotten der Bauern" rücksichtslos vorzugehen: „Man soll sie zerschmeißen, würgen, stechen, heimlich und öffentlich, wer da kann, wie man einen tollen Hund erschlagen muss." Nicht eben der Geist christlicher Barmherzigkeit, nichts was das Gefallen von Jesus Christus gefunden hätte, Luthers oberster Seeleninstanz.

Sein Wort von der „Freiheit eines Christenmenschen“ sah er von den Rebellen missbraucht, er wollte es nur als Seelenfreiheit der auf Gott Vertrauenden verstanden wissen, keinesfalls als Freiheit im weltlichen Hier und Heute. Da nämlich hatte man der Obrigkeit zu gehorchen, gemäß Jesu Wort: „Gebt dem Kaiser, was des Kaisers ist, und Gott, was Gottes ist.“ Auch wird Luther sich den Fürsten verpflichtet gefühlt haben, weil sie ihn vor Inquisition und Scheiterhaufen bewahrten. Unbegreiflich aber seine verbale Mordraserei, welche das Blutgericht und die Massenschlächtereien an den Bauern noch legitimierte und befeuerte.

Luthers abgründiger Mordfuror wäre einer tiefenpsychologischen Analyse wert. Man glaubt darin die verbildete Seele aller Fanatiker dieser Welt zu erkennen. Verbildet einerseits durch eine Anlage zur Radikalität, andererseits durch Indoktrination. Vielleicht war Luthers hochrespektabler Mut gegen die Kirchenmacht auch nur in Verbindung mit Radikalität zu haben. Zwei Seiten einer Medaille: Wer sein eigenes Leben nicht schont, schont auch das der anderen nicht.

Genug der thematischen Exkursionen, zurück zur Klimageschichte. Und zum 3. August des Jahres 1562. Den Leuten im schon bekannten Remstal bei Stuttgart scheint der Jüngste Tag gekommen zu sein: Mitten im schönsten Vormittag verfinstern schwarze Wolken die Sonne, Sturm kommt auf, Hagel prasselt zu Boden, stundenlang. Die Eisbrocken durchschlagen die Dächer, mähen das Getreide nieder, töten das Federvieh. Bald stehen Bäume und Rebstöcke nackt und ohne Frucht wie im Winter. „Ach Gott, was soll ich sagen“, klagt eine Flugschrift, „Württemberg ist in 100 Jahren nit so arm und der massen erschlagen und verderbt an Leib und Gut als jetzt.“

Dabei war es nur das Vorspiel zu einer neuen, jahrzehntelangen Serie von Schreckensjahren. Darunter der Winter 1570, „ein grausamer, schneeiger, windiger, kalter, strenger und unveränderlicher Winter“, so eine Memminger Chronik. Im tiefen Schnee sei es unmöglich gewesen, von einem Dorf zum anderen zu gelangen. Bodensee, Zürichsee und andere Seen froren zu. Das Wintergetreide verdarb. Die Natur erstarrte in klirrendem Frost. Im Jahr darauf folgte mal wieder eine fürchterliche Hungerkatastrophe. Verzweifelt versuchten die Leute, sich von

Gras und Baumrinde zu ernähren. In den süddeutschen Reichsstädten gingen Tausende zugrunde, die Opfer auf dem Land sind nicht verzeichnet. Es war die schwerste Hungersnot Mitteleuropas während der letzten 500 Jahre.

Die Zeit gilt als eine Kernphase der Kleinen Eiszeit: Eiswinter in Serie und meist kalte Frühjahre. Der Rhein bei Köln soll mehrfach bis zum Flussbett hinab vereist sein. Der Bodensee war dreimal total zugefroren, teils mehr als drei Monate lang. Die *Seegfrörnen* des Bodensees sind ein Temperaturindikator: Totalvereisungen setzen eine Temperatur unter minus 20 Grad Celsius über längere Zeit voraus. In dieser Phase erfroren auch die Wurzelstöcke der Weinreben. Dieses Kältetief liegt im Bereich eines weiteren Sonnenminimums der Kleinen Eiszeit. Der Zusammenhang zwischen Sonnenaktivität und Klima ist hochinteressant, hochkomplex und hoch umstritten. Später mehr dazu.

Um Hungerrevolten in den großen Städten vorzubeugen, ließen die Herrscher im Umland Getreide beschlagnahmen. Die Folge: Tausende zogen vom Land in die Stadt, was die Lage noch explosiver machte. Plünderungen, Raub und Gewalt waren an der Tagesordnung. Ebenso drakonische Strafen: Näherten sich Fremde einer Stadt, sahen sie vor den Stadttoren die Räuber an den Galgen hängen. Das Gemälde *Triumph des Todes* des flämischen Malers Pieter Brueghel, entstanden um 1562, zeigt infernalische Endzeitszenen, darunter über der Stadt die Galgen samt Hinrichtung. Der Tod in Gestalt zahlloser Skelette holt alle ohne Ausnahme, auch König, Kardinal und frommen Pilger – weder Stand noch Gottgefälligkeit schützen vor ihm. Selbst hinter dem jungen Liebespaar lauert er schon. Die von Brand und Rauch verdüsterte Endzeitszenerie wie auch das Motiv des Höllenofens mit dem Sensenmann zitieren die Apokalypse des Neuen Testaments. Das Gemälde ist ein bedrückendes Geschichtsdokument, das die Todesstimmung der damaligen Menschen veranschaulicht. „Leben vom Tode her“, nennt es der Historiker Otto Borst in seinem Klassiker *Alltagsleben im Mittelalter.*

11

Die Hexenjagden: Klimanot gebiert Menschheitsverbrechen

„Mit den Daumenschrauben wurden die vordersten Glieder des Folteropfers langsam zerquetscht, bis das Blut hervor spritzte. Dies konnte eine halbe Stunde dauern. Kam ein Geständnis nicht zustande, griff man gewöhnlich zu den Beinschrauben, auch Spanische Stiefel genannt. Eisenplatten wurden an den Unterschenkeln angelegt, die mit einem Gewinde verbunden waren. Beim Anziehen der Schrauben drangen Eisenspitzen der hinteren Platte in die Wade ein, während die vordere das Schienbein zerquetschte." So beschreibt der Historiker Franz Luschberger den Beginn der „Peinlichen Befragung", wie die Folter im Amtsverkehr schönfärberisch genannt wurde.

Der weitere Fortgang dieser „Befragung", so die Angeklagten noch nicht gestanden hatten, seien dem Leser erspart. Meist waren sie auch nicht nötig, wie das Verhör von drei der Hexerei beschuldigten Geschwister aus Höchst im Juni 1617 zeigt: „Der 21-jährige Johann Schad erklärte den Schultheißen und Gerichtsschöffen, dass er den Herren nichts Böses zu sagen hätte. Erst in der Folterkammer legte er ein Geständnis ab von Teufelspakt, Teufelsbuhlschaft, Schadenszauber und Teilnahme am Hexensabbat. Margreth Schad sagte beim Verhör: ‚Sie sei ein braver Mensch.' Als sie gefoltert wurde, gestand sie [...] Als dem 19-jährigen Mädchen die Beine zerquetscht wurden, bezichtigte sie auch ihre jüngere Schwester Ela. Diese legte im Verhör das gewünschte Geständnis ab. Die Weltlichen Räte in Mainz stellten darauf fest, dass sich die drei Geschwister Schad nach ihren Geständnissen der Absage an Gott und der Zusage an den Teufel, der Tötung von Menschen und Vieh und des Schadenszaubers schuldig gemacht hätten. Die Schöffen verurteilten sie zur Todesstrafe, sie mit dem Feuer zu verbrennen. Ihre Hinrichtung fand am 6. Juli 1617 statt."

Das nackte Grauen. Nachzulesen in Luschbergers Buch *Hexenprozesse zwischen Main und Taunus.* Feuer und Scheiterhaufen hatten eine unselige Tradition: Schon seit Jahrhunderten waren sie die geläufige Strafe für Abweichler vom rechten Glauben. Für Ketzer etwa wie die Katharer: Zu Hunderten wurden sie in Südfrankreich oder auch, im Jahr 1278, in der Arena von Verona verbrannt. Gleiches widerfuhr dem böhmischen Reformator Jan Hus 1415 in Konstanz. Und wäre wohl, ohne den Schutz seines Landesherrn, Luther widerfahren. Aber der Scheiterhaufenklimax kam mit der Suche nach Sündenböcken für die verheerenden, not- und todbringenden Witterungsunbilden der Kleinen Eiszeit (Abb. 6). Das abergläubische Volk und bald auch die kirchlichen und weltlichen Autoritäten fanden die Schuldigen in Hexen und deren „Schadenszauber“ und „Teufelspakt“.

Warum traf es fast immer Frauen? Ganz wesentlich deshalb, weil die Kanzel, sie war das ARD/ZDF der damaligen Zeit, wörtlich oder sinngemäß predigte: „Die Wurzel allen Übels ist das Weib.“ Gemeint war die Sexualität: Sie rangierte in der Sündenskala an oberster Stelle. Alles um sie herum war unrein. Die Verkörperung war „der Bauch der Frauen, der nie befriedigt ist und nie ‚genug‘ sagt“, so ein kirchlicher Autor. Die *Sieben Todsünden* wurden als Frauengestalten dargestellt, Frauen galten als minderwertig. Sexualphobie und Frauenfeindlichkeit gingen Hand in Hand. Die Verteufelung projizierte den Teufel in die Frau, die damit schon qua Geschlecht das Hexenhafte in sich trug. Und sich als bevorzugtes Opfer anbot.

In größerem Umfang begannen Scheiterhaufen aufzulodern ab 1428 in den Höhenlagen Savoyens, wo Kälte und Nässe den Obst- und Weinbau vernichtet hatten. 1445, nach Hagel- und Sturmverheerungen in Süddeutschland, berichtet die Chronik: „In diesem Jahr war ein sehr großer Hagel und Wind als vor nie gewesen, thät großen Schaden, ihro wegen fing man allhier etliche Weiber, welche den Hagel und Wind gemacht haben sollen die man auch mit Urtheil und Recht verbrennt.“

Die schon geschilderten Hagelverwüstungen 1562 bei Stuttgart trafen auch die karge Schwäbische Alb, wo den Leuten schon davor wenig zum Leben geblieben war. Beide Unglücke zeitigten fürchterliche Tragödien. Laut Stuttgarter Chronik: „Man schrieb dies Ungewitter einer Hexenversammlung auf der Feuerbacher Heide zu und verbrannte deswegen in Stuttgart mehrere alte Weiber.“ Und im Alb-Ort Wiesensteig, wo viele Menschen verhungert waren, richtete der Graf Ulrich von Helfenstein ein regelrechtes Massaker an. Auf sein Betreiben wurden 67 Frauen wegen Wetterhexerei und Satanskult verbrannt. Es war die erste große Hexenverfolgung Deutschlands nach der Reformation. Ganz Württemberg mit Stuttgart und Alb waren protestantisch: Luther war, als Kind seiner Zeit, mitnichten ein Gegner der Hexenverfolgungen. Im Mai 1526 predigte er: „Es ist ein überaus gerechtes Gesetz, dass die Zauberinnen getötet werden, denn sie richten viel Schaden an [...] auch, weil sie Umgang mit dem Satan haben.“ Der Teufelsglaube war damals noch unangezweifeltes Allgemeingut.

Eingetrichterte Überzeugungen sind, wie schon Nietzsche wusste, die gefährlichsten Feinde der Wahrheit. Und haben immer wieder zu Menschheitsunglück und -verbrechen geführt. Indoktrination und Manipulation sind Merkmale totalitärer Systeme – wozu die Amtskirche im Lauf der Zeit geworden war, nach anfänglich menschenfreundlichem Beginnen. So wie jedes Großsystem unweigerlich pervertiert zu elitär-undemokratischer Machtanmaßung und Machtmissbrauch. Wie auch aktuelle Beispiele zeigen, ob in Gestalt der glücklicherweise untergegangenen Sowjetunion oder die aktuellen Großmächte – und zunehmend auch die EU mit ihrem Herrschaftsstreben über Länder und Menschen.

Zurück zum Thema: Die Hexenverdammung Luthers wie auch seines Schweizer Reformatorkollegen Calvin hatte zur Folge, dass die Verfolgungen in protestantischen Landen ebenso schlimm waren wie in katholischen. Dort hatte der Papst Innozenz VIII. den Wahn geschürt mit seiner *Hexenbulle*. Auch regte er den fanatischen Dominikaner-Inquisitor Heinrich Kramer zur Abfassung seiner Hetzschrift *Hexenhammer* an.

Zur Wahrheit gehört aber auch, dass der Druck häufig aus dem unwetter- und hungergeplagten Volk kam. Als etwa im Frankenland Korn und Wein erfroren, gab es ein „grosses Flehen und Bitten unter dem gemeinen Pöffel, warum man so lange zusehe, dass allbereit die Unholden und Zauberer die Früchte verderben“. Der Bamberger Fürstbischof solle doch einschreiten. Solcher Volksaufruhr stand oft am Anfang vieler Prozesse. Wir satten Wohlstandsmenschen meinen darüber richten zu können, vergessen aber wie es ist, seine nach Brot winselnden Kinder verhungern und selbst dem Hungertod ins Auge zu sehen. Das eigentliche Versagen und Verbrechen waren die von der kirchlich-weltlichen Obrigkeit vorgegebenen Verfahren, die mit bloßen Verdachtsanzeigen und Folter jedem Rechtsgefühl Hohn sprachen.

Es gab Fälle, wo Ratsherren, die an Hexenverfahren beteiligt waren und gegen eine Verurteilung stimmten, danach selbst denunziert und schließlich verurteilt und verbrannt wurden. Welch perfides Terrorregiment! Entfacht von Fanatikern und per Denunziantentum unerbittlich exekutiert an unzähligen Unschuldigen. Aber Denunziations-Fanatiker gibt es auch heute wieder: Mittels einer Meldestelle, schönfärberisch „Beratungsstelle“ genannt, sollen „Radikalisierte“ und „Verschwörungsgläubige“ identifiziert und einer „Entradikalisierung“ zugeführt werden. Wer also etwa staatsoffizielle Narrative von Klimawandel oder Pandemien anzweifelt, könnte schnell im Netz der neuen Inquisitoren gefangen sein. Solche Trends zehn oder fünfzehn Jahre in die Zukunft extrapoliert: Willkommen in der Despotie!

Damals gab es Mutige, die sich den Hexenverfolgungen entgegenstellten, trotz der Gefahr, die sie damit auf sich zogen. Wie etwa der in Düsseldorf wirkende Arzt Johann Weyer, der sich in Schriften gegen den *Hexenhammer* wandte und über den württembergischen Reformator Johannes Brenz auch in den Süden Deutschlands wirkte. Ein anderer der nicht wenigen Kämpfer war der Jesuit und Kirchenlieddichter Friedrich Spee, der speziell gegen die barbarische Schulderpressung durch Folter in den Hexenprozessen anging.

Dennoch, die Verbrennungen eskalierten sogar noch: auf einen Mordzenit zwischen 1580 und 1630. Er fiel mit einer weiteren Kernzeit der Kleinen Eiszeit zusammen. Laut dem Saarbrücker Geschichtsprofessor Wolfgang Behringer traten die Verfolgungsspitzen in Deutschland, Frankreich und Randgebieten wie Schottland und Schweiz synchron auf und korrelierten mit Phasen markanter Klimaverschlechterung.

Die Hinrichtungen gingen zurück, als sich nach 1630 das Klima besserte. Als dann nach 1675 eine neue Kältewelle kam, sprudelten schon die Quellen des Rationalismus: Aus dem Wurzelgeflecht des Humanismus begann die Aufklärung zu sprießen, das nüchtern rechnende Wirtschaften von Unternehmern und Kaufleuten bestimmte immer stärker die Lebenswirklichkeit. Die faktenbasierten Naturwissenschaften – Kopernikus, Kepler, Galilei, Newton – drängten den Hexen- und Zauberglauben zurück und entzogen den Verfolgungen den Boden.

Dennoch: Mit gesamteuropäisch 40 000 bis 60 000 unschuldigen Opfern der Hexenverfolgungen, die allermeisten davon Frauen, lastet ein fürchterliches Massaker und Menschheitsverbrechen auf der Historie unseres Kontinents. Und eine Verpflichtung für uns: Nie wieder dürfen als absolute Wahrheiten verkleidete Doktrinen unsere menschlichen Geistes- und Seelentalente ersticken: nämlich Vernunft, kritische Reflexion, Gerechtigkeitssinn, Anstand und Mut zum Widerspruch.

12

Der Untergang der Armada: Klima stoppt Spaniens Weltherrschaftsplan

„Es war eine dunkle, stürmische Nacht in den ersten Tagen des Novembers 1599, als die spanische Schildwache auf dem Fort Liefkenhoek an dem flandrischen Ufer der Schelde das Lärmzeichen gab, die Trommel die schlafende Besatzung wachrief und ein jeder – Befehlshaber wie Soldat – seinen Posten auf den Wällen einnahm."

So der Beginn der Erzählung *Die Schwarze Galeere* von Wilhelm Raabe. Sie spielt während des Freiheitskampfs der Niederlande gegen die Spanier und spinnt auf historischer Faktenbasis eine spannende Geschichte. Die spanische Besatzung des Forts ist alarmiert durch eine Explosion draußen auf dem Meer, und man befürchtet, die Schwarze Galeere, das gefürchtete Kaperschiff der niederländischen Freiheitskämpfer, könnte erneut ein spanisches Schiff versenkt haben. Der Verdacht bestätigt sich. Spanische Galeeren machen Jagd auf das Kaperschiff, aber es bleibt verschwunden. Eine Galeere blieb im Hafen zurück zum Schutz des besetzten Antwerpens. Ihr Kapitän Valani, der in die Niederländerin Myga verliebt ist, wird zu ihrer Entführung angestiftet. Die Geschichte kulminiert zum dramatischen Höhepunkt, als Valanis Weg sich in einer Hafenkneipe kreuzt mit Jan, dem zweiten Steuermann der Schwarzen Galeere – und Verlobten von Myga.

Die Erzählung lässt den Heroenkampf der Niederländer gegen die damalige Großmacht Spanien aufleben, vermeidet aber pauschale Schwarz-Weiß-Zeichnung. Im Jahr der Handlung 1599 wogte der Freiheitskrieg schon drei Jahrzehnte. Entbrannt war er wegen des harten Regimes der Spanier, aber auch wegen einer Hungersnot, die 1566 im *Brotaufstand* gipfelt, was der Revolte eine breite Volksbasis verschaffte und letztlich zur Unabhängigkeit der Niederlande beitrug. Klimaeinfluss? Laut der Berner Klimaforscher Christian Pfister und Heinz

Wanner herrschten um 1566 äußerst kalte Winter in Serie, zudem sehr kalte Frühjahre – gute Ernten schwer denkbar. Es war der Auftakt zur bewussten zweiten Kernphase der Kleinen Eiszeit von 1570 bis 1630.

Für das damalige spanische Weltreich war der Verlust der Niederlande ein schwerer Schlag: Zusammen mit dem Fiasko ihrer gewaltigen Armada beim Kampf gegen die englische Flotte im Jahr 1588 bedeutete es das Scheitern des Weltherrschaftsplans. Beim Untergang der Armada war das Klima und, kurzfristiger gesehen, das Wetter um diese welthistorischen Augusttage des Jahres 1588 ein maßgeblicher Faktor.

Spanien hatte sich unter Konquistadoren wie Cortez und Pizarro ein riesiges Kolonialreich angeeignet, das Südamerika, Mittelamerika, Mexiko, den größten Teil der heutigen USA sowie Gebiete in Afrika, Arabien und Südostasien umfasste. Ein Reich, in dem „die Sonne nie unterging". Mit den aus den Kolonien strömenden Reichtümern, zumal mit dem Gold und Silber aus Südamerika – ein packendes literarisches Zeugnis dazu: *Das Gold von Caxamalca* von Jakob Wassermann – finanzierte die spanische Krone den Ausbau einer Vormachtstellung in Europa: Immerhin beherrschte sie vom Mittelmeerraum bis hinauf in die Niederlande schon größere Teile.

Somit wurden Spanien und England scharfe Konkurrenten: Es ging um die Macht in Europa, um Kolonien, den Welthandel und die Profite daraus, zumal da mit dem Sklavenhandel eine neue lukrative Quelle hinzukam.

Der Konflikt verschärfte sich durch den Religionsgegensatz: Das reformierte England unterstützte die niederländischen Protestanten im Freiheitskampf. Als dann die englische Königin Elisabeth I. auch noch ihre katholische Rivalin Maria Stuart 1587 hinrichten ließ, brach der Krieg aus: Der spanische König Philipp II. sandte eine ungeheure Invasionsflotte von 129 Schiffen mit 30 000 Mann aus, um England einen von ihm gelenkten katholischen Herrscher aufzuzwingen.

In der Meerenge von Dover traf die Armada am 8. August 1588 auf die zahlenmäßig weit unterlegene englische Flotte. Aber Klima und Wetter standen auf der Seite Englands, aufgrund der bewussten weit nach Süden vorgedrungenen Polarfront. Daraus resultierten häufige

Sturmtiefs: „Ihre Heftigkeit übertraf größtenteils die der schwersten Stürme unserer Zeit“, schreibt Lamb. Einer dieser Stürme blies von Nordwest steif gegen die Spanier. „Die Wogen stiegen himmelhoch und brachen manchmal sogar über die Schiffe herein“, schilderte der Armada-Befehlshaber. Während der Schlacht konnten die Spanier oft nichts sehen, weil ihnen der Rauch der feuernden Kanonen in die Augen wehte. Zudem trieb der Wind sie immer mehr gegen die Sandbänke vor der niederländischen Küste. Angesichts der Gefahr auf Grund zu laufen, rettete sich die – noch weitgehend intakte – Armada in die Nordsee. Dort aber gerieten die Segler in noch schwerere Stürme, trieben nach Norden ab, versuchten im September, bei ausgehenden Vorräten, Schottland und Irland zu umschiffen. Dabei gingen in den anhaltenden Stürmen die meisten Schiffe samt ihren Mannschaften verloren.

Der Machtkampf zwischen Spanien und England war entschieden. Das Kleine Eiszeit-Klima mit seiner charakteristischen Sturmhäufung war einer von vielen Faktoren dafür, wohl aber nicht der kleinste. Im Ergebnis war nicht nur der spanische Weltherrschaftsplan gescheitert, vielmehr musste Spanien Britannien, das von nun an systematisch Meere, Kontinente und Märkte zu beherrschen begann, nach und nach den Vortritt auf der Weltbühne lassen.

13

Dreißigjähriger Krieg: kalte Zeit, Schreckenszeit

Am 30. Juli 1419 stürmten in Prag wütende Hussiten – Anhänger des vier Jahre zuvor auf dem Scheiterhaufen hingerichteten Reformators Jan Hus – das Rathaus, um dort gefangene Mitstreiter zu befreien. Dabei drangen sie auch in den Ratssaal ein und warfen zehn Personen aus dem Fenster, darunter den Bürgermeister, zwei Ratsherren und andere Honoratioren. Die Gestürzten wurden anschließend von anderen Hussiten, die vor dem Rathaus warteten, mit Hieb- und Stichwaffen getötet.

Es war der sogenannte „Erste Prager Fenstersturz“, der dem wesentlich bekannteren zweiten Fenstersturz, dem Auslöser des Dreißigjährigen Kriegs, um zwei Jahrhunderte vorausging. Aber auch dieser erste Aufruhr löste eine mörderische, 15 Jahre lange Kriegskette aus: die Hussitenkriege. Dabei entlud sich zum einen die Wut über die hinterhältige Tötung von Jan Hus beim Konzil in Konstanz – trotz der Zusage freien Geleits –, sowie über die immer härtere Unterdrückung des reformierten Glaubens, wie ihn der charismatische Hus gepredigt hatte: eine Gläubigkeit frei vom Allmachtsanspruch der korrumpierten Papstkirche und ausschließlich nach der Botschaft von Jesus Christus laut den Evangelien.

Aber auch nationale Glut heizte den Konflikt an: Die tschechischstämmigen Hussiten wollten die Unabhängigkeit von deutscher Herrschaft, und demgemäß einen tschechischen Oberherrn anstelle des deutschen Kaisers. Wie das auch Hus verlangt hatte. Damit verbunden war die Forderung nach Tschechisch als National- und Kirchensprache Böhmens.

Angesichts solch frecher Herausforderungen von Papst und Kaiser beschlossen diese, kurzen Prozess zu machen. Sie schickten ein waffenklirrendes Kreuzzugsheer gegen das mittlerweile aufgestellte hussitische

Bauernheer. Das war mehr schlecht als recht gerüstet, hatte aber einen erfahrenen, taktisch gewieften Truppenführer, den legendären Jan Žižka: Er ließ die Bauern von einer befestigten Wagenburg herab gegen das anstürmende Ritterheer kämpfen, auch unter Einsatz früher Schusswaffen. Zudem fielen die Bauern den sich vor den Wagen drängenden Rittern in den Rücken. Die Taktik ging auf, die Hussiten konnten die Feinde zurückschlagen. Ein neues Ritterheer rückte an, auch dieses wurde abgewehrt. Über die Jahre wiederholte sich dies noch weitere drei Mal – zur Bestürzung der kaiserlich-päpstlichen Heiligkeiten. Bis es ihnen endlich gelang, durch einen Pakt mit gemäßigten Hussitenkräften das revolutionäre Bauernheer zu vernichten.

Wie konnte es gelingen, binnen kürzester Zeit dieses 5000 Mann starke Laienheer aus dem Boden zu stampfen? Und die Verluste bei den fünf großen Schlachten immer wieder zu ersetzen?

Laut Lamb kann man davon ausgehen, „daß viele Menschen durch die Zeiten schlechten Wetters und der Mißernten entwurzelt waren und deshalb eher bereit waren, sich an den Hussitenkriegen zu beteiligen“. Die Forscher Pfister und Wanner verzeichnen vor und in der Kriegsphase sehr bis extrem kalte Winter und Frühjahre: für die Feldfrucht das reinste Gift. Da wird es auf dem Land an Entwurzelten und Hungernden nicht gefehlt haben. Zusammen mit Verbitterung und Hass auf die Oberschicht stellende deutsche Minderheit stauten sich zwangsläufig Aggressionen auf und steigerten die Bereitschaft, in den Kampf zu ziehen.

Lamb und andere Klimahistoriker sehen einen verbreiteten Zusammenhang zwischen Schlechtklima und Konflikten. Lamb erinnert an die blutigen Rosenkriege um den englischen Thron zwischen 1455 bis 1485: Die allermeisten Söldner ließen sich dabei aus Existenznot anwerben. Auch den deutschen Bauernkrieg zitiert Lamb in diesem Zusammenhang.

Ungleich gravierender für Europa und erst recht für Deutschland war der von 1618 bis 1648 wütende Dreißigjährige Krieg. Beginnend wie ein Abklatsch der Hussitenkriege, mit Fenstersturz und den gleichen, nie erloschenen Motiven des Konfessions- und Ethnienkonflikts, entwickelte er sich rasch zu einem Flächenbrand, der sich in verheerenden Kriegswellen über das Deutsche Reich wälzte und Land und Menschen verdarb. Explosionsartig entluden sich aufgestaute Spannungen innerhalb des Reichs – der ewige Machtkonflikt zwischen Kaiser und Fürsten –, sowie auf europäischer Ebene die Machtrivalität des Habsburger Reiches mit Frankreich und anderen Nachbarstaaten wie Schweden. So wurde das Reich zum Schlachtfeld auch für Heere aus diesen Ländern. Nicht nur dass die Heere sich gegenseitig zerfleischten, sie ließen durch fürchterliche Massaker auch das Blut der Zivilbevölkerung in Strömen fließen. Deutschlandweit kam etwa ein Drittel der Bevölkerung um, stellenweise wie im besonders heimgesuchten Herzogtum Württemberg sogar mehr als zwei Drittel.

Die Wahrnehmung eines Zeitzeugen kommt im ergreifenden Gedicht *Tränen des Vaterlands* von Andreas Gryphius zum Ausdruck:

Wir sind doch nunmehr ganz, ja mehr als ganz verheeret!
Der frechen Völker Schar, die rasende Posaun
Das vom Blut fette Schwert, die donnernde Karthaun
Hat aller Schweiß und Fleiß und Vorrat aufgezehret.

Die Türme stehn in Glut, die Kirch` ist umgekehret.
Das Rathaus liegt im Graus, die Starken sind zerhaun,
Die Jungfern sind geschänd`t, und wo wir hin nur schaun,
Ist Feuer, Pest und Tod, der Herz und Geist durchfähret.

Hier durch die Schanz und Stadt rinnt allzeit frisches Blut.
Dreimal sind schon sechs Jahr, als unser Ströme Flut
von Leichen fast verstopft, sich langsam fort gedrungen.

Doch schweig ich noch von dem, was ärger als der Tod,
Was grimmer denn die Pest und Glut und Hungersnot:
Daß auch der Seelenschatz so vielen abgezwungen.

Das Gedicht entstand im Jahr 1636, nach 18 Jahren Krieg. Da war der bittere Becher des Leidens erst zur Hälfte geleert. In 30 endlosen Schreckensjahren verdarben Menschen, Land, Städte, Dörfer, Landwirtschaft, Handwerk und Gewerbe. Die Finanzen: erschöpft und in Händen von Geldleihern und Kriegsprofiteuren. Können, Gewerbefleiß, aufrecht-frohe Gesinnung und Zuversicht: dahin. Das Deutsche Reich, einst geistige und politische Ordnungsmacht des Abendlandes: in Agonie.

Hatte an diesem Unglück etwa auch das Klima einen Anteil? Klar ist: Sicher keinen entscheidenden, dazu dominieren allzu stark die sattsam bekannten Konfessions- und Machtkonflikte. Aber bei genauerer Betrachtung fällt auf, dass nach dem Fenstersturz der Krieg geradezu explosionsartig ansprang und wie ein Lauffeuer über das Reich hinweg raste: Von Böhmen aus wütete er zwischen Wien, Württemberg, der Pfalz, Hessen bis hinauf gegen die Niederlande und die Lausitz. Die Zahl der Gefechte und Schlachten: kaum zu überblicken. Woher plötzlich die Riesenmenge an Soldaten und Söldner? Die stehenden Heere hätten dafür nie gereicht.

Die Daten weisen für die Zeit des Kriegsbeginns 1618–1621 wieder einmal Kaltjahre aus, zumal mit kalten Frühjahren und Sommern – ein Unglück für die Bauern. Mithin gleiche Situation wie bei den Hussitenkriegen: viele durch Missernten Entwurzelte, die ihr Heil unter der Fahne suchten. Auch die Aussicht auf Beute lockte – unwiderstehlich, wenn man außer Hunger nichts mehr hat. Klima- und Existenznot wird also zum schnellen Entflammen und zur Verrohung des Kriegs mit beigetragen haben.

Er steigerte sich endgültig zur epochalen Katastrophe, als der Schwedenkönig Gustav Adolf mit seinem Heer eingriff. Es bestand, wie Hellmuth Rössler in *Deutsche Geschichte* schreibt, aus „feuerkräftigen Bauernregimentern" – was die These von den entwurzelten Landleuten erhärtet. Des Schwedenkönigs Motive für sein Eingreifen? Einerseits wollte er als protestantischer Herrscher den deutschen Protestantismus vor der Zerschlagung durch den deutschen Kaiser bewahren. Andererseits und wohl entscheidender, verfolgte er als ausgekochter

Machtpolitiker den Plan eines schwedischen Ostsee-Großreichs. Polens und Russlands Ostseeküste bis hinauf vor Petersburg hatte er schon an sich gerissen, nun wollte er noch die deutsche. Zumal die samt Hinterland besonders stark zur dürftigen schwedischen Wirtschaftskraft beitragen würde und damit zur Fundierung seines Großmachtstrebens.

Mit ähnlichen Absichten fielen auch die Dänen im Reich ein. Sie rissen das Küstenland zwischen Elb- und Wesermündung an sich bis halb vor Hannover. Aber: Die Schweden missgönnten den Dänen die Beute. Als im Eiswinter 1643 die Meerenge zwischen Dänemark und Schweden zufror, rückte ein Schwedenheer über die Eisdecke gegen Kopenhagen vor. Zur Abwendung der Bedrohung musste Dänemark Schweden die deutsche Beute überlassen.

Zurück zum Klima und zur Frage: Wie konnte Schweden trotz seiner geringen Bevölkerung überhaupt so viele Truppen aufbieten? Allein das Invasionsheer war 14 000 Mann stark und brauchte stetig Ersatz. Laut Lamb war damals „der allgemeine Höhepunkt der Kleinen Eiszeit". Bezeichnend: Eskimos drangen mit ihren Kajaks bis zu den Orkneyinseln nördlich Schottland vor. Im ohnehin schon kargen schottischen Hochland zwangen Missernten und Hungersnöte die Bauern zur Aufgabe und Auswanderung. „Während des Dreißigjährigen Krieges traten sie besonders häufig in die Dienste des schwedischen Königs", so Lamb.

Das Schlechtklima also ein Nährer des Krieges und des großen Schlachtens. Kalte Zeit, Schreckenszeit ...

14

Klimadepression: krank an Körper und Seele. Oder: Weinen in den Schnee

26. April 1688. Im Züricher Umland hatte es über Nacht geschneit, und es schneite weiter, ununterbrochen. Die Schneedecke wuchs. Schon Wochen davor war den Bauern das Heu fürs Vieh ausgegangen. Zuletzt hatte man die hungernden Tiere noch auf die längst nackten Weiden getrieben in der Hoffnung, sie würden noch ein paar verdorrte Halme finden. Nun aber mit dem tiefen Schnee waren die Bauern am Ende. Vielen liefen die Tränen herab, wie Pater Joseph Dietrich ins Klostertagebuch von Einsiedeln notierte.

„Weinen in den Schnee", so überschrieb Christian Pfister seine Arbeit über die Auswirkungen der Kleinen Eiszeit auf die Menschen. Auswirkungen physisch und psychisch. Denn auch die menschliche Psyche litt extrem. Wie auch die weiteren Zeilen aus dem Klostertagebuch zeigen. Demnach peinigte die Bauersleute auch das nicht mehr verstummende, nervenzerreißende Blöken und Brüllen der hungernden Tiere. Es ging ihnen durch Mark und Bein und ließ sie verzweifeln. Sie litten doppelt: mit den Tieren und mit sich selbst. Denn sie wussten aus Erfahrung, dass das Hungergebrüll der Tiere auch Hunger für sie und ihre Familien ankündigte.

Wir übersatten Supermarktüberflussmenschen haben keine Vorstellung davon: Die Bauern, und das waren damals die allermeisten, hatten nur zu essen, solange ihnen nicht Missernten durch Kälte, Nässe, Unwetter, Dürren oder Viehtod einen Strich durch die Rechnung machten. Was in der Kleinen Eiszeit oft eher die Regel als die Ausnahme war. „Die Gall durch manchen Seufzer tief, mir bitter in den Magen lief [...] ich hab durch manche lange Nacht, wenig geschlafen, viel gewacht", so künden Dichterzeilen, niedergeschrieben in der Hungersnot von 1570, von den Folgen.

Und in letzter Konsequenz kam es zu Tragödien wie in einer evangelischen Postille vom 24. April 1580 berichtet: Im Dorf Bietow bei Danzig bettelte der Bauer Gurgen Schultze seine Nachbarn um Brot an. Er wurde abgewiesen: Er solle doch beim Grundherrn anfragen. Dieser aber wies ihn ebenfalls ab mit der Begründung, er habe selber kein Korn mehr. Zurück daheim nahm Schultze seine vier kleinen Kinder und seine Frau mit in die Scheune, wo er alle mit einem Strick erhängte und sich selbst dazu.

Ein Zeitalter der Verzweiflung. Die Selbstmordrate schießt in die Höhe. Mancher denke, „es ist nicht möglich, daß ichs in die Länge erschwingen kann“, spricht ein Prediger die Hoffnungslosigkeit seiner verzweifelten Schäflein an. All überall „Not, Angst und Pein“ – häufige Begriffe in Betgesängen. Endzeitstimmung drückt die Gemüter, hinter den dunklen Himmeln vermuten viele das in der Johannes-Offenbarung angekündigte Ende der Welt. Der Schöpfer ewiger Gedichte und Liedtexte Paul Gerhardt schuf in den 1640er Jahren einen „Buß- und Betgesang bei unzeitiger Nässe und betrübtem Gewitter“. Ein Auszug davon:

Drum wird auch uns der Himmel blind,
des Firmamentes Glanz verschwind`t,
Wir warten, wann der Tag anbricht,
Aufs Tageslicht, und kommt doch nicht.

Drum trauert auch der Freudenquell,
Die Sonn, und scheint uns nicht so hell;
Die Wolken gießen allzumal
Die Tränen ohne Zahl.

Und endlich heißt es:

Angst kommt uns aus der Tief und See.
Angst kommt uns aus der Luft und Höh.

Angst „aus der Tief": die um die nackte, irdische Existenz. Angst „aus der Luft und Höh": die um die vermutete Verstoßung durch Gott und die damit drohende Höllengefahr – die damalige elementare Grundangst. Solche Angst um Gottes Gunst schreit geradezu auch aus dem „Buß- und Beth-Lied" des Königsberger Dichters Simon Dach:

Gerechter Gott, wo will es hin
Mit diesen kalten Zeiten?
Was Straffe hast du doch im Sinn
Mit uns verkehrten Leuten?

Was wird der stete Reiff und Schnee,
Der Schlossen Fall zu Land und See
Uns Armen noch bedeuten?

Schließlich die Klage, dass Gott taub bleibt gegenüber dem Flehen um Linderung der Strafen:

Es kömmt nicht deinem Herzen bey,
Als wär auch dieß erfroren.

Der protestantische Pfarrer Daniel Schaller schreibt einfühlend „von der Schwermütigkeit der Menschen auf Erden: Den Leuten entfällt fast aller Mut, ihnen ist Angst und weh ums Herz, sehen aus wie eine tote Leich, wie ein Schatten, hängen den Kopf zur Erden, als ob sie mit lebendigem Leib unter die Erde kriechen wollen, und wünschen sich ihrer viel lieber tot als lebendig. Kälte, düstere Tage, schwarze Nächte verdunkeln die Seelen".

Freilich, Standespersonen wussten es sich besser einzurichten: Der Kölner Rat Hermann Weinsberg ließ sich ein frostsicheres Esszimmer in sein Palais einbauen und bestellte pelzgefütterte Schlafröcke, führte allerdings Klage, dass ihm genießbarer Rheinwein ausgehe. Und der Augsburger Adelsherr Hans Fugger bestellte besondere Winterkleidung und Hüte auch für seine Bediensteten. Dennoch aber plagen ihn wochenlang die Folgen der Grippe-Pandemie von 1580. Und er berichtet von noch schwereren Erkrankungen anderer Hoch- und Höchstgeborener, darunter der Kaiser des Heiligen Römischen Reichs Rudolf II. Der darüber zunehmend depressiv wird, zumal die Influenza die ganze Habsburger Dynastie hart trifft bis hin zu König Philipp II von Spanien und seinen Hof.

Auch in England kulminieren Krankheits- und Depressionswellen: „The Elizabethan Malady" sagt man wegen der davon betroffenen Regentin Queen Elizabeth I. Die „Malady" ist umso häufiger, als es in Britannien-Breitengraden schon nachmittags düster wird, besonders früh im Winter. Sogar spezielle Heilstätten für Seelenkranke werden eingerichtet. Der Bischof Robert Burton benennt damals in seiner *Anatomy of Melancholy* die dauernden trüben, sonnenlosen Tage als Mitursache. Und wird fünf Jahrhunderte später durch die Wissenschaft bestätigt: SAD heißt die durch Lichtmangel bedingte depressive Störung – *Seasonal Affective Disorder*. Vermittelt nicht wie früher angenommen durch *Schwarze Galle*, wie die griechische Wortbedeutung *Melancholia* besagt, sondern durch eine Störung des Hormonhaushalts.

Dem Normalvolk aber, den Bauern zumal, wird Melancholie nicht die erste Sorge gewesen sein. Vielmehr ging es da um Elementares: um die Existenz, um Leben oder Tod. Eine Illustration der damaligen Zeitstimmung vermittelt der Totentanz-Zyklus auf der berühmten Luzerner Holzbrücke, entstanden um 1600 herum. Welch greller Zeitenkontrast, wenn frohgemute Touristen- und Jugendgruppen, meist achtlos, darunter hindurch lärmen ...

15

Mensch und Krise: allen Widrigkeiten zum Trotz

Allen Gewalten
Zum Trutz sich erhalten,
Nimmer sich beugen,
Kräftig sich zeigen.

Es sind Zeilen aus Goethes Gedicht *Beherzigung*. Und in der Tat ist dieses „zum Trutz" der Menschheit eigen, jedenfalls in ihrer großen Zahl. Die Evolution hat den Überlebenswillen in unsere Gene eingeschrieben, zumal während der Jahrmillionen langen Härten der Eiszeit. Anders gäbe es uns nicht.

Jene, die Kälte, Hunger und Seuchen der Kleinen Eiszeit überlebten, machten das Beste daraus. Etwa aus dem Zufrieren der Flüsse, Seen oder der Lagune von Venedig: Das Eislaufen wurde erfunden. Besonders holländische Maler, wie Peter Brueghel (1525-1569) und Hendrick Averkamp (1585–1634), haben das frostige Vergnügen festgehalten. Brueghels Bild *Die Jäger im Schnee* schildert einerseits spaßiges Eislaufen und Eisstockschießen, andererseits illustrieren die düsteren Figuren der mit nur geringer Beute heimkehrenden Jäger die lebensfeindliche Zeit. Ein Bild der zugefrorenen Lagune Venedigs von 1709 schildert zunächst italienisch bunt-pralles Leben auf dem Eis, mit harlekinadisch posierenden Eisläufern und Signori, die ihre Damen galant umfassen. Beschaut man aber den abgedunkelten Bildrand, erkennt man ein großes Grabmal, auf das sich schwarze Schattengestalten zubewegen (Abb. 7). Auch Martin Luthers Liedtext „Mitten im Leben sind wir vom Tod umfangen" von 1524 bringt das Zeitgefühl auf den Punkt.

Und dennoch: Spaß muss sein. Auf Venedigs zugefrorenem Canal Grande wurden Ritterturniere veranstaltet. Bald hatte man darin Routine, da Vereisungen über die Kleine Eiszeit dutzendfach auftraten, zuletzt 1789. Selbst die nüchternen Engländer wussten das häufige Zufrieren der Themse gesellig zu nutzen: Bei den *Frost Fairs* auf dem Eis gab es an Marktbuden allerlei zu essen und zu trinken, von Bratäpfeln über Rind und Lamm bis zu Tee, Bier und *Old Tom Gin* (Abb. 8). Auch Bowling war angesagt und sogar Tanz. Beim letzten Eisfest 1814 wurde laut Chronik zum Gaudium des Publikums ein Elefant über das Eis geführt. „Als das Eis aufzuschmelzen begann", merkt der Chronist lakonisch an, „ertranken mehrere Leute". Die Essenz von alldem ist verdichtet in Rilkes Worten: „Der Tod ist groß. Wir sind die Seinen lachenden Munds."

Zurück nochmal zu Holland: Der Sieg über die Spanier triggerte, gemessen am kleinen Land, außerordentliche Unternehmungen. Trotz lebensfeindlicher Zeit. Gelockt von den profitträchtigen Gewürzen Asiens baute man Überseeflotten, die schließlich zur *Vereenigden Oostindischen Compagnie* fusionierten. Sie war so erfolgreich, dass nicht einmal die mächtige *East India Company* der Briten gegen sie ankam. Aus dieser Position der Stärke brachte Holland schließlich die lukrativen Gebiete in seinen Besitz. Ein weit gespanntes Kolonialreich entstand: Indonesien mit Batavia (heute Jakarta) als zentrales Handelsdrehkreuz; außerdem Sri Lanka, Teile von Malaysia, von China, Japan, Südindien und die Kap-Region Südafrikas. Schließlich kamen Kolonien in Westafrika und Nord- und Südamerika hinzu: New York war bekanntlich bis 1664 die holländische Gründung Nieuw Amsterdam.

Dann aber entrissen die rivalisierenden Briten in mehreren Kriegen Holland viele dieser Kolonien. Aber mit Indonesien behielt Holland die weitaus größte und profitabelste über Jahrhunderte. Bis es 1949 den riesigen Inselarchipel nach blutigen Unabhängigkeitskämpfen in die Freiheit entlassen musste.

Freilich, diese Eilande in der Java-See waren nur Tüddelkram gegen das *British Empire,* das größte Imperium der Weltgeschichte. An seiner Wiege stand auch, mal wieder, das Klima. Die Kleine Eiszeit traf das nördliche Britannien erbarmungslos, besonders Schottland mit seinen Highlands, wie schon gehört. Laut Kirchenbucheintrag wurden in den 1600er Jahren sogar Nesseln ausgerissen und „heißhungrig verzehrt". Kinder sollen als Sklaven verkauft worden sein. Die Verhungerten wurden in Massengräbern geworfen: laut Lamb ein bis zwei Drittel der Bevölkerung. Bezüglich Dreißigjähriger Krieg war schon von den Auswanderwellen die Rede. Am Rande: Auch der Keim für die bis in die Neuzeit anhaltenden Konflikte zwischen Briten und Iren wurde damals gelegt: Ab 1612 wurden schottische Bauern in das klimatisch geschütztere Nordirland umgesiedelt, die irischen Bauern wurden kaltblütig vertrieben: „das schwerwiegendste, bis in unsere Tage sichtbare Erbe aus jener Zeit", so Lamb.

Aber zurück zum Empire: Angereizt durch die Erfolge der Spanier und Portugiesen erkannte die Krone das Potential der Übersee-Eroberungen sowohl für Profite – zumal im lukrativen Handel Sklaven aus Afrika gegen Zuckerrohr aus der Karibik –, wie auch für die Machtexpansion. Zusätzlich bot sich der Einsatz von Hungerbauern für die wachsenden Navy-Flotten und als Siedler in den neuen Kolonien an. Systematisch und mit langem Atem baute Britannien seine Position in Kriegen mit den Rivalen aus, bis es in den 1700ern mit der Beherrschung Indiens zum unangefochtenen Kolonialprimus aufstieg: Als Welthegemon umspannte es den Erdball von Amerika über Afrika und Arabien bis Australien und Neuseeland. Bis es mit dem 1. Weltkrieg das Weltmachtszepter an die USA abgeben musste. Das Kolonialreich aber umklammerte es weiterhin, sogar kriegerisch noch nach 1945. Bis zum unfreiwilligen faktischen Ende mit der Übergabe der Kronkolonie Hongkong an China im Jahr 1997.

Freilich, die Nachwirkungen der jahrhundertelangen britischen Herrschaft zusammen mit der beträchtlichen Auswanderung in die Kolonien, zuvorderst Nordamerika, Australien und Neuseeland, sind bis heute stark: Englisch wurde die Lingua Franca der Welt mit rund 800 Millionen Mutter- und Zweitsprachlern. – Eine der Säulen, auf denen die angelsächsische Weltdominanz bisher fußt. Die politisch-ökonomische Dominanz ist im Abstieg begriffen. Aber die

Sprachendominanz bleibt. Zu sehr ist Englisch als Weltsprache schon etabliert.

Fazit von alldem: Der Druck des Schlechtklimas auf Britannien, vor allem auf den Norden, machte das Humankapital verfügbar, das die Entstehung und Expansion des britischen Kolonialreichs förderte. Kleine Ironie der Historie: Gunstklima förderte die Entstehung des Imperium Romanum, Schlechtklima die des Britischen Imperiums. Das Klima, ob gut oder schlecht, als Regieassistent der beiden größten Reiche der Weltgeschichte ...

Kurz noch zu den erstaunlichen Reichtümern, die in diesen so widrigen Zeiten erworben wurden. Ohne die Profite aus den Kolonien, etwa durch Sklavenhandel oder Opiumhandel mit China, glänzte heute in den ehemaligen Kolonialmächten so manche Stadt nicht mit grandiosen Monumentalbauten, fehlte so manches prächtige Manor House und Schloss, so manches an angehäuften Kunstschätzen oder mancher mächtige Konzern und Bankentrust.

Aber auch in Deutschland, seinerzeit keine Kolonialmacht, entstanden damals imposante Bauten und Städte. Sogar der Engländer Lamb erwähnt „Bürgerstolz und Pracht der deutschen Handelsstädte“ aus jener Zeit, und erwähnt etwa Münster – nicht umsonst Stadt des Westfälischen Friedens, der den Dreißigjährigen Krieg beendete. Ja, auch hier florierte gewinnbringender Handel, wenn auch innerhalb Europas. Die großen Handelsstädte im Süden – Nürnberg, Augsburg, Regensburg – waren ja schon Thema. Ikonisch für die prallen Säckel der Großkaufleute etwa Augsburgs majestätisches Renaissance-Rathaus mit seinem Goldenen Saal. Oben im Norden sind es die Hansestädte, die mit dem Fernhandel entlang der Nord- und Ostsee reich wurden, so Lübeck, Rostock, Bremen, aber auch deren Handelspartner entlang der Transportwege ins Binnenland hinein wie eben Münster oder die Prachtstädte der Weser-Renaissance wie Hameln.

Fazit des Kapitels: Die Menschheit ließ sich auch durch Not- und Todzeiten nicht von ihrer Sucht nach Vergnügen, nach kühnen Unternehmungen und nach Profit und Macht abbringen. Andererseits aber auch nicht von höheren Werten und Zielen: In der fraglichen Zeit entstand der Humanismus mit seinem Streben nach Wissen und Tugend, entstand die Aufklärung mit ihrem Imperativ der Vernunft, der kritischen Reflexion und Selbstverantwortlichkeit. Künstler, Komponisten, Forscher, Schriftsteller, Dichter und Denker weiteten entscheidend den Geistes- und Seelenhorizont des Menschen, hoben sein Selbstbild auf eine höhere Stufe.

Dies alles vor der Kulisse von Elend, Verderben und Todesnähe, wie sie in den Worten des kaiserlichen Hofarztes Johannes Sambucus zum Ausdruck kommt: „Wehe, mühelos treibt der Wind uns, die wir machtlos sind. Und wir sinken schneller, als ein Hauch die Rosen entblättert." Untergang und Aufbruch waren die zwei Seiten der janusköpfigen Kleinen Eiszeit.

16

Frankreich 1789: Klima kann Revolution

Ein scharfer Knall, ein Arbeiter stürzt, getroffen von einer Kugel der königlichen Wache, auf das Pflaster. Doch die wütende Menge stürmt weiter über den Schlosshof von Versailles, die Freitreppe hinauf bis kurz vor die Gemächer der Königin. Es ist noch dämmrig am Morgen des 6. Oktobers 1789, und gewöhnlich ist Marie-Antoinette zu solch früher Stunde noch nicht auf. Nun aber flüchtet sie im Schlafkleid durch ihr Ankleidezimmer ans Bett ihres Gatten König Ludwig XVI.

In Frankreich herrschte revolutionäre Raserei. Hatte das Herrscherpaar selbst dazu beigetragen? Sarkastische Sprüche soll es über den verachteten Pöbel gemacht haben. Als ein Höfling berichtete, das Volk habe kein Brot mehr, soll die Königin geflapst haben: „Soll es doch Kuchen essen!" Und der König giftete auf die gleichsinnige Warnung eines Ratgebers vor drückendem Brotmangel: „Bin ich Bäcker?" Ob nun wahr oder nur gut erfunden, die achtlosen Bonmots gingen als Gerücht im Volk um. Und ganz sicher wahr: Am Vorabend der Revolution hungerten viele Franzosen. Erschütternder Beleg: Die Zahl der von verzweifelten Eltern ausgesetzten Babys war auf das Sechsfache gestiegen. Und so zwangen die Schlossinvasoren, unter ihnen angeblich auch die resoluten Marktfrauen von Paris, das Herrscherpaar zur Rückkehr nach Paris, um es dort unter Volkskuratel zu stellen. Und das unter dem legendären ironischen Triumphgeschrei: „Wir bringen den Bäcker und die Bäckerin!"

Wie bekannt blieb es nicht beim Kuratel. Der König starb im Januar 1793 unter der Guillotine, die Königin im Oktober desselben Jahres. Zu dieser Zeit versank die Revolution in Terror und Strömen von Blut unter dem Kampfruf „Weder Gnade noch Erbarmen!" Die Schreckensherrschaft, *La Grande Terreur,* mordete in ganz Frankreich Hunderttausende, durch Schafott, Massenfüsilladen, Bajonettabschlachtungen, Massenertränkungen in Flüssen, wofür eigens spezielle Schiffe gebaut wurden. Pardon wurde nicht gegeben, auch nicht Frauen und Kindern. Das hohe Ziel der *Liberté, Egalité, Fraternité* erforderte erst mal das große Schlachten ... Bleibend denkwürdig: Die verurteilte Frau eines Ex-Ministers grüßte beim Besteigen des Schafotts die nahebei aufgestellte Freiheitsstatue der Revolutionäre: „O Freiheit, was für Verbrechen werden in deinem Namen begangen!"

Die Französische Revolution: eines der epochalsten Ereignisse der Weltgeschichte. Blutig ohne Maß, aber weltweit prägend als Fanal für die Abschüttlung der jahrtausendalten Fesseln von Feudalismus und absolutistischer Monarchenherrschaft. Wie kam es dazu? Lange sah man das erstarkte Bürgertum als Treiber: Unter dem Einfluss der Aufklärung akzeptierte es nicht länger die Vorrechte des Adels und wurde schließlich rabiat, als man seine Forderungen nicht erhörte. So ging die Erklärung. Dann aber brach sich eine andere Sicht Bahn: Als Folge des wirtschaftlichen Niedergangs im 18. Jahrhundert lehnten sich besonders die einfachen Leute gegen Verarmung und Hunger auf. Endgültig obsiegte diese Sicht, als man 2009 die alten Musterungsakten französischer Soldaten genauer analysierte. Demnach schrumpfte ihre durchschnittliche Körpergröße im Lauf von 40 Jahren um drei Zentimeter und erreichte in den Jahren vor der Revolution den absoluten Tiefpunkt. Nur zu erklären durch eskalierende Mangelernährung.

Die Ursachen? In den Dekaden vor der Revolution wuchs die Bevölkerung Frankreichs beträchtlich, aber die Agrarproduktion hielt nicht Schritt, war im internationalen Vergleich sogar rückständig. Folge: steigende Nahrungsmittelpreise und zunehmender Hunger der Ärmeren. Aufgrund leerer Staatskassen, nicht zuletzt wegen des Luxuslebens von Königshaus und Aristokratie, gab es seit 1785 auch keine staatlichen Vorratsmagazine mehr. Obwohl sie angesichts der Kleine Eiszeit-typischen Schlechtwitterung nötig gewesen wäre.

In dieser ohnehin schon bedrohlichen Mangelsituation schlugen nun extrem starke Wetteranomalien zu, belegt durch Gletscherkernanalysen für die Jahre 1788 und 1789. Mit bösen Folgen: 1788 herrschte eine extreme Dürre, zudem verwüstete im Juli ein vernichtender Hagelsturm weite Landstriche. In der Ile de France um Paris wurden 1500 Dörfer schwer beschädigt. „Die Hagelsteine waren von einer Größe und einem Gewicht, wie sie dieses Land noch nicht gesehen hat", berichtet der englische Botschafter an seinen Außenminister. „Im Umkreis von 30 Meilen ist alles zur Ödnis geworden und man kann mit Gewissheit sagen, dass 400 bis 500 Dörfer so in Mitleidenschaft gezogen wurden, dass die Einwohner umkommen werden, wenn nicht schnelle Hilfe von der Regierung kommt. Die unglücklichen Opfer haben nicht nur die Ernte dieses Jahres verloren, sondern auch die der nächsten drei bis vier Jahre."

Missernten in ganz Frankreich. Die Preise explodierten. Dann folgte ein bitterkalter Winter 1788/89: Die Wintersaat, Weinstöcke und Obstbäume erfroren. Des Unglücks nicht genug, führte dann das Tauwetter im Frühjahr 1789 zu Überschwemmungen und Viehseuchen. Wozu im Sommer erneut eine Dürre kam. Flussläufe trockneten aus, Mühlen standen still, das Mehl wurde noch knapper. Es kam zu Hungerrevolten. Familien und Banden überfielen Getreidetransporte, Soldaten mussten sie schützen. Plündernde Banden riefen in Stadt und Land Angst hervor – in den Annalen verzeichnet als *La Grande Peur* –, so dass Waffen an die Bauern ausgegeben wurden, um ihr Land zu verteidigen.

Die Wut über das in Versailles dem Lustleben frönende Königshaus samt parasitärem Hofstaat brachte die Volksseele zum Kochen. Zumal dies noch geschürt wurde von Agitatoren, die bereits Revolutionäres im Sinn hatten: Es schlug die Stunde der Jakobiner. In Paris kam es zu Demonstrationen. Angesichts der aufgeheizten Stimmung ließ der König um die Stadt Militär aufziehen. Frankreich schlitterte in Chaos und Auflösung. Am 14. Juli erreichte der Brotpreis einen nie gekannten Höchststand. Am selben Tag, um an Waffen zu gelangen, stürmte eine vieltausendköpfige Menge von Aufständischen die Bastille.

Die Französische Revolution hatte, mit einem heftigen Fußtritt des Klimas, ihren entscheidenden ersten Schritt getan. Hinter den weder sie noch die Weltgeschichte mehr zurückkonnten. Bei den pompösen jährlichen Feierlichkeiten am 14. Juli huldigt Frankreich dem Großereignis reichlich selbstbeweihräuchernd und verdrängt dabei nur allzu gern das abscheuliche landesweite Massenmorden der fanatisierten Revolutionäre. Wieder die Janusköpfigkeit der Geschichte: Grauen und Glorie als ihre zwei Seiten. Denn die Glorie der Französischen Revolution sei unbestritten: nämlich als weltweit hallendes Freiheitsfanal zur Abschüttlung der absolutistischen Herrschaftsfesseln und zur Selbstbestimmung der Völker.

Das Fanal befeuerte gerade auch das Freiheitsstreben in Deutschland. Mit literarischem Niederschlag etwa in Schillers *Wilhelm Tell,* in den Werken von Heinrich Heine: *Laßt uns die Franzosen preisen* für das *Losreißen vom eisernen Gängelband der Aristokratie.* Oder als Zukunftstraum im Gedicht *Die Fürstengruft* des ein Jahrzehnt lang eingekerkerten Freiheitsrebellen Christian Schubart:

Da liegen sie, die stolzen Fürstentrümmer,
Ehmals die Götzen ihrer Welt,
Da liegen sie vom fürchterlichen Schimmer
Des blossen Tags erhell't.
Da liegen Schädel mit verloschnen Blicken,
Die ehmals hoch herabgedroht;
Der Menschheit Schrecken, denn an ihrem Nicken
Hing Leben oder Tod.

Freiheit, Selbstbestimmung: damals nur Traum und Sehnen. Aber doch schon Morgenschimmer einer neuen, besseren Zeit. Tun wir Unseres dazu, dass sie nicht wieder abgleitet in die Herrschaft von Mächtigen.

17

Tambora-Ausbruch 1815: Verdunklung der Welt

„Am 10. April [1815] gegen 19 Uhr brachen drei Feuersäulen aus dem obersten Teil des Berges Tambora hervor", so berichtet der Fürst von Sanggir im heutigen Indonesien. „Sie schossen in große Höhen empor und verwickelten sich dort ineinander [...] Der Feuersturm tobte, bis das ausgeworfene Material so dicht herab prasselte, dass Dunkelheit herrschte. Daraufhin fegten Sturmböen die Giebel von den Dächern. In den angrenzenden Regionen rissen sie die größten Bäume mitsamt den Wurzeln aus und wirbelten sie zusammen mit Männern, Pferden und Rindern in die Luft."

Im darauffolgenden Winter erlebt die Welt noch nie gekannte Sonnenuntergänge: Flammenmeere in Gelb, Rosa, Rot, Orange und Violett stehen am Himmel. In London greift der Maler William Turner genauso überwältigt zum Pinsel wie sein Kollege Caspar David Friedrich in Greifswald. Doch die Schönheit verkündet Unheil. Die Welt gerät aus den Fugen, auf die Menschheit kommt Böses zu.

Der Vulkan Tambora liegt im indonesischen Inselarchipel östlich von Bali. Der ungeheure Ausbruch, der weltweit stärkste seit zehntausend Jahren, war 2000 Kilometer weit zu hören „wie entferntes Kanonenfeuer". Er sprengte von 4300 Metern Berghöhe 1400 Meter ab und kostete 70 000 Menschen das Leben. Die Staub- und Aschewolke wirbelte über 40 Kilometer hoch in die Stratosphäre und verteilte sich langsam um den Globus. Die Solareinstrahlung sank weltweit. Zu allem Überfluss verharrte die Sonne um 1800 herum ohnehin schon im so genannten Dalton-Solarminimum, woraus in Summe eine mehrjährige globale Abkühlung folgte, die so genannte Tambora-Kälte. Speziell das Jahr 1816 ist in Europa und Nordamerika berüchtigt als das durchgängig kalte und vollständig verregnete „Jahr ohne Sommer". Endlose Wolkenbrüche und Gewitterstürme, Flüsse treten über die Ufer, reißen

Dörfer mit. Selbst an regenfreien Tagen bleibt die Sonne verdüstert. Und es bleibt so kalt, dass selbst im August an der Ostküste der USA immer wieder Schnee fällt.

Die Folgen sind schrecklich: Missernten, Hungersnöte und Seuchen in weiten Teilen der Welt. Abertausende wandern von Europa in die Neue Welt aus, nicht wissend, dass auch dort das Wetter verrücktspielt. In bitteren Briefen beklagen sie ihr Leid, verzweifelt fragen sie den Allmächtigen, warum er solches Elend zulässt.

Auch in Europa. Wieder einmal essen die Menschen Gras. Erschütternd was etwa der schweizerische Pfarrer Scheitlin berichtet: In einer Hütte trifft er eine Mutter an, die ihren drei Buben angedünstetes Gras zum Essen vorgesetzt hat, ohne nichts außer einer Prise Salz. Die Buben essen das dampfende Gras mit bloßen Händen. Die auf dem Tisch liegende Bibel sei ihr einziger Trost, so die Mutter. Von Amerika über Europa bis nach Indien, China und Japan hält die Not jahrelang an. In China verheeren Überschwemmungen die Ernten, in Indien dagegen kommt es zu Dürren; zum ersten Mal seit Menschengedenken bleibt der Monsun ganz aus. Millionen sterben an Hunger und Seuchen.

Natürlich, wie immer kommen die Hochgeborenen und Privilegierten glimpflich davon. Zeugnis davon ist eine Episode just von 1816 am Genfer See. Dort trifft sich im Juni eine Gruppe distinguierter junger Engländer zur Sommerfrische, darunter Lord Byron, reichexzentrischer Dandy, Frauenheld und schon laudierter Dichter, sowie die damals 18-jährige großbürgerliche Mary Godwin. Aber die Hoffnung, dem *cats and dogs raining*-Wetter Englands hier am Genfer See zu entkommen, erfüllt sich nicht. Es ist so kalt und finster, dass sich die Gruppe schon mittags um den Kamin sammelt. Frustriert, aber hochillustrativ schreibt Mary Godwin: „Dieser Sommer ist ein einziges Grauen. Ein fast ununterbrochener Regen fesselt uns ans Haus. Die Gewitter, die uns heimsuchen, sind gewaltiger und schrecklicher, als ich dies je erlebt habe. Wir sehen, wie sie sich vom jenseitigen Ufer des Sees her nähern, sehen, wie die Blitze zwischen den Wolken spielen und in gezackten Mustern auf die Gipfelmassive des Jura einstechen, der dunkel ist durch die Schatten der überhängenden Wolken."

Um die Stimmung zu retten, schlägt Byron vor, sich gegenseitig selbstverfasste Schauergeschichten vorzulesen. Auch Mary greift zum Stift und schreibt einen düster-beklemmenden Text. Er wird als Roman erscheinen unter dem Titel *Frankenstein* und sie unter dem Namen Mary Shelley berühmt machen. Die visionäre Figur des Wissenschaftlers, der im Labor künstliches Leben erschafft – und damit nur Unheil anrichtet – ist heute Mahnung mehr denn je. Den Anstoß gab der Tambora.

Nicht nur die Jahre um 1816, sondern die ganze Epoche von etwa 1780 bis1850 war geschlagen von Klimadesastern. Und das weltweit. Der Grund: Neben dem Tambora-Ausbruch gab es damals noch weitere heftige Vulkanausbrüche. Und dazu eben noch das Solarminimum. Die Alpengletscher stießen bis 1850 wieder so tief in die Täler vor wie im Kalttief der Kleinen Eiszeit. Ein prominenter Zeitgenosse ist Napoleon, Kaiser der Franzosen und manischer Eroberer. Der kleine aber clevere Korse war schnell vom Hauptmann zum General aufgestiegen und durch Siege gegen Österreich und Italien sowie die Unterwerfung von Kleinstaaten zum Konsul ernannt worden. Sein Ruhm erlaubte es ihm schließlich, sich 1804 zum Kaiser zu krönen. In ungezügeltem Eroberungsdrang unterwarf er bis 1810 ganz Europa und zudem Ägypten. Nur England und Russland trotzten ihm noch. Dies missfiel Seiner Kaiserlichen Hoheit.

Im Juni 1812 fiel er mit seiner 600 000 Mann starken Grande Armée in Russland ein. Schon der befohlene Eilmarsch auf Moskau wurde durch krasse Wetterwechsel zur Katastrophe: schwüle Gluthitze, Starkregen, Unwetter. Originalzitat: „Es war eine so drückende Hitze, dass alle Regimenter Leute durch Erschöpfung verloren." Ein Militärarzt berichtet „von den vielen Leichen der Krieger, die durch Hitze, Hunger und Durst umgekommen waren". Dazu kamen Seuchen wie Typhus und Ruhr, die „förmlich unter den Regimentern wüteten". Zudem der Schlachtentribut: zehntausende Opfer allein bei Borodino.

Nur noch 128 000 kommen in Moskau an – um es in Flammen aufgehen zu sehen. Vergebens wartet *L'Empereur* im Kreml auf die Kapitulation des Zaren. Sehr früh, schon am 4. November, fällt dann ein Frostwinter ein mit bis zu -35 Grad und macht den Rückzug zum Horror, allein schon durch tödliche Erfrierungen: „Die Haut und die Muskeln schälen sich ab wie bei einer Wachsfigur", so ein Armeearzt. „Mehr einer Horde zerlumpter Bettler als Soldaten gleichend" schleppen sich die Todgeweihten durch die Schneewüste, werden durch Kosakenüberfälle und beim Übergang über die Beresina vollends dezimiert. Da setzt sich der Feldherr von den Geschlagenen schnell Richtung Paris ab und lässt verkünden, allein die „grausame Jahreszeit" sei schuld am Russland-Debakel.

Dabei war die Katastrophe von Anfang an vorgezeichnet durch die logistisch unbeherrschbaren russischen Weiten und Russlands Kontinentalklima mit heißen Sommern und eisigen Wintern. Wozu just zu jener Zeit noch die zusätzliche Verschärfung durch die Schlechtklimaphase kam. Die auffallend krassen Wetterwechsel, die der Grande Armée besonders zusetzten, erklären Klimahistoriker mit einer im Jahr 1812 aufgetretenen La Nina-Klimastörung: Sie lenkte die gewöhnlich über Mitteleuropa ziehenden Atlantiktiefs nach Norden ab in die Breiten Russlands hinauf.

Am Rande: Napoleon brüstete sich, er lasse für den Ruhm Frankreichs nicht Franzosen sterben, sondern Fremde. In der Tat: Die Grande Armée bestand zu weniger als 30 Prozent aus Franzosen, meist Befehlsränge. Den Rest presste der Korse aus den besetzten Ländern, die meisten, 150 000, aus Deutschland. Sie waren französischen Generälen unterstellt, die sie gern als Kanonenfutter einsetzten, um ihre Landsleute zu schonen. Fremdbestimmung war schon immer schlecht! Manche unserer Regierenden scheinen diese Lektion allerdings nicht gelernt zu haben und verschenken bereitwillig unsere Souveränität ...

Ein englischer zeitgenössischer Klimazeuge ist Charles Dickens mit seinen schneeseligen Weihnachtsgeschichten. Dabei ist Schnee für London außergewöhnlich: Aber just in Dickens Kinderjahren um 1820 gab es oft Schnee und Frost, was ihm unvergesslich blieb – und als suggestiv-heimeliges Weihnachtsattribut zum Erfolg seiner Geschichten beitrug.

Den meisten Menschen dieser Härtezeit aber war es mitnichten heimelig zumute. Aus meinem Lebensumfeld nördlich Stuttgart mit dem traditionsreichen Remstäler Weinbaugebiet sei etwas dazu beigetragen. Ein Urahn eines der angesehensten Weingüter, Aldinger in Fellbach, begann 1828 eine Weinbauchronik anzulegen. Für das Jahr 1829 heißt es darin: „Es gab nur wenig und sauren Wein. Es sind viele Trauben vor dem Herbst am Stock erfroren." Und 180 Jahre später, im Jahr 2009, ergänzt der Firmensenior in einem Interview: Von der heutigen Traubenqualität hätte man im 19. Jahrhundert nur träumen können. Damals, am Ende der Kleinen Eiszeit, hätten viele Missjahre mit Frost, Hagel, Dürre und Regenperioden zu einer unvorstellbaren Armut geführt. Das löste eine Auswanderwelle aus: Zwischen 1800 und 1850 suchten mehr als 600 Fellbacher ihr Heil vor allem in Amerika und Russland. Darunter auch Mitglieder der Sippe Aldinger, die heute in den USA Hunderte von Nachkommen zählt.

Unweit Fellbach liegt der 9000-Einwohnerort Schwaikheim. Im Jahr ohne Sommer 1816 und im Folgejahr wanderten 750 Schwaikheimer nach Georgien aus – eine Riesenzahl angesichts des damals noch kleinen Fleckens. Zwar war der Auszug auch religiös motiviert – eine Pietistengruppe wollte der vermeintlichen Ankunft des Herrn am Berg Ararat nahe sein –, aber ohne die drückende Armut wären kaum so viele zusammengekommen, die die Mühen und Gefahren der Auswanderung auf sich nahmen. Allein schon die Fahrt auf der damals noch unregulierten Donau hinab ins Schwarze Meer mit den schwer steuerbaren *Ulmer Schachteln* war lebensgefährlich. Und hätten sie gewusst, was sie danach erwartet: jahrzehntelange Aufbauschufterei durch Tatarenüberfälle zunichte gemacht, Kommunismus mit Enteignung und Kolchotisierung, Verfolgung und Hinrichtung von Nichtkonformen, im 2. Weltkrieg Zwangsumsiedlung nach Kasachstan oder Sibirien, Familientrennung, oft Hungertod – wie hätten sie dann entschieden?

Als Kuriosum: Meine Frau ist weitläufig verwandt mit Leuten aus dem Weiler Wolfsölden östlich von Ludwigsburg. Bei einem Vortrag des im Schwabenland wohlbekannten Historikers und Schriftstellers

Gerhard Raff hörten wir, dass die zweite Frau Stalins, Mutter der bekannten Swetlana Stalin, deutsche Wurzeln habe. Und zwar zurückgehend auf eine Frau Aichholz aus dem bewussten Wolfsölden, die 1816 nach Georgien ausgewandert war. Wolfsölden bestand damals nur aus wenigen Bauernhöfen, somit schien eine Verwandtschaft meiner Frau und letztlich von mir mit Stalins Frau und damit auch Stalin gut möglich. Schräges Gefühl ... Das sich wieder legte, nachdem laut neuester Forschung eine gleichnamige Auswanderin aus dem nicht weit entfernten Großbottwar die Ahnin von Stalins Frau gewesen sein soll.

Im Vergleich zu Frankreich, wo das hungrige Volk die Bastille stürmte und den König köpfte, blieb es in Deutschland erstaunlich ruhig. Nicht umsonst wird die Figur des deutschen Michels mit Schlafmütze dargestellt – die treffende Selbstkarikatur kam bezeichnenderweise in jener Zeit in Schwang. Aber dennoch verstärkten Teuerung und Hunger die Missstimmung gegen Obrigkeit und Monarchenherrschaft und befeuerten, auch angesichts des Vorbilds Frankreich, die Reformkräfte.

Vor allem die süddeutschen Kleinstaaten Baden, Bayern und Württemberg sahen sich schon in der Hungerzeit ab 1818 gezwungen, Verfassungen mit gewissen Rechten zuzugestehen. Die Reformer ließen sich damit aber nicht abspeisen: Über Stationen wie das machtvolle *Nationalfest der Deutschen* für Demokratie und Einheit 1830 auf dem Hambacher Schloss mit zehntausenden Teilnehmern oder die Freiheitsaufstände gegen die Fürstenherrschaft, etwa der im Blut ertränkte *Hecker-Zug* in Baden, kulminierte der Kampf zur 1848-Revolution. Auch die im Blut ertränkt.

Aber nicht ihre Ideale. Sie setzten sich, mit bösen Unterbrechungen, letztlich doch durch. Werden sie überdauern?

Europas schlimmste Tragödie dieser Epoche ereignete sich in Irland: Der *Große Hunger* der 1840er-Jahre. Eingebrannt als *Irish Famine* in das irische Kollektivgedächtnis. Die Kartoffel war das Hauptnahrungsmittel der Iren, bei den Kleinbauern meist sogar das einzige. Dauerregen und hohe Luftfeuchtigkeit triggerten die explosive Ausbreitung des Kartoffelfäulepilzes. Mit fürchterlicher Wirkung: fünf Jahre lang weitgehender Ernteausfall, fünf mörderische Hungerjahre und Hungertod.

Winterliche Kälte und Schnee sowie ausbrechende Seuchen brachten vollends den Horror über die Menschen. Zahlungsunfähige Kleinbauern mit ihren Familien, die man von ihrem Pachtland vertrieben hatte, zogen heimatlos umher und fielen der Kälte zum Opfer.

Kaum Hilfe von der Regierung in London, im Gegenteil: Verbittert erlebten die Iren, dass die Regierung weiterhin aus Irland Vieh und Getreide nach England exportierte. Während eine Million Menschen verhungerte. Warum? Die damalige rigide britische Laissez Faire-Politik wird als Grund genannt. Aber auch ein böses Interesse soll mitgespielt haben: Die irischen Landlords, darunter viele Briten, konnten billig das Land der Verhungerten aufkaufen. Was, zusammen mit der dezimierten irischen Bevölkerung, die Position der britischen Minderheit stärkte. Ein irischer Schriftsteller schrieb: „Der Allmächtige sandte die Kartoffelfäule, aber die Engländer schufen die Hungersnot."

1995 errichtete man mit dem *An Gorta Mór Memorial* ein Erinnerungsmal an die Hungersnot: Ein kleiner spindeldürrer Junge klopft an das symbolisch dargestellte Tor des dortigen früheren Armenhauses. Die Inschrift zitiert den Text einer dem Jungen mitgegebenen Notiz, mit seinem Namen und dass sein Vater und zuletzt auch die Mutter gestorben seien und er verhungern würde, wenn man sich seiner nicht annähme.

18

Die Kleine Eiszeit weicht nur unwillig: sogar England in Schnee und Eis

Denn wütender wurde der Winde Spiel,
Und jetzt, als ob Feuer vom Himmel fiel,
Erglüht es in niederschießender Pracht
Überm Wasser unten ... Und wieder ist Nacht.

Sonntag, 28. Dezember 1879, gegen 19 Uhr. Der Edinburgh-Express dampft durch Dunkel und peitschenden Regen seinem Ziel Dundee entgegen. Sturmböen umtoben die Lokomotive, reißen den Rauch vom Schornstein, fauchen in den Führerstand, wo der Lokführer David Mitchell seinen Dienst tut. Ein ruhiger Mann, verheiratet und Vater von fünf Kindern. Angestrengt versucht er durch das regenverschlierte Rundfenster das Dunkel zu durchdringen. Zuletzt hat der Sturm so zugelegt, wie er es noch nie erlebt hat. Aber es wäre bald geschafft, Minuten nur noch zur Brückenstation, dann noch die 15 Minuten über die Brücke. Etliche Stürme hat sie schon erlebt, aber keinen solchen. Egal, mit zehn schweren Loks hat man sie getestet, zehnfache Sicherheit ...

Der Firth of Tay ist ein 20 Meilen langer, fjordartiger Meereseinschnitt bei Dundee. Die meilenlange Eisenbahnbrücke darüber in fast dreißig Metern Höhe – damit auch große Schiffe sie durchfahren können – war ein weltweit bewunderter Markstein des Fortschritts. „Der ganze Bau hat ein höchst gefälliges und leichtes Aussehen“, wird Theodor Fontane am 30. Dezember in der Vossischen Zeitung lesen. „Er ist so lang, so luftig, so dünn, dass der Anblick eines darüber rollenden Eisenbahnzuges unwillkürlich nervöse Unruhe verursacht.“

In Dundee richtet der Sturm ab sieben Uhr die größten Schäden an. Es hagelt Dachziegel, Kamine stürzen herab, die Badehäuschen am

Tay-Ufer werden zerrissen und wirbeln auf das schwarze Wasser hinaus. Im Umland fällt ein Kirchturm, über der Tay-Bucht reißen harte Böen Gischt in die Luft. Um diese Zeit läuft der Zug an der südlichen Brückenstation ein. Der Brückenwächter Barclay nimmt einen Stab von der Halterung, läuft hinaus zur Lokomotive und reicht den Stab zu Mitchell hinauf: Garantie, dass die Brücke frei ist. Kurzer Gruß, die Lok dampft wieder an, Barclay läuft fröstelnd zurück in die Station, feuert den Ofen neu an. Er hat Besuch von seinem Freund Watt, auch er Eisenbahner. Watt schaut durchs Fenster dem Zug nach, wie er auf die Brücke fährt und die roten Schlusslichter immer mehr ineinander verschwimmen.

Kurz darauf ruft Watt: „Mit dem Zug ist irgendwas los!“ Barclay gibt rau zurück: „Gar nichts ist los, John!“ Watt soll sich nicht so aufspielen, *er* ist hier zuständig. Von Watt tönt es zurück. „Die Lichter sind plötzlich verschwunden, der Zug ist weg!“ Barclay kommt ans Fenster. Seine Stimme schwankt: „Der Zug ist in der Biegung, deshalb sind sie nicht zu sehen. Sie tauchen gleich wieder auf.“ Aber es bleibt dunkel. Barclay schickt ein Signal über die Brücke zur Nordstation: keine Erwiderung. Die Leitung ist tot.

Die Brücke war unter den vereinten Kräften von Zug und Sturm zusammengebrochen, der Zug mit 75 Menschen in die Fluten gestürzt. Ein Aufschrei ging durch die damals so technikbegeisterte Welt. Fontane schrieb die technikskeptische Ballade *Die Brück` am Tay.* Was ihn nicht hinderte, weite Eisenbahnreisen zu unternehmen, bis hinunter nach Neapel etwa. Kommt uns solcherlei Widersprüchlichkeit aus dem Mund von Autoritäten irgendwie bekannt vor?

Ist der Tay-Sturm relevant fürs Klima? Nein, er ist bloß ein Datenpünktchen im Rauschen der Statistik. Allerdings: Während bis dahin solche Extremstürme eher selten waren – der letzte lag 11 Jahre zurück –, schlägt schon 1881, nach nicht mal zwei Jahren, ein noch gewaltigerer Orkan zu: Allein östlich Edinburgh kentern Dutzende Fischerboote, fast 200 Fischer ertrinken – sogar der deutsche Kaiser kondoliert. Dazu gehen in britischen und irischen Gewässern auch größere Schiffe unter. Und in schneller Taktzahl folgen weitere Höllenstürme: Januar

1884, Oktober 1886, Dezember 1886 – erschütternd: auch Dutzende Rettungsruderer ertrinken – und so weiter in schneller Folge. Jeder dieser Orkane kostet vielen Seeleuten das Leben.

„Die Winterstürme im Nordatlantik waren von 1878 bis 1897 besonders stark", schreibt der Klimaforscher César Caviedes. Lamb kommt zum gleichen Ergebnis und setzt noch eins drauf: Nachdem sich das Klima nach 1850 für knapp 30 Jahre gemildert hatte, begann ab 1879, Jahr des Tay-Desasters, schlagartig wieder ein Kaltregime, gleichzeitig mit der Orkanserie. Vielsagend: Als Mitursache des Tay-Brückenkollaps ermittelte man Stahlversprödung durch extremen Winterfrost bis zu -30 Grad.

Wie war dieser Winter in Deutschland? Zitiert sei der Weisendorfer Bote: „Thermometer -30 bis -35 Grad, die Menschen gingen mit ganzer Kleidung ins Bett, nachts erstarrten die Kühe in den Ställen, Stallhasen, Hühner, Gänse mussten mit in die Stube genommen werden. Wasser gab es nur von geschmolzenen Eisstücken." In der Tat, laut Pfister war der Winter 1879/80 einer der kältesten seit 1500. Zugefroren Bodensee, Zürichsee, teils Genfersee, in Paris trieb Eis auf der Seine. Europa wurde zu Sibirien.

Es war nicht nur ein eisiger Winter, sondern ein zwanzigjähriger Kälterückfall zwischen 1879 und rund 1900. Selbst das golfstromtemperierte Britannien war hart betroffen: nasse Sommer, kalte Winter mit Frostperioden bis zu 12 Wochen (Abb. 9). Ergebnis: Die britische Landwirtschaft wurde so schwer dezimiert, dass sie sich nie mehr erholte. Zahllose Farmen und Güter wurden aufgegeben, hunderte Herrschaftshäuser verwaisten, aus Feldern wurde Parklandschaft. Viele Bauern wanderten in die Kolonien aus, deren Bedeutung für das Mutterland damit noch zunahm. Auswanderwellen gab es aber auch aus anderen europäischen Ländern, zumal dem besonders kältebetroffenen Skandinavien. Für die USA, das häufigste Ziel, ein demografischer Kräfteschub Richtung Weltmacht.

Als kaum glaubliches Kuriosum sei angefügt der England-Winter 1890/91: zwei Monate Frost, in London 43 Tage Eislaufen im Regents Park, am 9. März starker Schneesturm, Züge tagelang eingeschneit, in

London riesige Schneewehen bis 3,5 Meter. Roland Emmerichs Klimaschocker mit dem in Schnee und Eis versinkenden New York lässt grüßen.

Genug der Daten, lieber noch eine lebensnahe Veranschaulichung dieser Zeit: aus dem 1891 erschienenen Romanklassiker *Tess von den d'Urbervilles* des englischen Schriftstellers Thomas Hardy über das Schicksal eines jungen Mädchens aus dem südwestenglischen Wessex. *Tess,* so der später verkürzte Titel des Romans wie auch von Roman Polanskis Verfilmung, wurde bei seiner Erscheinung angefeindet von Verfechtern der viktorianischen Moral, aber gepriesen von Frauenrechtsgruppen. Heute gilt der Roman als eines der bedeutendsten Werke der englischen Erzählliteratur.

Zwischen dem bildungseifrigen Landmädchen Tess und dem idealistischen Pfarrerssohn Angel Clare entspinnt sich eine beiderseitige Liebe, aber Tess, die sich wegen einer früheren unseligen Beziehung als unwürdige Gefallene sieht, stimmt Angels Heiratsantrag erst nach langen inneren Skrupeln zu. Als Angel ihr am Hochzeitstag seine früheren Amouren gesteht, bekennt auch sie ihren Misstritt. Angel, als „Sklave von Bräuchen und Konventionen“ zutiefst enttäuscht, zieht sich von ihr zurück und geht in die Ferne.

Tess, zerrissen zwischen Hoffnung auf seine Rückkehr und verzweifelter Resignation, durchlebt harte Zeiten als Tagelöhnerin auf einem Hof, zumal im eisig-trostlosen Winter: „Auf die Zeit gefrierender Feuchtigkeit folgte eine Periode trockenen Frostes, während der seltsame Vögel von jenseits des Nordpols auf der Hochebene von Flintcom-Ash geräuschlos einzutreffen begannen [... Der Frost] legte sich kalt auf die Augäpfel der beiden [Tagelöhnerinnen], machte ihre Stirn schmerzen, drang ihnen bis auf die Knochen [... Als Tess] am nächsten Morgen ihre Lampe anzündete, um aufzustehen, fand sie, daß der Wind den Schnee durch eine Ritze am Fenster geblasen und an der Innenseite einen weißen Kegel aus feinstem Pulver gebildet hatte und auch den Kamin heruntergekommen war [...] Draußen trieb der Schnee mit solcher Geschwindigkeit dahin, daß er in der Küche einen Schneenebel erzeugte [...] Der Sturm roch nach Eisbergen, arktischen

Meeren, Walen und Eisbären, und er trug den Schnee mit sich, so daß er leicht über das Land hinwegglitt, doch nicht darauf niedersank."

Nach einem Jahr ohne Lebenszeichen von Angel ringt sie sich zu einem Tagesmarsch zu seinem Elternhaus durch, in der Hoffnung „das Herz ihrer Schwiegermutter zu gewinnen [...] Zwei Wochen später, als der Schnee wieder fort war und ihm ein harter, grimmiger Frost folgte, machte sie sich den Zustand der Straßen zunutze, um diesen Versuch zu unternehmen. Vermummt mit einem Wollschleier brach sie um vier Uhr morgens mit raschen Schritten auf, der Boden rang unter ihren Füßen wie ein Amboß".

Aber all ihre Strapazen sind umsonst, der Versuch scheitert tragisch. So wie schließlich ihr Leben scheitert. An der Doppelmoral, die Frauen unerbittlich verstieß, wo sie Männer freimütig gewähren ließ. Hardy gestand, dass er beim Schreiben sein Herz an die Figur der Tess verlor. Ich bekenne: ich beim Lesen auch.

Hardy`s Winterschilderungen illustrieren die Lebenswirklichkeit hinter den nackten Kältedaten dieser Zeit. Übrigens, Wessex an der Südwestküste England ist voll vom Golfstrom begünstigt – und trotzdem „roch es nach Eisbergen und Eisbären". Der Kälteschub in dieser Zeit muss gewaltig gewesen sein.

Übrigens: Diese Zeit der nur langsam weichenden Kleinen Eiszeit zwischen 1850 und 1900 ist genau jene „vorindustrielle Referenzphase", auf die der IPCC seinen *Global Warming*-Alarm bezieht. So als wäre das Auftauchen aus der Kleinen Eiszeit etwas Bedrohliches. Die damaligen Menschen aber waren glücklich darüber, für die war eher die Zeit der „Eisberge und Eisbären" bedrohlich. Und auch ich will eigentlich dahin nicht zurück. Wie sehen Sie das, liebe Leser?

19

Klimaphänomen El Nino: eisige 1940er-Kriegswinter, Hitler scheitert vor Stalingrad

Anfang November 1943, Frontabschnitt der deutschen Wehrmacht auf den Don-Höhen bei Stalingrad. Angestrengt späht Oberst Boje durch das Scherenfernrohr. Es erlaubt einen weiten Blick bis zur Wolga mit dem inzwischen großenteils eroberten, aber immer noch blutig umkämpften Stalingrad, vor allem aber ins feindliche Hinterland. Das ansteigende weite Plateau liegt wie eine Reliefkarte vor den Augen. Was Boje sieht, erfüllt ihn mit Sorge: Die Russen schaffen in rollenden Transporten Truppen und Material heran, vor seinen Frontabschnitt, vor allem aber vor die Fronten der deutschen Verbündeten weiter nördlich: schlecht ausgerüstete Rumänen und Ungarn.

Boje ist klar, was das bedeutet. Und ebenso den höheren Stellen, an die die Meldung rasch weitergeht, zu General Paulus, Chef der 6. Armee, der Stalingrad-Armee, und schließlich in Hitlers Hauptquartier, die *Wolfsschanze* in Ostpreußen: Die Russen wollen die gesamte 6. Armee mit ihren 270 000 Mann einkesseln. Die, obwohl abgekämpft und ausgeblutet vom monatelangen Eroberungszug an die Wolga, immer noch im grausamen Kampf um Straßen, Häuser und Fabrikanlagen von Stalingrad stehen. Gegen Stalins bestens ausgerüstete Eliteverbände. Für Stalin ist das Halten *seiner* Stadt eine Prestigesache, sein Befehl lautet: „Halten bis zum letzten Mann!" Der Heermeister der Wehrmacht aber ist der Mangel. Mangel an allem. Etwa an Treibstoff: Panzer in Reservestellung etwa dürfen nicht bewegt werden – entgegen aller Erfahrung. Die auch hier zuschlagen wird …

Das absehbare Drama nimmt seinen Lauf. Am 19. November überrollen sowjetische Panzerdivisionen die rumänische Front. Nahezu ungehindert stoßen sie in den Rücken der 6. Armee. Auch südlich Stalingrad brechen sie durch. Die T34-Panzer kommen frisch aus der

Fabrik, die deutschen sind teils schrottreif: Die 22. Panzerdivision etwa bringt von ihren 104 Panzern nur 42 in die Schlacht. Mit Verspätung: Ohne Kettenstollen kommen sie auf den vereisten Straßen nur rutschend voran. Überdies ist ihre Elektrik durch Mäusefraß gestört – Folge der befohlenen Ruhestellung – mit üblen Folgen dann auch im Kampf. Den Rest erledigen die Sowjets und das Wetter: Schneetreiben aus der Steppe und tiefhängende Wolken, welche Luftunterstützung für die sich verzweifelt wehrenden deutschen Verbände verhindern.

Am 23. November ist die 6. Armee eingekesselt. Ohne Versorgung der russischen Übermacht ausgesetzt, bei sibirischer Kälte im restlos zerstörten Stalingrad. General Paulus und sein Stab kommen zum Schluss: „Ausbruch oder Untergang." Hitler aber befiehlt: Halten! Luftversorgung! Eine Rolle spielt dabei, dass ein schneller Fall Stalingrads die südlich im Kaukasus stehenden noch größeren Wehrmachtseinheiten – ihr Ziel: die Erdölvorkommen von Baku – gefährdet hätte. Jetzt rächt sich, nach vielen Scheinerfolgen, Hitlers aggressive Expansionspolitik, die in Überschätzung und Verkennung der Mächteverhältnisse in den Zweifrontenkrieg führte. Der von Anfang an zur Katastrophe verdammt war. Wofür jetzt Unzählige bezahlen müssen.

Die Luftversorgung, von Göring prahlerisch zugesagt, scheitert. Eine kleine Episode lässt die Folgen erahnen: Aus einem verschneiten Weizenfeld ragen gerade noch die Ähren hervor. Männer robben nachts hinaus, schneiden die Ähren ab, klopfen in den Unterständen die Körner heraus und kochen sie mit Pferdefleisch zu Suppe – tote Vierbeiner liegen nicht zu wenige herum. Die Männer sterben hin. Schließlich am 3. Februar die Kapitulation. Es ist vorbei. Der letzte Funkspruch aus dem Kessel: „XI. Korps hat mit seinen 6 Divisionen seine Pflicht getan." 42 000 Verwundete konnten ausgeflogen werden, über 80 000 sind gefallen. 108 000 gehen in Kriegsgefangenschaft. Davon kehren rund 6000 Mann in die Heimat zurück. Manche erst nach zwölf Jahren – 1955, auf Betreiben Konrad Adenauers.

Ein fürchterliches Drama. Begleitet zur selben Zeit von noch viel schlimmeren Dramen und Verbrechen. Verursacht durch Hybris und Skrupellosigkeit. Und nicht zu vergessen: durch absolute Machtkonzentration in einer Hand. Unsere Demokratie soll genau dies ja verhindern. Was aber wenn Säulen der Machtteilung wegbrechen? Wenn etwa die Medien – die in der Demokratie als *vierte Gewalt* die Regierung kritisch kontrollieren und die Bürger über eventuelle Fehlentwicklungen informieren sollen – diese Kontrollaufgabe missachten und eher zur Stütze der Macht werden? Oder was, wenn ein globales Eliten-Kartell sich über die Demokratien der einzelnen Länder erhebt? Das alles bloße Fiktion?

Wer Antennen für Freiheitsgefährdungen hat, hört bereits ominöse Signale ... Pardon, sind bloß Gedanken am Rande. Aber zentral für unser Menschsein.

Kurze Replik noch zu den unglücklichen deutschen Stalingrad-Soldaten. Gedacht sei auch der ebenso unglücklichen russischen Soldaten, die im Kampf um Stalingrad zu Hunderttausenden gefallen sind. In Russland hält man sie in ehrenvoller Erinnerung. In den Städten brennt vor Erinnerungsmalen die ewige Flamme. 300 Kilometer nördlich Stalingrad, in Saratow an der Wolga, bin ich selbst davorgestanden. Zu einer Zeit noch, wo dank jahrzehntelanger Versöhnungspolitik alle russischen Menschen, auch Amtsträger, mir freundlich gegenübertraten. Ein halbes Jahrhundert Versöhnung und Freundschaft.

Und heute?

Zurück zum Thema: Was hat Stalingrad mit dem Klima zu tun? Oder wenigstens mit dem Wetter? Klimahistoriker erstellten eine Chronologie für die zwei entscheidenden Monate, nämlich November 1942 und Januar 1943: rapide Umschläge meist mit Zwei- bis Drei-Tagesfrequenz zwischen Extremen wie „sehr kalt/trocken, Eisregen/Schneestürme, starker Schneefall/Schneewehen, Kältewelle“. Übrigens: In „Schneewehen“ blieb der großangelegte deutsche Entsatzversuch am 24. Dezember vor dem Kessel stecken: Das Schicksal der Eingeschlossenen war besiegelt.

Die krassen Wetterumschläge erinnern an Napoleons Moskau-Feldzug. Nicht von ungefähr. Wie schon 1812 war auch der Winter 1942/43 eine Übergangsphase mit schnellen Wechseln zwischen El Nino, was Atlantiktiefs heranführte und damit Eisregen und schwere

Schneefälle, und andererseits La Nina mit trocken-kaltem Kontinentalklima. Frappierende Parallelen zwischen beiden Hybris- Unternehmungen! Beginnend mit den zwei Gewaltherrschern, die sie in ihrem vermessenen Furor ins Werk setzten, bis zu den unausweichlichen Katastrophen am Ende – und der klimatischen Mit-Ursache.

Eigentlich hatte nach dem letzten kalten Gruß der Kleinen Eiszeit global eine zögernde Erwärmung um 1900 eingesetzt. In den 1940ern aber setzte ihr eine Kaltjahresserie ein Ende. Emblematisch stehen dafür die eisigen Kriegs- und Nachkriegswinter: Anfang Dezember 1941, Vorausspitzen der Wehrmacht sahen durch die Feldstecher bereits Moskaus Kreml-Türme, machte eine -35 Grad-Kältewelle dem Vormarsch und Eroberungstraum ein Ende. Dann in den eisigen Wintern nach der unvermeidlichen Katastrophe, 1945/46 und 1946/47, froren und erfroren Menschen in den Ruinen der zerstörten deutschen Städte. Andere „fringsten" Kohle von Eisenbahnwaggons, wie vom Kölner Kardinal Frings exkulpiert.

Nach Zerbombung und Feuerstürmen jetzt Kälteplagen: Auch das Klima schien Strafgericht über die Deutschen zu halten.

20

Kalte Nachkriegsjahrzehnte: Furcht vor neuer Eiszeit

Der Plagen nicht genug, begann nach kurzer Klimaerholung ab den 1950er-Jahren eine neue Abkühlphase. Und das fast drei Jahrzehnte lang bis Anfang der 1980er. Wiederum emblematisch dafür der Extremwinter 1963, der längste und kälteste seit 1830. Alles gefror was nur gefrieren konnte: die großen Seen – auf dem Bodensee landete, bestaunt von Eisgängern, eine Piper –, die großen Flüsse Donau, Rhein bis hinüber zur Loire und die Nord- und Ostsee-Küstengewässer.

Und manche Leser dürften sich an Rudi Carrells Lied „Wann wird's mal wieder richtig Sommer" aus dem Jahr 1975 erinnern, mit dem Refrainwunsch nach einem „Sommer, wie er früher einmal war [...] Und nicht so nass und so sibirisch, wie im letzten Jahr." Andere mögen sich an die „Schneekatastrophe" des Winters 1978/1979 erinnern mit Schneestürmen und meterhohen Schneewehen, in denen die Züge steckenblieben.

Lamb verzeichnet: „strengster Winter und tiefste Temperaturen, die in den letzten 200 Jahren in Teilen Nordeuropas aufgezeichnet wurden." Er belegt die Abkühlung eindrucksvoll: Die Gletscher begannen wieder zu wachsen, in den Alpen, in Norwegen, in Nordamerika und Kanada. Beginnend in den 1950ern und beschleunigt ab etwa 1970. In England verkürzte sich die Wachstumszeit um 9 bis 10 Tage. Der erste 25 Grad-Sommertag zeigte sich gemittelt zwei Wochen später, Herbstfröste traten deutlich früher auf, in Kanada schon im September, was den Weizenbauern schmerzliche Einbußen brachte. Der Grönlandstrom trieb mehr Arktiseis gegen Island, die Insel begann wieder einzufrieren. Die ohnehin geplagten Bauern traf es schwer, sie mussten den Getreideanbau aufgeben, der Ertrag bei Kartoffeln und Heu war schlecht. Der so wichtige Fischfang im Nordmeer brach regelrecht zusammen, es kam zum internationalen Streit um die Fischereizonen und zum *Kabeljaukrieg.*

Wie schon früher bei weit nach Süden vordringender Polarfront wurden die Sturmtiefs häufiger und es kam zu verheerenden Sturmfluten. Die fürchterliche Holland-Sturmflut Ende Januar 1953 gilt als schwerste Nordseeflut des 20. Jahrhunderts. Sie traf auch Belgien und England und kostete 2400 Menschen das Leben, allein 1800 in Holland.

Margriet de Moors Buch *Sturmflut* lässt das Grauen aufleben: „Doch auch auf den Poldern des ungestüm ertrinkenden Duiveland war der größte Teil der Opfer zu diesem Zeitpunkt noch am Leben. Sie taten von Dachböden, Dächern und Flößen aus, was Opfer, die noch am Leben sind, immer tun: schreien und auf Rettung warten [...] Die Familie in dem Bauernhof sang schon seit Stunden Psalmen, heftig und darauf bedacht, keine Fehler im Wortlaut zu machen. Sie waren dem Tode geweiht, wußten das wahrscheinlich auch, hielten aber an etwas Schönem fest, was vielleicht sinnlos war, vielleicht auch nicht."

In Deutschland unvergessen ist die Hamburger Tragödie von 1962. Freitagabend 16. Februar. Die Leute sahen fern: Der Quotenhit *Familie Hesselbach* lief. Der Sturm draußen kümmerte nicht weiter, für die Jahreszeit nicht ungewöhnlich. Aber: Es waren die ersten Vorboten des Sturmtiefs *Vincinette*, das vom südlichen Nordpolarmeer auf Norddeutschland zukam und gewaltige Wassermassen in Richtung Elbe trieb. Auf hoher See wuchs der Sturm zu einem Orkan an mit mehr als Stärke 14 – über dem Messbereich der Instrumente. Die Sturmflutwarnung im Radio um 20.33 Uhr ging ins Leere, Hamburg war nicht erwähnt. Obwohl eine sechs Meter Flut die Elbe hinaufrollte. Auch die Tagesschau-Warnung um 22.15 Uhr nannte Hamburg nicht namentlich und bewirkte wenig.

Um Mitternacht kam die Welle an, überrollte die Deiche. Die eiskalte Flut überraschte die meisten im Schlaf, riss alles mit. Die Hilfeschreie gingen im Rauschen von Sturm und Flut unter, viele mussten mit ansehen, wie Familienangehörige und Nachbarn mitgerissen wurden und nicht mehr auftauchten. Die meisten Opfer gab es in

Hamburg-Wilhelmsburg. Dort lebten immer noch viele Ausgebombte in Holzbaracken, die von der Flut mitgerissen wurden. 315 Hamburger kamen ums Leben.

Abkühlung, Sturmhäufung, verkürzte Wachstumszeit, schlechte Ernten, Gletscherwachstum, vereiste Flüsse und Seen: Das Gespenst der Kleinen Eiszeit stieg wieder auf. Die Klimatologen hatten schwer daran zu kauen, die Sache war ihnen nachgerade peinlich. War doch der CO2-Anteil der Atmosphäre stetig am Steigen und sollte doch deswegen laut aktueller Klimatheorie die Erdtemperatur synchron mitsteigen. Aber je länger die Abkühlung voranschritt, umso unglaubwürdiger wurde die Erwärmungstheorie. Und die Klimatologen begannen angesichts des Gesamtbildes zu erschrecken: Sie wussten, dass die Eiszeit typisch alle hunderttausend Jahre unterbrochen wurde von einem milden Interglazial von typisch 10 000 bis15 000 Jahren, deren jüngstes das jetzige Interglazial ist. Da es vor gut 10 000 Jahren begann, konnte nun sein Ende bevorstehen. Die Kleine Eiszeit der letzten Jahrhunderte konnte bereits der Auftakt dafür gewesen sein, gefolgt nun von der nächsten Kaltära.

Ab 1960 gab es gerade in den USA, Mekka der Klimatologen, Serien von Eis- und Schneewintern. Die New York Times berichtete über die Expertenbefürchtung erstmals anlässlich einer Klimakonferenz in New York am 25.1.1961 mit dem Hinweis: „Die Zahl der Anwesenden war sichtlich gelichtet aufgrund der derzeitigen Schneefälle und Kälte." Als dann mehrere spektakuläre *snow blizzards* über New York hereinbrachen und die Stadt dick zuschneiten, erkannten die Medien ihre Chance und bliesen das *Global Cooling* zum Sensationsschocker auf. Der Oberschocker: der Dokumentarfilm *Die Eiszeit kommt!* Die Ankündigung zeigte den Planeten mit einem gewaltigen Eispanzer über Nordamerika und Europa.

Auch das Gespenst einer *Blitzeiszeit* ließ man aus dem Sack: „Ein einziger Winter in naher Zukunft, ein einziger Schneesturm könnte der Schneeblitz sein, der Ihr Haus oder Gehöft auf Nimmerwiedersehen unter sich begraben würde." Und weiter: „Aufgrund neuer wissenschaftlicher Erkenntnisse muss heute die Gefahr einer neuen Eiszeit als wahrscheinliche Quelle für Massensterben und Menschheitselend dem Atomkrieg zur Seite gestellt werden." Der Film gastierte in der ganzen englischsprachigen Welt, von den USA über England bis Australien.

Auch maßgebliche Wissenschaftler schlugen Alarm. Ein an den Präsidenten der USA gerichteter Appell warnte, dass „eine weltweite Klimaverschlechterung, deren Größenordnung jede bisherige seit den Anfängen der menschlichen Zivilisation übersteigt, durchaus im Bereich des Möglichen liegt und tatsächlich sehr bald eintreten könnte". Der Appell versäumte nicht, die katastrophalen Folgen für die Menschheit auszumalen sowie eine systematische Erforschung der Bedrohung und Vorsorgemaßnahmen wie Lebensmittelvorräte anzumahnen.

Die Schreckensvision verfing, die Politik reagierte. Am Ende stand 1978 der *National Climate Program Act* mit nicht weniger als 87 Projekten, die auch die alarmierende Energieknappheit aufgrund der Kältewinter aufgriffen. Die Natur hatte mit einem harten Memento nachgeholfen: Der Winter 1976/77 war einer der eisigsten je in Nordamerika verzeichneten. Meterhohe Schneedecken in vielen Bundesstaaten erstickten Verkehr und Geschäftsleben für eine Woche und länger. Nicht einmal Florida bot Zuflucht: Selbst in Miami lag Schnee. Ende Januar bis in den Februar hinein fegte ein gewaltiger Schneesturm über den Bundesstaat New York, legte Städte still und löste eine „nationale Katastrophe" aus. Nicht zuletzt auch, weil die Energie ausging und die Brennstoffe rationiert werden mussten.

Kalte Wohnungen, Verkehrszusammenbruch, Gefahr für Alte, Kranke und Kinder, viele Tote. Auch Öl und Benzin wurden knapp – für die auto-zentrierten Amerikaner ein Trauma: Das Land und seine Politiker schreckten endgültig auf, die Medien kannten kein anderes Thema mehr. Und in den darauffolgenden Wintern 1978 und 1979 wieder Alarm-Headlines: „Massive snow blizzard takes over Chicago area", „Winter storm buries much of the Washington-Baltimore area", „Winter storm death toll rises". Und in Deutschland und Nordeuropa der schon bekannte „Jahrhundertwinter" 1978/79: „Eisige Kälte und extreme Schneefälle stürzen den Norden ins Chaos." In der DDR drohte ein katastrophaler Blackout, weil die Kohle, fast einzige

Energiequelle, in den Kraftwerksbunkern betonhart festfror. 50 000 Soldaten schufteten tagelang bei Eiseskälte, hackten Kohle, schaufelten Züge und Straßen frei, kämpften sich mit Panzern zu Eingeschlossenen durch.

Nordamerika und Nordeuropa schienen zu Vorposten Grönlands zu werden. Übrigens: In den USA trug die Energiekrise einen sehr bemerkenswerten Mann nach oben in ein hohes Amt. Wo er zum Insider eines elitären Zirkels wurde. Der einerseits mithalf, die Krise zu mildern, andererseits das Energieproblem für einen gigantischen, weltbewegenden Deal nutzte. Der Mann war Deutsch-Amerikaner. Im Alter kehrte er wieder in sein Geburtsland zurück – und brach das Schweigen, das über die Entstehung und Hintergründe des Deals verordnet worden war. In Bälde mehr davon.

21

Die 1980er Jahre: Erwärmung, Treibhausfurcht, Gründung Weltklimarat

Die Eiszeitfurcht der 1960er und 1970er Jahre, heute eher spöttisch kommentiert, schien damals durchaus begründet: stete Abkühlung über zwei Jahrzehnte, und das gar nicht so lang nach dem Ende der Kleinen Eiszeit; auch die übliche Interglazialzeit von typisch 10 000 Jahren lief ab. Hinzu kam noch ein weiterer Punkt, nämlich die damaligen enormen Industrie- und Verkehrsemissionen, die die Solareinstrahlung minderten. Im Ruhrgebiet etwa hielt man sich wegen der Rußluft sogar bei Schönwetter oft im Hausinneren auf. Alles Gründe, die die Eiszeitfurcht nährten.

Dann aber kamen einige heiße, trockene Sommer, zumal in Nordamerika. Und im August 1981 plötzlich das: *Warming Trend Could Raise Sea Levels* – Schlagzeile auf der Titelseite der New York Times. Samt sensationell aufgemachtem Artikel mit gänzlich neuer Schreckensbotschaft. Initiiert vom umtriebigen Atmosphärenforscher James Hansen, der zusammen mit einigen anderen Wissenschaftlern der alten CO2-Erwärmungsthese des schwedischen Chemikers Arrhenius treu geblieben war. Und nun aufgrund erster Trendwendedaten vorpreschte. Unterstützt durch einen prominenten Freund – ein junger, aufstrebender Politiker der US-Demokraten: Al Gore, Kongressabgeordneter des Bundesstaates Tennessee. Der Name dürfte Vielen bekannt sein, und er wird uns im Folgenden noch öfter unterkommen.

Die Wissenschaftler um James Hansen, so der Zeitungsartikel, sähen diese Erwärmungsdaten als Beleg für den *greenhouse effect,* der aufgrund steigender CO2-Konzentration eine stete Temperaturerhöhung verursache und eine beispiellose globale Katastrophe auslösen könne:

die Schmelze des Polareises und damit einen Meeresspiegelanstieg um 5 bis 6 Meter, der „mindestens 25 Prozent von Louisiana und Florida, 10 Prozent von New Jersey und viele andere Küstenländer weltweit fluten würde".

Mit dem Armageddon-Szenario einer steigenden See, die Städte und Länder verschlingt und den Rest der Welt dem Hitzetod ausliefert, schob Hansen wie ein Bulldozer nach und nach die festgefügte Eiszeit-Meinungslandschaft um. Gefördert kräftig durch interessierte Kreise, die zwar nichts mit Wissenschaft am Hut hatten, dafür aber hochpotent waren – und ausgesprochen aufgeweckt beim Erkennen von Chancen, die ihrer politisch-ökonomischen Agenda dienten: die US-Demokraten und die global hochaktive Rockefeller Stiftung. Letztere exportierte die Treibhaus-These über ihr globales Netzwerk priorisiert nach Deutschland. Wo sie dann spektakulär aufpoppte in der sensationellen SPIEGEL-Ausgabe vom 11. August 1986. Unter dem bewusst angstweckenden Logo *Klima-Katastrophe.* Es prangte auf der Titelseite unter dem in Meeresfluten versinkenden Kölner Dom.

Alles war umso eingängiger, als die zunächst noch zarte Erwärmung sich verstetigte. In Europa erkennbar an endlich wieder wärmeren Sommern, in Nordamerika an ersten heißen Dürrejahren. So stießen mehr und mehr Medien ins Treibhaus-Horn. Und mehr und mehr setzte sich in den Gehirnen die Angst vor der Klimakatastrophe fest. In der Klima-Filiale Deutschland stärker als in den USA: Die Amerikaner waren mental robuster und gleichmütiger als die leicht erregbaren Deutschen.

Insgesamt jedenfalls erwies sich Hansens Handstreichaktion als erfolgreich. Weltweit begann sich der Glaube an den anthropogenen CO2-Treibhaus-Effekt zu verbreiten. Damit begann auch der Aufstieg von grünen Parteien. In Deutschland erlangten die 1980 gegründeten Grünen nach der Bundestagswahl 1998 erstmals Regierungsverantwortung. Als Juniorpartner in der von Gerhard Schröder geführten rot-grünen Koalition: Mitgezeugt vom Klimawandel vertrat nun ein grüner Vize-Kanzler und Außenminister, Joschka Fischer, Deutschland in der Welt.

22

Insider-Blick hinter die Kulissen: Welt-Strippenzieher

Bisher dominierte das nach außen Sichtbare – nämlich die Klimaaktivitäten auf mehr oder minder offener Bühne –, jetzt aber sei ein Blick hinter die Kulissen riskiert. Wo die Mächtigen die Strippen zogen. Und weil sich alles Wesentliche in den USA abspielte, handelte es sich um die Mächtigen der Welt. Glücklicherweise gibt es einen Insider-Zeugen, den schon erwähnten Deutschamerikaner, der Entscheidendes darüber verlauten ließ.

Zunächst wie er, bereits avanciert zum Kommissar im US-Energierat, das Überspringen des Treibhausfiebers auf Deutschland miterlebte: Am 11. August 1986, er wartete am Flughafen von Orlando/Florida auf die Ankunft eines Freundes, fiel ihm die neueste SPIEGEL-Ausgabe in die Hände. „Das Titelbild und der Artikel dazu haute mich von den Beinen. [... Es] zeigte den Kölner Dom bis zu den Schultern von Wasser umgeben. Nur die Turmspitzen schauten heraus. Von der Stadt Köln war nichts mehr zu sehen. Nur noch eine Wasserwüste bis zum Horizont. Von der Nordsee, der Mordsee, überspült. Was war passiert? ‚Ozon-Loch', ‚Pol-Schmelze', ‚Treibhaus-Effekt', ‚Forscher warnen: Die Klimakatastrophe.' Da war es, das Wort: ‚Klimakatastrophe' – Geburt eines Blockbusters."

Mit angehaltenem Atem überfliegt unser Gewährsmann den Artikel: „Jetzt, im Sommer 2040, ragen die Wolkenkratzer New Yorks weit vor der Küste wie Riffe aus der See. Überflutet, vom Meer verschluckt, sind längst auch Hamburg und Hongkong, London, Kairo, Kopenhagen und Rom. Das Vereinigte Königreich Großbritannien ist in einen Archipel zerfallen, in dem England, Schottland und Wales getrennte Inseln bilden. [...] An den Küsten aller Kontinente drängt sich das Meer in die Mündungstrichter der großen Ströme. Wo Nil und Ganges, Rhein und Amazonas in die See fließen, sind mächtige Buchten entstanden, die tief ins Binnenland reichen. Wertvolle Acker- und Weideflächen sind dabei für immer verloren gegangen. Seit die Eiskappen an den beiden Erdpolen immer rascher abschmelzen, hat die See ganze Länder verschlungen. Dänemark, die Niederlande, Belgien und Bangladesch existieren nicht mehr."

Auch ich bekenne: Das sitzt. Lässt keinen unberührt. Eine mediale Ikone. Bild wie Text. Medien-Highlight, Meinungshammer, Print Art ... Soweit zur Ästhetik. Und zur Ethik? Angstmache – mit einem von US-Einflüsterern ersonnenen PR-Coup? Unterschiedliche Sichtweisen sind da unvermeidlich. Was aber haben sich speziell SPIEGEL-Chef Augstein und seine Journalisten dabei gedacht? Auch dazu kann unser Insider etwas beitragen:

„Kissimmee [Stadt in Florida], 2. September 1986: Ich bat meine Sekretärin, eine Telefonverbindung nach Hamburg herzustellen, um Rudolf Augstein [...] zu suchen. Endlich hatte ich ihn an der Strippe und fragte ohne große Einleitung:

Was hast du dir dabei gedacht?

Wobei gedacht?

Na beim Ersäufen des Kölner Doms.

Aufwecken, munter machen.

Und Angstmachen, antwortete ich.

Ohne Angst der Massen gibt es keine Bewegung der Massen.

Ich antwortete: Deine Aktion wird Folgen haben.

Augstein: Hoffentlich. Wenn du was für mich hast, ruf durch."

Augstein samt seinen Journalisten, animiert von den Rockefeller-Leuten, kannten vermutlich nur deren eine Sicht. Und nicht die Gegenmeinung vieler anderer Wissenschaftler, die der Treibhausthese skeptisch gegenüberstanden. War Augstein die Einseitigkeit bewusst? Erwog er die mögliche politische Instrumentalisierung des SPIEGEL? Falls ja, war sie sogar in seinem Sinne? – Das Magazin wollte ja Einfluss auf die Politik. Und letztendlich, unabhängig von all diesen Fragen: Reißen nicht die journalistische Sensationsgier und die Gier nach Auflage solche Bedenken fort? Ist das nicht auch legitim? ... Nicht legitim und sogar charakterlos aber wäre es, wenn trotz Einsicht in die Umstrittenheit oder gar Falschheit einer These diese weiter einseitig vertreten und die Öffentlichkeit absichtsvoll getäuscht würde. Dazu später ...

Das Telefonat fand wie gesagt am 2. September 1986 statt. Noch für denselben Monat hat unser Gewährsmann Neues zu berichten. Scheinbar nur eine Society-Episode am Rande eines Highlife-Events. Aber sie zeigt die fabelhafte Vernetzung unseres Insiders – und lässt es am Ende so richtig krachen. Also los: Harry, so der Vorname unseres Insiders, hat sich zum National Hurricane Center in Miami durchstellen lassen:

Good morning Harry. How are you?

I`m fine. And how about you?

Excellent. What a pleasure to hear your voice. Where are you?

Nicht zu weit von dir. In Key West. Gibt es Depressionen auf dem Atlantik mit Richtung Keys für die nächsten 5 Tage?

Nothing to care. Was hast du vor, Harry?

Ein kleines racing nach Key Largo. 5 Yachten.

Kenne ich jemanden von den Crews?

Und ob. Deine Cousine Eve, Wilhelm I, Glenn, Micky und andere, die ich nicht kenne. Eve macht den Funk.

Wer macht die Navigation?

Wetter und Navigation mache ich. Dafür bin ich vom Borddienst suspendiert. Mit Ausnahme der Küche natürlich.

Hast du deinen uralten Sextanten wieder mit?

Klaro! Feier ist im Pilot House auf Key Largo.

Harry, ihr werdet kräftigen NO haben. Das ergibt eine Distanz von ca. 200 nautischen Meilen mit den Schlägen auf den Atlantik hinaus.

Anderntags Siegerehrung im Pilot House von Key Largo. 28 Teilnehmer des „kleinen racing“ sind anwesend. Alle sind Club-Mitglieder, alle sind beruflich etabliert, viele gehören dem US-Geldadel an und haben Positionen und Einfluss. Es wird gefeiert, sowohl die gute Ankunft als auch die Sieger. Getrunken werden Bier und Tropical Drinks, komponiert vom Mixer des Pilot House. Es herrscht ein buntes, lautes Geschnatter. Harry hört aus einer Ecke Wortfetzen wie „climate change“ und „temperature increase“. Er wird aufmerksam, versucht das Stimmengewirr zu durchdringen, schielt hinüber. Was sticht ihm ins Auge? Die SPIEGEL-Ausgabe mit dem absaufenden Kölner Dom! Sie macht unter den Diskutanten die Runde, wird begutachtet, kommentiert: kopfnickend, anerkennend, augenscheinlich ob ihres gekonnt gemachten, „catchy“ Coverbilds.

Der SPIEGEL geht zurück an seinen Besitzer. In die ersterbenden Kommentare hinein hört Harry deutlich vernehmbar die Frage: „Why don`t we convert the climate change in a business attraction?“

Der Fragende war Manager einer der größten Werbeagenturen der USA. Dennoch: All das hätte noch nicht viel bedeutet, wenn sich nicht schon eine Woche später sechs Hochkaräter bei einer der reichsten US-Familiendynastien getroffen hätten, um die ersten Schritte zur Kommerzialisierung des „climate change“ festzulegen. Übrigens: Es ist die Spreckels-Dynastie, ein weit verzweigter Clan mit Interessen aller Art. Und: mit deutschen Wurzeln. Zurückgehend auf einen 1846 eingewanderten Adolph Claus Spreckels, mittelloser, aber clever-umtriebiger Landarbeiter aus der Gegend von Cuxhaven. Er schaffte es, im Laufe seines Lebens ein *business empire* aufzubauen, beginnend als Verkäufer, Ladenbesitzer, Brauer und aufsteigend zum Zucker- und Eisenbahnbaron und dazu noch Immobilientycoon. Eine der klassischen *rags-to-riches*-Karrieren der USA im 19. Jahrhundert. Die Familiendynastie war auch sozial engagiert und wuchs in San Francisco zu einer Institution heran.

Dort fand auch das Treffen statt. Dazu Harry: „Ich bin bei einer ganzen Reihe von Meetings [...] dabei gewesen.“ Und er fügt hinzu, dass die Teilnehmer streng zum Schweigen verpflichtet wurden, jeweils durch zweifache Unterschrift. Woran er sich auch halten werde. Immerhin verrät er aber: „Geschwindigkeit und Perfektion der später in drei Kommissionen arbeitenden Delegation war nur [...] möglich, weil keinerlei Rücksicht auf irgendwelche hemmenden Gesetze notwendig war.“ Damit spielt er an auf deutsche Bürokratie und Schwerfälligkeit, die ihn früher als deutscher Unternehmer oft zur Verzweiflung trieben und letztlich zur Auswanderung in die USA veranlassten. Wobei er seinen Vornamen Hartmut zu Harry verkürzte. Eine ganze Menge ist jetzt schon über ihn bekannt, noch nicht aber seine außergewöhnliche Vita. Bevor wir dazu kommen, noch einige weitere Informationen von Harry darüber, wie rasant die Blitzidee vom Pilot House in die hohe Politik übersprang. Bis auf die Ebene der Weltpolitik hinauf.

Washington D.C., 23. Oktober 1986. Keine vier Wochen nach der Party. Treffen von 27 handverlesenen Entscheidungsträgern aus Wirtschaft und Politik, darunter Maurice Strong, Chef des UNO-Umweltprogramms und gleichzeitig Finanzdirektor des Rockefeller-Imperiums. Aber null Beteiligung von Wissenschaftlern, auch nicht der obersten Treibhaus-Instanz James Hansen. Gründe: absolute Vertraulichkeit, nur zwingend nötige Entscheider. Außerdem: Dem Kreis waren wissenschaftliche Details egal: Hauptsache gefährlicher Klimawandel, irgendwie verursacht durch den Menschen. Das Rezept zum Mega-Business brauchte nur diese beiden Ingredienzien, der Rest würde sich finden – dank Geld und Macht der hier Versammelten.

Konferenzergebnis: höchst konstruktiv und global wegweisend. Denn auf dieser Basis erbrachte die Folgekonferenz ein global folgenreiches Ergebnis: die Geburt des IPCC, des *Intergovernmental Panel on Climate Change*. Welcher sich später selbst adelte zum *Weltklimarat*.

Die Geburt war hochkompliziert, denn das Baby musste teils konträre Anforderungen erfüllen. So sollte das IPCC voll unter US-Kontrolle stehen, aber als UNO-Autorität erscheinen, um global verbindliche Vorgaben zu machen. – Gelöst durch ein *appendix*-Konstrukt zur UNO. Und ein weiterer Beschluss, ebenso entscheidend wie vertraulich: Der IPCC sollte zwar der Welt Vorgaben machen können, aber nicht den Vereinigten Staaten. Sprich: Die USA bestimmen und profitieren, die anderen folgen und zahlen.

Der IPCC wurde im März 1987 geboren, im August folgte dann die Adoption des Kindes durch den für Umwelt- und Energiefragen zuständigen inneren US-Machtkreis aus Big Business, Big Finance und Politik. In entsprechend illustrem Rahmen: dem Waldorf Astoria Hotel New York. Die *Crème de la Crème* war anwesend, dreißig hochmögende Persönlichkeiten. Unser Gewährsmann verrät immerhin, dass er selbst anwesend war und nennt darüber hinaus auch die Initialen von zwei Teilnehmern: D. R., ziemlich sicher David Rockefeller, und M. St., ebenso ziemlich sicher der schon erwähnte UN-Umweltdirektor und Rockefeller-Adlatus Maurice Strong.

Rockefeller war bekanntlich von Anfang an Treiber der CO2-Klimakampagne, und vielsagenderweise bekennt er sich, etwa in seinen *Memoirs,* ganz offen auch als Globalist und One World-Patriarch: *I am proud of it.* Und er preist dies, ganz Patriot, als vorteilhaft für die Wirtschaft und Macht der USA („American economic growth and expansion of our political power").

Maurice Strong, eine schillernde Figur, laut Eigenurteil „a socialist in ideology, a capitalist in methodology", betrieb neben seiner UN-Aufgabe viele, teils undurchsichtige Aktivitäten. Auch war er Berater kommunistischer Länder wie China und Nordkorea. Und kooperierte mit Michail Gorbatschow nach dessen Präsidentschaft bei Umwelt- und Sozialinitiativen, etwa bei der Gründung des *Internationalen Grünen Kreuzes.* Hinter dem manche Gorbatschow-Kenner allerdings die sogenannte *Sowjetische Langzeitstrategie* erkennen, die nach dem Fall der Sowjetunion die Weiterexistenz und Verbreitung des Sozialismus sichern sollte – in Gestalt des ansprechenderen Ökosozialismus. „Gorbatschow wollte, dass alle genug haben, aber nicht zu viel", so ein Weggefährte.

Was sich anhört wie ein früher Prototyp des heutigen Great Reset-Slogans „Du wirst nichts besitzen – und glücklich sein". Ob man nun diese Verbindungslinie ziehen will oder nicht, jedenfalls war Maurice Strong ein emsiger Brückenbauer in die sozialistisch-kommunistische

Weltsphäre. Seltsame Allianz: Der Oberkapitalist Rockefeller und der Sozialismus-Sympathisant Strong, die hier zur Adoption des künftigen Weltklimarats zusammenkamen. Offenbar hegte jede Seite spezielle Erwartungen an ihn. Nicht unbegründet, so scheint es. Davon aber später.

Zurück zur Konferenz: „Die private Werbeindustrie hat vorzügliche Arbeit geleistet", betont der – von Harry nicht genannte – Wortführer. Sie habe ein hervorragendes Marketingkonzept für den Kampf gegen die Weltbedrohung Global Warming und das verursachende anthropogene CO2 entwickelt. Dies ist der inzwischen in diesem Rahmen erklärte Menschheitsfeind, für die Pläne zweckmäßiger als die alte Eiszeitfurcht. Und die Waffe dagegen ist die CO2-Neutralität, durch kompletten *Modellwechsel* der Weltwirtschaft von CO2-basiert zu CO2-frei. Die dafür nötigen abertausende Investitions- und Kreditmilliarden wären ein Mega-Treibsatz für die kriselnde Globalökonomie und speziell für die weltweit aktiven USA, zumal für die internationalen US-Bankengiganten. Vorteilhaft für die USA sei auch, so der Wortführer, der geplante CO2-Zertifikatehandel mit priorisierter Abwicklung an US-Börsen.

Gelobt wird daneben die internationale Vorarbeit, vor allem der Grünen in Deutschland und die „aufrüttelnde" SPIEGEL-Ausgabe mit dem untergehenden Kölner Dom. Übrigens ist sie auf Initiative der Rockefeller-Stiftung mit-inspiriert von einer PR-Agentur. Die Agentur ersann den emotionalen Zündbegriff *Klima-Katastrophe* – weitaus mobilisierender als *Treibhaus-Klima.* Wie der Konferenzleiter außerdem hervorhebt, sei mit Blick auf die überproportionale deutsche Wirtschafts- und Exportstärke die CO2-Reduzierung ein wirksames Instrument. Angesprochen wird erneut, dass Vorgaben des IPCC die USA nicht binden dürfen – keine externe Einmischung in nationale Interessen!

Man ist sich einig: Das neue Kind soll heranwachsen zum „gigantic, worldwide, longlasting business", und letztlich auch zu einem strategischen Instrument der US-Außenpolitik. Das Macht-Council war sich einig: „Howgh, die USA haben gesprochen!" Damit konnte es nun an die Umsetzung gehen. Dies war umso wichtiger, als die Öffentlichkeit noch die Eiszeitwinter im Kopf hatte. Anders als in Deutschland war Global Warming in den Staaten kein allgemeines Aufregerthema. Noch nicht mal die Klimatologen und Politiker waren sich darüber einig. Nur der US-Machtolymp. Der begann nun die Fäden zu ziehen – mittels des bewährten Netzwerks der Weltmacht.

Nach außen, für Medien und Publikum, sah das so aus: Die US-Demokraten veranstalteten mit dem Treibhaus-Forscher James Hansen als Hauptreferent eine Anhörung im US-Senat. Hansen`s Argumente: „Der Treibhauseffekt ist bewiesen, und er verändert unser Klima jetzt!“ Die unerträgliche Sommerhitze, die Dürre, die Waldbrände – alles Folge des anthropogenen Treibhauseffekts ... In Wirklichkeit war nichts bewiesen. Fakt waren nur die steigenden Temperaturen und der steigende CO2-Anteil der Atmosphäre. Die daraus gefolgerte Kausalität aber war bloße Annahme, Spekulation. Viele seiner Forscherkollegen kritisierten Hansen: „Unser heutiger Kenntnisstand deckt das nicht.“ Ein anderer Forscher drastisch: „Zu sagen, wir hätten den Nachweis für den Treibhauseffekt gefunden, ist lächerlich!“ Trotzdem: Die Medien posaunten den Treibhaus-Knüller hinaus. Die Kampagne begann.

Auch der Blick hinter die Kulissen der Senatsanhörung ist vielsagend. Unser exklusiv vernetzter Gewährsmann, er war auch bei der Hansen-Anhörung dabei, weiß Folgendes zu berichten: „Al Gore inspirierte seinen Freund James Hansen, Direktor des Goddard Institute for Space Studies in New York, seinen Einfluss als *der* Klimaexperte der USA geltend zu machen. [...] Zur Anhörung [...] fliege ich mit einem Freund von Fort Lauderdale am 22. Juni nach Washington National Airport. Das Meeting selbst, vor den Senatoren der USA, ist keine Sensation. Al Gore und Tim Wirth [ebenfalls Abgeordneter der Demokraten] sind anwesend. Der Sitzungssaal ist stickig und unglaublich warm und keine AC [Klimaanlage] funktioniert. Es sind die extra ausgesuchten heißesten Tage des Jahres. Entsprechend lethargisch ist die Befragung von Hansen. Hansen spult seinen Vortrag ab. Wie ich später von meinem Freund T.C. [Pilot bei der Regierungsfliegerflotte] erfahre, wurde vor dem Hearing zwischen Al Gore und Wirth vereinbart und angeordnet, alle ACs abzuschalten. Dies, damit die Anwesenden möglichst keinen Appetit auf Sitzungsverlängerung durch unangenehme Fragen entwickeln und Hansen ins Stottern geraten würde. Die Inszenierung funktioniert: Der Senat unterstützt die IPCC-Gründung wie vorgeschlagen."

Damit war ein wichtiger Schritt getan. Wichtiger als die lethargische Anhörfarce vermuten lässt: Der Senat hat in internationalen Angelegenheiten eine starke Position, seine Zustimmung bedeutet faktisch das offiziöse US-Plazet zum Klimaplan des Hochkaräter-Zirkels.

Nun sei aber endlich unser fabulöser Gewährsmann Harry alias Hartmut vorgestellt. Am besten in Gestalt prägender Episoden aus seinem Leben. Wie der des gerade mal 21-jährigen: „Am 3. Mai 1945 endete für mich der Krieg mittags um 11:47 Uhr, als die breiten Tatzen meiner FW 190 [Focke-Wulf Jagdflugzeug] den Boden des Feldflugplatzes in Flensburg-Weiche berührten. 40 Minuten vorher waren wir gestartet. Von 11 gestarteten Flugzeugen kamen 2 zurück. Der Rest war abgeschossen worden. [...] Kutti und ich, wir hatten überlebt. Wir hielten uns in den Armen und schworen, dass wir ein neues Deutschland, ein freies Land, mit aufbauen wollten." Dass der Wehrmachtpilot es mal in die obersten Etagen des Kriegsgegners USA schaffen wird, das sagt einiges über seine Talente.

Allerdings, ohne seinen Familienhintergrund hätte auch er es nicht geschafft. Sein Elternhaus war nichts weniger als das Schloss Genshagen südwestlich von Berlin. O-Ton Hartmut: „Es war ein stetes Kommen und Gehen in- und ausländischer Gäste. Der Großvater meiner Mutter, Heinrich von Boetticher, war unter Bismarck zweiter Mann im Staate. Er führte die ersten Sozialgesetze zum Schutze der arbeitenden Bevölkerung in einem Industriestaat ein. Dies brachte Politiker und Wirtschaftsführer nach Genshagen ins Schloss. So ereignete es sich, dass ich in einer Familie mit weltweiten Verbindungen aufwuchs, was mir auch später in den USA zugutekam."

Kurzes Erlebnis meinerseits betreffs Bismarcks Sozialgesetzgebung: Bei einer Einreise in die USA fragte mich der Immigration Officer, ein gesetzter älterer Mann, ob ich Arzt sei. Ich verneinte, trotzdem begann er über amerikanische Ärzte und das US-Gesundheitswesen zu schimpfen: Überall Halsabschneider, wo man erst schwer blechen müsse, bevor sie die Hand rührten. Und dann: „Ihr Deutschen habt es gut, euer Bismarck hat das schon vor hundert Jahren geregelt."

Wie kam es nun zur Auswanderung von Hartmut Bachmann – sein Nachname bürgerlich trotz Adelsabkunft – in die USA? Nach Studium in Berlin arbeitete er sich rasch in der Wirtschaft hoch, wurde Geschäftsführer und Miteigentümer einer deutsch-schweizerischen Unternehmensgruppe, hatte enge geschäftliche wie auch verwandtschaftliche Beziehungen in die USA. Zunehmend eingeengt und genervt durch die immer ärgere deutsche Bürokratiewut und schikanösen Auflagen beschloss er Ende der 1970er Jahre schließlich den Absprung: [Ich] „verlegte die Realisierung meiner Zukunftsträume in die USA".

Dank Können und Beziehungen gelang ihm ein rasanter Aufstieg, so dass er sich bald als Boss eines Energiemanagement-Unternehmens wiederfand. Und wiederum bald darauf, dank erfolgreicher Geschäftsführung und erwiesenem Verhandlungsgeschick, ernannten ihn die US-Südstaaten zum Umweltkommissar. Mit dem Auftrag, bei der Regierung in Washington möglichst hohe Finanzbeiträge zu erkämpfen für Umweltmaßnahmen und Energieeinsparung. Damit öffneten sich ihm die Türen zu den obersten Etagen der US-Energie-Politik.

Klingt alles schlüssig und glaubhaft. Dennoch, angesichts der Explosivkraft von Hartmut Bachmanns Aussagen ist zu prüfen, ob sie gestützt werden durch andere seriöse Quellen. Dazu zunächst mal der australische Wissenschafts-Rechercheur Bernie Lewin. Seine Befunde passen nahtlos zu Bachmanns Aussagen. So bestätigen sie detailgenau die manipulative Kongressanhörung von James Hansen und dessen Hintermann Al Gore – ein „besonders hartnäckiger Propagandist", so Lewin. Übrigens: Der andere beteiligte Abgeordnete, Tim Wirth, hat die raffinierte Inszenierung in einem Interview ausgeplaudert, er war offenbar stolz auf den gelungenen Coup.

Eindeutig belegt ist auch die frühe Bemächtigung des CO2-Themas durch US-Machtkreise. Allen voran Rockefeller und die von

Al Gore angeheizten Demokraten. Aber auch die Republikaner sprangen bald auf den anrollenden Zug auf: George Bush wollte sich im Präsidentschaftswahlkampf 1988 keine Blöße in Sachen Umwelt und Klima geben. Bei so viel Dampf im Politik-Kessel half auch ein öffentlicher Widerspruch kritischer Wissenschaftler gegen den angeblich entdeckten anthropogenen Klimawandel nichts mehr: Der Einspruch „blieb von öffentlicher Breitenwirkung abgeschnitten“ (Lewin). Die anrollende CO2-Lokomotive war nicht mehr anzuhalten.

Lewin fügt dem Politikaspekt noch eine interessante Episode hinzu: Die wirtschaftsliberale Eiserne Lady Britanniens, Margaret Thatcher, wollte damals die defizitären englischen Kohlebergwerke schließen, auch um die Macht der Gewerkschaften und der Kumpels als deren Speerspitze zu brechen. Da kam ihr die Kunde vom „Klimagift“ CO2 bestens zupass: Sie stellte sich energisch hinter die Klimakampagne, was dieser einen weiteren Schub verlieh. Zumal sich weitere Länder einreihten, gerade auch Deutschland. Trotz „eines breiten Stroms wissenschaftlicher Auffassungen“ gegen die behauptete Anthro-Erderwärmung wurde es für die Wissenschaftler zunehmend riskant, öffentlich zu opponieren, so Lewin. „Alle kritischen Stimmen der Fachleute wurden erstickt [...] Die mächtigen politischen Schutzherren des IPCC sorgten dafür, dass seine Rolle als wissenschaftliche Autorität [...] nie wieder ernstlich bedroht wurde.“

Zuletzt, um ganz sicher zu gehen, als weiterer Zeuge noch der international bekannte US-Umwelt-Analyst Michael Shellenberger, Gründer mehrerer Umwelt-Institutionen. Früher ein Schwergewichtler des Anthro-CO2-Narrativs, drehte sich seine Haltung mit zunehmendem Verständnis um 180 Grad. Im aktuellen Buch *Apokalypse, niemals! Warum uns der Alarmismus krank macht* erläutert er seine Einsichten. Für unsere Zwecke genügt das Fazit laut Klappentext: [Shellenberger] „legt dar, wie die vermeintlich alarmierenden Daten sachlich zu interpretieren sind und was wirklich hinter der Klimahysterie steckt: nämlich finanzielle Interessen, Machtstreben und die Sehnsucht nach einer Ersatz-Religion.“

Natürlich werden solche Ketzer gegen die Klimareligion scharf angegangen. In Deutschland gern mit Totschlagparolen wie „Klimaleugner“ oder „Lobbyisten“. Etwas gehobener urteilt das Bundesumweltamt: Shellenberger und andere kritische Publizisten wie Dirk Maxeiner oder Günther Ederer „stimmen nicht mit dem Kenntnisstand der Wissenschaft überein“. Ederer vergrätzte die Klimapriester mit dem ebenso kurzen wie bissigen Fazit: „Die CO2-Theorie ist nur geniale Propaganda.“

Mutige Leute, die gegen übermächtige Propaganda und bösartige Verleumdung die Wahrheit ans Licht bringen. Dem Buch des Insiders Hartmut Bachmann verdanken wir besonders tiefe Einblicke. „Streng zum Schweigen“ verpflichtet wurde er vor vier Jahrzehnten über den elitären Klimakatastrophen-Erfinderzirkel. Aber die Wahrheit ist stark, im Lauf der Zeit drängt sie immer ans Licht. Eine alte Menschheitsweisheit. In der Galleria Borghese sah ich eine imposante Marmorskulptur von Giovanni Bernini, die das allegorisch verbildlicht. Ihr Name ist: „Die Zeit enthüllt die Wahrheit“.

23

Die 2000er Jahre: Hitzewellen, Orkane, Todesfluten – Klimakatastrophe im Anzug?

„Hitzewelle: Extremjahr 2003 – das war der Sommer des Jahrhunderts. Die Hitzewelle von damals zählt zu den schwersten Naturkatastrophen Europas." So die Süddeutsche Zeitung in einer Klimarückschau. Darüber ein Foto des ausgetrockneten Rheinufers bei Düsseldorf: wie eine Salzwüste.

Der SPIEGEL noch drastischer: „Dieser Sommer war ein Desaster! [... Er brachte] vermutlich etwa 70 000 Menschen in Westeuropa den Tod, darunter waren 7000 Deutsche. Damit war der Jahrhundertsommer 2003 eine der verheerendsten Naturkatastrophen in der Geschichte Europas – und besonders hart traf er Frankreich [...] Klimaanlagen versagten, Kliniken waren heillos überlaufen, es fehlte überall an Krankenbetten – versorgt wurden viele Hitzeopfer notdürftig in den Gängen. ‚Manche Patienten müssen wir kniend auf dem Boden behandeln', sagte der Leiter einer Notaufnahme im Pariser Vorort Villeneuve-Saint-Georges einem Reporter. ‚Wir arbeiten, als ob Krieg wäre – wie in einem Feldlazarett.'"

„Wie im Krieg" ... Also doch Katastrophe – Klimakatastrophe!? Zumal erst ein Jahr davor die Elbe-"Jahrhundertflut" Ost- und Norddeutschland sowie Tschechien heimgesucht hatte. Nach tagelangem Starkregen wälzte sich eine Hochwasserwelle durch das Elbtal auf Dresden zu, überflutete das Zentrum, ebenso wie andere Elbe-Städte bis kurz vor Hamburg. Mindestens 45 Menschen kamen um. Jedoch: Entgegen dem Katastrophen-Gemunkel belegte das Meteorologische Institut Leipzig, dass frühere Flutmengen noch höher waren und die Fluthäufigkeit sogar abgenommen hat. Aber bei Aktivisten und katastrophenhungrigen Medien sind dies *Unerwünschte Wahrheiten,* um ein Aufklärungsbuch des Klima- und Energiefachmanns Professor Vahrenholt zu zitieren.

Jedoch konnten sich die Klima-Apokalyptiker bestätigt fühlen, denn die nächste Katastrophe ließ nicht lange auf sich warten: August 2005, New Orleans. Mit über 200 Stundenkilometer trifft der Hurrikan Katrina auf die Küste und tobt über die Stadt hinweg. Die Dämme brechen, das aufgestaute Wasser schießt ins tiefgelegene Zentrum. Hunderte Menschen kommen um, das gesamte Umland eingerechnet sind es über 1800 Tote. Ein Aufschrei geht durch die Welt, besonders wieder durch Deutschland: „Katrina – der Mensch ist schuld!" So oder sinngemäß titeln deutsche Medien. Die internationale Wissenschaft äußert sich widersprüchlich.

Im Juli 2021 dann bei uns die fürchterliche Ahrtal-Tragödie, bei der fast 200 Menschen ein schrecklicher Tod ereilt. Es sind leider auch deshalb so viele, weil die Behörden zu langsam reagieren. Dafür sind sie zusammen mit Politik und Medien umso schneller bei der Ursachenfindung: „Ahrtal-Flut: die Klimakrise spitzt sich weltweit zu", so das Umweltministerium. Und schuld daran ist natürlich der Mensch, so sicher wie die Nacht schuld ist am Dunkel.

Allerdings gossen nüchterne Geister wieder Wasser in den Wein der schuldgläubigen CO2-Jünger. Eine Versicherung belegte im Ahrtal 70 gravierende Fluten in den letzten 500 Jahren. Und die Neue Zürcher Zeitung titelt aufgrund einer multidisziplinären Analyse: „Nicht an allem ist der Klimawandel schuld." Und führt aus: „Die Verstorbenen gelten als Opfer des Klimawandels. Aus der Flut wurde jedoch eine Katastrophe, weil falsche politische Entscheidungen getroffen wurden – und weil der Katastrophenschutz in Deutschland eine Katastrophe ist."

Trotzdem, der Klimawandel, ob nun Schuld an den Katastrophen oder nicht, ob nun voll anthro, teils anthro oder nicht anthro: Er ist da. Und wie: Im Ausnahmejahr 2023 sogar mit nie dagewesenem Rekordanstieg: ein plötzlicher scharfer Peak auf der Kurve der Globaltemperatur. Der die Katastrophenrufe noch schriller machte: „Die Ära der globalen Erwärmung ist zu Ende, die Ära des globalen Kochens ist angebrochen", so UNO-Generalsekretär Guterres im Juli 2023. Kein Wunder, dass solch unverantwortliche Untergangsrhetorik viele ohnehin schon verunsicherte Jugendliche vollends aus dem Gleichgewicht bringt, rabiate Aktionen inklusive. Der plötzliche Peak jedenfalls beunruhigte auch nüchterne Naturen wie mich. Seit Mai 2024 fällt die Temperatur wieder. Und mit ihr fallen zügig auch die Ozeantemperaturen, die 2023/24 auf Rekordwerte gestiegen waren. Das Ganze ein Kurzzeitphänomen – nicht wie vom Mainstream suggeriert CO2-verursacht, sondern maßgeblich von einem starken El Nino. Der im ersten Halbjahr 2024 auslief.

Auch die Trockenheitsjahre und Dürren vor 2024 wurden beklagt als Anthro-Klimawandelfolge. Die unerwarteten Rekordniederschläge 2023 und 2024 dann – in Süddeutschland mit bösen Hochwassern – waren natürlich auch wieder anthro. Auch meine Region war von Überschwemmungen betroffen, mit schlimmen Folgen, Tote inbegriffen. Der Lokalredakteur statuierte eingangs seiner Ursachenerklärung gleich mal als Generalursache den menschgemachten Klimawandel: „darüber braucht man nicht mehr zu diskutieren“. Basta, von oben verordnet – so muss man denken und nicht anders. Kasernenhofton statt Erkenntnisfreiheit!

Das Allerschlimmste dabei: Der Redakteur hat recht. Formal gesehen. Denn in der Tat: Es ist verordnet. Von oben. Vom Bundesverfassungsgericht. Im März 2021 stellte es sich in einem bedrückenden Urteil auf die Seite des Weltklimarats: Das anthropogene CO2 ist Hauptursache des Klimawandels, rigorose Reduzierung hat oberste Priorität und Vorrang vor Wirtschaft, Arbeitsplätzen, Wohlstand, sozialer Sicherheit. Und letztlich auch Vorrang vor Gedanken- und Wissenschaftsfreiheit. Die BVG-Juristen diktieren der Wissenschaft. Die Paragrafen-Gelehrten wissen es besser. Obwohl ihnen eindeutig ein zentrales physikalisches Fehlargument nachgewiesen wurde bezüglich der ozeanischen CO2-Speicherung. Resultierend aus einer skandalös einseitigen Expertenanhörung. Sind wir plötzlich wieder im Jahr 1633, als das *Heilige Offizium* der Inquisition Galileo Galilei verurteilte zum Schweigen über seine Erkenntnisse? Das BVG als neue Inquisition? Wäre es nach der alten Inquisition gegangen, müssten wir heute noch glauben, dass die Erde im Zentrum des Alls steht und von der Sonne umkreist wird ...

Die Lehre des IPCC ist einfach und lautet im Kern: Weil das anthropogene Treibhausgas CO2 in der Atmosphäre stetig ansteigt, steigt auch die globale Durchschnittstemperatur stetig (Abb. 10). Ja, CO2 erwärmt tendenziell die Erde. Aber wie stark ist immer noch unklar, selbst der IPCC nennt eine enorme Streubreite. Und unabhängige Forscher sehen die Wirkung noch darunter, geringer als die natürlichen Einflüsse, teils weit geringer. Und weitere Zweifel gibt es: Die IPCC-Lehre kann nicht die starken Klimaschwankungen der Vergangenheit erklären: weder die Warmphasen der Römerzeit und des Hochmittelalters noch die Kaltphasen der Völkerwanderungszeit und Kleinen Eiszeit (Abb. 11). Das Anthro-CO2 kann`s ja wohl schwerlich gewesen sein. Umgekehrt passt`s auch nicht: In den 1950er bis 1970er Jahren stieg das Anthro-CO2 stetig, aber die Temperatur fiel, über zwei Jahrzehnte lang – Eiszeitfurcht! Ähnlicher Effekt von 1999 bis 2014: steigendes CO2, aber stagnierende Temperatur (Abb. 12). Der SPIEGEL Ende 2009 ratlos: „Die Erderwärmung ist ins Stocken geraten: Seit zehn Jahren steigt die globale Durchschnittstemperatur nicht weiter an. Die Klimatologen rätseln darüber, wie sich dieser Trend erklären lässt."

Von solchen Widersprüchen sollten Juristen, Politiker, Medienleute & Co., die zum Klimawandel Stellung beziehen, doch mal was gehört haben. Oder nicht? Oder doch? Was müssten wir da im ersten Fall denken? Und erst recht im zweiten? Lassen wir`s. Für den Moment ...

24

Resümee

Einen weiten Weg haben wir zurückgelegt, von der Menschwerdung bis heute. Über zwei Millionen Jahre hinweg, von Affenprimaten, die das Leben in der afrikanischen Savanne wagten und aufrecht zu gehen lernten, bis zum Homo sapiens. Zu uns.

Die extremen Wechsel zwischen Eiszeiten und wärmeren Interglazialen waren es, welche die Primaten zum Menschen umschmiedeten: unerbittliche Überlebenskämpfe, *Struggle for Life, Survival of the Fittest.* Klima kann Evolution! Unser jetziges Interglazial dauert nun rund zehntausend Jahre und hat den Steinzeitmenschen zum aktuellen KI-User katapultiert – hoffentlich katapultiert es nicht noch weiter!

Das Eiszeitalter lehrt also: Das Erdklima ist nicht konstant, sondern wechselt nach eigenen Gesetzen. Im Fall der Eiszeiten hauptsächlich gemäß den Milankovich-Zyklen, die auf periodisch variierenden Umlaufparametern der Erde um die Sonne basieren. Auch das gegenwärtige Interglazial war bislang keine durchgängige Warmzeit, sondern unterbrochen von Schlechtklimata. Auch sie folgen offensichtlich einem natürlichen, etwa tausendjährigen Takt – wir hören noch davon. Auf alle Fälle waren sie immer schlecht für die Menschen, eine Leidenszeit, siehe Kleine Eiszeit oder die Völkerwanderungszeit.

Die natürliche Wechselhaftigkeit des Klimas: ein Basisfakt. Und Zentralsäule des Klimawissens.

Von Kapitel zu Kapitel durchliefen wir die Klimaepochen, wie der Homo sapiens sie erlebte: Schmelzende Gletscher und Sintfluten am Ende der Eiszeit. „Die Bibel hat recht." Aufstieg und Untergang der Hochkulturen des Alten Orients im Takt von Gunst- und Schlechtklimata. Die Herausbildung von Europas Völkerschaften mit Einbruch einer neuen Schlechtzeit, *Dark Age,* ab 1200 v. Chr.: Latiner und Sabiner steigen von ihren Bergen herab und gründen Rom, mit den Kelten taucht die Frühbevölkerung Mitteleuropas im Geschichtsnebel auf, die Germanen beginnen ihren Zug vom frostigen Skandinavien gen Süden.

Dann, Kapitel 7, das Römische Klimaoptimum, das den Aufstieg des gewaltigen Imperium Romanum und die Romanisierung großer Teile Europas begünstigt. Ab 300 n. Chr. zunehmender Verfall und schließlich Untergang des Imperiums, maßgeblich verstärkt durch das Klimatief der Völkerwanderungszeit, die für die Menschen so verheerend war. Gegen 1000 n. Chr. dann die enorme Mittelalterliche Warmzeit mit neuem „Aufbruch ins Licht": Unser heutiges Europa blüht auf: Städte, Dome, Gewerbe und Handel, Zivilisation und Kultur. Verbunden mit enormem Bevölkerungswachstum.

Alles aber wird schwer dezimiert durch die „Kälte, die aus der Arktis kam": die Kleine Eiszeit ab etwa 1300. In großen Teilen eine Schreckenszeit, laut einer alten Schrift „Not, Angst und Pein". Die langanhaltende Klimanot wirkt als Co-Katalysator für viele Geschichtsereignisse: Großer Bauernkrieg, europaweite Hexenjagden, Dreißigjähriger Krieg, Französische Revolution. „Klima kann Revolution." Leider nur über den Umweg von Volkselend sowie durch Guillotine und Grande Terreur. Und dennoch ist sie ein Erweckungserlebnis der Welt: ein epochaler Donnerschlag, der Geschichtskräfte in vielen Ländern der Welt weckt und weg treibt von „gottgewollter" Volksuntertänigkeit hin zu Volksherrschaft und Demokratie.

Erstaunlich: Trotz Klimanot und -tod entstand in diesen Jahrhunderten ein großer Teil unseres Kunst- und Kulturschatzes. Der Menschenhorizont weitete sich vom Aberglauben zur Aufklärung, prächtige Städte wurden erbaut, aber auch riesige Kolonialimperien und Reichtümer zusammengeräubert. Das alles nebenher zum *Triumph des Todes,* um den Bildtitel von Pieter Brueghels Schreckensgemälde zu zitieren. Es war eine Januskopf-Ära, und sie illustriert eine Konstante des Menschengeschlechts: „Allen Gewalten zum Trotz sich erhalten".

Das Klimadesaster hält an bis weit ins 19. Jahrhundert hinein. Weltweit. Horrorjahre von Amerika über Europa bis Asien mit Millionen Verhungerter. Ursachen: Vulkanausbrüche wie der des Tambora, gleichzeitig ein Solarminimum. Napoleons Grande Armée geht im Frost und Schnee Russlands unter. In der Not essen die Menschen Gras. Die Hungerauswanderung treibt zahllose Deutsche und Europäer in die Ferne, bis an den Kaukasus und in die USA. Heinrich Heine um 1830: „Unser deutscher Sommer ist nur ein grün angestrichener Winter." In Irland verhungern in den 1840ern eine Million Unglücklicher. Die damit beginnende große Iren-Auswanderung in die USA befördert dort den Aufstieg zur Weltmacht.

Ab den 1850er Jahren eine Milderungsphase bis in die 1870er hinein. Meist gilt dies als Ende der Kleinen Eiszeit. Man könnte sie aber auch bis zur Jahrhundertwende um 1900 rechnen, denn die Kälte schlägt noch einmal zu: sogar im golfstrom-temperierten England Schnee und Eis, Extremfrost bis -30 Grad, Vernichtung der Bauernexistenzen, seitdem ausgedehnte Parklandschaften. Auf dem Kontinent gefrieren bei bis zu -35 Grad die Seen und Flüsse, die Gletscher stoßen erneut bis in die Täler vor. Europa ein Vorposten von Sibirien. Die Landwirtschaft aufs Schwerste geschädigt, deshalb neue Auswanderwellen in die USA, besonders stark aus Skandinavien – erneuter Anschub für die künftige Weltmacht.

Gegen 1900 endlich macht die Kleine Eiszeit einem gnädigerem Klimaregime Platz. Jedoch mit zwischenzeitlichen Kalteinbrüchen: in den 1940ern eisige Nachkriegswinter in Deutschlands Ruinenstädten; in den kalten, schneereichen 1960ern und 1970ern kommt Eiszeitfurcht auf, besonders in den von Schneeblizzards heimgesuchten USA. Aber auch in Deutschland schlägt die „Schneekatastrophe" zu. Rudi Carell: „Wann wird es endlich wieder Sommer?"

Ganz plötzlich in den 1980ern! Und das auch noch ausgesprochen fulminant: Beginn Global Warming, Treibhausfurcht, am Horizont die Klimakatastrophe, schmelzende Polkappen, die große Flut. Vorerst aber die Flut der Klimakampagne, die über die Welt brandet. Vor allem über die westliche, die sich ihr bereitwillig öffnet. Voran Deutschland. Hier verinnerlicht man die Klimakatastrophe inbrünstiger als sonst wo. Nationalcharakter? Zu viel Gläubigkeit, zu wenig Ratio? Zu viel Idealismus, zu wenig Aufklärung – trotz Kant? Zu viel Moralismus, zu wenig kritisches Hinterfragen? Ein alter Spruch sagt: *Der Verstand soll*

Fürst, der Wille Untertan, das Gewissen Richter sein. Aber was gilt schon ein alter Spruch – progressiv ist angesagt.

Man nimmt die Forderung Netto Null-CO2 so gläubig entgegen wie Moses die Zehn Gebote. Und setzt sie treudeutsch um: Das bisherige Erfolgsmodell Soziale Marktwirtschaft, die das Land aus Trümmern zu Wirtschaftswunder, Wohlstand, Stabilität und weltweiter Achtung führte, wird mit CO2-Tunelblick „transformiert" zur Ökowirtschaft. Unter Planwirtschafts-Kommando Berlin und Brüssel. Obwohl alle Planwirtschaften bisher noch immer in die Pleite führten. Und in Unfreiheit.

Unter ungeheurer Verschuldung mit Abertausenden von Kreditmilliarden – *Green Deal* etc. – steuert man dennoch in die Große Transformation. Reißt das Bewährte ab, baut ein polit-ökonomisches Wünsch-dir-was auf. Ob es in der technisch-ökonomischen Gesamtschau dann poppt oder floppt – offen. Nach aktueller Tendenz – Stichworte Deindustrialisierung, Arbeitsplatzverlust, Überschuldung, Inflation – eher Flop. Aber für die Welt-Strippenzieher, für Mega-Milliardäre, internationale Bankgiganten und Globalkonzerne: *gigantic, worldwide, long lasting business!* Wie 1988 im Waldorf Astoria Hotel geplant.

Ich muss mich zurücknehmen: Aus den letzten Absätzen scheint zu sehr Meinung durch. Ohne ausreichende Begründung. Noch liegt ja die Wahrheit über den Klimawandel nicht auf dem Tisch. Nur dass es zwei Lager mit konträren Sichtweisen gibt: die globale Weltklimarat- und IPCC-Gemeinde einerseits und unabhängige Forscher andererseits. Es wogt der Kampf um die Klimawahrheit. Begeben wir uns hinein – als möglichst objektive Beobachter. Denn Objektivität schärft den Erkenntnissinn.

Teil II

Kampf um die Klimawahrheit

1

Weltkontroverse: Weltklimarat gegen unabhängige Wissenschaft

T-online, 14.11.2022: „Flughafen extra ausgebaut – Aufregung über Hunderte Privatjets bei Klimakonferenz: In Scharm el-Scheich herrscht derzeit wieder viel Betrieb am Himmel, denn für die zweite Woche der UN-Klimakonferenz reisen zahlreiche Minister und andere Teilnehmer in den ägyptischen Badeort. Anfang vergangener Woche hatten bereits rund 100 Staats- und Regierungschefs an der COP27 teilgenommen."

Offenbar ein Welt-Großereignis, wie der SPIEGEL bestätigt: „Etwa 45 000 Menschen werden in Scharm al-Scheich erwartet, darunter Regierungsvertreter, Journalisten und Klimaschützer. Kommen tatsächlich so viele Menschen, wäre es die größte Weltklimakonferenz aller Zeiten." Ja, es wurde die größte. Der Rekord aber hielt nur ein Jahr: Die nächsten Weltklimakonferenzen, 2023 in Dubai und 2024 in Baku, zählten noch mehr Teilnehmer.

Augenscheinlich nicht nur ein Welt-Großereignis, sondern auch eine Welt-Großinstitution, die so was ins Werk zu setzen vermag. Eine Welt-Autorität, deren Ruf die Führer der Völker strömen lässt, gefolgt von Zehntausenden ihres Fußvolks. In der Tat, es ist die UNO, die jährlich mit der Weltklimakonferenz aufwartet mit dem Ziel, immer strengere Treibhausgaslimits festzuschreiben und deren Einhaltung zu verfolgen. Die Leitlinie dazu ist die bekannte 1,5

Grad-Erwärmungsgrenze für die globale Durchschnittstemperatur. Damit steht die UNO zusammen mit Weltklimakonferenz und Weltklimarat/IPCC als mächtiges Triumvirat über der Klimapolitik des Planeten.

Bisher lernten wir nur den Weltklimarat/IPCC kennen. Wie kam es dann zu dieser geradezu olympischen Mächte-Trinität, welche die Völker in Bewegung setzt? Rekapitulation: 1986 im Pilot House von Key Largo die Blitzidee *climate business;* 1987 Gründung IPCC alias Weltklimarat; 1988 US-Senatsbilligung des Klimaplans mit der Folge von US- und UNO-Aktivitätenentfaltung in Form von internationalen Projekten, Konferenzen und Public Relations.

Als begnadeter PR-Messias erwies sich Al Gore, der schon bekannte US-Senator und Arrangeur der Hansen-Senatsanhörung. Er schrieb Bücher gegen den *Public Enemy No. 1*, nämlich das Global Warming. Und erregte Aufsehen mit dem Dokumentarfilm *An Inconvenient Truth – Eine unbequeme Wahrheit* –, der darauf zielte, der Welt das CO2-Fürchten einzujagen. Der Film bekam Preise, aber auch die Klage eines Londoner Gerichts über das unfundierte Apokalyptikszenario eines menschheitsersäufenden Meeresspiegelanstiegs. Davon unbeeindruckt gründete Al Gore *The Climate Reality Project* zur weltweiten Ausbildung von *Climate Leaders* und Verbreitung seiner Kampagne. Außerdem schuf er eine weltumspannende Konzertreihe sowie die Umweltbewegung *Save Our Selves (SOS)*. Über 75 Millionen Dollar Spendengelder sammelte er damit ein. Peanuts aber nur im Vergleich zu dem, was er danach verdiente mit seiner Mit-Erfindung des CO2-Zertifikatehandels: Al Gore wurde der erste Klima-Milliardär der Welt.

Zurück zur Entstehung der UN-Klima-Autorität: Über immer einflussreichere Weltklimakonferenzen lief es. Ein Highlight war 2015 die Konferenz in Paris, welche die 1,5 Grad-Erwärmungsgrenze beschloss. Die Konferenzen blähten sich Jahr für Jahr weiter auf, thematisch bis zu Gendern und Feminismus. Die Zahl der Teilnehmer und der einfallenden Privat- und Linienjets wuchs mit. Die Große Pilgerfahrt, der Klima-Hadsch. Der Riesen-CO2-Ausstoß dadurch? Natürlich nur damit nachher weniger CO_2 produziert wird. Von den anderen, vom gemeinen Volk. Man selbst, als wichtiger Klima-Akteur, muss selbstredend auch weiterhin durch die Welt jetten, um Klima und Menschheit zu retten ...

Zumal das umso nötiger ist, da sich die Welt beim verbindlichen Festschreiben des Fossil-Ausstiegs immer störrischer zeigt. Dabei hatte Außenministerin Baerbock, Botschafterin von Energiewende-Musterschüler Germany, in Dubai ihr Bestes gegeben: „Wir sind hier, um die Welt für die ganze Menschheit zu retten", verkündete sie in dem ihr eigenen taktvoll-bescheidenen Ton, für den die Welt sie und Deutschland so schätzt. Und verteilte gleich mal 160 Millionen aus der Handtasche an klimagepeinigte Entwicklungsländer. Da war es dann schon frustrierend, dass der Konferenzleiter Sultan Al Jaber den lebensrettenden Fossil-Ausstieg glatt ablehnte, noch dazu mit der empörenden Bemerkung, dies würde „die Menschheit in Höhlen zurückbringen". Mindestens ebenso frustrierend: 22 Länder, noch dazu lauter wichtige, kündigten die Verdreifachung ihrer Kernenergiekapazität an. Und dies noch reklameheischend als CO_2-neutral, grundlastfähig und kostengünstig. Ein maliziöser Affront gegen Deutschlands Vorbildrolle als Wind- und Sonnenenergie-Land ...

Die Ablehnung des Fossil-Ausstiegs, zumal gestützt auch von zahlreichen BRICS- und Entwicklungsländern, hat dem UN-Weltklimarat einen Dämpfer verpasst. War hinter seiner Gründung doch das Ziel gestanden, die Weltwirtschaft auf total fossilfrei umzubauen, des *gigantic, worldwide business* wegen. Und hatte doch Ober-Aktivist Al Gore – inzwischen zwar behäbig äußerlich, keineswegs aber in seinem Aktivismus – auf der Konferenz die Fossilnutzung als „culture of death" gegeißelt. Und sogar UN-Generalsekretär Guterres den Anti-Fossilkampf noch zusätzlich befeuert: „We are on a highway to climate hell with our foot on the accelerator." Und nichts weniger prophezeit als das „Verbrennen" der Erde. Der slowenische Philosoph Slavoj Zizek kommentierte: „Die Ökologie der Angst hat die besten Chancen, zur vorherrschenden Ideologie des globalen Kapitalismus zu werden, ein neues Opium für die Massen."

Wie gesagt, die Ablehnung des Fossil-Ausstiegs ein Dämpfer für den Weltklimarat: Dennoch ist er immer noch ein Macht-Goliath mit grundstürzender Transformations-Agenda. Vor allem auch deshalb, weil die vorgeblich klimarettende Energietransformation der Pfeiler einer noch viel größeren Transformation ist: dem politisch-gesellschaftlichen Umsturz zur undemokratischen Elitenherrschaft. Dem Great Reset. Zu diesem Zweck haben die elitären Akteure über die letzten Jahrzehnte ein engmaschiges Einfluss- und Herrschaftsnetz gesponnen und über die Kontinente gespannt. Gehalten nicht nur vom Klima-Pfeiler, sondern von weiteren Machtankern wie dem World Economic Forum WEF samt Young Global Leader-Heranzucht, oder der elitenfinanzierten UNO-Weltgesundheitsorganisation WHO, oder den US-Einflussorganisationen, in Deutschland etwa die Atlantik-Brücke und die Transatlantik-Mediennetzwerke.

In der US-dominierten westlichen Sphäre ist das Netz besonders hart gespannt. Im Osten und Süden des Globus jedoch widersetzen sich, geführt von China und Russland, immer mehr Länder der Fesselung. Die deutsche Politik aber unterwirft sich der Fremdbestimmung. Einer der letzten Schritte dazu: Berlin will dem WHO-Pandemievertrag zustimmen und damit erneut Souveränität an eine elitengesteuerte Organisation abgeben. Damit haben Bill Gates, Big Pharma und andere WHO-Großsponsoren mehr Macht über die nationale Gesundheitspolitik als die vom Volk gewählte Regierung. Deutsche Medien machen natürlich den Bückling, anders dagegen die Neue Zürcher Zeitung: Man könne zwar noch nicht von WHO-Diktatur sprechen, aber gewisse „autoritäre Vertragspunkte“ wie Einschränkung der Meinungsfreiheit durch Zensur und Behördenpropaganda gingen schon in diese Richtung.

Wie nun ist der Mechanismus der Elitenherrschaft, die Struktur? Die Analyse bringt eine Machthierarchie ans Licht, die horizontal und vertikal eng vernetzt ist. Von ganz oben dirigiert gewissermaßen ein Welt-Aufsichtsrat, eine präsumtive Welt-Regierung. Voran drei Exklusivorganisationen: Bislang wohl am mächtigsten der US-Außenpolitik-Rat Council of Foreign Relations (CFR) mit handverlesenen Schlüsselpersonen aus der Machtelite von Politik, Big Business, Big

Finance, CIA, Medien und Meinungslenkung. Allein schon aufgrund der Äußerungen des CFR-Langzeit- Patriarchen David Rockefeller ist es kein Geheimnis, dass das CFR nach einer *one-world government*-Rolle trachtet. Nicht nur dass Rockefeller sich selbst als Master of the Universe fühlte und betätigte – wie etwa als Mit-Initiator des One World-Katalysators namens Klimakampagne –, er galt auch als solcher. Selbst US-Präsidenten folgten möglichst seiner Spur. Zum einen wollte er ja wie sie Macht und Vorherrschaft für „Gods own Country", zum anderen hätte Auflehnung gegen Big Money und gegen seine Einflussnetzwerke nur Gegenwind gebracht.

Auf ähnlich olympischer Höhe wie der CFR thront die Trilaterale Kommission (TK), gegründet 1972 von Rockefeller und gedacht als Elite-Kaderschmiede der USA und der US-Satelliten Europa und Japan. Die USA rekrutierten aus der TK Spitzenpolitiker wie die Präsidenten Jimmy Carter und George Bush sowie zahlreiche Top-Leute wie Henry Kissinger – aber auch den berüchtigten Jeffrey Epstein, Großspekulant und High Society-Pädophiler –, der offenbar auf Ticket seines Amigos Bill Clinton zu Amt und Ehren kam. Macht und Moral haben eben nur den Anfangsbuchstaben gemein.

Deutsche TK-Jünger sind oder waren etwa der CDU-Politiker und eifrige US-Kriegspolitik-Propagandist Roderich Kiesewetter, oder der Top-Banker Axel Weber. Ziel der TK: „die Schaffung einer weltweiten ökonomischen Elite über den Regierungen der beteiligten Länder", so das kantige US-Politik-Urgestein Barry Goldwater, der dies gut fand im Sinne einer „friedlicheren und produktiveren Weltgemeinschaft". Anders allerdings der bekannte Sozialwissenschaftler Noam Chomsky. Er geißelt die undemokratische Absicht, die gewählten Regierungen durch ein selbsternanntes Elitenregime zu ersetzen, und überdies das Volk abzukoppeln von demokratischer Teilhabe.

Als dritter herausragender Machtzirkel figuriert die Bilderberg Konferenz, mit ähnlichen Zielen wie die TK, aber fokussiert auf Europa, woher rund zwei Drittel der knapp 150 Teilnehmer stammen, der Rest vor allem aus den USA. Im Ergebnis ist das versammelte Europa-Schlüsselpersonal ein Haupteinfallstor für US-Einfluss und -Dominanz.

Auch für das US-Ziel One World. Das englische Gründungsmitglied Dennis Healey äußerte sich kongruent zu Barry Goldwater: „Eine einheitliche Autorität über die ganze Welt wäre eine gute Sache." Eines der Bilderberg-Mitglieder war übrigens auch Bill Clinton. 1991 tagte der Club im schönen Baden-Baden. Bill genoss es, mit diversen Bekannten und Kumpels nächtens durch die Altstadt zu ziehen. In einigen Lokalitäten zieren die Fotos davon die Wände.

Die drei Olympier-Machtzirkel kommunizieren über Schlüsselpersonen kräftig miteinander. Schönstes Beispiel ist wieder einmal Rockefeller mit seiner – gehabten – Patriarchen-Rolle (er starb 2017) für alle drei Zirkel. Er wurde so zur Ikone der globalen US-Suprematie. Von diesen olympischen Machthöhen geht nun die Vernetzung nach unten auf wichtige Kommandostellen sozusagen auf Halbhöhenlage. Vor allem mächtige Multimilliardärs-Stiftungen und Finanzgiganten gehören dazu: Rockefeller Foundation, Bill & Melinda Gates Foundation, Bezos Earth Fund, die Open Society Foundation von George Soros, die Children`s Investment Foundation des schwerreichen Hedgefond-Managers Christopher Hohn, der global gewaltigste Investmentkoloss Blackrock und weitere. Dort werden unter Beachtung der Olympier-Strategielinien und gemäß eigenen Interessen Förderprojekte eruiert und mit Geld unterlegt.

So fließt dann ein sich auffächernder immenser Dollarstrom zu weltweiten Verteilstellen: bezüglich Klima beispielsweise Millionenbeträge zur Organisation 350.org, der auch Luisa Neubauer angehört. Damit lassen sich schon recht ordentliche Fridays for Future-Aktionen auf die Beine stellen. Zumal FFF auch noch von weiteren Sponsoren bedient wird: etwa von Green Peace und der Organisation Climate Reality Project, welche ihrerseits wieder von den Großsponsoren bedient werden. Übrigens: Climate Reality Project, gegründet von Al Gore, finanziert den schwedischen PR-Unternehmer Ingmar Rentzhog, der Greta Thunberg entdeckte als Hauptdarstellerin für die von ihm konzipierte Fridays for Future-Bewegung.

Listigerweise fließt Geld auch in zwei hochrelevante Vorfeldbereiche: Zum einen in Klimaforschungsinstitute, etwa in die der führenden US-Universitäten. Dort entstehen dann IPCC-konforme Klimastudien, die in die IPCC-Berichte einfließen und die Grundlage für die Klimapolitik und damit für *gigantic business* bilden. Der Investmentbanker John Doert frohlockt: „Der Klimawandel bringt größere ökonomische Chancen als der Internetboom." Zum anderen fließt ein globaler Dollarstrom in die Medien, ob Zeitungen, Magazine, TV-Sender oder Online-Formate. Nachgewiesen sind allein 320 Millionen Dollar von der Bill & Melinda Gates Stiftung. In Deutschland gehört der SPIEGEL neben anderen Leitmedien wie die ZEIT zu den glücklichen Empfängern: Bisher erhielt er über 6 Millionen Euro. Was Wunder, dass seine frühere kritische Haltung gegenüber der Uncle Sam-Politik inzwischen großer Dienstfertigkeit gewichen ist. Die deutschen *Haltungsmedien:* backed by Dollars.

Dies alles nur das – nicht vollständige – Kernstück des globalen Klimanetzwerks. Eng und stark geflochten, hart gespannt, schwer ihm zu entkommen. Dies umso mehr, als in vielen Ländern noch nationale Netzwerke hinzukommen. Deutschland sticht da hervor durch einen überaus alerten Einflussakteur: die Mercator-Stiftung. Ihr schwerreicher Gründer aus dem Ruhrgebiet – aber residierend im noblen Münchner Stadtteil Bogenhausen – wollte auf sein Alter Gutes tun, stattete die Stiftung mit einer dreistelligen Millionensumme aus und überließ die Führung einer rotgrünen Seilschaft. Welche stark auf Klima und Energiewende fokussiert. Und zu diesem Zweck einen beachtlichen Geldstrom auch an die hoch vernetzte Lobbyorganisation Agora Energiewende lenkt, die 2023 aufgrund mafiöser Verfilzung mit Habecks Wirtschaftsministerium von sich reden machte, Stichworte Graichen-Clan und Heizungshammer.

Das von Agora inspirierte Heizungsgesetz mit dem De Facto-Zwang zur teuren Wärmepumpe macht Millionen Immobilieneigentümer und Mieter ärmer, aber die Milliardärs-Hintermänner noch reicher. Paradebeispiel der britische Finanztitan Christopher Hohn – übrigens Sponsor der Klimaextremisten von Extinction Rebellion: Mit seinen Investments in High Tech und Immobilien profitiert er sowohl von Heiztechnologie und deren geplanter Digitalvernetzung (Smart Grid) wie auch von der faktischen Enteignung zahlloser Immobilieneigentümer, die die hohen Sanierungskosten nicht stemmen können. Gar nicht aber profitiert das Klima: Die amtlich prognostizierte CO2-Einsparung von kläglichen 1,4 Prozent bis 2030 wird bei gesamtheitlicher Betrachtung in Richtung Umweltschaden ausschlagen, allein schon wegen des toxischen Kältemittels der Wärmepumpe. Agora trägt das Edelmotiv Klimaschutz vor sich her wie eine Monstranz, dient aber letztlich dem Milliardärskapitalismus. Der uns Bürger zu einer rechtlosen Masse von Befehlsempfängern degradieren möchte.

Die schier unzerstörbar starken Netzwerke machen die Klimabewegung zu einem Macht-Goliath. Und der hält zäh am CO2-Dogma fest. Der Weltklimarat negiert standhaft die zahlreichen neuen, dem Dogma widersprechen Forschungserkenntnisse, die sich seit seiner Gründung 1988 angehäuft haben. Erbracht von unabhängigen Wissenschaftlern. Die aber politmedial ignoriert und sogar angefeindet werden. David gegen Goliath.

Immerhin aber ist auch dieser David international aufgestellt. Auch in Deutschland hat er einen Ableger. In Gestalt von EIKE, dem Europäischen Institut für Klima und Energie. Gegründet 2007 in Hannover als spendenbasierte Privatinstitution, „weil die deutsche Politik, die deutschen Medien und auch einige Institute wesentliche Fakten zu Klima und Extremwetter sachlich falsch, ideologisierend und mit dem offensichtlichen Ziel einer ‚Politik der Angst' in die Debatte einbringen, weil sich die deutsche Energiepolitik inzwischen parteiübergreifend von einer rationalen Energieplanung abgewendet hat", wie es auf der EIKE-Webseite heißt.

Demgemäß liegt der EIKE-Schwerpunkt auf der Verbreitung von ansonsten unterdrückten neuen Erkenntnissen, im Sinne objektiver Meinungsbildung. Zum Beispiel informierte EIKE, kontrastierend zu laufenden Mainstream-Rekordhitze-Meldungen, über gleichzeitige außergewöhnliche Kälteereignisse weltweit. EIKE zerbläst damit die uniforme mediale Klimakatastrophen-Fama. Und berichtet vor allem auch über neue Erkenntnisse von unabhängigen Wissenschaftlern zu natürlichen Ursachen des Klimawandels.

Beim Konformbetrieb kommt solcherlei Geschäftsstörung nicht gut an. Wikipedia, beim Klima stramm grüntrendig, sieht EIKE als „Verein, der den wissenschaftlichen Konsens über die menschengemachte globale Erwärmung leugnet. [... EIKE ist] kein wissenschaftliches Institut, sondern wird als Lobbyorganisation bezeichnet. [...] Von Stimmen aus Wissenschaft und Presse wird der Verein als Zentrum der politisch aktiven und organisierten Klimaleugnerszene in Deutschland beschrieben. Sein Ziel sei es, den systematischen Angriff auf die Befunde der Klimawissenschaft zu betreiben".

Die EIKE-Leute also schlimme Frevler an der einen und einzig wahren Wissenschaft. Und fremdgesteuerte Lobbyisten noch dazu. Dagegen die staatlich bestallten, unter Politik-Kuratel stehenden und nicht selten aktivistischen Instituts-Wissenschaftler: natürlich keinerlei Fremdsteuerung, nur der reinen Wahrheit verpflichtet ... Zwischen den beiden Parteien führt wohl kein Weg hinüber und herüber. Wir werden uns in den Folgekapiteln selbst überzeugen müssen, wer die besseren Argumente hat.

EIKE ist im Netz sehr rege meist mir mehreren aktuellen Beiträgen. Seit der Gründung organisierte der Verein jährliche Klima- und Energie-Konferenzen mit anerkannten internationalen Vortragenden und zahlreichen Teilnehmern. Allerdings in den letzten Jahren unter zunehmendem Druck von einschlägiger Seite. Anschauliches Beispiel die Konferenz 2019. Die Angriffe im Vorfeld waren diesmal noch schärfer als sonst und diffamierten EIKE als „AfD-nahen Klimaleugner-Thinktank". Damit wurde das Münchner Kongress-Hotel unter Druck gesetzt. Am Vortag der Konferenz erschien ein 20-Mann-Trupp in der Hotellobby mit Transparenten, grölte laut, verteilte Schmäh-Flyer und verkündete, die Konferenz verhindern zu wollen. Das Hotel kündigte EIKE „aus Sicherheitsgründen". Das kurzfristig angerufene Gericht gab dem Hotel recht.

EIKE war in großer Not, aufgrund von über 200 internationalen Teilnehmern und Referenten. Fieberhaft versuchte man Ersatzräume zu finden, doch alle kontaktierten Hotels machten angesichts der Gewaltdrohung einen Rückzieher. EIKE ging an die Öffentlichkeit, dank der internationalen Referenten verbreitete sich die für Deutschland beschämende Nachricht bis nach Israel und in die USA. Womöglich deshalb kam die Wende: Unter Polizeischutz konnte die Konferenz doch noch stattfinden. Allerdings mit Gegendemonstration der Klimafanatiker zum Abschluss.

Die Konferenz 2022 fand in einem denkmalgeschützten Museum im Umfeld von Halle statt. Auch sie bekam unangemeldeten Besuch, leider nicht von Klima-Interessierten, sondern von der Antifa. Die Museumsfassade „wurde mit jeder Menge woker Graffiti-Sprüche und Antifa-Zeichen aufgewertet, mehrere Scheiben zwecks besserer Lüftung eingeschlagen und zur Erhöhung der Sicherheit alle Schlösser mit Klebstoff versiegelt“, schildert Manfred Haferburg, seines Zeichens nicht nur renommierter Energie-Fachmann, sondern auch Ironie-Großmeister.

Angesichts der Gewalt findet EIKE kaum noch ein deutsches Kongresshotel. Haferburg: „Sobald das nämlich bekannt wird, tauchen vermummte Aktivisten mit Drohungen und Taten auf, um den Vermietern klarzumachen, dass der, welcher solches tut, voll nazi ist, und dass es in Ordnung ist, wenn er und seine Einrichtung einen Hausbesuch von einer einschlägig bekannten linken Sturmabteilung bekommen. Nach solchen Besuchen mit meist erheblichem Sachschaden sieht sich die Polizei regelmäßig außerstande, die Täter zu finden.“

Denk ich an Deutschland in der Nacht ..., fällt mir dazu ein. Jedenfalls: EIKE sah sich gezwungen, die Konferenz 2024 in einem Hotel bei Wien abzuhalten. Sicherheitshalber wurde der Tagungsort vorher nicht bekannt gemacht, „und so kam es zu einer ‚Geheimkonferenz‘, deren Teilnehmer und Vortragende öffentlich angeprangert, abqualifiziert und lächerlich gemacht wurden“, so Haferburg bitter. Welch verheerendes Bild über die deutschen Zustände gibt das für die internationalen Konferenzteilnehmer, frage ich mich. Übrigens entzog das Finanzamt EIKE den Gemeinnützigkeitsstatus für Spenden. Begründung: EIKE verstoße „gegen das Prinzip der guten wissenschaftlichen Praxis.“ Das CO2-Klima-Dogma ist natürlich, weil politisch konform, gute wissenschaftliche Praxis ...

Kein Wunder der Alarmruf auf EIKE`s Internetseite: „Nicht das Klima ist bedroht, sondern unsere Freiheit!"

Eine wesentlich größere Organisation, die sich auch nicht so herumstoßen lassen muss wie EIKE, ist die globale *Climate Intelligence Group* (*Clintel*): rund 2000 Mitglieder aus zahlreichen Ländern aller Kontinente, darunter zwei Nobelpreisträger: die amerikanischen Physiker Dr. John F. Clauser (Preis 2022) und Ivar Glaever (Preis 1973).

CLINTEL bezeichnet sich als unabhängige Stiftung, gegründet 2019 mit dem Ziel, Wissen und Verständnis zum Klimawandel sowie zur Klimapolitik zu mehren und zu verbreiten. Über der Netzseite prangt die kämpferische Maxime *THERE IS NO CLIMATE EMERGENCY.* Gefolgt von der *World Climate Declaration,* die die sechs Clintel-Kernsätze erläutert: „Die Erwärmung wird verursacht durch natürliche wie auch anthropogene Faktoren. Die Erwärmung geht viel langsamer vor sich als vorhergesagt. Die Klimapolitik basiert auf inadäquaten Modellen. CO2 ist als Pflanzennahrung die Basis allen Erdenlebens. Die globale Erwärmung hat Naturkatastrophen nicht verschärft. Die Klimapolitik muss sowohl wissenschaftliche wie auch ökonomische Realitäten berücksichtigen."

Bezüglich der Klimamodelle als Basis der Weltklimarat-Prognosen konstatiert Clintel: „Was herauskommt hängt vollständig davon ab, was Theoretiker und Programmierer hineinstecken: Hypothesen, Annahmen, Parameter, Randbedingungen. Leider bleibt das meiste davon undeklariert. Dem Ergebnis der Klimamodelle zu glauben heißt diesem Input zu glauben. [...] Die Klimawissenschaft ist degeneriert zu einer Glaubenssache anstelle fundierter, selbstkritischer Wissenschaft. Wir sollten uns freimachen von dem naiven Glauben in unreife Klimamodelle. [...] Wissenschaftler sollten offen die Unsicherheiten und Übertreibungen ihrer Erwärmungsprognosen bekennen und die Politiker sollten nüchtern Kosten und Nutzen ihrer Klimapolitik abwägen."

Kein Wunder, dass der Klima-Mainstream mit schwerem Geschütz dagegen feuert. Wikipedia führt Clintel unter der Kategorie *Klimawandelleugnung* – als Ketzer der Neuzeit. Clintels World Climate Declaration sei eine Desinformationskampagne, die in der Öffentlichkeit

Verwirrung über den Klimakonsens stiften solle. Viele Unterzeichner seien im Themenfeld Klimawandel nicht wissenschaftlich aktiv oder hätten Beziehungen zur Öl- und Gasindustrie. Aber eine Durchsicht etwa der gut hundert deutschen Unterzeichner zeigt eine imposante wissenschaftliche Kompetenzballung, wenngleich lupenreine Klimaforscher in der Tat kaum vertreten sind. Die stehen ja auch fast immer im Staatssold: Ein offenes Bekenntnis zu Clintel bekäme ihnen gar nicht gut.

Der bekannteste deutsche Unterzeichner ist Professor Fritz Vahrenholt, studierter Chemiker, Ex-SPD-Umweltsenator von Hamburg, Initiator des ersten Nordsee-Windrads, Leiter von Erneuerbare Energien-Unternehmen und Honorarprofessor. Auch über ihn bricht Wikipedia den Stab: Er streite „wissenschaftlich unumstrittene Forschungsergebnisse der Klimaforschung ab" indem er behaupte, dass neben CO2 weitere Variable wie Sonnenaktivität und Meeresströmungen den Klimawandel verursachten. Er vertrete Industrieinteressen. Belege werden allerdings nicht genannt. Wikipedia unterfüttert die Vorwürfe durch eine vor Jahren gemachte Fehlprognose Vahrenholts. Die eklatanten Fehlprognosen des IPCC allerdings, wie etwa schnelles Abschmelzen der Himalaya-Gletscher oder der baldige Untergang tropischer Inseln, bleiben unerwähnt. Beide Seiten mussten erfahren, dass Prognosen schwierig sind, besonders wenn sie die Zukunft betreffen, um Mark Twain zu zitieren.

Clintel keilt gegen die Angriffe ungeniert zurück, wobei sich besonders Nobelpreisträger Clauser hervortut: „Das populäre Narrativ über den Klimawandel spiegelt eine gefährliche Korruption der Wissenschaft wider, die die Weltwirtschaft und das Wohlergehen von Milliarden Menschen bedroht. Die fehlgeleitete Klimawissenschaft hat sich zu einer massiven schlagzeilenträchtigen Pseudowissenschaft ausgeweitet." Gegen die Computermodell-Fixierung höhnt er: „What a waste of time, now start doing some real physics!" Und dem Weltklimarat attestiert er, er sei „eine der schlimmsten Quellen von gefährlicher Desinformation".

Übrigens: Als wohl prominentester Teilnehmer war Clauser auf der EIKE-Konferenz 2024 vertreten. Er trug eine innovative Berechnung des CO_2-Klimaeinflusses vor. Weitere herausragende Vertreter der kritischen Klimawissenschaft waren etwa die Professoren Henrik Svensmark und Nir Shaviv als Erforscher des Sonneneinflusses auf den Klimawandel. Ihre richtungsweisenden Erkenntnisse werden Gegenstand der nächsten Kapitel sein.

Die gegenseitigen Angriffe von IPCC-Vertretern und unabhängigen Forschern zeigen: Zwischen den beiden Lagern herrscht Krieg. Skeptische Reflexion ist also gegenüber den Positionen beider Lager angebracht. Deshalb werden wir im Folgenden ihre Argumentationen kritisch ausleuchten – im hellen Lichte der neuesten Forschungsergebnisse.

2

Argumentationskrieg: offiziöse gegen unabhängige Wissenschaft

Etwa alle 6 Jahre gibt der Weltklimarat einen vom IPCC-Wissenschaftlerkreis verfassten Sachstandsbericht heraus, englisch Assessment Report (AR). Die Berichte umfassen den Befund über die aktuelle Entwicklung des globalen Klimas sowie über Ursachen, Auswirkungen und erforderliche Maßnahmen. Die opulent aufgemachten Reporte verstehen sich als weltamtliche Diagnose und Therapieanordnung für den Patienten Erde, gewissermaßen mit der sakrosankten Autorität von Moses` Zehn Geboten.

Der aktuelle 6. Sachstandsbericht (AR6), erstellt im Zeitraum 2021 bis 2023, gibt in seiner Zusammenfassung für Entscheidungsträger (Summary for Policy Makers) kurzgefasst die Haupterkenntnisse wider. Die zentralen Punkte: „Es ist unzweifelhaft, dass menschlicher Einfluss Atmosphäre, Ozeane und Land erwärmt hat. Weitverbreitete und schnelle Änderungen von Atmosphäre, Ozeanen, Kryosphäre und Biosphäre sind eingetreten. Das Ausmaß der Veränderungen über das gesamte Klimasystem ist beispiellos auf der Skala vieler Jahrhunderte bis viele Jahrtausende. Der anthropogene Klimawandel beeinflusst bereits viele Wetter- und Klima-Extreme in jeder Region des Globus. Die Beweise für veränderte Extreme wie Hitzewellen, Starkniederschläge, Dürren und tropische Zyklone sowie speziell ihre anthropogene Beeinflussung haben sich seit dem AR5 verdichtet."

Hammersätze. Mit dem Hammer-Statement: Der Mensch ist schuld. Das bekannte Dogma. Und Fundament für die Weltkampagne namens Klimakrise. In unverbrüchlicher Kontinuität, wie wir wissen, seit Gründung des IPCC vor nun vier Jahrzehnten.

Als Beleg führt der AR6-Report eine dramatisch wirkende Grafik an: Sie zeigt den Verlauf der gemittelten Globaltemperatur über die letzten zwei Jahrtausende. Von Christi Geburt bis rund 1200 n. Chr. ist die Temperatur annähernd gleich – ein fast horizontaler Strich –, dann sinkt sie geringfügig um knapp 0,3 Grad ab – kleine Verbeugung vor der Kleinen Eiszeit –, um schließlich ab 1900 raketengleich in die Höhe zu schießen. Die Botschaft: Über Jahrtausende war das Erdklima fast konstant, aber mit Beginn von Industrialisierung und CO2-Emissionen geriet es außer Kontrolle und schießt nun durch die Decke. Klimakatastrophe! Menschgemacht! Wer wollte da nicht demütig das Haupt senken und sich an die Brust klopfen: „nostra culpa, nostra culpa!"

Wir allerdings, dank Vorwissen, rufen: „Halt – wo bleibt da die Römische Warmzeit mit den eisfreien Alpen? Wo das nachfolgende Klimatief als Mitursache von Imperium-Fall und Völkerwanderung? Wo die Mittelalter-Warmzeit mit grünem Grönland und Zivilisationsblüte? Alles doch heftige Klimaumbrüche – die sich auch auf den anderen Kontinenten widerspiegelten!" ... Alle eingeebnet, platt gemacht. Und zwar durch Auswahl „passender" historischer Temperatur-Datenreihen. Derer es viele gibt, rekonstruiert aus Klimaarchiven wie Baumringen, Sedimentbohrkernen oder Tropfsteinen aus Höhlen. Es sind die sogenannten *Proxis*: Ersatzwerte, weil es früher keine Temperaturmessungen gab. Solche Proxi-Rekonstruktionen sind kompliziert und fehleranfällig, sie weisen deshalb große Streuungen auf. Abhängig von der Auswahl kommt man zu unterschiedlichen Ergebnissen. Und kann sich nach Gusto bedienen.

Das Team um Vahrenholt fand bei der Analyse der für den AR6-Report ausgewählten Proxi-Datenreihen „eine Vielzahl von Problemen", teils wurden Regendaten mit Temperaturdaten verwechselt, teils krasse Ausreißer oder explizit ungeeignete Daten integriert – und andererseits gesicherte Daten ignoriert. „Das Datenfundament des neuen Hockey Stick ist auf Sand gebaut", so Vahrenholts Fazit. *Hockey Stick?* Ja, Hockey-Schläger (Abb. 13): Die Metapher ist zum berühmt-berüchtigten Inbegriff von Datenfrisieren geworden. Sie steht für den vorhin geschilderten fast horizontalen Temperaturverlauf über der Zeit (Schaft) mit am Ende, ab 1900, steilem Anstieg nach oben (Schlagklinge).

Und mit „neuem Hockey Stick" meint Vahrenholt, dass der IPCC eine fast gleiche Temperaturkurve schon mal vor zwei Jahrzehnten propagierte. Wobei auch damals schon eklatante Fehler und Manipulationen nachgewiesen wurden. Mit Folge des *E-Mail-Skandals* im Jahr 2009 – wir kommen noch dazu. Dass der IPCC trotz verbrannter Finger den Hockey Stick erneut aufwärmt – wohl, weil er so eingängig ist –, bewegte den US-Klimaforscher McInytre zum Spruch: „Der IPCC ist süchtig nach dem Hockey Stick."

Die kritischen Clintel-Forscher nahmen den AR6-Report genau unter die Lupe und publizierten die Ergebnisse in einem umfangreichen Bericht. Der bissig angespitzte Titel: *The Frozen Climate Views of the IPCC.* Das Fazit lautet: „Der Bericht zeigt, dass der IPCC die Klimageschichte umschrieb, ein unplausibles Worst case-Szenario propagiert, eine enorme Schlagseite pro ‚bad news' und kontra ‚good news' aufweist und letztere in der Summary for Policy Makers verschweigt."

Schwere Vorwürfe. Blick auf den ersten: Umschreiben der Klimageschichte. Konkret: das Hockey Stick-Diagramm, das die historischen Kalt- und Warmperioden ausradiert – weil die IPCC-Modelle sie nicht wiedergeben können. Denn laut IPCC-Doktrin hängt die Erdtemperatur weitgehend vom CO2 ab, und dieses verharrte bis zur Industrialisierung auf konstant niedrigem Niveau. Erst die anthropogenen Emissionen ließen dann CO2 und damit die Temperaturen steigen, so der IPCC. Und deshalb der Hockey Stick mit fast konstanter Temperatur bis zur Industrialisierung. Dazu Clintel: „Der IPCC führte eine neue Hockey Stick-Kurve ein mittels Rosinenpicken von Proxy-Daten." – Gleicher Tenor wie Vahrenholt.

Der Hockey Stick-Manipulationsvorwurf war wie erwähnt schon 2009 Gegenstand des sogenannten E-Mail-Skandals und führte sogar zu einer Untersuchung durch das *Inter-Academy Council*, einer akademischen Schiedsstelle. Als Ergebnis machte das IAC dem IPCC Vorgaben, um künftige Manipulationen zu vermeiden. Laut Clintel wurden sie aber nicht umgesetzt. Vor diesem Hintergrund ironisiert Clintel: „Der IPCC musste Klimadaten wieder mal rosinenpicken und massieren, um den Hockey Stick-Verlauf zu fabrizieren. Studien, die größere natürliche Klimaausschläge zeigen, wurden ignoriert." Es sei immer wieder dasselbe: Die IPCC-Autoren wählten aus vielen verfügbaren Proxi-Datensätzen gezielt jene, die kaum eine Änderung zeigten. Heraus komme dann – Abrakadabra! – der Hockey Stick.

Laut Clintel hat die IPCC-Gemeinde ein großes Problem mit den historischen Warmzeiten – laut CO2-Dogma darf es ja nur die heutige moderne Warmzeit geben. Deshalb versuche der IPCC die historischen Warmzeiten zu marginalisieren: Mittelalter-Warmzeit, Römische Warmzeit, besonders aber die superwarme Ötzi- und Atlantikum-Zeit, die unsere moderne Warmzeit deutlich übertraf. Sie würden alle künstlich eingeebnet: „kann nicht sein, was nicht sein darf." Ähnliches gelte auch für die Computermodelle: Weil sie die Vergangenheit nicht wiedergeben könnten, sei auch ihren Zukunftsprognosen nicht zu trauen. Was höchst peinlich sei, seien diese Modellprognosen doch die Grundlage für die vom IPCC geforderte teure CO2-Neutralität und für die Klimakampagne.

„On top of that", so Clintel, komme ein weiterer dubioser Punkt: Der IPCC sei „süchtig" nach dem höchsten CO2-Emissionsszenario, obwohl es laut mehrerer Studien unplausibel sei und nicht für die Öffentlichkeit verwendet werden sollte. Im AR6 aber sei es das meistbenützte Szenario. Nur „in den Tiefen des Reports" werde eingeräumt, dass es eine geringe Wahrscheinlichkeit habe. Aber in der Summary for Policy Makers scheine dieser wichtige Hinweis nicht auf: Den Entscheidungsträgern werde er vorenthalten – eine bewusste Irreführung.

Eine weitere Fragwürdigkeit, laut Clintel, ist die AR6-Aussage eines beschleunigten Meerespegelanstiegs. Der IPCC verschweige dabei die zyklische multidekadische Pegeloszillation und nütze die gegenwärtige positive Oszillationsphase für furchteinflößende Aussagen. Im Gegensatz dazu zeigten die für skandinavische Hauptstädte seit 1880 vorliegenden Pegelmessungen einen durchgängigen Abwärtstrend. So wie dies noch kein Beweis für ein generelles globales Fallen sei, seien erst recht die IPCC-Daten kein Beweis für ein Steigen. Die derzeitigen Messdaten ließen einfach noch keine gesicherte Aussage zu. Der IPCC verschweige dies. Ebenso verschweige er, dass in der superwarmen

Atlantikum-Zeit der Meeresspiegel wesentlich höher war als heute – und das ganz ohne anthropogenes CO_2.

Nichtsdestotrotz posaunt die Weltklimarat-Gemeinde die Schreckensmeldung von steigenden Meeren hinaus. Gern auch mit bis zu zwei Meter Höhe bis zum Jahr 2100 – basierend auf nachgewiesenermaßen völlig unrealistisch überhöhten CO_2-Emissionsannahmen. Die Drohung mit der großen Flut wirkt nun mal, und ist damit auch Wasser auf die Mühlen der Untergangspropheten. „Meeresspiegel steigt immer schneller", verkündet die Presse im August 2024 mal wieder. Unter Berufung auf eine neue Brandrede von UNO-Generalsekretär Antonio Guterres vor dem Pazifischen Inselforum, der dabei die unseriösen AR6-Aussagen propagiert. Und die Presse plappert alles unkritisch nach.

Nun zur Rolle der Sonne: An die geht der IPCC nur ungern und mit spitzen Fingern heran. Er wittert gefährliche Konkurrenz für seine CO_2-Monokausal-Ursache. Ja, die Sonne ist in den Klimamodellen berücksichtigt, aber nur im geringstmöglichen Umfang und damit fast wirkungslos. Quasi nur pro forma. Dazu Clintel: „Die vom IPCC gewählten Daten betreffs Schwankungen der Sonnenaktivität (Total Solar Irradiance, TSI) sind nur ein kleiner Teil der von der Wissenschaft genutzten Daten. Mehrere der TSI-Datensätze, die der IPCC ignorierte, legen nahe, dass der Großteil der Erwärmung seit dem 19. Jahrhundert natürlichen Ursprungs sein könnte." Kurzum: Wieder mal Rosinenpicken der Datensätze.

Der IPCC weiß, dass der Einfluss des Zentralgestirns zum dogmasprengenden Casus knacksus werden kann. Die solaren Aktivitätsvariationen, über Jahrhunderte belegt, werden vom IPCC als zu gering bewertet, als dass sie die irdischen Klimaänderungen erklären könnten. Dies ist korrekt soweit es die Strahlung um den sichtbaren Bereich herum betrifft (TSI). Aber längst gibt es Erkenntnisse über noch weitere solare Einflüsse, etwa die UV-Strahlung, die viel stärker schwankt als die TSI und offenbar stark auf das Klima wirkt. Eine markante Klimawirkung scheint auch vom Sonnenmagnetfeld und dessen Schwankungen auszugehen. Und sogar von kosmischen Hochenergiepartikeln, die Einfluss auf die Wolkenbildung haben. Und vielleicht noch dunkle Wolken über dem IPCC aufziehen lassen – wovon noch zu reden sein wird ...

Ohnehin bläst dem IPCC schon jetzt so manche kalte Brise ins Gesicht, die nur dank des politmedialen Schutzes nicht zu peinlichen Folgen führen. So verweist Clintel etwa darauf, dass die Kältetiefs der Kleinen Eiszeit gut mit den aufgezeichneten Schwankungen der Sonnenflecken korrelieren: „Common sense suggests there is probably some connection“, so Clintel. Der Common Sense scheint auf der richtigen Spur zu sein: Das Vahrenholt-Team konnte nachweisen, dass während der markantesten Solarminima der Kleinen Eiszeit der Nordatlantik um 2 bis 3 Grad abkühlte. Das Team belegte überdies die Korrelation dieser Solarminima mit Tiefsttemperaturen in mehreren Weltteilen. Umgekehrt, während der solaren Maxima, herrschten weltweit ungewöhnlich hohe Temperaturen (Abb. 14).

Aber nicht zu früh freuen: Korrelation beweist noch keine Kausalität. Der Mechanismus hinter diesen Korrelationen ist noch nicht richtig verstanden. „Aber dass deswegen der IPCC die Korrelationen ignoriert und den Klimawandel zu 100 Prozent als anthropogen darstellt, ist unakzeptabel“, so Clintel. Umso mehr, als die Erforschung der Mechanismen voranschreitet – siehe die nächsten Kapitel.

Schließlich noch das fragwürdige IPCC-Argument von steigenden Unwetter- und Naturkatastrophen. Laut AR6-Report verstärkt der anthropogene Klimawandel die Wetter- und Klimaextreme weltweit: „Die Belege für gehäufte Anomalien wie Hitzewellen, Starkniederschläge, Dürren und tropische Zyklone und speziell ihre anthropogene Verursachung haben sich verstärkt.“ Clintel widerspricht der Aussage energisch unter dem sarkastischen Titel „Verstecken von guten Nachrichten“. Und führt folgende Fakten an:

- Globale Zyklone und US-Hurrikane, die für 90 % der globalen Katastrophenschäden stehen, nehmen über die Analysezeit 1900 bis 2022 ab, in Frequenz und Stärke. Quelle: gemeinsame Analyse von Weltbank und weiteren Institutionen. Eine gute Nachricht, die aber der AR6 ins Gegenteil verkehrt.

- Ähnliche AR6-Täuschung bei Dürren: In der entscheidenden Summary for Policy Makers: „gehäufte Dürren“. In den Tiefen des Reports aber: „niedrige Wahrscheinlichkeit für Anthro-Einfluss auf Dürren“.
- Die AR6-Aussage über klimabedingt zunehmende Opferzahlen ist falsch. Das Gegenteil ist der Fall: Zwischen 1920 und 2020 fiel die Opferzahl pro Dekade dramatisch von fast einer halben Million auf wenige tausend – ein stupender Sturz um 96 Prozent. Die diesbezügliche Studie wurde im AR6 ignoriert.

Der AR6-Report reflektiert den aktuellen IPCC-Meinungsstand. Clintel kommt zu einem deprimierenden Schluss: „Keine ehrliche Einschätzung des AR6 würde sagen, dass er fair und objektiv ist, ganz im Gegenteil.“ Andererseits stimmt Clintel zu, dass ein Anthro-Klimaeinfluss durch CO2 vorliegt. Allerdings eben mit der Einschränkung, dass der Einfluss deutlich geringer ist als vom IPCC suggeriert, vermutlich sogar geringer als natürliche Einflussfaktoren wie die Sonne. Weswegen der Klimawandel wesentlich moderater und verträglicher verlaufen werde als alarmistisch vorhergesagt. Clintel: „Kurz gesagt, die Menschheit ist weitgehend vorbereitet auf den Klimawandel und kann gut mit ihm zurechtkommen.“

Fundierte 172 Seiten lang ist die Clintel-Analyse. Am Ende stehen konstruktive Verbesserungsvorschläge. Der IPCC, so Clintel, arbeite seit nunmehr über 30 Jahren an der Klimathematik, dabei seien Dutzende Berichte und Gesamtkosten von Milliarden Dollar entstanden. All diese Berichte versuchten die Öffentlichkeit und Politik von der Richtigkeit der „CO2-Drehknopf“-Hypothese zu überzeugen. Sie sei vor fünf Jahrzehnten aufgekommen und immer noch genau so ungesichert wie damals. Der ausbleibende Fortschritt zeige eine grundsätzliche Schwäche der Hypothese wie auch des IPCC-Arbeitsprozesses. Ignoriert etwa würden wichtige neuere Forschungsergebnisse, so bezüglich der Multidekaden-Ozean-Oszillationen oder des Sonneneinflusses. Auch ängstige man die Öffentlichkeit mit unrealistischen CO2-Emissionsszenarien und verstecke die günstigen Erkenntnisse bezüglich Wetterextremen.

O-Ton Clintel: „Leidet der IPCC am ‚Tunnelblick'? Ist er so vertieft in seine These, dass er das Offensichtliche übersieht? Wissenschaftler leiden oft an Bestätigungseifer und übersehen die Schwächen ihrer Thesen. [..] Willkürliche Weglassungen und Wahrheitsverzerrungen besagen nichts Gutes über den IPCC. Er muss dringend reformiert werden." Wohl wegen der Defizite müsse der IPCC nun immer noch die Menschheit überzeugen, dass der anthropogene Klimawandel das dringendste Weltproblem sei. Laut globaler Umfragen rangiere er nämlich weit hinten, teils sogar an letzter Stelle der dringenden Probleme. „Sind wir an einer Weggabelung? Werden die UN, der IPCC und die Politiker endlich erkennen, dass die 50 Jahre alte These überholt ist, und sie die inzwischen entdeckten natürlichen Erwärmungsfaktoren in ihren Projektionen berücksichtigen?"

Bisher, so Clintel, habe der IPCC jede unabhängige Prüfung seiner Arbeit zurückgewiesen. Intransparent sei die Auswahl der Autoren und besonders der politischen Entscheider, die bestimmen, was und was nicht in den Bericht kommt. Hervorragende Wissenschaftler seien ausgeschlossen worden, weil sie sich nicht an die *Parteilinie* hielten. Über Jahrzehnte schon seien Manipulationen aufgedeckt worden: die politisch dramatisierte Erderwärmung schon beim AR2, die Hockey Stick-Täuschung im AR3 und jetzt erneut im AR6. Dessen Unkorrektheiten seien sogar schlimmer als die in früheren Berichten.

„Dass die Atlantische Multidekadische Oszillation in den Modellrechnungen nicht berücksichtigt wurde, ist das schwerste Defizit der IPCC-Projektionen", schreibt Vahrenholt. Allerdings: Aus Sicht des IPCC ist es kein Defizit, sondern Notwendigkeit für das Katastrophenszenario. Wobei die realistische Vision eines vorwiegend natürlichen, langsam laufenden Klimawandels die Zeit ließe, effizientere und bezahlbarere CO_2-Reduktionstechnologien und Anpassungsmaßnahmen zu entwickeln, statt sich hastig in eine nicht zu Ende gedachte Flatterenergie-Transformation zu verrennen. Mit ruinösen Kosten und Konsequenzen. Von den nötigen Billionen bis zur Deindustrialisierung samt ihren sozialen Folgen. Mehr dazu im Teil III des Buchs.

3

Forschungsobjekt Sonne: die rätselhafte planetarische Regentin

„So viel sich auch um und in mir ändre: Dieselbe Sonne, die mich als Kind bestrahlte, sieht unverändert mich jetzt an." So ein Gedanke des Dichters Jean Paul, der die landläufige Vorstellung der Sonne als unveränderliche Konstante des Weltgeschehens – im Gegensatz zu den Wechselfällen des Menschendaseins – ausdrückt. Irgendwie scheinen auch die IPCC-Wissenschaftler dieser alten Vorstellung von der Sonne anzuhängen, vielleicht allerdings mehr aus Zweckdienlichkeit als aus Naturromantik.

Jedenfalls wählten sie für ihre Modellrechnungen aus den verfügbaren Solardatensätzen gezielt solche aus, die einer sogenannten *ruhigen Sonne* entsprachen. Will heißen: Eine Sonne, die zwar die altbekannten 11-Jahreszyklen aufweist – in Gestalt Sonnenfleckenzahl und damit korrelierend geringfügiger Intensitätsvariation –, aber darüber hinaus keine anderen Schwankungen zeigt. Das Ergebnis wie bekannt: Die Modelle können nicht die zurückliegenden starken Klimaschwankungen erklären. Dafür aber lassen sie, wie gewünscht, das CO2 als Hauptklimafaktor erscheinen. Das Manko der nicht erklärten früheren Klimaschwankungen, wie Kleine Eiszeit, Mittelalter-Warmzeit oder Römische Warmzeit, wird vom IPCC bagatellisiert.

Nun wurde aber laut letztem Kapitel von unabhängigen Forschern der Nachweis erbracht, dass auch die Sonne als Klimatreiber in Frage kommt. Sogar als wahrscheinlicherer, wegen der Korrelation zwischen Sonnenschwankungen und Klimaschwankungen. Aber es bleibt beim „wahrscheinlich", solange kein Kausalbeweis vorliegt. Jedoch zuletzt gab es in dieser Richtung Fortschritte.

Ein erster Schritt dazu war der Nachweis, dass Modellrechnungen bei Zugrundelegung eines *Variable Sonne*-Datensatzes, der also Langzeitschwankungen beinhaltet, die früheren Klimaschwankungen gut wiedergeben. Das Variable Sonne-Konzept war lange verpönt: Die Sonnentheoretiker hatten keine Erklärung dafür – und die IPCC-Wissenschaftsgemeinde war sowieso dagegen. So wurden die Langzeitschwankungen in den Solar-Datensätzen als Ausreißer oder Fehler abgetan und ausgefiltert. IPCC-Wissenschaftler warnten in Fachpublikationen sogar ausdrücklich vor der Verwendung nicht-gefilterter, „überholter" Datensätze: „We caution against using outdated reconstructions." Sie wurden gewissermaßen auf den Index der Klimawissenschaft gesetzt.

Ein Team unabhängiger Wissenschaftler namens CERES um den US-Astrophysiker Willie Soon aber fand das Variable-Sonne-Konzept zukunftsweisend und wählte den überzeugendsten Datensatz für Modellrechnungen aus. Sie reichten gut 300 Jahre zurück in die Klimavergangenheit. Und siehe da: Da waren sie, die markanten Klimaereignisse: das Kleine Eiszeit-Tief um 1700 und auch die späteren Kälteeinbrüche nach 1800 mit ihren Hunger- und Auswanderwellen sowie die zwei Kaltjahrzehnte um 1880/90 – England unter Eis und Schnee, in Deutschland -35 Grad-Winter – und ebenso um 1960/70.

Aber mal wieder Wasser in den Wein: Die errechneten Ereignisse waren lange nicht so ausgeprägt wie in der Wirklichkeit. Zwischen Sonne und Erde musste es also noch einen kräftigen Verstärkungsprozess geben. – Forschungsarbeit für weitere Jahre. Dennoch: Die Variable-Sonne-Rechnungen waren ein Schritt vorwärts, schafften, was die Ruhige-Sonne-Rechnungen nicht schafften. Und: Sie entthronten das CO_2 als Klima-Vormacht. Zum großen Missfallen der IPCC-Jünger.

Diese initiierten darauf kritische Publikationen gegen CERES und die Variable-Sonne-Daten. CERES examinierte die Publikationen und stellte fest, dass sie kein einziges stichhaltiges Argument gegen die fraglichen Daten anzuführen wussten. Und nur darauf abzielten, die Daten als überholt abzutun („old and outdated") und stattdessen IPCC-konforme „ruhige" Solardaten zu propagieren. Die Substanzlosigkeit der Kritik nahm CERES als Fingerzeig, dass sie mit dem Variable Sonne-Konzept auf dem richtigen Weg sind.

CERES gilt seitdem dem IPCC als Paria, als Feind. Der öffentlich herabgesetzt und diffamiert wird. Etwa wegen angeblich mangelnder Kompetenz oder Lobbyfinanzierung. Das IPCC-Establishment sieht in CERES ähnlich wie in Clintel eine Bedrohung. Es geht um eine zentrale Wahrheit: um die Deutung der Sonne, um die in ihr waltenden Prozesse, um ihre Wirkung auf die Erde. Letztlich aber geht es um die Bedeutung oder Nicht-Bedeutung von CO2 als Haupt-Klimamacht. Und zuallerletzt um all das, was daran hängt: sehr viel.

Die Sonne: Herrin unseres Erdendaseins. Es lohnt sich, dass wir auf dieses Streitobjekt noch mal von oben schauen, mit erweitertem Gesichtskreis. Zum besseren Verständnis, und auch zu allgemeiner Horizontweitung. Erheben wir uns also über die Niederungen des Meinungsstreits in die Höhen unzweifelhafter Fakten.

Jean Paul schrieb seinen Spruch um 1800. Aber schon lange davor hatten Forscher erkannt, dass die Sonne nicht einfach eine immer gleich makellos strahlende Scheibe war. Schon im alten China und Griechenland hatte man die dunklen Sonnenflecken registriert. Die Erfindung des Teleskops um 1600 ermöglichte ihre genaue Beobachtung. So etwa dokumentierte Galilei ihr Kommen und Gehen. Gegen 1700 entdeckte man auch die Hellflecken der Sonnenfackeln und -protuberanzen. Der Dessauer Naturforscher Schwabe erkannte in langjähriger Beobachtung den 11-Jahreszyklus der Flecken. Will heißen: Zu Beginn eines Zyklus steigt die Fleckenzahl von einem Minimum auf ein Maximum. Und fällt dann zum Ende der Periode wieder auf ein Minimum. Und das so fort alle 11 Jahre, in verblüffender Regelmäßigkeit.

Hochrelevant: Die Fleckenhistorie der letzten Jahrhunderte zeigt eine Korrelation zwischen der Fleckenzahl und den Klimaphasen der Erde. Im Kältetief der Kleinen Eiszeit 1660–1700 verschwanden die Flecken fast ganz, in der Warmzeit des 20. Jahrhunderts stiegen sie auf Rekordhöhen. Ein Zusammenhang zwischen Fleckenzahl und Erdklima ist also schwerlich zu übersehen. Und auch plausibel, weil die Fleckenzahl mit der solaren Strahlungsintensität korreliert. Und zwar wegen der um die Flecken auftretenden extrem energiereichen, strahlungsstarken Protuberanzen (Abb. 15).

Aber: Ist die offensichtliche Korrelation zwischen Fleckenzahl und Strahlung einerseits und Erdklima andererseits wirklich kausal? Wo doch die sichtbare Strahlung (TSI) nur um minimale 0,1 Prozent schwankt. Und mithin die starken irdischen Klimaschwankungen nicht zu erklären vermag. Besonders auch nicht den aktuellen Klimawandel. Wir erwähnten schon Verstärkungsprozesse zwischen Sonne und Erdklima: Unabhängige Forscher glaubten sie schon erkannt zu haben. Aber die spektakulärste dieser Thesen platzte bald wieder. Und der IPCC bekämpft sie allesamt als unfundiert.

Außerdem konnte er auf ein Manko der CERES-Arbeit verweisen, nämlich eine Einschränkung ihrer Aussagekraft: So gut die Strahlung mit dem Erdklima vor 2000 korreliert, so schlecht tut sie das danach: Im Zeitraum 2000 bis 2022 sieht die Modellrechnung die Erdtemperatur sinken – weil die Sonnenaktivität sinkt –, in Wirklichkeit aber stieg sie weiter an. Also doch das CO_2? ... Schwerlich: Warum sollte ab 2000 die davor untergeordnete CO_2-Wirkung plötzlich großartig anspringen?

Viel eher ziehen da andere Erklärungen für dieses Auseinanderlaufen von Sonnenstrahlung und Erdklima: Die Sonnenaktivität des 20. Jahrhunderts war mit die höchste der letzten Jahrtausende; als Wasserplanet speicherte die Erde deshalb eine ungeheure Wärmeenergie in den Ozeanen ab – eine Speicherheizung, die noch auf viele Jahre ein Plus an Wärme liefert. Daneben noch weitere Aufheizfaktoren: die global enorm wuchernden Wärmeinseln aufgrund Urbanisierung, ungezügelte Zersiedelung sowie Landtrockenlegung und Entwaldung.

Und eine ganz aktuelle und hoch relevante Erklärung: Laut NASA-Meldung von Mai 2024 nimmt seit Jahrzehnten die Sonneneinstrahlung weltweit zu aufgrund verminderter Aerosol-Emissionen und daher verminderter Wolkendichte – mit markantem Erwärmungseffekt. Einen großen Beitrag leistete dabei die Reduzierung der Schifffahrtsemissionen, besonders seit dem Verbot hochschwefelhaltiger Treibstoffe im Jahr 2020: Die Emissionen auf den Weltmeeren nahmen schlagartig um 77 % ab. Laut NASA ist die Erwärmung seit 2020 zu 80 % durch diese Maßnahme verursacht. Der Umkehrschluss:

Das CO_2 kann also allerhöchstens 20 % der Erwärmung seit 2020 verursacht haben.

Das 2000er-Manko der CERES-Arbeit lässt sich also gut erklären. Aber an der Kampffront um die Sonne mag das wenig nützen, weil auf IPCC-Seite die Politik der Heermeister ist. Die Sonne könnte das Treibhausgas CO_2 entthronen und die IPCC-Gralsburg namens Global Warming in den Staub sinken lassen. Aus wissenschaftlicher Sicht. Bliebe dann aber immer noch Geld, Macht und Einfluss ...

Während das Buch Gestalt annahm, ging der Kampf um Erkenntnis weiter. Und besonders das Lager der Unabhängigen hat zuletzt weitere Fortschritte erzielt. Dazu die nächsten Kapitel.

4

Die geheime Herrschaft der Sonne – enthüllt?

Milliarden Jahre vor unserer Zeit begannen die Gaswolken des Alls – Wasserstoff aus der Urknall-Energie – sich aufgrund der Gravitation zu verdichten und zu immer gigantischeren Gebilden zu ballen: 1,4 Millionen Kilometer Durchmesser bei unserer Sonne. Damit stiegen im Zentrum Druck und Temperatur so hoch an, dass die Kernfusion zündete, also Wasserstoff-Atomkerne zu Helium-Kernen verschmolzen. Die dabei freiwerdende gewaltige Energie wird ins All abgestrahlt. Vor 4,5 Milliarden Jahren wurde so unsere Sonne geboren. Seitdem ist sie Quell allen irdischen Lebens, von Pflanzen, Tier und Mensch.

Das Volumen der Sonne entspricht 1,3 Millionen Erdvolumen. Sie generiert in 1 Sekunde über den Daumen so viel Energie wie alle Kernkraftwerke der Erde in 1 Million Jahren. Diese unvorstellbare Energiemenge dringt aus dem Sonnenzentrum zunächst durch hochenergetische Gamma- und Röntgenstrahlung, dann durch Konvektion von superheißem Helium-Plasma an die Oberfläche. Diese Plasmaströme erzeugen, da elektrisch geladen, das starke Sonnenmagnetfeld. Aufgrund Eigendrehung der Sonne und damit kontinuierlichem Wandern der magnetischen Polachse wechselt das Feld einmal alle 11 Jahre die Polarität, der magnetische Nordpol wird zum Südpol und umgekehrt: Ursache des 11-Jahreszyklus von Fleckenzahl und Strahlungsintensität.

Daneben gibt es weitere bedeutende Zyklen. Beispiele sind der Gleissberg-Zyklus (90 Jahre), der Suess-Zyklus (210 Jahre) oder ein noch viel längerer Millenniums-Zyklus im Bereich 1000 bis 1500 Jahre. Alle Zyklen überlagern sich und bestimmen das komplexe Bild der Strahlungsschwankungen über der Zeit. Laut Berechnungen ist ihr Takt bestimmt von den zyklischen Konstellationen der Planeten – voran die Planetenkolosse Jupiter und Saturn – mit ihren entsprechenden

Gravitationswirkungen auf die Sonne. Sie bewirken Lage- und auch Formänderungen des plastischen Gasballs Sonne.

Wir sehen die Einflüsse der Zyklen in vielerlei Form. Fingerabdrücke des 11-jährigen Schwabe-Zyklus etwa finden sich weltweit in Baumringen, Meeressedimenten, Luft- und Ozeantemperaturen, in Wind- und Sturmlagen oder im Monsun. Und sogar in der Mäusepopulation: Aufgrund zyklischer Winterkälte gibt es einmal pro Jahrzehnt einen *Mäusepeak*. Besonders bedeutsam, ja sogar klimawissenschaftlich epochal, war die Entdeckung des Millennium-Zyklus im Jahr 2001 durch ein US-Forscherteam unter Leitung des weißbärtigen Geologen Gerard Bond. Dazu kleines Ausholen.

Bei Eisbergforschungen im Nordatlantik um Island fielen Bond und seinem Team schwarze Einschlüsse in den im Meer treibenden Eisbrocken auf: Ascheschlacken der isländischen Vulkane. Als Passagiere des Treibeises driften sie in der Strömung südwärts; beim Schmelzen des Eises sinken sie auf den Meeresgrund, wo sie zum Bestandteil der Meeressedimente werden. Bonds Team hatte eine Idee: Die zurückgelegte Driftdistanz hängt von der Wasser- und Lufttemperatur ab, daher müssen die Meeressedimente ein Klimaarchiv vergangener Zeiten sein. Das Team startete ein Forschungsprojekt: Mit Hilfe eines Forschungsschiffs entnahm es aus dem Nordatlantik zahlreiche Sedimentbohrkerne. Von einer Länge, die der Erdvergangenheit bis ans Ende der letzten Eiszeit entsprach: gut zehntausend Jahre.

Die Auswertung zeigte Spektakuläres: Die isländischen Schlacken fanden sich bis weit nach Süden hinunter, bis nach Irland. Und sie wiederholten sich alle 1000 bis 1500 Jahre – in dieser Periodizität mussten also markante Kaltzeiten geherrscht haben! Auch weiter nördlich fanden sich Schlacken: eben aus milderen bis warmen Zeiten – je kürzer die Eisdrift umso ausgeprägter die Warmzeit. Insgesamt ein klarer Beweis für periodische Wechsel zwischen Kalt- und Warmklima!

Neun markante Kaltphasen während der letzten 12 000 Jahre konnte das Team nachweisen. Die jüngste davon ist die uns als menschliche Leidenszeit bekannte Kleine Eiszeit mit Schwerpunkt um 1600, die zweitjüngste die ebenso menschenfeindliche Völkerwanderungszeit, die drittjüngste die *Hallstatt-Disaster-Zeit* um 800 v. Chr. Komplementär dazu fanden sich die uns bekannten historischen Warmphasen, eben in Bohrkernen von kurzer Driftdistanz: die Moderne Warmzeit des 20. Jahrhunderts, die Mittelalter-Warmzeit, das Römische Klimaoptimum, die Mykene-Blütezeit – in grob tausendjährigem Taktschlag.

Die Entdeckung der Millenniums-Zyklen war den Anthro-CO2-Jüngern so willkommen wie ein Noro-Virus. Zumal sich keinerlei Zusammenhang mit CO2 zeigte: Es verharrte über die ganzen Jahrtausende auf annähernd konstantem Niveau. – Eklatante Widerlegung des Dogmas vom proportionalen Zusammenhang zwischen CO2 und Erwärmung.

Noch explosiver für das CO2-Dogma wurde die weitere Erkenntnis, dass die Zyklen synchron zur Sonnenaktivität abliefen. Von der Korrelation zwischen Klima und Sonnenaktivität hörten wir ja schon, allerdings galt das nur für die letzten Jahrhunderte. Jetzt, mit Ausweitung dieser Erkenntnis auf die ganze Nach-Eiszeit, kann Wissenschaft, die diesen Namen verdient, diesen Zusammenhang nicht mehr ignorieren. Tut sie es doch, ist sie Pseudo-Wissenschaft, um den Nobelpreisträger Clauser zu zitieren.

Wissenschaftlich legitim ist allerdings der Hinweis, dass das letzte Glied in der Beweiskette immer noch fehlt. Denn trotz aller Korrelation: Die Solarstrahlungsschwankungen sind zu gering, als dass sie die starken Klimaschwankungen unseres Planeten erklären könnten. Wie es Kriminalern oft ergeht: Laut Indizien wäre der Schuldige überführt, aber ohne den finalen Beweis – DNA, Corpus Delicti, Smoking gun – kann er sich vor Gericht herauswinden. Und das Gericht ist in unserem Fall die Weltöffentlichkeit, die angesichts des obwaltenden CO2-Dogmas nur durch eine geschlossene Beweiskette zu überzeugen ist.

Wo also ist das *missing link* zu finden? Hält vielleicht die Sonne noch ein Geheimnis zurück? Dazu wieder kleines Ausholen: Die Sonnenstrahlung besteht der Natur nach aus elektromagnetischen Wellen im Prinzip wie Radio- und Funkwellen, aber von ungleich kürzerer Wellenlänge. Das sichtbare Licht liegt im schmalen Band zwischen 400 und 750 Nanometer. Die als Total Solar Irradiance (TSI) definierte Solarstrahlung geht darüber hinaus: weit ins Infrarot bis 2400 Nanometer (Wärmestrahlung), weniger weit ins Ultraviolett bis 250 Nanometer (UV-Strahlung). Die solare Energiedichte ist übrigens im sichtbaren Bereich am höchsten, die Evolution hat klug unser Auge daraufhin entwickelt. Die für uns gefährliche UV-Strahlung wird glücklicherweise durch die Atmosphäre zu einem großen Teil absorbiert. Dabei wandelt die hohe UV-Energie den Sauerstoff der Stratosphäre (15 bis 50 Kilometer Höhe) zu Ozon um (O3). Die erhöhte Ozonkonzentration absorbiert noch mehr UV-Strahlung, wodurch sich die Stratosphäre erwärmt.

Sehr vielsagend: Während hoher Sonnenaktivitätsphasen – wie eben in den letzten Jahrzehnten oder in der Mittelalter-Warmzeit – ist die UV-Strahlung überproportional erhöht, bis zu einigen zehn Prozent. Eine Menge im Vergleich zur TSI-Schwankung von nur 1 Promille. Das macht die UV-Strahlung zu einem heißen Kandidaten für das gesuchte *missing link*. Aber die Zusammenhänge sind unerwartet komplex. Weltweit laufen Forschungen wie sich die UV-Erwärmung der Stratosphäre über Zwischenschritte auf die Erdoberfläche und die Ozeane ausbreitet.

Maßgeblich beteiligt ist offenbar die Veränderung von Windrichtungen. Ein Puzzleteil: der sprunghafte Wechsel auf verstärkte Südweströmungen über dem Atlantik ab 1988, synchron mit dem beschleunigten Klimawandel. Weiteres Puzzleteil: bei Phasen geringer Sonnenaktivität verschieben sich die Westwinde südwärts Richtung Äquator, was kalten Nordostströmungen den Weg bereitet. Substanzielle Forschungsergebnisse zu diesem *UV-Verstärker* der Sonnenwirkung liegen also bereits vor – Licht am Ende des Erkenntnistunnels. Die bislang geheimnisvolle Herrschaft der Sonne über das Erdenklima: enthüllt. Na ja – fast ...

5

Kosmo-Klimatologie: Steuern auch Supernovae unser Klima?

Der Sputnik-Schock 1955 war der Urknall des Satellitenzeitalters. Nach zunächst vorwiegend militärischen Satelliten und der Prestige-Mission Mondlandung 1969 – es war Kalter Krieg – folgten immer mehr Erdtrabanten mit ziviler Mission, so auch für die Meteorologie. Dazu gehörte auch die Wolkenbeobachtung wegen ihrer Relevanz für Wetter und Landwirtschaft. Ab den 1980ern fielen umfangreiche Daten zur globalen Wolkenbildung an.

In dieser Zeit forschte Henrik Svensmark, ein junger talentierter Physiker aus Dänemark, an Eliteinstituten wie Berkeley/USA und dem Niels-Bohr-Institut in Kopenhagen. Unter anderem zur Geophysik. Weswegen er die sich häufenden Daten zur Wolkenbildung zu studieren begann. Nicht zuletzt, weil Wolken wie eine Blende für die auf die Erde treffende Sonnenenergie und somit hoch klimarelevant sind. Nun war er als Physiker auch vertraut mit der Kosmischen Strahlung: ein Fluss hochenergetischer Teilchen, vorwiegend Protonen, der aus dem All kommt, etwa von Supernova-Explosionen, teils aber auch von Sonneneruptionen. Beim Auftreffen auf die Erdatmosphäre entstehen durch Wechselwirkung mit den Gasmolekülen Schauer von extrem zahlreichen Sekundärteilchen. Diese sogenannte Höhenstrahlung, nachgewiesen erstmals 1912 durch Ballonmessungen, erreicht in stark abgeschwächter Form die Erdoberfläche.

Übrigens, eine andere Wirkung der Kosmischen Strahlung, von vielen von uns erlebt im Herbst 2023 und im Jahr 2024: farbenprächtige Polarlichter, ungewöhnlich für unsere Breiten. Zu verdanken laut Fachleuten dem stärksten Sonnensturm seit 20 Jahren und dem Anstieg aufs Maximum des aktuellen 11-Jahres-Sonnenzyklus.

Zurück zu Svensmark: Er wusste auch vom Beitrag der Kosmischen Strahlung zur Luftionisation und deren Zusammenhang mit der Wolkenbildung. So begann er letztere mit den Kosmische Strahlungs-Daten zu vergleichen und statistisch auszuwerten. Die bis 2002 angefallenen Daten zeichneten ein faszinierendes Bild: Gleichlauf von Kosmischer Strahlung und Wolkenbedeckung! Zwei synchrone Zyklen fanden sich, von Beginn der Messungen 1984 bis 2002. Und weitere Sensationserkenntnis: Die Zyklen waren deckungsgleich mit den 11-Jahres-Sonnenzyklen dieser Zeit!

Die Erklärung: Das mit dem Sonnenzyklus schwankende Sonnenmagnetfeld schirmt die Erde vor der aus dem All einströmenden Kosmischen Strahlung ab. Da diese die Kondensationskeime für die Wolkenbildung verursacht, entsteht folgende Wirkungskette: starke Sonne, starkes Magnetfeld, dadurch schwacher Einfall von Kosmischer Strahlung und schwache Wolkenbedeckung – und daher starke Erderwärmung. Zusammengefasst: Starke Sonne heißt starke Erwärmung. Und zwar über den Wolkenpfad wesentlich stärker als direkt über die nur minimal schwankende TSI-Strahlung!

Dies wird auch plausibel durch die zuletzt immer besser verstandene immense Wirkkraft der Ozeane auf das Klima. Die Erde ist ein Wasserplanet, ein Blick auf den Globus macht es klar: Allein der Pazifik ist größer als alle Kontinente zusammen. Die Ozeane empfangen 75 Prozent der einfallenden Sonnenenergie. Und mit ihrer kolossalen Wärmekapazität speichern sie über 90 Prozent der Wärmeenergie des Klimasystems. Und die ist der Haupttreiber von Klimaveränderungen.

Die Hauptmasse der Sonnenenergie fällt in den Tropen ein, von dort strömt die Wärme in Richtung der beiden Pole – das dominante Wärmeförderband des Planeten. Mit Untererscheinungen wie Pazifische Dekaden-Oszillation PDO, Atlantische Multidekaden-Oszillation AMO, Nordatlantische Oszillation NAO – und deren markante Wirkungen aufs Klima. Wie erst vor Jahren besser verstanden, hängen diese Oszillationen letztlich auch wieder an der Sonne, allerdings in sehr komplexer Weise, allein schon der immensen Reaktionsträgheit der Ozeane wegen.

In Summe wirkt also die Sonne mit mehreren ihrer Erscheinungen: Ihr Magnetfeld moduliert die Kosmische Strahlung und damit die Wolkenbedeckung, ihre Strahlung inklusive UV-Anteil beeinflusst das Klima sowohl direkt, vor allem aber indirekt über verwickelte Prozesse in der Atmosphäre und den Ozeanen. Schon die Einzelprozesse sind komplex genug, erst recht ihre Überlagerung und Wechselwirkung. Zumal vielfältige weitere Einflüsse hinzukommen wie etwa die in den verschiedenen „Stockwerken" von Atmosphäre und Stratosphäre laufenden unterschiedlichen Vorgänge und ihre Wechselwirkungen untereinander. Alles beeinflusst sich gegenseitig. Man spricht von nichtlinearen gekoppelten Prozessen.

In den heutigen Klimamodellen ist dieses hyperkomplexe Zusammenspiel nicht einmal im Ansatz enthalten. Dies wird wohl auch in absehbarer Zukunft nicht der Fall sein. Zumal ja – eine kleine Stichelei sei erlaubt – das IPCC-Establishment kein Interesse hat zu beweisen, dass die CO2-Monokausal-Doktrin falsch ist.

Aber auch der Wissenschaftspionier Svensmark wurde schließlich noch Opfer von Hyperkomplexität und Nichtlinearität: Die fast zwei Jahrzehnte anhaltende schöne Korrelation zwischen Sonnenzyklus, Kosmischer Strahlung, Wolken und Klima brach nach 2002 zusammen. Die CO2-Jünger frohlockten: Eben nur eine Luftnummer! Aber bei nichtlinearen Systemen muss nun mal das Ausgangssignal nicht proportional zum Eingangssignal sein. Nach 2002 kam das Ausgangssignal um Jahre verzögert, wurde gar gegenläufig. Inzwischen zeichnet sich als Ursache das Zusammenwirken der sehr unterschiedlichen Sonnenzyklus-Perioden ab – zwischen 11 Jahren und Jahrtausenden. Wie bei Wellenüberlagerungen kommt es zu Phasenverschiebungen – wie die bekannte Interferenz von Lichtwellen mit Auslöschung und Verstärkung. Auf dieser Basis sollte sich in den 2030er Jahren wieder ein Gleichlauf zwischen Sonne und Klima einstellen.

Ohne Svensmarks Entdeckerglück – besser: Entdeckerspürsinn – hätte man den Kosmischen Einfluss vielleicht erst viel später gefunden. Und läge im Erkenntnisstand zurück. Denn inzwischen haben andere Forscher den prinzipiellen Zusammenhang bestätigt. Allerdings unter

Differenzierung nach Parametern wie Jahreszeiten, Breitengrade oder Regionen. Wovon internationale Publikationen künden wie etwa *Persistent solar signatures in cloud cover: spatial and temporal analysis.*

Das Ganze wohl mit die komplexeste Materie der Wissenschaftsgeschichte: Sie umfasst multidisziplinär Klimatologie, Geo- und Atmosphärenphysik sowie Sonnen- und Astrophysik. Nichts für Dünnbrett-"Wissenschaftler", die nur einen einzigen, politisch vorgegebenen Einfluss beweisen wollen.

Ein NASA-Artikel von 2013 beschreibt das Komplexitätsproblem: „Es wird immer klarer, dass selbst geringe Veränderungen der Sonnenaktivität einen signifikanten Einfluss auf das Erdklima ausüben können [...] Viele der vorgeschlagenen Mechanismen [...] beinhalten verkettete Einzelprozesse zwischen verschiedenen Schichten der Atmosphäre und des Ozeans, wobei sowohl chemische Reaktionen als auch thermodynamische und fluidphysikalische Vorgänge beteiligt sind. Nur weil etwas kompliziert ist, heißt dies noch lange nicht, dass es nicht existiert."

6

Die modernsten Klimamodelle – rechnen falsch!

„Unsere Computer sagen nicht einmal mit Sicherheit voraus, ob die Gletscher in den Alpen zu- oder abnehmen." So Björn Stevens, Klimaforscher am Hamburger Max-Planck-Institut für Meteorologie, im Interview mit dem Spiegel im März 2019. Und er fügt hinzu: „Es ist zutiefst frustrierend."

Seit über 20 Jahren trägt er maßgeblich zur Weiterentwicklung der Klimamodelle bei. Seitdem ist die Rechenleistung der Computer um ein Millionenfaches gestiegen, doch die Vorhersage der globalen Erwärmung ist so unsicher wie eh und je. Die Hauptschwierigkeit, die sich ihm und seinen Forscherkollegen entgegenstellt, ballt sich in einem Wort: Wolken. Deshalb auch titelt das Spiegel-Interview: *Warum Wolken der Fluch aller Klimaforscher sind.* Komplexe Prozesse im Computer zu simulieren, wird generell immer dann zum Fluch, wenn Vorgänge mit hohem Verstärkungsgrad beteiligt sind: kleine Ursache, große Wirkung. Genau dies schaffen die Wolken. Alles Gewölk weltweit zusammen würde, zu Wasser kondensiert, die Erde mit einem Film von nur 0,1 Millimeter Dicke bedecken. Scheinbar lächerlich wenig. Aber diese winzige Menge Wasser reicht aus, das Klima entscheidend zu beeinflussen.

Nur als hypothetisches Exempel: Sollten sich die Wolken über Atlantik und Pazifik verflüchtigen, stiege die Welttemperatur um volle 8 Grad. Genau der Betrag, um den es in der letzten Eiszeit kälter war als heute. Also welt-umstürzend. Glücklicherweise ist das Exempel nur Theorie, die Wolkenverflüchtigung wird durch eine negative Rückkopplung verhindert: Temperaturanstieg bedeutet mehr Verdunstung und damit wieder mehr Wolken. Ein Hitze-Gomorra wie von Klimabußpredigern angedroht ist dank dieser Selbstregulierung unseres Wasserplaneten nicht möglich. Aber das Exempel zeigt die ungeheure

Wirkkraft der Wolken. Ein zweites Exempel: Laut Pariser Klimaabkommen muss die Welterwärmung auf allerhöchstens zwei Grad begrenzt werden. Dieser Betrag würde durch eine Wolkenverringerung von nur vier Prozent erreicht: Mini-Ursache, Mega-Wirkung!

Fazit: Ohne Wolkenmodellierung keine Klimamodellierung, Jedenfalls keine brauchbare. Und der Weg dorthin scheint noch weit – und ungewiss: Wolken sind, fast im Wortsinn, unberechenbar. In ihrer Mannigfaltigkeit, ihrer oft gegensätzlichen Wirkung, ihrer dem Chaos-Prinzip folgenden Entstehung: Der Flügelschlag eines Schmetterlings auf den Antillen kann einen Hurrikan über Florida bewirken.

Wolken unterscheiden sich krass in einer Vielzahl von Merkmalen: bodennah bis fast stratosphärenhoch, Schleier bis Ballen, dünnschichtig bis kilometerdick, fedrig-durchsichtig bis eiskristall-geladen. Und vor allem: die einen kühlen, die anderen wärmen. Ein kaum aufzudröselndes Erscheinungs- und Wirkungsknäuel. Fatalerweise kocht auch noch die Wolkenküche sehr lokal: Auch Mini-Wirbel rühren entscheidend mit. Selbst die modernsten Klimamodelle beißen sich da die Zähne aus.

Statt sauberer physikalischer Berechnung berücksichtigen daher die Modellierer die Wolkenprozesse per Annahmen, mehr oder minder genau. *Parametrisierung* heißt das hochtrabend. Aber es ist die Erbkrankheit der Modelle, an der sie seit Anbeginn leiden. Seit nunmehr vier Jahrzehnten: Selbst die aktuellen Modelle liefern drastisch unterschiedliche Ergebnisse. Bei den einen schmelzen die Alpengletscher, bei den anderen wachsen sie. Laut Spiegel: „Die Temperaturen in der Arktis zum Beispiel klaffen in den verschiedenen Modellen um teilweise mehr als zehn Grad auseinander. Das lässt jede Prognose der Eisbedeckung wie bloße Kaffeesatzleserei erscheinen."

Das sind Aussagen von 2019. Ist ja schon paar Jahre her: Wie sieht`s da mit den allerneuesten Modellen aus? Mehrere Teams haben das untersucht. So eines um den kanadischen Umweltanalysten Ross McKitrick. Das Resümee der 2023 publizierten Analyse: Seit den 1990ern zeigen Satellitenmessungen, dass die Klimamodelle beständig zu hohe Erwärmungen vorhersagen. Zusammen mit der Universität Alabama-

Huntsville – von dort stammt die als Goldstandard geltende UAH-Satellitenmesstechnik – wurden die neuesten Klimamodelle CMIP6 analysiert, welche die Grundlage für den aktuellen AR6-Report bilden: Sie weisen wieder diesen Fehler auf, sogar in noch stärkerem Maße. Während die älteren Modelle vor allem in den Tropen zu heiß liefen, laufen die neuen nun global zu heiß. Alle 38 analysierten Modelle lagen statistisch signifikant über den Messungen. Andere maßgebliche Satelliten-Messteams kamen zu gleichsinnigen Schlussfolgerungen.

Roy Spencer, ebenfalls UAH-Forscher, kritisiert: „Die Diskrepanz zwischen Modellen und Messungen wird selten erwähnt, obwohl die Modelle als Begründung für die Klimapolitik in den USA und anderswo dienen." Und das NOAA-Team postuliert „starke Implikationen für die Klimasimulationen". McKitrick, diesbezüglich wenig optimistisch, ironisiert: „Starke Implikationen, in der Tat, aber vom IPCC wird nichts kommen. Der behauptet ständig eine Sichtung der Wissenschaft, aber dann haut er wieder Alarmmeldungen im Greta-Stil heraus. Inzwischen sind die Beweise gegen den modellbasierten Alarmismus jedoch unwiderlegbar. Eines Tages wird das vielleicht auch der IPCC einsehen."

Auch das Clintel-Team um Andy May kam zum Schluss, dass die CMIP6-Modelle noch fehlerhafter sind als die alten. Und gewann die Erkenntnis hinzu: Lässt man in den Modellen den CO2-Treibhaus-Einfluss weg, liegen sie viel näher an den Messungen. Ein Blinder würde da sehend. Aber offenbar nicht ein ideologisch Blinder. May buchstabiert die Erkenntnis überdeutlich aus: „Die Diskrepanzen zeigen, dass die Modelle den Treibhausgas-Einfluss übergewichten, während wichtige natürliche Einflüsse fehlen." Wie da sind: die variable Sonne, die wirkmächtigen Ozeanzyklen, die starken aber noch unbeherrschten Wolkeneinflüsse und noch einiges mehr.

Womit sich der Kreis schließt zum Anfang des Kapitels. Zum Spiegel-Interview mit dem freimütigen Klimamodellierer Björn Stevens. Laut Spiegel setzte er große Hoffnungen auf die neue Modellgeneration, die gerade an den Start ging – eben CMIP6. Im Gegensatz zur bisherigen Hundert Kilometer-Maschenweite des über die Erde gelegten

Berechnungsnetzes haben die CMIP6-Modelle eine viel genauere Auflösung: nur rund fünf Kilometer. Aber wie wir wissen: Stevens Hoffnung zerschlug sich. Trotz all den vermeintlichen Verbesserungen, trotz noch leistungsfähigerer Supercomputer, trotz nunmehr vier Jahrzehnten Simulationsarbeit und kolossalem Aufwand weltweit. Es war wohl auch bloß eine verzweifelte Strohhalm-Hoffnung: Stevens kannte ja die Grundsatzprobleme.

Realistischer als die Hoffnung war da Stevens Postulat: „Wir brauchen eine neue Strategie." Er dachte da wohl an eine realistischere Berücksichtigung der relevanten Einflüsse inklusive Sonne, mit der Folge einer verringerten Treibhausgas-Sensitivität der Modelle. In dieser Richtung hatte er schon geforscht und auch publiziert. Aber all dies wäre Eingeständnis einer verringerten CO2-Klimawirkung: Abfall von der reinen IPCC-Lehre, Häresie. Man musste hier vorsichtig sein, durfte nicht zu viel sagen ... Die Vorsicht nützte nicht: Der IPCC schloss Stevens von der Mitarbeit am AR6-Report aus. Kritische Geister unerwünscht. Ketzer gegen die CO2-Allmacht sind aus dem Tempel der Klima-Priesterschaft auszustoßen!

Man könnte sich trösten: Unter Stalin mussten nonkonforme Wissenschaftler um ihr Leben fürchten, in unserer Zeit nur um ihre Karriere. Angelsächsisch sarkastisch kommentiert Andy May den IPCC-Dogmatismus: „Verantwortliche Forscher würden erkennen, dass sie auf dem Holzweg sind. Jemand sagte einmal: Verrücktheit ist das Gleiche immer wieder zu tun – und andere Ergebnisse zu erwarten. Einstein vielleicht, oder sonst jemand, egal – es stimmt."

7

CO_2-Klimasensitivität: Drehknopf des Alarmismus

„Es ist eine schlichte Zahl, doch wird sie das Schicksal dieses Planeten bestimmen. Sie ist leicht zu beschreiben, doch vertrackt schwierig zu berechnen. Die Forscher nennen sie: ‚Klimasensitivität'." So der Einstieg des Spiegels in das obige Interview mit Klimaforscher Stevens.

„Das Schicksal dieses Planeten bestimmen": etwas pathetisch, im Kern aber richtig. Jedenfalls bezogen auf die theoretischen Modellprognosen. Die CO_2-Klimasensitivität gibt an, um wie viel sich die Erdtemperatur erwärmen würde bei Verdopplung des CO_2-Gehalts der Atmosphäre. Wie gesagt, eine theoretische Rechengröße, denn eine Verdopplung ist kaum absehbar: Über die gesamte Industrialisierungsepoche, also über etwa 150 Jahre hinweg, hat sich der CO_2-Gehalt von rund 280 auf 425 ppm erhöht, also um 52 Prozent. Die weitere Steigerung wird global jetzt schon gebremst durch die immer schärfere CO_2-Bepreisung auf Basis des CO_2-Zertifikatehandels. Und abhängig von der weiteren Klimaentwicklung kann der Bremshebel noch schärfer angezogen werden – mit immer härteren ökonomischen Einschnitten allerdings.

Theoretisch ist der Klimasensitivitäts-Wert zudem auch, weil der gängige Wert ECS (Equilibrium Climate Sensitivity) die Temperaturerhöhung des gesamten Globus samt seinen ungeheuren Wassermassen beschreibt, was Jahrhunderte dauern würde. In denen die Menschheit wiederum Zeit für Gegenmaßnahmen hätte.

Dennoch ist diese ECS *die* Klima-Schlüsselzahl, die Chiffre, die den Blick freigibt, ob zunehmende Treibhausgase die Erde in die Katastrophe stürzen oder sie nur marginal erwärmen. Wohlgemerkt: ausschließlich abhängig vom CO_2, nicht von natürlichen oder sonstigen Klimaeinflüssen. Und angemerkt auch: Durch Messungen konnte bisher noch kein anthropogener Fingerabdruck in der irdischen Klimaentwicklung festgestellt werden, noch keine statistisch signifikante Menschenspur: Der Klimaverlauf bewegte sich bislang, trotz aktuell starker Warmzeit, in der natürlichen Streubreite wie aus der Vergangenheit bekannt. Dies gilt übrigens, laut neuerer Untersuchungen, auch für die Geschwindigkeit der Erwärmung, die oft als vermeintliche Zeugin des Anthro-Einflusses angerufen wird.

So bleibt also bis auf Weiteres nur die theoretische Größe ECS, um den CO2-Einfluss auf das zukünftige Klima zu beziffern. Aber diese Größe zu fassen, gleicht der Annäherung an eine Fata Morgana – sie bleibt trotz allen Strebens ungreifbar: Über drei Jahrzehnte aufwendigster Modellentwicklungen samt immer machtvollerer Supercomputer vermochte man die Klimasensitivität nur im nebulösen Unsicherheitsband von 1,5 bis 4,5 Grad zu berechnen.

Wichtig: Diese Werte gelten für CO2-Verdopplung von 280 ppm (vor Industrialisierung) auf 560 ppm. Bis heute ist die Globaltemperatur bereits um gut 1 Grad gestiegen. Für die von heute aus noch erwartbare Erwärmung bleiben folglich knapp 0,5 bis 3,5 Grad. Ein Unsicherheitsfaktor von 7! Mit entsprechend krass unterschiedlichen Folgen: von hart bis harmlos. Nicht eben die erhoffte klipp-klare Auskunft zur CO2-Klimawirkung. Und das auch noch vernebelt durch die rein theoretische Annahme CO2-Verdopplung sowie Erreichung erst nach jahrhundertelanger thermischer Angleichzeit.

Kein Wunder, dass die CO2-Alarmisten diese Ent-Dramatisierungen lieber für sich behalten – sofern sie sie überhaupt wissen. Und dass sie lieber Modellrechnungen mit überhöhten CO2-Annahmen und entsprechend angstschürenden Heißprognosen hinausposaunen. Unrealistisch? Unverantwortlich? Egal, Hauptsache es wirkt ...

Nun aber, schlecht für die Alarmisten, häuften sich Analysen von realen (!) Temperaturaufzeichnungen aus der Industrialisierungszeit, die auf ECS-Werte noch unterhalb der IPCC-Spanne schließen ließen. Das befeuerte auch die ohnehin schon notorische Kritik an den zu heiß laufenden Rechenmodellen. Der IPCC-Zunft wurde es unwohl. Sie beschloss, dieses Realitäts-Problem aus der Welt zu schaffen.

Denn es stand viel auf dem Spiel. Eine niedrige Klimasensitivität würde bedeuten, dass der IPCC samt UNO über Jahrzehnte falsch lagen. Und dass die Skeptiker Auftrieb und womöglich die Oberhand bekämen. Dass am Ende gar die alarmistisch beschworene Dringlichkeit von Klimamaßnahmen und Großer Transformation in sich zusammenfallen würden wie angestochene Luftballons. Der so üppige Geldstrom würde versiegen, der Gesichtsverlust wäre beispiellos, verheerend, unerträglich. Kommentar Clintel: „Science is about careers, citation indexes, funding, fame etc. There is a lot at stake here." Klimainstitute, Karrieren, Jobs, Konferenzreisen, Prestige – alles stünde auf dem Spiel. Außerdem: Nicht nur die gesamte weltweite IPCC-Gemeinde, sondern auch die UNO – die oberste Weltautorität! – wäre bis auf die Knochen kompromittiert, der Ruf beschmutzt auf unabsehbare Zeit. Und dies träfe auch die führenden Politiker dieser Welt, die so lautstark die CO2-Kampagne mit befeuert hatten. Unausdenklich, eine Weltkatastrophe! Sie *musste* verhindert werden.

So wurden 24 internationale IPCC-Größen zu einer Klausur im noblen Ringberg-Schloss oberhalb des Tegernsees eingeladen. Eigentümer: Max-Planck-Gesellschaft. Ein Gesamtkunstwerk aus Berglandschaft, Architektur, kunstvoller Innenausstattung. Küche und Service hervorragend. Man kommt gerne wieder ... Nicht nur deshalb fand man eine Lösung: einen anderen ECS-Berechnungsansatz, der die Untergrenze der Streubreite von bisher 1,5 auf 2,5 Grad anhob. Alles darunter wurde somit auf den Klimaindex gesetzt, als falsch und unwissenschaftlich gebrandmarkt. Qua Unfehlbarkeit der Klimakardinäle. Das Heilige Offizium hatte gesprochen: Die neue Untergrenze wurde 2021 in die 6. IPCC-Enzyklika namens AR6-Report übernommen und damit zum Dogma erhoben ...

Es hielt nicht lange: Der englische Klimaforscher und Datenanalyst Nic Lewis erkannte Schwächen im Rechnungsansatz, verbesserte sie und kam damit wieder auf niedrigere ECS-Werte. Wieder tagten die IPCC-Kardinäle. Diese Niedrigwerte mussten endgültig ausgemerzt werden, mit Stumpf und Stiel! Unter „qualvollem Brüten" („tortured reasoning" – Andy May`s Sarkasmus) erfanden sie eine neue These.

Dazu vorab: CO2 für sich allein erhöht die Temperatur nur wenig; der IPCC-Alarmismus fußte deshalb von Anfang an auf der Annahme einer selbstverstärkenden CO2-Rückkopplung wie folgt: Die CO2-bedingte leichte Temperaturerhöhung führt zu mehr Wasserdampf in der Atmosphäre aufgrund höherer Verdunstung von Ozeanwasser. Die sehr starke Treibhauswirkung von Wasserdampf schließt dann den Selbstverstärkungskreislauf. Klingt einleuchtend, ist aber dennoch falsch, wissenschaftlich unhaltbar. Denn ein System mit selbstverstärkender Rückkopplung wird zwangsläufig instabil, geht durch die Decke: Das ganze Erdenleben samt den Ozeanen wäre längst verdampft.

Und wir kennen ja schon den Selbstreguliermechanismus der Erde: Steigt die Temperatur, verdunstet mehr Ozeanwasser und bilden sich mehr kühlende Wolken. Die IPCC-Annahme „selbstverstärkende CO2-Rückkopplung" – und letztlich Hitzetod der Erde – ist also falsch, erfüllt aber ihren alarmistischen Zweck: nämlich das CO2 als bedrohlichen Menschheitsfeind zu verkaufen.

Zurück zur Klimasensitivität ECS: Um die lästigen niedrigen ECS-Werte endgültig auszutilgen, kamen die Klimakardinäle nun auf die Idee, der fiktiven CO2-Rückkopplung noch einen Turbo zu verpassen: Man erfand den *pattern effect*, wonach einige Weltregionen überdurchschnittlich zur Rückkopplung beitragen. Modelle sind geduldig und erbringen unter dieser Annahme brav die erwünschten hohen ECS-Werte. Die auf Messungen beruhenden niedrigen Werte seien mithin falsch, so der IPCC kurz und bündig. – Die Wirklichkeit ist selber schuld, wenn sie nicht der Theorie entspricht!

Clintel dazu: „In der echten Wissenschaft sind Messungen das Maß der Dinge. Wenn Modelle davon abweichen, schlussfolgern die Wissenschaftler, dass mit ihnen was nicht stimmt. Nicht aber die IPCC-Wissenschaftler. Sie erklären die Messungen für falsch." Max Planck, der große Göttinger Physiker und Nobelpreisträger, war der Begründer der Quantenphysik. Er erachtete Dogmatik als Feind der Wissenschaft. Was würde er dazu sagen, dass unter seinem Namen eine dogmatische, von einem Machtkartell diktierte Pseudo-Wissenschaft betrieben wird?

Aber die Max-Planck-Gesellschaft ist kein Monolith. Immerhin haben ihre Wissenschaftler nicht nur einmal Gegenakzente gegen die IPCC-Dogmatik gesetzt. Björn Stevens etwa, wie geschildert mit dem Bekenntnis der Modellprobleme – womit er beim IPCC gleich in Ungnade fiel. Am Hamburger Max-Planck-Institut für Meteorologie gehörte er außerdem einem Forschungsteam an, das einen ECS-Mittelwert von 2 Grad herausarbeitete und damit ebenfalls der IPCC-Untergrenze von 2,5 Grad widersprach. Und dem IPCC mit dem Zaunpfahl winkte, der 2 Grad-Wert könnte „die Modelle näher an die Beobachtungen heranbringen".

Auch Nic Lewis legte sich noch mal ins Zeug. Zusammen mit der bekannten US-Professorin und Klima-Idolfigur Judith Curry ermittelte er die Klimasensitivität auf einer alternativen Basis: nicht fußend auf fragwürdigen Modellen, sondern auf der zeitlichen Veränderung der global gespeicherten Wärmeenergie. Ergebnis: ein sehr niedriger ECS-Wert von 1,66 Grad. Andere Arbeiten kommen zu noch niedrigeren Werten bis herunter zu 0,4 Grad.

Angesichts solch überwältigender Indizien für zu hohe IPCC-Erwärmungsprognosen proben bereits einzelne IPCC-Teams den Aufstand. Eine englische Forschergruppe der Universität Leeds kritisierte Ende 2019 die hohen Prognosen des in Entstehung befindlichen AR6-Report: Sie seien nicht „gestützt durch andere Belege und können sich letztlich als falsch erweisen. [...] Sie sollten nicht genutzt werden für politische Vorgaben von Temperaturlimits".

Der UAH-Forscher Roy Spencer ließ als Test 36 aktuelle CMIP6-Modelle den Zeitraum 1979–2022 nachrechnen: Im Vergleich zu den realen Temperaturdaten aus Satellitenmessungen erbrachten sie alle massiv zu steile Temperaturverläufe. Und angewandt auf die 12 *corn belt*-Staaten im Mittleren Westen der USA zeigten die Modelle geradezu groteske Überhöhungen bis zum Faktor 10. Schon davor hatte eine auf Satellitenmessungen gestützte Arbeit nachgewiesen, dass das Klimasystem höchstens halb so stark auf Anthro-Treibhausgase reagiert wie typische IPCC-Modelle (Christy, 2017).

Der Nebel um die CO2-Klimawirkung lichtet sich also zusehends: Die IPCC-Modelle laufen definitiv zu heiß, die daraus abgeleiteten hohen CO2-Sensitivitätswerte sind unrealistisch. Unabhängige Analysen kommen zu deutlich niedrigeren Werten, teils sogar Richtung Null. Besonders solche Analysen, die auf realen historischen Temperaturaufzeichnungen fußen und vertrauenswürdiger sind als theoretische Modellsimulationen. Die realen Erwärmungswerte liegen im Bereich des natürlichen Klimawandels und sind von der Menschheit zu bewältigen. Sofern, und das ist wichtig, die Menschheit das Anthro-CO2 nicht unbegrenzt steigen lässt. Die Begrenzung sollte aber nicht überhastet und ruinös erfolgen. Denn: Es gibt keine Klimakatastrophe! Um es mit der Clintel-Autorität von zwei Physik-Nobelpreisträgern zu unterstreichen: „There is no climate emergency!"

Eigentlich doch *good news*. Da wäre es doch verdammte Menschenpflicht von IPCC & UNO, die Welt davon wissen zu lassen. Schon vor Jahren. Dazu Andy May: „Angesichts all der Interessen, die auf dem Spiel stehen, wie etwa dass der Klimawandel ein Topthema bleiben muss, war dies keine Option für die IPCC-Gemeinde. Deshalb versuchen sie zu beweisen, dass die Messungen falsch sind."

Bezeichnend für das Klima-Establishment: Statt die Unsicherheiten einzuräumen und vor allem endlich die Angstkampagne einzustellen, wird aktiv verschleiert. So etwa wird vom deutschen Klimaphysiker und IPCC-Mitautor Professor Mojib Latif in einem Interview suggeriert, dass die Unsicherheit der Modellprognosen hauptsächlich von der Unsicherheit der CO2-Emissionsszenarien rühre: „Eine große Unbekannte bleibt natürlich, [...] wird es so etwas wie eine globale Energiewende geben oder nicht. Und wenn ja, wie schnell wird sie erfolgen. Deswegen streuen die Ergebnisse auch – nicht nur deswegen, aber vor allen Dingen deswegen."

Mir kommen da die schon erwähnten La Fontaine-Fabeln in den Sinn, von denen eine, in leichter Abwandlung, auf solche Blendereien zutrifft: Einst sah ein Wolf ein Pferd einsam auf einer Wiese grasen. In der Absicht, es sich durch List zur Beute zu machen, nähert er sich ihm mit freundlichem Schwanzwedeln, so als wolle er

Kameradschaft anbieten. Nach artigem Gruß fragt er das Pferd nach dem Namen.

Das Pferd, das grad auch nichts an Klugheit ließ vermissen,
sagt: „Lest ihn, wenn Ihr wollt! Auf meiner Sohl, Herr Wolf,
hat einzuschreiben ihn mein Schuster sich beflissen.“
Der Wolf, geschmeichelt und erfreut,
tritt nah; doch hat er's bald bereut:
vier Zähne kostet ihm sein Räubertum; vom Pferde
erhält er einen Schlag – da liegt er auf der Erde.

Werden auch wir nicht zur Beute!

8

CO_2: Klimagift oder Segen?

„Das Klimagift CO_2 unter der Erde verklappen?“, fragt ein SPIEGEL-Artikel vom Mai 2023. Und beim Schildern der isländischen CO_2-Filteranlage *Orca*, der größten der Welt, fährt er fort: „Und das Kohlendioxid, das sie einfangen, dieses Klimagift mit dem Kürzel CO_2, das den Planeten aufheizt, Dürren verstärkt, die Ozeane versauert, die Polkappen schmelzen lässt – diesen Dreck lassen sie hier zu Stein werden und bunkern ihn ein.“ Klimagift, Dreck: Fluch und Verdammnis über das satanische, mörderische Spurengas! Über diese diabolischen 0,04 Volumenprozent-Todesmoleküle!

Starke Worte, starke Meinung. Das Wissen des 6-köpfigen Journalistenteams genauso stark? Hören wir dazu Professor Dr. Ulrich Kutschera, ein in Deutschland und den USA aktiver Evolutionsbiologe und Physiologe, Autor von 300 wissenschaftlichen Publikationen und 12 Büchern, der bei *ResearchGate* in der Spitzenkategorie aller Naturwissenschaftler weltweit gelistet ist. Im Interview mit der Jungen Freiheit im November 2019 sagte er: „Da Pflanzen CO_2 als Grundnahrungsmittel benötigen, gäbe es ohne dieses Spurengas kein Leben auf der Erde.“ Und fügt hinzu: „CO_2 ist somit ein Segen für die Menschheit.“

Wobei er als umweltbewusster Biologe andererseits anmerkt, dass die Anthro-CO_2-Emissionen nicht unbegrenzt weiter steigen sollten. Der bisherige Anstieg aber bringt ihn nicht um den Schlaf, im Gegenteil: „Das hat zur Erhöhung der globalen Photosynthese geführt – die Erde wurde durch uns Menschen also grüner [...] inklusive höhere Ernte-Erträge – wovon weltweit die Landwirtschaft profitiert – also vor allem arme Länder, die in viel höherem Maße von Ackerbau-Produkten abhängig als wir.“ Eine 2016 in *Nature Climate Change* publizierte Studie hatte drei Jahrzehnte lange NASA-Satellitenvermessungen der Erdoberfläche ausgewertet. Ergebnis: unerwartet starke Erhöhung der Vegetationsdichte und -fläche, auch in Trockengebieten. „Dieses von uns beobachtete Ergrünen ist in seinem Ausmaß vergleichbar mit einem zusätzlichen grünen Kontinent von der doppelten Fläche der USA", erklärte der Studienleiter Zaichun Zhu.

Laut Studie sind 70 Prozent des Ergrünens direkt auf die vermehrte globale Photosynthese zurückzuführen und 30 Prozent auf die Erwärmung und weitere Effekte. So führte in den hohen Breiten und in Tibet und anderen Hochlagen die Erwärmung in Verbindung mit verlängerter Wachstumssaison zu reicherer Vegetation. Die Sahelzone und Südafrika hingegen profitieren von zunehmenden Niederschlägen, welche Begrünung und Fruchtbarkeit fördern. Grüner wurden auch Wüstenregionen, wie die südliche Sahara-Zone, der Fruchtbare Halbmond von der Türkei bis zum Iran und Gebiete von Nordafrika. Satte Nordeuropäer beklagen das fiktive „Klimagift" CO_2, im Süden aber dämpft es sehr real die Hungerkrisen.

Laut Kutschera, er ist Autor eines Lehrbuchs zur Pflanzenphysiologie, wird derzeit etwa ein Drittel der Anthro-CO_2-Emissionen von den Pflanzen für die Photosynthese aufgenommen. Dies mindert die CO_2-Bilanz und sorgt für weiteres Ergrünen und natürlich auch lebenswichtigen Sauerstoff. „Warum hört man darüber kaum etwas in den Medien?", fragt der Interviewer. Kutschera: „Weil die Klima-Debatte ein Politikum ist." Sie werde vom IPCC dominiert, „in dem leider nicht nur Wissenschaftler, sondern auch Politiker und Medienleute aktiv sind. Wissenschaftliche Erkenntnisse, die den ‚Dogmen' des IPCC widersprechen, werden auf subtile Art und Weise bekämpft. Als Visiting Scientist in Stanford könnte ich Ihnen da erstaunliche Dinge berichten." Wozu er auf sein neues Buch *Klimawandel im Notstandsland* verweist.

Übrigens: Kutschera schlägt ein Forschungsprogramm für künstliche sonnengespeiste Photosynthese-Systeme vor mit dem Ziel, wesentlich höhere CO_2-Mengen zu binden als nur das jetzige Drittel. Derzeit nehmen alle CO_2-Senken der Erde zusammen, inklusive Ozeane, rund 56 Prozent der Anthro-CO_2-Emissionen auf. Ziel der künstlichen Photosynthese: dies massiv zu steigern Richtung CO_2-Neutralität.

Höchst innovativ bis futuristisch. Aber ein Forschungsprojekt wäre es allemal wert, gemessen an andernorts für zweifelhafte Zwecke verbrannten Riesensummen.

Der Top-Wissenschaftler Kutschera lehnt die „Erd-Hitzetod"-Propaganda ab und räumt auf mit der Vorstellung vom CO2 als Klimagift und Satan der Erde. Er sieht das Spurengas ambivalent: einerseits mit seiner segensreichen Wirkung, andererseits aber potentiell risikobehaftet bei weiter steigenden globalen Emissionen, weshalb er es begrenzt wissen will. „Das aber bitte ohne Panik und Hysterie!"

Wichtiger Hinweis betreffs CO2-Begrenzung: Politmedial steht oft eine Null-Emissionen-Verpflichtung im Raum. Das ist falsch: Laut Pariser Klimaabkommen ist das Ziel Klima-*Neutralität*, alias Netto-Null. Will heißen: CO2-Emissionen und CO2-Absorption durch Senken sollen sich die Waage halten. Die Erdsenken vertilgen bereits 56 Prozent, bleiben also noch 44 Prozent. Noch schwierig und wohlstandsmindernd genug, aber nicht ganz so zerstörerisch wie das teils suggerierte Null-Ziel.

Noch mal zur Groß-Kontroverse über den Klimawandel: Dafür bleibt das Anthro-CO2 der zentrale Streitpunkt. Laut den Weltmächtigen trägt es die Hauptschuld. Die unabhängige Wissenschaft dagegen sieht es nur als einen von mehreren Faktoren und hat viele Erkenntnisbausteine aufeinandergesetzt, welche die Umrisse eines Erklärungsgebäudes erkennen lassen. Aber: Es gibt noch Wissenslücken, so wie es früher weiße Flecken auf der Weltkarte gab. Und wie sich früher durch die Entdeckung Amerikas das Weltbild schlagartig änderte, sind ja auch Überraschungen beim Klimawissen nicht ganz ausgeschlossen. Hier skizzenhaft einige Beispiele für Unsicherheiten, die noch neue Erkenntnisse bergen könnten:

- Henne-Ei-Diskussion um den CO2-Anstieg: Ist der nachgewiesene Anstieg des atmosphärischen CO2-Gehalts (mit Folge Global Warming) wirklich rein menschgemacht oder nicht auch vielmehr die Konsequenz der natürlichen Erwärmung seit der Kleinen Eiszeit (mit Folge CO2-Ausgasung aus den Ozeanen)?

- Die NASA-Publikation von Mai 2024 über die markante Zunahme der Globaltemperatur aufgrund stark reduzierter Schifffahrts-Emissionen hat sowohl die Weltklimarat-Wissenschaftsgemeinde verunsichert (aufgrund Nachweises des nachgeordneten CO_2-Einflusses) wie auch die unabhängige Wissenschaft (wegen der unerwartet hohen Erderwärmung). Folgerungen stehen noch aus.
- Der stärkste je registrierte Unterwasservulkan-Ausbruch im Januar 2022, der Hunga Tonga im Südpazifik, schleuderte ungeheure Mengen von Wasserdampf – starkes Treibhausgas! – in die Stratosphäre. Laut Studien könnte das über Jahre zu Anomalien des Globalklimas führen, und zwar regional völlig unterschiedlich. Der Einfluss von Unterwasservulkan-Ausbrüchen auf das Klima könnte höher sein als bisher angenommen.
- Laut eines unkonventionellen Berechnungsansatzes des Physik-Nobelpreisträgers John Clauser ist der Einfluss des Anthro-CO_2 fast Null und unmessbar klein. Sein Argument: Der mächtige globale „Wolken-Thermostat" der Erde, funktionierend über die stabilisierende Gegenkopplung zwischen Temperaturerhöhung und temperatursenkender Bewölkungszunahme (aufgrund erhöhter Verdunstung von Ozeanwasser), wirkt um Faktoren stärker als der relativ geringe Anthro-CO_2-Erwärmungseinfluss. Bewertungen durch die Klima-Gemeinde stehen noch aus.

Allein diese Punkte liefern reichlich Zündstoff für weitere heiße Wissenschafts-Debatten.

9

Ein zweiter Blick hinter die Kulissen

Climate Research Unit (CRU) der East Anglia Universität in Norwich, Nordostengland. Am 23. Oktober 2009 verschickt ein Mitarbeiter die Zugangsdaten zu den Instituts-Servern per Mail. Unverschlüsselt. Bald darauf stehlen Hacker von den Servern tausende Mails und als „Highly confidential" gekennzeichnete Unterlagen. Sie eröffnen den Blick in den Maschinenraum der IPCC-Klimatologie.

Dabei hatte der Leiter des Instituts, Professor Phil Jones – Nachfolger des wohlbekannten Altmeisters Professor Hubert Lamb, der 1972 die CRU gegründet hatte –, davor noch versucht, dem Datenklau einen Riegel vorzuschieben. „Lasst kein Zeug auf euren Servern rumliegen", hatte er die Mitarbeiter gemahnt. Und noch strenger seinen US-Teamster und Hockey Stick-Erfinder Professor Michael (Mike) Mann: „Vernichte die Mails und bring die anderen auch dazu!" Es hatte wenig gefruchtet: Am 17. November 2009 wurde die Datenbeute auf anonymen Internetservern der Öffentlichkeit präsentiert. Pünktlich zum Kopenhagener Klimagipfel, von dem sich die IPCC`ler die langersehnte Verpflichtung zu globalen CO2-Einschnitten erhofften. Die online gestellten Daten verwirrten die CO2-Gläubigen, ernüchterten die Klimapolitiker, ließen die Treibhausskeptiker triumphieren. Ein Fiasko. – *Der Klimagate-Skandal*!

Kein Wunder bei Mailinhalten wie folgt:

„I`ve just completed Mike`s Nature trick [...] to hide the decline from 1961": Jones und Mike Mann vertuschten mittels Daten-„trick" die Abkühlung in den 1960ern und 1970ern. Ermutigt durch den Leitautor des betreffenden AR4-Kapitels Chris Folland: Die sinkenden Temperaturen „verwässern die Botschaft ziemlich deutlich". Dabei sollten sie laut Doktrin doch stetig steigen – wie dann die fabrizierte Hockey Stick-Kurve es auch tat: Als „Beweis", dass der Planet dem

Hitzetod entgegenstrebt. Schön einfach und gut zu verkaufen. Schließlich hatte ja Sir John Houghton, seines Zeichens IPCC-Vizepräsident, schon 1994 statuiert: „Wenn wir keine ‚desasters' ankündigen, wird uns niemand zuhören."

Die Klimagate-Mails brachten viel Unrat ans Licht. Jones etwa hatte seine Macht als IPCC-Leitautor missbraucht, um Arbeiten zu unterdrücken, die die Urbanisierung als wesentlich für die steigenden Temperaturmesswerte belegten und damit die CO2-Relevanz schmälerten. Er hatte als Fachjournal-Reviewer mehrfach Publikationen unterdrückt, welche CRU-Ergebnisse in Frage stellten. Hatte versucht, den Herausgeber einer kritischen Fachzeitschrift persönlich anzuschwärzen und zum Rücktritt zu zwingen.

Und damit hatte es noch kein Ende. Auch Mike Mann war in dieser Richtung rührig gewesen, hatte etwa eine böse Intrige gegen den US-Umweltanalysten Roger Pielke lanciert, der in einer Analyse die IPCC-Aussagen über zunehmende Naturkatastrophen als falsch entlarvt hatte. Pielke über die von Mann angestifteten Verrisse seiner Analyse: „Die beiden Rezensionen gehörten zu den bösartigsten, die ich in 35 Jahren je erhalten habe, in denen ich Hunderte von begutachteten Studien veröffentlichte."

Statt der vom IPCC gerühmten wissenschaftlichen Kollegialität zeugten die Unterlagen von schmutzigen Machenschaften, Ausgrenzung und Manipulation. Ein Empörungsschrei durchhallte vor allem die angelsächsische Welt. Unter dem Titel *Die Vertuschung der globalen Abkühlung* kritisierte der Leitartikler der Washington Times: „Die Klimagate-Enthüllungen haben den beispiellosen Versuch aufgedeckt, Forschungsergebnisse für politische Zwecke zu verzerren." Für den republikanischen Senator James Inhofe waren damit die geplanten Verpflichtungen zur CO2-Reduzierung endgültig gestorben: „95 Prozent der Sargnägel waren schon eingeschlagen. Jetzt sind sie alle drin." Er schlug Alarm gegen einen „wirtschaftlichen Selbstmordvertrag" in Kopenhagen und forderte eine Kongressuntersuchung über den Verdacht, dass die Erderwärmung ein Betrugskonstrukt sei. Der Aufschrei war auch deshalb so laut, weil die CRU als die wissenschaftliche Herzkammer des IPCC galt.

Phil Jones musste zurücktreten. Monate später, im Februar 2010, gab er der BBC ein bemerkenswert offenes Interview. Der online-publizierte Text titelt: *Kehrtwende des Klimagate-Hauptakteurs: Es gibt keine globale Erwärmung seit 1995*. Der Untertitel resümiert Jones` Hauptaussagen:

- Daten für die essentielle Hockeystick-Kurve verloren
- Seit 1995 keine globale Erwärmung
- Wärmeperioden gab es auch davor – ohne Mencheneinfluss

Jones habe beim Interview zum einen eingeräumt, dass die Rohdaten für die Hockey Stick-Kurve nicht mehr auffindbar seien; und zum anderen, dass die Mittelalter-Warmzeit entgegen der Hockey Stick-Kurve wohl die aktuelle Warmzeit übertroffen habe. Auch habe er bekannt, dass seit 1995 die globale Erwärmung pausiere. In Summe verstärkte Jones` Interview die Verunsicherung der Klimagemeinde noch weiter.

Im Rückblick hat Jones allerdings darin Recht behalten, dass die Erwärmungspause enden und danach die Globaltemperatur wieder steigen werde: Was nach 2014 tatsächlich geschah. Dennoch blieb diese Pause ein Widerspruch zur IPCC-Doktrin. Und für die Skeptiker ein Glied in der Indizienkette, dass das CO2 längst nicht alles ist. Mit der Etikettierung *Global Warming Hiatus [Lücke]* ging die Pause in die Fachliteratur ein.

Freilich versuchten IPCC-Getreue, den so peinlichen Hiatus mit Datenakrobatik zu marginalisieren. Der Chef der US-Wetterbehörde meinte seine Autorität auffahren zu müssen: In einem *Science*-Artikel stritt er rundweg die Pause ab. Als es zum Schwur kam, verweigerte er die Herausgabe seiner Datenbasis mit der Begründung, der Computer hätte „wegen technischer Defekte" entsorgt werden müssen.

Zu einer argen Crux wurde der Hiatus auch den Autoren des 2013/14 erschienenen AR5-Report: Er sollte die Welt zu teuren Klimamaßnahmen drängen, was angesichts Erwärmungsstopp den Klimarettern den Schweiß auf die Stirn trieb. Zumal ihnen die Öffentlichkeit seit Klimagate kritischer auf die Finger schaute. Sogar der deutsche SPIEGEL: Während dieser Erwärmungspause sei ein Drittel der Treibhausgase seit der Industrialisierung ausgestoßen worden – „Wo steckt ihre Wärmewirkung?" Wie lösten die IPCC-Autoren das Problem? Ganz einfach: Im Report tauchte im Resümee (Summary for Policy Makers) die Pause nicht auf. Die Regierungsvertreter, sie haben bei der Schlussredaktion das letzte Wort, hatten sich durchgesetzt Die Forscher, die ein Mindestmaß von Ehrlichkeit verteidigen wollten, durften den Hiatus nur in den Tiefen des 1000-seitigen Reports ansprechen.

Die Klimagate-Mails machten noch einen anderen hochnotpeinlichen Vorgang publik. Im Brennpunkt stand der US-Klimaforscher und IPCC-Leitautor Ben Santer. Die Mails enthüllten eine entscheidende Manipulation des AR2-Reports. Santer hatte als Leitautor aus dem zwischen den Wissenschaftlern bereits abgestimmten Report jene Passagen gelöscht, die explizit einen anthropogenen Klimawandel verneinten. Gelöscht wurden beispielsweise so ehrliche Aussagen wie: „Keine der oben zitierten Studien hat einen klaren Beweis erbracht, dass wir den beobachteten [Klima-]Wandel auf die Zunahme von Treibhausgasen zurückführen können."

Der hoch angesehene US-Physiker und Präsident der Amerikanischen Akademie der Wissenschaften, Professor Frederick Seitz, verurteilte die Manipulation scharf: „In meinen über 60 Jahren als Mitglied der amerikanischen Wissenschaftler-Gemeinde [...] habe ich keine bestürzendere Korruption der Expertenbegutachtung erlebt, wie bei der Entstehung dieses IPCC-Berichts."

Was den einen „bestürzende Korruption" war, war den IPCC-Granden die leitende Maxime, wie sie schon 1989 postuliert wurde von der IPCC-Autorität Professor Schneider: „Deshalb müssen wir Schrecken einjagende Szenarien ankündigen, vereinfachende, dramatische Statements machen und nicht irgendwelche Zweifel, die wir haben mögen, erwähnen. [...] Jeder von uns Forschern muss entscheiden, wie weit er eher ehrlich oder effektiv sein will." Santer war diesbezüglich umso mehr unter Druck, als der fragliche AR2-Report die nötige Panikstimmung für die anstehende Kyoto Weltklimakonferenz und deren Ziel schaffen sollte, erstmals verbindliche CO2-Limits festzulegen. Santer gestand ein Jahrzehnt später die Manipulation bei einer Talkshow ein: „... es gab Kürzungen. Um im Einklang mit den anderen Kapiteln zu bleiben, ließen wir die Summary am Ende fallen."

Der IPCC jedenfalls hatte in Kyoto Erfolg: Angesichts der Katastrophenvision des Berichts unterschrieben die Ländervertreter die CO2-Limitierung. Unmittelbar nach Kyoto beschloss die deutsche Regierung die Ausarbeitung der nötigen Gesetze. Mit dem letztendlichen Ergebnis: Abkassieren bei Bürgern und Wirtschaft mittels CO2-Bepreisung.

Am Rande: Die USA, verantwortlich für ein Viertel der global ausgestoßenen Treibhausgase, ratifizierten als einzige Nation das Kyoto-Protokoll nicht. Ach ja, so war ja auch der ursprüngliche Plan des Elitenkartells: Die Verpflichtung zu CO2-Einsparungen solle weltweit gelten – mit Ausnahme der USA. Aber: Haben die USA sich nicht immer wieder zu IPCC und Klimapolitik bekannt und auch Zahlungen geleistet? Ja schon, aber freiwillig, je nach Gusto. Und in Relation zum US-Treibhausanteil nur *peanuts*. Und auch das immer aufs eigene Interesse bedacht.

Soweit *Climategate* samt Folgen. Allerdings: Nur Wochen später wurde es komplettiert durch *Glaciergate:* Der IPCC zog die Prognose zurück, die Himalaja-Gletscher würden schnell abschmelzen und bis 2025 verschwunden sein. Und gab zu, dass es dafür keine belastbaren Daten gab. Er tat dies erst auf Druck seitens unabhängiger Wissenschaftler. „Diese Prognose ist natürlich kompletter Unsinn", kritisierte ein anerkannter Gletscherforscher: Seine jahrzehntelangen Untersuchungen auf dem Dach der Welt zeigten ein ganz anderes Bild. Der IPCC hatte für die Falschbehauptung keine Daten, aber Motive: Das Katastrophenszenario des ausbleibenden Trinkwassers für Milliarden Asiaten war auch Wasser auf die Mühlen des IPCC. Und: IPCC-Chef Pachauri war persönlich in die Affäre verwickelt: über geschäftliche Deals seines eigenen Forschungsinstituts mit dem Autogiganten Toyota. Von aufrechten Wissenschaftlern wie dem bekannten deutschen Klimatologen Hans von Storch wurde er zum Rücktritt aufgefordert.

Aber gegen die gepanzerte IPCC-Machtbastion war damit nicht anzukommen, Pachauri blieb im Amt.

Der Himalaja-GAU war damals nicht das einzige IPCC-Schreckensfantasma: gleichermaßen unfundiert etwa war die Tatarenmeldung der sich durch die Erwärmung ausbreitenden Malaria. Widerspruch durch Fachleute wie Malaria-Mediziner Reiter vom Pariser Pasteur-Institut: ergebnislos. Er warf IPCC-Forschern vor, sich mehr als Aktivisten als Wissenschaftler zu fühlen. Ein Eindruck, den schon Klimagate hinterlassen hatte. US-Umweltanalyst Pielke mahnte: „Im öffentlichen Bewusstsein erodiert derzeit das Vertrauen in die Autorität der Klimawissenschaft." Als Folge seiner Kritik berief der IPCC ihn nicht in die Arbeitsgruppe zu Naturkatastrophen – obwohl die US-Regierung ihn nominiert hatte. Ein unabhängiger Geist wie Pielke hätte das erwünschte Schreckensbild womöglich verpfuscht ...

Auf deutsche Wissenschaftler freilich konnte der IPCC zählen: Da wurden die Affären weitgehend unter den Teppich gekehrt. Besonders die IPCC-Getreuen am regierungsnahen Potsdam-Institut für Klimafolgenforschung (PIK) bagatellisierten: „Irren ist menschlich." Und der damalige PIK-Direktor Schellnhuber, Merkel-Klimaberater und Untergangsprophetie-Großmeister, ging à la Clausewitz gleich zum Gegenangriff über: Die Kritik sei ein Störmanöver, sozusagen Versündigung gegen die Weltrettung. Da wollten dann auch die Medien nicht weiter stören und spielten die Affären herunter als bloße Detaildebatten. Oder schoben die Schuld gleich den Kritikern zu, die eine Manipulation von Daten herauslesen wollten, wie der SPIEGEL monierte. Der an anderer Stelle dann wieder so aufrecht war, die einseitige IPCC-Arbeitsgruppenauswahl samt Pielke-Ausgrenzung öffentlich zu machen.

Nirgends aber fand ich eine grundsätzliche Reflexion über das politische Auftragssystem Weltklimarat/IPCC. „Its job is to advance scientific knowledge about climate change caused by human activities", benennt *Wiki english* den Auftrag ganz ehrlich – im Gegensatz zu Wiki deutsch, das ihn schamhaft verschweigt. Angesichts dieses „job" auf der einen Seite und der ihm entgegenstehenden erdrückenden

Erkenntnisse über starke natürliche Klimaeinflüsse verteidigt der IPCC seine Doktrin mit allen Mitteln, auch höchst unsauberen. Wie bekannt: „Eine Lüge zieht zehn neue hinter sich."

Bei Meinungswächtern hoch beliebt ist das Abwürgen kritischer Einwände mittels Totschlagargumenten. US-Präsident Obama propagierte 2013 das jeden Widerspruch abblockende 97-Prozent-Argument: „97 Prozent der Wissenschaftler stimmen überein: Klimawandel ist eine Tatsache, menschengemacht und gefährlich." Ist das glaubhaft? Die Zahl stammt von einer tendenziös ausgewerteten Statistik. Von 4014 klimawissenschaftlichen Artikeln bejahten 3896 einen Anthro-Anteil am Klimawandel, die allermeisten aber unquantifiziert und nur 191 quantifiziert mit mehr als 50 Prozent. Dies wurde pervertiert zur Falschaussage „97 Prozent der Wissenschaftler halten den Klimawandel für überwiegend anthropogen." Im Detail widerlegt wurde die Aussage etwa durch David R. Legate in *Science & Education* 2015/24.

Seit dieser Pseudostatistik häuften sich nun über mehr als ein Jahrzehnt neue Erkenntnisse zu natürlichen Klimaeinflüssen, voran die Ozeanzyklen und die Sonnenvariabilität. Da würde eine neue Umfrage interessieren. Aber möglichst geheim, ohne Chefblick über die Schulter ...

Denn Skeptiker haben in dem mit Konferenzen, Karrieren und Projektgeldern winkenden IPCC-System keine Chance, „weil sie bereits im Vorfeld aussortiert werden", wie Systemkenner Vahrenholt schreibt. Dagegen „befinden sich unter den Autoren eines jeden IPCC-Berichts eine größere Anzahl von Mitgliedern von Umweltaktivisten-Organisationen." Dies gelte auch für den aktuellen AR6-Report, an dem etwa das Berliner Institut Climate Analytics mitarbeitete. Es wird mitfinanziert von der Stiftung European Climate Foundation. Sie ist einer der Knotenpunkte im globalen Klimanetzwerk, gegründet vom „mächtigsten Grünen der Welt" (ZEIT), dem mit der Rockefeller Stiftung verbandelten Amerikaner Hal Harvey. Er ist auch Gründer von Agora Energiewende, bekanntlich verfilzt mit dem Berliner Bundeswirtschaftsministerium via Graichen-Clan.

Um die bröckelnde wissenschaftliche Basis zu verschleiern, werfen IPCC-Getreue gern Nebelbomben in Gestalt von Unheilsmeldungen. So etwa die Alarmnachricht des Potsdam-Institut für Klimafolgenforschung PIK, der Meeresspiegel werde im 21. Jahrhundert CO2-bedingt um bis zu 1,9 Meter steigen. Aus gleicher Quelle die Warnung, der Golfstrom werde zusammenbrechen, Nordeuropa sibirisch werden. Solcherlei Schocker erfreuen sich großer Medienresonanz. Null Resonanz hingegen zeitigten die prompten Widerlegungen durch seriöse Wissenschaftler. Bezüglich Golfstrom etwa durch die NASA und weitere Studien, die den Golfstrom als stabil bis sogar erstarkend sehen.

Ebenfalls dem PIK-Alarmismus entstammt eine andere Unheilsvision: Selbst bei sofortiger drastischer Reduzierung der Treibhausgasemissionen „müsste die Weltwirtschaft aufgrund des Klimawandels bis 2050 bereits mit einem Einkommensverlust von 19 Prozent rechnen". Der jährliche Schaden: 38 Billionen Dollar – „sechsmal höher als die Vermeidungskosten zur Begrenzung der globalen Erwärmung auf zwei Grad." Nachtigall, ich hör dir trapsen ...

So ging`s auch Professor Vahrenholt. Er nahm die Studie unter die Lupe und fand den „immer wieder genutzten, unsäglichen, aber ganz einfachen Trick" heraus: Sie nutzt „eine extrem unrealistische" IPCC-Prognose, die auf einem völlig überhöhten Emissionsszenario beruht. Wir kennen den Trick bereits. Das ist halt das Schöne an den Modellen: Man kann mit ihnen alles beweisen, es braucht nur die passenden Eingangsdaten. Übrigens: Die ARD nahm die PIK-Unheilsmeldung dankbar auf und titelte: *Der Klimawandel bedroht die Weltwirtschaft.*

Ähnliche Nebelbomben sind auch die Trauermeldungen über das Korallensterben. In Wirklichkeit beweisen Satellitenbilder, dass in Summe die Koralleninseln sogar wachsen. Neuerdings springt das globalistische Weltwirtschafts-Forum WEF seiner Bruder-Institution Weltklimarat bei mit der Horror-Meldung *Millionen Tote durch Klimawandel prognostiziert.* Das für Todesursachen doch etwas kompetentere Deutsche Ärzteblatt schreibt dazu: „Trotz Klimawandels: Kälte für mehr Todesfälle verantwortlich als Hitze." Und ergänzt die Relation:

über zehnmal mehr Kältetote. An anderer Stelle ist von zwanzigmal so vielen zu lesen.

Jetzt als i-Tüpfelchen noch die Geschichte von Judith Curry, die viel über das IPCC-System besagt. Als junge Forscherin glaubte Curry an die *man made* Klimabedrohung. Für ihre Studien etwa über den dramatischen Anstieg der Hurrikanintensität erntete sie Applaus und Anerkennung. „Ich wurde von Umweltorganisationen und Alarmisten umarmt und wie ein Rockstar behandelt. Ich wurde überall hingeflogen, um Politiker zu treffen." Dann wiesen kritische Forscher sie auf Mängel ihrer Arbeit hin, etwa auf die fälschliche Interpretation von natürlichen Schwankungen als anthropogene Schwankungen. Sie begann umzudenken, durch Klimagate dann endgültig. Sie durchschaute die „Klimawandel-Industrie", die Alarmismus belohnt und ehrliche Wissenschaft bestraft. Woraus der „fabrizierte Konsens" entstand, so Curry. Die Herausgeberin des bekannten Fachjournals Science habe erklärt, der anthropogene Klimawandel sei endgültig bewiesen, die „Zeit der Debatte sei vorbei".

Curry: Die Botschaft des Systems laute: „Machen Sie alarmistische Studien! Wenn Sie Karriere machen, an einer renommierten Universität landen, ein hohes Gehalt, ein großes Labor, Stipendien oder ein Institut leiten wollen, dann gibt es einen klaren Weg."

Die Meinungsfilterung innerhalb der Echokammer verschärfte die IPCC-Orthodoxie zum Fundamentalismus. So hieß es bis zum AR5-Report 2013 noch, dass „der größte Teil" des Klimawandels „wahrscheinlich" anthropogen sei: Da blieb noch bisschen Luft für Skeptiker. Der AR6-Report hingegen statuiert: „Es ist unzweifelhaft, dass menschlicher Einfluss Atmosphäre, Ozeane und Land erwärmt hat." Das dreht allen Abweichlern die Luft ab. Will andere Erkenntnisse austreten und unabhängige Forscher mundtot machen. Es ist nicht der Ton von Wissenschaft, sondern von Ideologie, Machtanmaßung, Repression. Ein Ton, der für die Zukunft nichts Gutes ahnen lässt.

Sind die starken Worte womöglich Ausdruck von Schwäche? Angesichts der überzeugenden Erkenntnisse über die natürlichen Einflüsse? Und der Konzentration wichtiger Länder, voran China und Indien, auf Armutsbekämpfung und Entwicklung statt auf theoretische Klimaprobleme?

Sind es die üblichen panischen Versuche, zusammenbrechende Systeme noch zu retten? Wie einst, als die Kirche den Einsturz des geozentrischen Weltbilds zu verhindern suchte mit der Scheiterhaufendrohung. Kurzzeitig half es ja: Galileo Galilei fiel auf die Knie, entsagte der heliozentrischen Lehre. Offiziell. Hintenrum aber: „Und sie bewegt sich doch." Und laut Bertolt Brecht tat er den berühmten „Wer die Wahrheit nicht weiß"-Spruch.

Kennen die IPCC-Größen diesen Spruch vom Verhehlen der Wahrheit? Wenn ja, was muss da in ihren Köpfen vorgehen? Wenn sie morgens in den Spiegel schauen ... Oder denken sie vielleicht größer als unsereiner, sehen weiter in die Zukunft als wir, folgen einer höheren Mission? Von nötiger Neuerschaffung der Welt hört man ja, von Großer Transformation der Zivilisation ... Was sehen, was denken, was fühlen solch hohe Geister? Im Folgenden der Versuch eines Einblicks.

10

Die Psychologie der Klima-Großmeister

„An einem Spätsommerabend im Jahr 1993 schrieb ich – möglicherweise – Weltgeschichte." Sendungsbewusstsein spricht aus dieser Kapiteleröffnung im Buch *Selbstverbrennung* des weltweit laudierten Physikers Hans Joachim Schellnhuber. Eine hohe Mission scheint ihn zu beseelen, die Mission von nicht weniger als die Welt retten zu müssen. Vor eben dieser Selbstverbrennung. Welche laut Schellnhuber erfolgen wird, wenn die Welt das an diesem Sommerabend formulierte Zwei Grad-Ziel überschreiten würde. Er ist der *Mister Zwei Grad*, der Erschaffer dieses planetarischen Jahrhundertziels, dieser Gabelung des Menschheitswegs zwischen Rettung und Untergang.

Schellnhuber, Großdenker und Visionär, jahrzehntelanger Klimaberater der Bundesregierung wie auch zeitweise der US-Regierung, im Gedankenaustausch mit dem Papst, ausgezeichnet mit internationalen Preisen, Gründer und Ex-Direktor des Potsdam-Instituts für Klimafolgenforschung: Er ist der deutsche Klima-Star. In der Szene weltweit bekannt. Hochgeschätzt, einflussreich. Ein Klima-Großmeister. Sein 2004 der US-Regierung vorgelegter „Geheimbericht", wonach schon im Jahr 2020 viele Küstenstädte vom Meer verschlungen sein und in Großbritannien sibirische Kälte herrschen würde, war ein Schuss ins Ofenrohr. Aber das ficht einen Großen nicht an. Auch nicht ein weiterer Ofenrohrkracher: Seine Aussage, die Himalaya-Gletscher würden „in dreißig, vierzig Jahren verschwinden". Ob nun verschwinden oder gleichbleiben oder wachsen: Stand 2024 weiß es niemand, die Modelle widersprechen sich.

Ein vom Höherwertigkeitskomplex Beseelter schreitet über solcherlei Unebenheiten hinweg. Folgt seiner Berufung: Menschheitsrettung, Große Transformation, Weltneuerschaffung, Globale Nachhaltigkeit, Transformation der Städte, eine neue Ära von Glück in

Anspruchslosigkeit. Unter Führung überlegener Geister wie ihm. Im Buch zitiert er die „planetarischen Grenzwerte“, die er der Welt noch zugesteht: wie viele und welche Ressourcen, wie viel Wachstum, wie viele Emissionen. Alles kraft überlegenen Geistes errechnet.

Der *Wissenschaftliche Beirat Globale Umweltveränderungen der Bundesregierung* formulierte unter seiner Leitung die „Große Transformation der Zivilisation“. Der Weltplan sieht kontinentale Arbeitsteilung vor: Die gemäßigten Breiten produzieren Nahrung, die Subtropen Sonnenenergie, und die Tropen dienen der Erholung und der Erhaltung der Artenvielfalt. Generalziel: „Das Haus der Zivilisation neu erbauen.“ Unter weniger hohen Geistern stieß der Plan, vorsichtig ausgedrückt, auf Zurückhaltung – sich ergebend aus der Mittelung von Zorn und Spott. Aber die diversen sozialistisch-kommunistischen Paradiese-Erschaffer dieser Erde hätten ihre Freude gehabt an solchen Chefs ihrer Zentralen Plankommissionen.

Aber Spaß beiseite, er wird uns sowieso bald vergehen: Eine ökosozialistische – vornehm: *ökosoziale* – Planwirtschaft ist in der Klimaszene eine angesagte Vorstellung. Die sich immer weiter in die Realität hinein frisst: Verbrennerverbot, E-Auto-Gebot, Öl- und Gasheizungs-Verbot, Wärmepumpen-Gebot, Billionen Euro-Green Deal, Energiewendeplanung durch Politfunktionäre statt durch Ingenieure. Alles von oben zentral verordnet – und von unten vielfach verschmäht. Und deshalb mit Subventionsmilliarden und per Gesetz dem widerstrebenden Markt und Verbraucher oktroyiert. Auch den sozialistischen Paradiese-Erschaffern war ja Markt und Verbraucher ein Fremdwort. Wichtig war nur der Plan. Ein DDR-Witz verrät das Ergebnis: Geht ein Mann im Kaufhaus in die falsche Abteilung. Fragt: „Haben Sie denn hier keine Socken?“ Die Verkäuferin schüttelt den Kopf und deutet nach oben. „Nee, keine Socken haben wir im 3. Stock. Hier haben wir keine Schuhe.“

Schluss mit solch banalen Abirrungen. Angesichts weiterer entscheidender Großgedanken, die Schellnhuber der Welt geschenkt hat: Die Klima-Kipppunkte. Also klimatische Zustandspunkte, bei deren Überschreitung der Zustand abrupt und irreversibel kippt. Dadurch könnten ganze Regionen unbewohnbar werden, so Schellnhuber, die Zeit dränge, es müsse sofort gehandelt werden. Mit wirkmächtigen Metaphern wie „einstürzendes Kartenhaus" oder „klimatische Kettenreaktion" schuf er alarmistische Eingängigkeit. Kipppunkte eruierte er für eine Vielzahl von Klimasektoren, darunter das Grönlandeis, das ins Meer rutschen könnte, oder das arktische Meereis, das unwiederbringlich schmelzen könnte, oder den irreversiblen Verlust der Wälder Amazoniens.

Die Kipppunkt-Theorie war Gegenstand eines vom Pentagon beauftragten „Geheimberichts", den Schellnhuber 2004 im Weißen Haus der Bush-Regierung präsentierte. Auch der Treibhaus-Erfinder James Hansen schloss sich der Kipppunkt-Propagierung an. Er und Schellnhuber trafen sich in ihrem politisch engagiertem Klimaaktivismus. Bis zuletzt propagierte Schellnhuber die Kipppunkte, obwohl sie in der Fachwelt meist auf Ablehnung stießen und die Vorhersagen sich nicht erfüllten. Weder Küstenstädte sind versunken noch rutscht das Grönlandeis. Und Wälder und Biomasse sterben nicht, sondern nehmen CO2-bedingt zu, wie auch Satellitenmessungen zeigen.

Schellnhuber ist zweifellos ein superintelligenter und kreativer Denker, der für potentielle Gefahren sensibilisiert hat. Aber sein Lenin`scher Einpeitscher-Hang Richtung eines zentral geplanten unfreiheitlich-totalitären Kollektivismus und genormten Menschentums scheint mir gefährlich und abstoßend. Er stützt damit die ohnehin schon starken Bestrebungen zu einer freiheitsfeindlichen, ganz und gar undemokratischen Elitenherrschaft.

Jetzt von der Psychologie des missionarischen Klima-Messias zu jener von normalen Klimawissenschaftlern. Solchen an staatlichen Instituten – und das sind die allermeisten. Wie Klimagate nahelegt, dürften unter ihnen nicht wenige Aktivisten sein, und bereitwillig gemäß IPCC-Narrativ agieren. Was aber die ganz nüchternen, nicht-aktivistischen Forscher angeht, meint der australische Ex-IPCC-Zuarbeiter John McLead: „Sie lobbyieren nicht so sehr für den IPCC als vielmehr zum Schutz ihres Einkommens und ihrer Reputation." Sie haben ein moralisches Dilemma: hin und her gerissen zwischen Existenzsicherung für sich und die Familie und andererseits ehrlicher Wissenschaft und naturwissenschaftlichem Berufsethos. Nicht zu beneiden. Wie alle, die unfrei sind ...

11

Klima-Zukunft: Ausblick aus aktueller Sicht

„Die Eiszeit kommt!" So der Schockertitel des schon erwähnten Dokumentarfilms, der vor Jahrzehnten die Welt ängstigte. Die 1960er und 1970er: stete Abkühlung, Sturmhäufung, wachsende Gletscher, Serien von Eis- und Schneewintern. Zumal in Nordamerika: *snow blizzards,* New York und andere Großstädte eingeschneit, Versorgung und Leben am Limit. Aber auch in Europa: Schneekatastrophen, „Wann wird es endlich wieder Sommer?"

Das Filmplakat: ein kolossaler Eispanzer über Nordamerika und Europa. „Aufgrund neuer wissenschaftlicher Erkenntnisse", so die Off-Stimme, „muss heute die Gefahr einer neuen Eiszeit als wahrscheinliche Quelle für Massensterben und Menschheitselend dem Atomkrieg zur Seite gestellt werden." Wenn auch sensationell aufgebauscht, gab es für die Befürchtung doch handfeste Indizien. So den Langzeittrend: Seit der enormen Wärme des Atlantikum, 8000–4000 Jahre vor heute, sank die Erdtemperatur langsam aber stetig – auf die neue Eiszeit zu? Die ja auch nach der üblichen rund Zehntausend-Jahre-Dauer der Interglazialzeiten erwartbar war. Und dazu noch die Kleine Eiszeit – bis fast 1900 andauernd: Waren die milderen Jahrzehnte seitdem nur ein Intermezzo – vor der neuen Eiszeit?

Geben wir`s zu: Auch wir hätten kalte Füße gekriegt. Dann aber, paar Jahre später, die 180 Grad-Kehre: Ab den 1980ern wurde die Treibhaus-Angst angeheizt. Unisono von Wissenschaftlern, Politik und Medien. Und mit Big Money im Rücken. 180 Grad-Kehren zeugen nicht eben von Treffsicherheit. Das hätten auch die Altvorderen noch hingekriegt mit Glaskugel, Kaffeesatzleserei, Vogelflugauspizium. Vorsicht ist also angesagt gegenüber jedweder Klimaprognose. Deshalb in diesem Kapitel kein eindimensionaler Zukunftsblick nur aus einer Perspektive, sondern mehrperspektivisch, basierend jeweils auf unterschiedlichen Wissenschaftssichten. Zeithorizont dabei: die nächsten Jahre und Jahrzehnte – die uns auch am meisten interessieren.

Beginnen wir gleich mit der weltamtlichen Klimaautorität IPCC und deren Prognosen. Die zusammenfassende Summary for Policy Makers des aktuellen AR6- Reports verlautet: „Die globale Temperatur wird weiter steigen bis mindestens zur Jahrhundertmitte unter allen betrachteten Emissionsszenarien." Also auch weiterer Anstieg selbst bei ambitionierter Emissionsminderung, aufgrund der thermischen Trägheit des Klimasystems. Und was ist speziell für Europa zu erwarten? Laut IPCC nichts Gutes: „Die Erwärmung wird weiterhin über dem globalen Mittel liegen und die geografischen Disparitäten verbreitern." Für den Süden werden „sehr negative Folgen" prognostiziert wie Verluste der Landwirtschaft sowie Wasserknappheit. Generell werde in Europa die Hitze zu höherer Mortalität und Morbidität führen sowie zu Schäden der Ökosysteme durch kombinierten Hitze- und Dürre-Stress. Die Zahl der Hitzetoten und Hitzegefährdeten werde sich vervielfachen, zumal im Süden und in Großstädten. Keine guten Aussichten, was uns da verheißen wird.

Und wie sieht es speziell für Deutschland aus? Da gehen wir auf die Netzseite des Deutschen Wetterdienstes (DWD): Das mittelfristige Vorhersage-System *MiKlip* prognostiziert „mit relativ guter Vorhersagequalität" für die Jahre 2024 bis 2033 eine durchgängig höhere Mitteltemperatur als im schon recht warmen Vergleichszeitraum 1991–2020. „Wesentlich ist dabei vor allem der von Menschen verursachte Anstieg der Treibhausgskonzentrationen", erklärt die Netzseite. Also CO2-Dominanz wie bei den IPCC-Modellen, mit Folge des gleichen stetigen Erwärmungstrends. Der zeitliche und regionale Ausschläge natürlich nicht ausschließt.

Nun zu alternativen Prognostikern. Dazu gehören die schon bekannten Forscher Judith Curry und Nic Lewis. Ihre gemeinsam erstellte Prognose umfasst den Zeitraum 2020 bis 2050, und fußt hauptsächlich auf empirischen Daten statt auf Modellen. Statt der vorindustriellen Referenzzeit des IPCC wählten sie bewusst das Referenzjahr 2020 wegen der unzweifelhaften Datenbasis. Curry & Lewis akzeptieren die

Treibhausgase als relevante, aber nicht dominante Klimatreiber. Auch unterstellen sie nur plausible CO2-Emissionsszenarien und keine überhöhten wie der IPCC.

Im Gegensatz zur IPCC-Prognose berücksichtigen sie vollumfänglich die Einflüsse Vulkanität, Sonnenvariabilität (*Variable Sonne*) und Ozeanzyklen, die alle drei kühlend wirken: Vulkanität aufgrund Kontamination der Atmosphäre, Sonne aufgrund Schwächetrend der Sonnenzyklen, Ozeanzyklen aufgrund auslaufender Warmphase des AMO-Zyklus. Curry & Lewis grenzen das wahrscheinliche Zukunftsszenario ein durch einen niedrigen und einen hohen Ansatz für diese drei Kühlungsfaktoren.

Ergebnis für 2050: Erwärmung um 0,1 Grad bei niedrigem Kühlungsansatz und Abkühlung um 0,5 Grad bei hohem Ansatz. Von Klimahölle keine Spur! Eher könnte der Minustrend zu denken geben – in Richtung Kleine Eiszeit will ja wohl niemand zurück. Müssen wir wohl auch nicht: Die Wahrscheinlichkeits-Glockenkurve liegt ja mittig zwischen beiden Grenzwerten, also bei -0,2 Grad. Zwar immer noch Abkühlung, aber doch recht moderat.

Summa summarum: Für die nächsten drei Jahrzehnte prognostizieren Curry & Lewis tendenziell eine leichte Abkühlung, dagegen die Großautoritäten IPCC und DWD eine weitere Erwärmung – die dann langfristig Richtung Apokalypse tendieren würde. Ein Unterschied wie Himmel und Hölle. Übrigens: Der Versuch von Curry, ihre Analyse in einem Fachjournal zu publizieren, scheiterte. Dies könne die Klimaforschung diskreditieren, hieß es ... Noch haben die Großautoritäten die Meinungsmacht. Mittels willfähriger Medien hämmern sie ihre Wahrheit in die Köpfe der Menschen. Für viele Journalisten und Aktivisten gilt: „Ziemlich viel Meinung für so wenig Ahnung." Wer die Gegenmeinung vertritt, muss sich gut wappnen. Deshalb noch mal zurück zu den Fakten. Und den wichtigen natürlichen Klimaeinflüssen, die der IPCC marginalisiert.

Zunächst die Ozeanzyklen. Die bedeutendsten sind die Pazifische Dekaden-Oszillation (PDO) und die speziell für Europa so wichtige Atlantische Multidekaden-Oszillation (AMO). Entdeckt wurden sie in den 1990ern, also erst nach Gründung des IPCC. Inzwischen liegen unumstößliche Forschungsergebnisse dazu vor. Bei der AMO wechseln im Nordatlantik warme und kühle Phasen mit einer Periodendauer von rund 65 Jahren. Typisch also je gut 30 Jahre warm und kalt. Für die letzten anderthalb Jahrhunderte ist nachgewiesen, dass ein Großteil der Klimaschwankungen an die AMO gekoppelt war, von der amerikanischen Nordostküste über Europa, Mittelmeer bis zum Roten Meer.

Der letzte vollständige AMO-Kalt-/Warmzyklus manifestierte sich in den Kühlperioden der 1960er und 1970er Jahre und der nachfolgenden Warmzeit der 1990er Jahre bis heute, Stand 2024. Sie addiert sich auf den Langfrist-Erwärmungstrend nach Ende der Kleinen Eiszeit, was, zusammen mit dem starken El Nino 2023/2024, die Stärke der derzeitigen Warmzeit erklärt. Aber in den nächsten Jahren dürfte die AMO in den Kaltzyklus wechseln, die Rekordwärme sollte dann abflauen.

Kurz noch zur Pazifischen Dekaden-Oszillation PDO: Sie beschreibt eine wechselnde Verteilung von Warm- und Kaltwassergebieten im Pazifik mit einer Periode von ebenfalls grob 65 Jahren. Sie prägt die Hauptströmungsrichtung des Jetstream, mit starken Auswirkungen vor allem auf Nord- und Südamerika, und kraft Fernwirkungen auch weltweit. Was auch eine Verbindung zur AMO herstellt. Wobei die AMO der PDO mit jahrzehntelanger Verzögerung folgt – aufgrund komplexer, trägheitsbehafteter atmosphärischer Austauschprozesse. Klimaforscher erwarten für die nächsten Jahrzehnte eine negative PDO-Phase. Sie wird die erwartbare negative AMO-Phase verstärken in Richtung Dämpfung bis Umkehr des Temperaturanstiegs.

Übrigens scheint die AMO laut jüngster Analysen auch die Niederschläge zu beeinflussen. Seit 2008 war in Deutschland das Frühjahr zu trocken, was dann oft auch Sommerdürren nach sich zog. Wie der Geowissenschaftler Dr. Ludger Laurenz nachwies, zeigen die drei AMO-Perioden seit 1881 übereinstimmend in der ersten Hälfte des letzten Drittels eine deutlich unterdurchschnittliche Niederschlagsmenge. Im derzeitigen AMO-Zyklus ist das der Zeitraum 2010–2020. In der Tat war da die Dürre besonders im Nordosten Deutschlands ein schweres Problem. Und voilà, seit 2021/22, mit Eintritt in die zweite Hälfte des letzten AMO-Drittels, normalisieren sich die Niederschläge wieder. 2023 und 2024 leider im Übermaß, nun litten zahllose Menschen unter Überschwemmungen. Für die Medien steckt natürlich immer der Klimawandel und das böse CO2 dahinter.

Den Antrieb für die Ozeanzyklen verorten neuere Forschungen im arktischen Eismeer. Aufgrund des Albedo-Effekts reagiert es extrem sensibel auf solare Schwankungen. Die riesige Eisfläche, mehrfach die Größe Europas, wirkt als gigantisches Empfangs- und Verstärkersystem für Solarstrahlung und wandelt kleine Veränderungen in starke Impulse für das irdische Klimasystem um. So ging ja auch die Mittelalter-Warmzeit von dort aus, Stichworte Wikinger und Grönland. Und erreichte danach die niedrigeren Breiten: ein kontinuierlicher Lauf wie eine *Stadionwelle* – der Begriff geprägt von den beiden tüchtigen US-Forscherinnen Judith Curry und Marcia Wyatt.

Hinter all dem also wieder einmal die planetarische Regentin: Leichte solare Schwankungen reichen für starke Folgen auf der Erde. Verschiedene Schwankungsfrequenzen sind ja schon lange bekannt, von 11 Jahren bis zu tausend Jahren und mehr. Zuletzt wurde auch eine Sechzig-Jahre-Frequenz identifiziert – passend zu AMO und PDO. Die genauen Zusammenhänge aber bedürfen noch mancher Forschermühe.

Kurz noch am Rande zur Rekordwärme von 2023/2024: Zusätzlich zu den Faktoren Langzeiterwärmung und AMO-Warmphase addierte sich als Kurzzeitphänomen, wie gesagt, auch noch der starke zweijährige El Nino. Die Phänomene El Nino und La Nina sind wie die PDO ebenfalls Kinder des Pazifiks mit globalen Auswirkungen. El Nino bezeichnet die nicht-periodische Erwärmung des Oberflächenwassers vor der südamerikanischen Pazifikküste durch geminderten Auftrieb kalten Tiefenwassers aufgrund schwächerer Passatwinde. La Nina ist das Gegenteil dazu: besonders kaltes Oberflächenwasser aufgrund starker Passatwinde.

Soweit zu den enormen Klimawirkungen der – letztlich von Solarschwankungen verursachten – Ozeanzyklen. Und warum sie mittelfristig den Klimawandel nicht mehr treiben, sondern schwächen dürften. Was Curry & Lewis bei ihrer Abschätzung berücksichtigen, im Gegensatz zum IPCC, der das Abkühlpotential ignoriert. Und zudem noch mit erwiesenermaßen überhöhter CO_2-Wirkung und teils stark überhöhten CO_2-Emissionen rechnet.

Jetzt kann man aber einwenden: Die Medien sind doch voll von immer neuen Hitzerekorden aus allen möglichen Weltteilen. Wie soll man da an schwächelnde Sonne glauben, an gebremsten Klimawandel oder gar Abkühlung? Einwand berechtigt. Aber: Die Medien verschweigen die gleichzeitigen Rekordkälten an anderen Stellen der Welt. Beispielhaft dazu Meldungen des *Kältereports* (EIKE) aus der ersten Hälfte 2024:

Grönland: außergewöhnliche Kälte bis 15 Grad unter der saisonalen Norm

Nordamerika: Rekordwinterkälte Ostküste Kanada/USA; in USA bis März 2024 fast 200 Kälterekorde

Kalifornien: Rekordschnee und -kälte Anfang Mai: Temperaturen bis 10 Grad unter Norm

Skandinavien: Winter und Frühjahr „brutale Kälte“

Nord-Finnland: November bis April durchgängig -30 Grad, bitterste Kälte seit 1979

Mitteleuropa: Zustand der Schweizer Gletscher zur Sommersonnenwende so gut wie seit vielen Jahren nicht mehr

Osteuropa: extrem kalter Mai von Polen bis Russland mit „katastrophalen Folgen“ für die Landwirtschaft

Russland: Rekordkälte von Sibirien bis südliche Wolgaregion; bisherige Kälterekorde von 1950/52 gebrochen

Slowakei/Türkei: Mai historisch kalt und schneereich

China: außerordentlich kalter Winter, Shanghai im Februar größte Kälte seit 1981; 400 weitere Stationen registrierten Tiefsttemperaturen: mit -52,3 Grad die historisch niedrigste Februar-Temperatur gemessen

Mongolei: weit über 2 Millionen Tiere verendet wegen schneereichstem Winter seit 1975 und „tödlicher Kälte". 90 % der Mongolei betroffen

Japan: Rekord-Maikälte, märz-ähnliche Kälte im ganzen Land

Argentinien: frühe Frostperiode aufgrund Einbruchs antarktischer Luft, in Santa Cruz -11,8 Grad, nahe am Rekordtief

Chile: Anfang Mai in der Hauptstadt Santiago Schnee, gilt als extrem selten. Insgesamt kältester Mai seit 1950, die Kälte setzt sich im Juni fort

Australien: nach regionaler Hitze nun Kalteinbruch in weiten Regionen mit bis zu 28 Grad unter Langfristmittel, teilweise kältester Winterbeginn seit Jahrzehnten

Antarktis: Großteil des Kontinents kühlte sich in den letzten zwei Jahrzehnten um mehr als 1 Grad ab, Teile um über 1,8 Grad. Am 4. Mai 2024 in Concordia -77 Grad, weit unter Norm. „Die Antarktis kühlt sich ab, die Daten sind eindeutig."

Und auch im September 2024 gibt es wieder Meldungen über weltweite Kalt-Anomalien. Nur einige davon:

Alaska: in Teilen kühlster August seit 1984

Grönland: beständige Zunahme Eismasse seit Tief 2012

Osten der USA: Temperaturen teils 20 Grad unter Durchschnitt, Charleston (West Virginia) bricht Kälterekord von 1944

Arizona: anomale Tieftemperaturen, seltener August-Schnee auf Bergen

Südamerika: trotz Frühlingsbeginn anhaltend kalt in Argentinien und Chile

Europa: in weiten Teilen früher Herbsteinbruch und Temperatursturz, Mont Blanc 13.9.: Rekord-September-Tiefstwert -24,6 Grad

UK: kältester Sommer seit 2015

Antarktis/Concordia: 7 Grad unter September-Durchschnitt, Abkühltrend des Kontinents hält an

Über all diese Kaltereignisse: keine Schlagzeilen, nicht mal Drei-Zeiler! Jedenfalls nicht in den Standard-Medien. Nur die Fiktion allgegenwärtiger Hitze. Fiktion aber lässt die Fakten kalt: Unser Planet ist kein Klimamonolith, sondern ein Patchwork aus Heiß und Kalt – mit oft „brutalem" Nebeneinander von Hitze und Kälte, wie ein US-Meteorologie-Blog, Stand 19. Juni 2024, besagt: „US-Nordosten samt New York Rekordhitze (nach Rekord-Winterkälte), US-Westen aber Rekordkälte." Wobei laut US-Langzeitstatistik frühsommerliche Hitzetage im Zeitraum 1964 bis 2024 räumlich viel weniger verbreitet waren als im gleich langen 60-Jahreszeitraum davor. Der die verheerende Hitze- und Dürrekatastrophe während der 1920er/30er Jahre aufwies, die im Mittleren Westen unzählige Menschen um ihre Existenz brachte und in Verzweiflung stürzte – ikonisch: das Foto der verzweifelten Farmerfrau mit ihren kleinen Kindern.

Gemessen daran wirkt der heutige Alarmismus geschichtsvergessen und hysterisch. Wir jedenfalls bleiben rational und kehren noch mal zurück zum aktuellen Klima-Patchwork aus Heiß und Kalt: Die Heißrekorde 2023/24 sind ja erklärbar aus der Summierung von AMO-Warmphase plus starkem El Nino plus Langzeitwarmtrend aus der Kleinen Eiszeit heraus plus auch noch Schiffsemissionen-Radikalschnitt (geringere Bewölkung, NASA-Meldung Mai 2024). Jedoch die Rekordkälten von Grönland bis zur Antarktis sind nicht so leicht erklärbar. Woher kommen sie?

Da steigt ein Verdacht auf: Könnten sie vielleicht schon ein Fußabdruck der schwächelnden, *kalten Sonne* sein? Auf die Himmelsregentin scheint auch die Solarenergie-Bilanz der letzten 4 Sonnenzyklen SC22 bis SC25 zu deuten: Die Fleckenzahlsumme der letzten zwei Zyklen (271) im Verhältnis zur Summe der ersten zwei Zyklen (387) indiziert einen Energieverlust von rund 30 % (die Fleckenzahl ist bekanntlich ein Proxi für die Solarenergie). Dies ist eine Grobabschätzung, aber doch ein Indiz, dass die zunehmenden Rekordkälten eine erste Spur der schwachen Sonne sein könnte.

Wird es weitere Spuren geben? Ist vielleicht die laut Copernicus-Datenanalyse seit März 2024 fallende globale Ozeantemperatur bereits eine? Und: Wie tief werden die Spuren? Spannend wie ein Thriller ...

Zurück zu den drei Prognosen von IPCC, DWD und Curry & Lewis: Sie differieren also krass: von weiterhin steter Erwärmung bis zu leichter Abkühlung. Jetzt kommt dazu noch eine spektakuläre vierte Prognose: Einige Forscher deuten den Einbruch der Solaraktivität über vier Sonnenzyklen, also fast über ein halbes Jahrhundert, als Vorzeichen auf ein noch tieferes Sonnenminimum und mithin auf eine kommende Kaltzeit: „Während dieses modernen großen Minimums würde man einen Rückgang der Durchschnittstemperatur bis zu 1 Grad erwarten", so Professorin Valentina Zharkova, Sonnenforscherin an der englischen Northumbria Universität. Minus 1 Grad: Die Kleine Eiszeit ließe grüßen. Und das in mittlerer Zukunft, laut Frau Zharkova nämlich im Zeitbereich um 2040/50. Die Schaudervision wird als Außenseiterposition wenig beachtet, was mir nicht ganz richtig scheint.

Denn immerhin beruht sie auf einem über Jahrzehnte entwickelten Sonnenmodell mehrerer Teams. Darin wälzen sich im Sonneninneren gewaltige Plasmaströme in periodischen Kreisläufen, getrieben von 15 Millionen Grad im solaren Fusionsreaktor. Und generieren dabei, da elektrisch geladen, das zyklisch oszillierende Sonnenmagnetfeld. Das das Erdklima beeinflusst wie schon geschildert. Diese Erkenntnis wird ergänzt durch andere internationale Arbeiten, wonach die Eigenzyklik der Sonne durch einen äußeren Taktgeber synchronisiert wird: durch das Planetensystem. Mittels seiner auf die Sonne wirkenden periodischen Schwerkraftwirkung.

Mit führend bei diesen Arbeiten ist das Helmholtz-Forschungszentrum Dresden, wovon etwa die Publikation vom Mai 2024 kündet: *Sonnenzyklen neu gedacht: Neues physikalisches Modell stärkt Planetenhypothese.* Demnach erzeugt die wechselnde Schwerkraftwirkung der kreisenden Planeten auf dem glühenden Gasball Sonne rhythmische Strömungen, welche die Plasmakreisläufe takten wie ein Metronom. Mit unterschiedlichen Periodizitäten, woraus sich verschiedene Sonnenzyklen ergeben. Voran der altbekannte 11-Jahreszyklus, aber auch die später entdeckten kürzeren und längeren Zyklen.

Das Zharkova-Sonnenmodell erklärt unter anderem das Maunder-Solarminimum des Kleine Eiszeit-Tiefs um 1670, und prognostiziert ein nächstes Tief eben um 2040/50. Allerdings erwies sich schnell, dass der aktuelle Sonnenzyklus SC25 deutlich stärker werden wird als für die Rechnung angenommen. Immer diese lästige Realität ... Spannend, was der korrigierte Prognoselauf erbringen wird. Die Stärke des aktuellen Zyklus geht sicher wesentlich in das Ergebnis ein, und lässt eine Abmilderung der Kaltprognose erwarten.

Allerdings bleibt für uns das Memento: Unser derzeitiges, vergleichsweise günstiges Klima ist nicht von Dauer, früher oder später wird es wieder Kalt- und Schlechtperioden geben, so wie es sie die letzten zehntausend Jahre nachweislich immer wieder gab, Stichwort Bond-Zyklen. Vielleicht werden künftige Kaltperioden durch die geschilderten Anthro-Erwärmungeinflüsse gedämpft, aber sie könnten noch ungemütlich genug werden.

Noch eine letzte Prognose sei vorgestellt, basierend auf einer innovativen These zum Klimawandel. Vertreten vom spanischen Forscher Javier Vinos in Kooperation mit anderen unabhängigen Forschern. Die Grundidee: Die Pole der Erde haben im Winter aufgrund extrem trockener Luft so gut wie keine wärmerückhaltende Glashauswirkung – das Treibhausgas Wasserdampf fehlt. So sind die Pole gewissermaßen die offene Haustür im Winter. Zumal dann, wenn der irdische Ofen – nämlich die Tropen, die die Masse der Solarenergie empfangen

– ungehindert zur Tür hinaus heizen kann. Und da kommt die Solarstrahlung mit ihrer indirekten Wirkung über Stratosphäre und Atmosphäre ins Spiel.

Niedrige Solarstrahlung resultiert dort über komplexe Austauschprozesse in einem hohen Wärmetransport von den Tropen zum Nordpol – der spielt hier wegen seines instabilen Polarwirbels die Hauptrolle. Also erwärmt sich die Arktis – große Jeremiade: „Das Polareis schmilzt!" – und strahlt im Winter die Wärme ungebremst ins All ab. Sie geht der Erdenergiebilanz verloren, die Haustür steht offen, der Globus kühlt ab. Vor allem die nördlichen bis mittleren Breiten der Kontinente und der Nordatlantik. Wie auch die realen Klimadaten zeigen. Und wie es auch in der Kleinen Eiszeit war, ausgelöst durch extreme Sonnenminima.

Bei hoher Solarstrahlung aber, wie im Hochmittelalter oder beim modernen 2000er-Maximum, passiert das Gegenteil: niedriger Wärmetransport, kalte Arktis, wenig Wärmeabstrahlung, warme bis heiße Kontinente. Und neue Medienjeremiade: „Klimakatastrophe!" Wichtig: Aufgrund der trägheitsbehafteten atmosphärischen Austauschprozesse setzt die Klimawirkung auf der Erdoberfläche erst mit vieljähriger Verzögerung ein. Demnach wäre es also plausibel, dass wir die seit 2000 schwächelnde Sonne nur langsam zu spüren kriegen. Weitere Anmerkung: Die Solarstrahlung wirkt bei obigen Austauschprozessen maßgeblich über ihren UV-Anteil, der bekanntlich ungleich stärker schwankt als die TSI-Strahlung.

Nochmal der Kern der neuen These: Der Nordpol mit seiner hohen Wärmeabstrahlung ins All ist das große irdische Energieleck, das starke Abkühlungen und globale Kaltzeiten bewirken kann. Der Regler des Leck-Wärmestroms aber ist die Solarstrahlung in Wechselwirkung mit Stratosphäre/Atmosphäre. Punktum. Bislang erst eine These, die noch abzusichern und in Einklang zu bringen ist mit den anderen Thesen.

Mir scheint an allen geschilderten Ansätzen was dran zu sein. Mal mehr, mal weniger. Und dass am Ende die Einsicht stehen wird: Das Klima wird durch viele unterschiedliche und sich überlagernde Prozesse geprägt. Sehr stark durch natürliche, vor allem sonnengetriebene

Prozesse, aber auch durch die bewussten anthropogenen Einflüsse wie Treibhausgase, wuchernde Wärmeinseln aufgrund Urbanisierung, Bodenversiegelung/-austrocknung und Entwaldung. Hierbei sind auch Riesen-Windkraft-"Parks" und Photovoltaik-Felder kritisch in den Blick zu nehmen.

Schön und gut, aber welche Prognose leitet der Alternativdenker Vinos von seinem Konzept ab? Hören wir seine eigenen Worte von 2023: „Da die Sonnenaktivität gering ist und die AMO demnächst abnimmt, sollten wir bis mindestens 2035 eine geringe Erwärmung oder sogar eine leichte Abkühlung erwarten." Allerdings prognostiziert Vinos bei wiedererstarkender Solaraktivität, absehbar erst nach 2035, eine temporäre Kaltphase vor Beginn der Wiedererwärmung – als Folge der nichtlinearen Wandlungsprozesse.

Nun der abschließende Vergleich der geschilderten Prognosen:

1) IPCC und Deutscher Wetterdienst DWD: weitere Erwärmung. Begründung: schon eingetretene und noch weiter steigende globale Treibhausgasemissionen.
2) Curry & Lewis: mit Blick bis 2050 gebremste Erwärmung mit Tendenz zu moderater Abkühlung. Begründung: schwächere Sonnenzyklen, anstehender Übergang von warmer in kalte AMO-Phase, Vulkanität (angesetzt im langfristigen Durchschnitt).
3) Sonnenmodell von Zharkova et al.: mit Blick bis 2040–2050 starke Abkühlung. Begründung: Schwäche der letzten Solarzyklen ist Beginn eines großen Sonnenminimums. Anmerkung: Das international erarbeitete Modell des Sonnenmechanismus ist ein großer Erkenntnisschritt. Aber im fraglichen Rechenlauf ist zumindest eine wichtige Eingangsgröße falsch (aktueller Sonnenzyklus 25 zu nieder angesetzt). Ein korrekter Wert dürfte zu gemilderter Prognose führen.
4) Javier Vinos: bis etwa 2035–2040 stagnierende Erwärmung bis leichte Abkühlung. Danach temporäre Kaltphase, bevor wieder Milderungsphase zurückkehrt. Begründung: bis 2035/2040 ähnlich Curry & Lewis; danach mit Wiederanstieg Sonnenaktivität temporär kalte Übergangsphase aufgrund der nichtlinearen Wirkungs-

kette zwischen Solarstrahlung und Erdklima (Phasenverschiebung); erst danach setzt sich dank erholter Sonnenaktivität wieder mildes Klima durch.

Mit Ausnahme von Vorhersage 4), die auf die mittleren Breiten der Nordhemisphäre zielt, sind es gemittelte Globalprognosen. Diese können regional und zeitlich vom Mittelwert deutlich abweichen.

Wie ist das Ganze nun zu interpretieren? Erkennbar wird eine Übereinstimmung zwischen den Vorhersagen 2) (Curry) und 4) (Vinos), allerdings nur bis zum Zeitraum 2035–2040. Das weckt für das nächste gute Jahrzehnt sowohl Zutrauen in die Prognose wie auch Zukunftszuversicht: gebremste Erwärmung bis moderate Abkühlung – so ziemlich das beste denkbare Szenario, damit ließe sich leben.

Ab 2040 aber fällt die tendenzielle Übereinstimmung zwischen Vinos und Zharkova-Sonnenmodell auf, die beide markante temporäre Abkühlungen prognostizieren (bei Zharkova mit der erwähnten Einschränkung). Dies mag uns als erneutes Memento dienen, dass unser derzeitiges günstiges Klima langfristig kaum von Dauer sein wird. Und dass neben der lärmend propagierten IPCC-Überhitzungs-Dystopie nicht die erdgeschichtlich verbürgte Kaltzeit-Zyklik vergessen werden sollte.

Letzteres ist besonders wichtig mit Blick auf die zukünftige Energieversorgung, die derzeit in Deutschland mit gigantischem Aufwand in IPCC-konformer Weise realisiert wird: politisch korrekt, aber im Ergebnis womöglich verhängnisvoll. Denn instabile und am Bedarf vorbei produzierende Zufallsenergien wie Sonne und Wind sind keine gute Voraussetzung für Kalt- und Schlecht-Klimata. Dies wird Thema sein im folgenden Teil III des Buchs. Festgehalten sei jetzt schon: Kaltzeiten werden wir dann bestehen, wenn wieder Ratio vor undurchdachtes Wunschdenken tritt. Und zwar nicht erst, wenn die Kaltzeit schon aufzieht. Die Realisierungszeit von Energie-Infrastruktur bemisst sich eher nach Jahrzehnten als nach Jahren.

Der erste Schritt zu rationalem Handeln wäre die Aufklärung über die einseitige Erwärmungs-Indoktrination von Weltklimarat/IPCC und seiner Zuarbeiter. Und dass sie nicht „die“ Wissenschaft vertreten. Sondern Interessen. Und deren Auftrag. Nachlesbar wie erwähnt in Wiki english: „Its job is to advance scientific knowledge about climate change *caused by human activities.*“ Klare Auftragsarbeit. Und nicht ergebnisoffene, kritisch hinterfragende Wissenschaft im Dienst der Menschheit. Sondern Zuarbeit für eine Machtelite. Und deren Ziel *gigantic business.*

Womit sie sich noch nicht zufrieden gibt: Die „Klimarettung“ ist auch Vorwand, um den Völkern Demokratie, Freiheit und Selbstbestimmung abzupressen und die ganze Macht bei sich zu konzentrieren. Die Völker sollen zur grauen Verfügungsmasse werden. In der Hand einer kleinen privilegierten Elite. Wie Rockefeller zum Vorwurf des One World-Strebens sagte: „Ich bekenne mich schuldig, und ich bin stolz darauf.“

Der Weltklimarat/IPCC ist dafür ein nützliches Werkzeug. Zu diesem Zweck betreibt er eine als Wissenschaft getarnte, anti-aufklärerische „Pseudowissenschaft“, um noch einmal Nobelpreisträger John Clauser zu zitieren. Viele von uns spüren schon den Druck der Indoktrination und Meinungseinengung. Nicht nur bezüglich Klima.

„Die Wahrheit kann gedrückt, aber nicht unterdrückt werden“, heißt es. Tragen wir dazu bei! Bekennen wir Farbe! Nicht nur ums Klima geht es, sondern um unser Menschenrecht auf Wahrheit und Freiheit.

Teil III

Klima- und Energiepolitik

1

Kann am deutschen Wesen die Welt genesen?

Oktober 2023: Im nordhessischen Reinhardswald lärmt schweres Gerät. Bäume werden gefällt und zerhäckselt. „Ein Kettensägenmassaker für den Klimaschutz", ironisiert der Journalist, der die Arbeiten für einen Youtube-Clip festhält. 18 Windradriesen sollen sich in Bälde über dem einstigen Märchenwald der Gebrüder Grimm erheben: fast 250 Meter Gesamthöhe, hundert Meter höher als die Türme des Kölner Doms. Und Wahrzeichen eines neuen Glaubens: des Glaubens an die zur „Klimarettung" notwendige Energiewende

Ihr bedeutendstes Projekt ist die Windkraft – das Leuchtturmprojekt der Klimajünger. Dementsprechend gigant(oman)isch stellt es sich dar. Die Höhe der Windradkolosse soll künftig auf über 300 Meter wachsen, der Flügelraddurchmesser auf über 150 Meter, weit mehr als die Länge eines Fußballfelds. Dabei ist die Technik jetzt schon grenzwertig. Die kolossalen Fundamente und Türme verschlingen tausende Tonnen Beton und Stahl. Die 20 Tonnen schweren Flügel aus Carbonfaser-Kunststoff werden nach spätestens 20 Jahren Betriebsdauer entsorgt zu Lasten der Umwelt: auf Deponien oder im Boden vergraben. Für ihren Transport im Reinhardswald wurden 14 Kilometer lange Schneisen durch den Wald geschlagen. Ihr Boden und der der gerodeten Radstandorte ist durch Schwertransporte, Bagger und Raupen betonhart verdichtet, geschädigt auf lange Zeit.

Die Kahlflächen sind, gemessen im Spätsommer, um 30 Grad wärmer als der Boden im Waldinneren: Hitzeinseln. Austrocknung ist die

Folge – wie am bereits kränkelnden Waldrand erkennbar: Die Kahlflächen fressen sich nach und nach in den Wald hinein, werden zu immer größeren Angriffspunkten für Hitze, Trockenheit und damit Borkenkäfer – die drei Hauptfeinde des Waldes. Zu denen jetzt als vierter die Windräder kommen. „Für den Wald eine Katastrophe", bringt es der BUND-Umweltschützer auf den Punkt, der den Journalisten begleitet.

Sie haben bewusst den Besuchstag von Minister Habeck an der Baustelle gewählt. Der Journalist hält ihm das Mikro hin: Wie er die Schädigung des Waldes durch Windparks sehe? Habeck wirft knapp hin, dass durch Klimawandel und Borkenkäfer eh schon alles kaputt sei. Und geht, als der Umweltschützer widerspricht, schnell weiter. Zur Wurstigkeit gegenüber dem Naturreservoir Wald kontrastiert schrill, was an Inbrunst aus grünen Mündern kommt, wenn es um das Klima geht – ikonisch Frau Baerbocks „Wir sind hier, um die Welt für die ganze Menschheit zu retten!"

Vorbild durch Waldabholzung? Die Wälder sind gewaltige CO2-Senken, global und auch in Deutschland, dem waldreichsten Land Mitteleuropas: Knapp ein Drittel ist bewaldet. Unersetzliche Naturrefugien für Mensch, Tier und Pflanzen: als Wasserspeicher, Schadstofffilter, Erholungsgebiete und Kühlflächen, die auch weiträumig über sich hinaus die Temperaturausschläge dämpfen, zumal in Hitzesommern.

Eine internationale Studie unter Leitung der ETH Zürich kommt zum Schluss, dass durch globale Aufforstung geeigneter Flächen eine ungeheure Menge CO2 zusätzlich absorbiert würde, welche die jährlichen CO2-Emissionen weit übersteigt. Die Klimaretter müssten begeistert sein von diesem Ansatz, ihn zumindest als zusätzliche Alternative forcieren. Nichts davon. Wie vom pietistischen Andachtsbild anempfohlen wollen sie nicht den sacht steigenden Weg wählen, sondern den steilen, schwierigen: Abbruch der bestehenden Wirtschaft und Aufbau einer Nullenergie-Welt. Dank Harry Bachmann verstehen wir die Hintergründe. Und verstehen auch, dass die gigantischen Kosten, sprich: die gigantischen Kredite, nicht schrecken: Für die Big Money-Drahtzieher sind sie der Kern des Geschäftsmodells.

Auch die im Wald angerichteten Zerstörungen schrecken nicht: Zerfledderung und Zerschneidung bis tief in Boden und Wurzelwerk hinab für die zahlreichen Kabelkanäle. Selbst Naturschutzgebiete kommen „unter die Windräder" und dürfen inzwischen bebaut werden. Das sich selbst kühlende und schützende Naturreservoir Wald wird zum Invaliden mit ungewissem Schicksal. „Windräder im Wald sind ein Skandal!" Sagt Otto Schily, Gründungsmitglied der GRÜNEN, aber dort längst ausgetreten.

Es sind nicht die einzigen Windkrafttücken. Mit den immer riesigeren Anlagen häufen sich die Havarien: abgeschleuderte Rotorblätter, brennende Maschinenhäuser in unerreichbarer Höhe, eingestürzte Türme. Aus Flügelbruchstellen schleudern Brocken und Fasern, kontaminieren Waldböden, Äcker, Wiesen im weiten Umkreis. Aus zerstörten Maschinenhäusern entweichen hochgiftige polyfluorierte Verbindungen: cancerogene Ewigkeits-Chemikalien, noch dazu mit einer Treibhauswirkung 20 000-mal stärker als CO_2.

Den Treibhaus-Bekämpfern müsste es gruseln vor solcherlei Klimakillern, aber kein Pieps von Nachdenklichkeit oder gar Kritik kommt aus ihrem Mund. Ein Großschaden in Ostwestfalen im September 2021 lässt tief blicken: Ein XXL-Windrad brach am Tag vor der Inbetriebnahme zusammen. Das Maschinenhaus stürzte samt den Rotorblättern ab. Der Turm, ein 180 Meter-Goliath, wurde im April 2022 gesprengt, wozu der Standort noch weiter abgeholzt werden musste. Aufgrund Sicherheitsbedenken ließ der Hersteller alle 21 Windanlagen desselben Typs abbauen oder sprengen. Beleg dafür, dass der Gigantomaniewettlauf bereits die Grenzen der Technik verletzt.

Nicht zu reden von der Verletzung anderer Grenzen: der Tötung hunderttausender Vögel, Fledermäuse und Myriaden von Insekten, welche vom Rotorensog in die Riesenhäcksler hineingerissen werden, die an den Flügelspitzen bis zu 400 Stundenkilometer erreichen. Allein in Deutschland sterben jährlich mindestens 250 Tausend Fledermäuse, wahrscheinlich noch viel mehr, die Dunkelziffer ist hoch. Auch Großtiere leiden: Das indigene Sami-Volk in Nordnorwegen fordert den Abbruch eines gigantischen Windparks mit 151

Rädern, weil Fehl- und Totgeburten der Rentiere rapid gestiegen sind.

Offshore-Windparks zeitigen ebenfalls tödliche Folgen: Entlang der bebauten Küstenlinien werden immer häufiger verendete Wale und Delfine angetrieben. Offenbar schädigt der erzeugte Unterwasserschall das Orientierungsvermögen und auch die Organe der Tiere. Vor der US-Windfarm bei Virginia Beach etwa wurde entlang der Küste „eine noch nie dagewesene Zahl" von Walen tot aufgefunden, auch seltene Nordatlantik-Glattwale, deren Existenz ohnehin schon auf der Kippe steht. Ähnlich lebensfeindlich sind die zahlreichen Nordsee-Windparks. Laut Untersuchung der Tierärztlichen Hochschule Hannover leiden Schweinswale schwer darunter. Die Lebenserwartung der Tiere habe sich verringert und ihr Gesundheitszustand verschlechtert. Ein weiterer Offshore-Ausbau werde die Population dezimieren. Fazit: Von Insekten bis zu Walen – Vernichtung für die „Klimarettung".

Was hinlenkt zu den Gefahren für die Menschen, die im Umkreis der Windräder leben. Lange Zeit abgestritten, liegen sie nach umfangreichen Untersuchungen der Universitätsmedizin Mainz inzwischen klar auf dem Tisch: Windräder haben Auswirkungen nicht nur auf die Psyche, sondern schädigen auch das Herz und andere Organe. Der Leiter der Studie, Professor Vahl, wird zitiert mit der Aussage, dass in Deutschland bereits 200 000 Menschen an starken Gesundheitsbeeinträchtigungen durch Windanlagen leiden.

Laut neuester Publikationen von medizinischen Fachjournalen bewirkt der tieffrequente, unhörbare Infraschall Störungen hochempfindlicher Druckrezeptoren der Gefäßwandzellen und damit Störungen lebenswichtiger Funktionen aller Organismen, von Insekten über Tiere bis zum Menschen. Betroffene Funktionen sind etwa Blutdruckregulierung, Blutgerinnung, Embryonalentwicklung, Wachstum, Immunreaktionen, Heilungsprozesse, Oxidativer Stress-Regulierung (Abb. 16). Daraus kann, belegt durch Studien, ein breites Spektrum von Krankheiten resultieren bis hin zu Krebs. Besonders gravierend die extreme Reichweite von Tieffrequenzen, beispielsweise bei großen Windparks bis etwa 100 Kilometer.

Trotzdem reduzierte die deutsche Politik den Windradmindestabstand zu Wohnhäusern gravierend, bis herunter auf 700 Meter. Nach der Devise: Wer die Welt retten will, kann sich nicht auch noch um die eigenen Leute kümmern. Und so drückt die Politik noch stärker aufs Gas: 2 Prozent der Landfläche sollen für die Windkraft genutzt werden, mithin gerade auch Wälder. Und zwangsläufig auch windschwache Gebiete, sind doch die windhöffigen schon bebaut. Trotz aller Umweltschäden, trotz aller Lebens- und Gesundheitszerstörung, und trotz erwiesener Unwirtschaftlichkeit: 2 Prozent müssen es sein. Koste es, was es wolle.

Dass, laut Neue Zürcher Zeitung, für wirkliche Rentabilität mindestens 30 Prozent Anlagenauslastung erforderlich ist, dass dies nur in Teilen Norddeutschlands und in wenigen Höhenlagen Süddeutschlands erreicht wird, und dass deshalb 85 Prozent der Anlagen unwirtschaftlich sind und subventioniert werden müssen: interessiert nicht. Dass deshalb der Großteil der Anlagen die Strompreise treibt und Sargnägel für die Industrie sind – interessiert nicht. Dass der verordnete Ausbau allein der Land-Windanlagen 27 Millionen Tonnen Beton, 10 Millionen Tonnen Stahl und Unmengen von Seltenen Erden erfordert und dass deren Umwelt-Fußabdruck die Windkraft-Ökologiebilanz ins Minus drückt – interessiert nicht.

Bei der Seltene Erden-Gewinnung etwa in China entstehen, abgesehen von hohen Emissionen und enormem Strom- und Wasserverbrauch, giftige Stäube sowie radioaktive und schwermetallhaltige Rückstände. Laut Umweltbundesamt „kam es in der Bevölkerung vermehrt zu Lungenkrebs". Die Giftstoffe gelangen in Flüsse, Grundwasser und Boden. Kinder werden zunehmend schon krank geboren. Todgefährlich auch das für die Windturbinen nötige Kobalt: In Marokko wurde um das Abbaugebiet eine weiträumige Verseuchung durch das Beiprodukt Arsen nachgewiesen. Ein ganzes Tal erwies sich als kontaminiert, in Urinproben der Minenarbeiter wurden „exorbitant hohe Konzentrationen" festgestellt. Viele Arbeiter sind bei Subunternehmen beschäftigt; wenn sie krank werden, fliegen sie raus. Ihr weiteres Schicksal lässt sich erahnen.

Die von einem Machtkartell diktierte „Klimarettung" bedeutet mithin die rücksichtslose Ausbeutung von Menschen und Umwelt in Drittweltländern. Das alles wird vertuscht, der schöne grüne Schein darf nicht befleckt werden. Bei der Laudatio zum neuen Buch *Die große Energiekrise* von Professor Vahrenholt warf Otto Schily den GRÜNEN Verrat an den eigenen Idealen vor, weil Wälder, Naturschutzgebiete und Kulturlandschaften für den Windkraft-Hype rücksichtslos zerstört werden. Gesundheit und Leben zahlloser Menschen noch mit, ist hinzuzufügen.

Staatlich besoldete Wissenschaftler wagen nur noch vereinzelt, dem politmedial befeuerten Hype entgegenzutreten. Sie riskieren Karriere, Verlust Projektförderung und Ausgrenzung. So der in Deutschland und den USA lehrende Physikprofessor Gerd Ganteför, Fachmann für Erneuerbare Energien. Nicht nur verneint er, dass eine Industrienation wie Deutschland allein mit Wind und Sonne versorgt werden kann, sondern warnt auch vor Negativfolgen des geplanten gigantischen Offshore-Windkraftausbaus in Nord- und Ostsee: „Wir wissen derzeit nicht, was alles passieren kann, wenn wir weiterhin unzählige Windräder aufstellen." Ganteför musste sich dafür scharfer Angriffe erwehren sowie auch des Ansinnens, er solle sich aus der öffentlichen Diskussion zurückziehen. Das er zurückwies mit der Begründung: „Wir brauchen mehr kritische Wissenschaft und weniger blinde Ideologie!"

Der aufrechte Professor hat gute Gründe für seine Warnungen: in Gestalt zahlreicher Hinweise, dass große Windparks Bodenaustrocknung und damit Erwärmung verursachen. Dazu liegen internationale Publikationen vor, von China bis zu den USA. Dort kamen etwa Forscher zu einer niederschmetternden Erkenntnis: „Die Erwärmung durch Windkraftnutzung kann die vermiedene Erwärmung durch reduzierte Emissionen übersteigen." Selbst der Wissenschaftliche Dienst des Bundestags spricht, erstaunlich ehrlich, von „Temperaturerhöhungen in den unteren Luftschichten". Bei Offshore-Anlagen kann der Effekt sich bis zu 70 Kilometer weit ausdehnen.

Diskutiert wird ein möglicher Zusammenhang mit Dürren, die parallel zum Windpark-Boom weltweit zunehmen. Dies gilt für die tödliche Dürrekatastrophe am Horn von Afrika – Kenia, Äthiopien, Somalia –, wo seit Inbetriebnahme des gigantischen Turkana-Windparks im Jahr 2019 – 364 Windräder! – die Regenzeiten fast ganz ausblieben, mit bösen Folgen für die Menschen. Es gilt auch für Westeuropa, besonders für Spanien und Portugal, wo die Dürre sich immer weiter verschärfte, zeitgleich mit der exponentiell ausgebauten Windenergie. Und es gilt für unsere östlichen Bundesländer, wo wiederum sogar der Wissenschaftliche Dienst des Bundestags eine Korrelation zwischen der dort hohen Windraddichte und Dürren einräumte. Folgenlos. Die fiktive Klimakatastrophe wird bekämpft auf Kosten realen Katastrophenrisikos.

Ob die Korrelation ursächlich ist oder nur zufällig wäre schleunigst zu klären. Aber das unbequeme Thema wird tabuisiert. „Gigantische Geldsummen und riesige Manpower“ flössen in die CO2-Thematik, aber kaum etwas in die Windkraft-Folgenforschung, kritisiert Ganteför. Und ein Mitkämpfer, der deutsch-amerikanische Atmosphären-Physiker Professor Gerhard Kramm, ruft den Windadvokaten zu: „Mit dem großflächigen Einsatz von Windturbinen wird genau das Gegenteil von dem erreicht, was Sie behaupten.“

Damit noch immer nicht genug: Die Windindustrie fährt inzwischen horrende Verluste ein aufgrund explodierter Kosten, zumal bei Offshore-Anlagen. Haupttreiber: Material, Kreditzinsen, horrende Netzausbaukosten, außerdem kostspielige Havarien und Instandhaltung, besonders der extrem beanspruchten Offshore-Windkraft etwa aufgrund Salzwasserkorrosion mit häufigen kostenträchtigen Folgeproblemen.

Mit einem gigantischen 2022er-Jahresverlust von 4,6 Milliarden Euro drohte Siemens Energie, weltweit einer der größten Player und *die* zentrale Schaltstelle für die deutsche Energiewende, in die Knie zu gehen. Weshalb durch Regierungsratschluss dem Steuerzahler die Ehre des Retters zuteilwurde: in Gestalt einer 7,5 Milliarden-Haftung für den Wackelkonzern. Medial betont unauffällig berichtet ...

Auch im Rest der Branche reihen sich Hiobsbotschaften. International. Der US-Gigant General Electric, ein globales Schwergewicht, machte 2022 mit Windkraft 1,1 Milliarden Dollar Miese. In Nordnorwegen geht eine der weltweit größten Windfarmen mit 1100 Windradgiganten von 300 Metern Höhe in Insolvenz: zahlungsunfähig wegen Technikproblemen und häufiger Windflauten. Aufgrund all dieser Probleme vollzog Schweden 2023 einen Strategieschwenk: weg von Windkraft, hin zu Atomkraft. Zu den heute laufenden 6 Reaktoren sollen 10 weitere kommen. Ziel: Klimaneutralität und gleichzeitig stabile Energieversorgung durch grundlastfähige und wirtschaftlich arbeitende Kraftwerke.

Besonders stark ballen sich die Probleme bei Offshore-Windparks: Weil sie sich nicht mehr rechnen, brach schon 2022 der Ausbau ein. Bei Offshore braue sich „der perfekte Sturm zusammen“, lässt der Energieriese RWE verlauten. Der SPIEGEL im September 2023: „Was heute nicht finanziert ist, wird in den kommenden Jahren nicht gebaut – düstere Aussichten für die Energiewende.“ Sehr düstere sogar, sollte doch die Windkraft auf See zur wichtigsten und kostengünstigsten Energiequelle der grünen Transformation werden. Hin zu grünem Wachstum, zu *Greentech*, zu einem gewaltigen Zukunftsmarkt mit Hunderttausenden Jobs, welche die beim Abbruch der Fossilwirtschaft massenhaft wegfallenden Arbeitsplätze ersetzen. So jedenfalls tönte es aus grünen Lautsprechern.

Das Gegenteil tritt ein: Laut den Verträgen für neue Windparks wird der Strompreis auch über künftige Jahrzehnte exzessiv hoch bleiben. Drei Mal höher als in den USA und China, doppelt so hoch wie in Frankreich. Folge: Exodus von Industrie, Arbeitsplätzen, Wohlstand. Mit den absehbaren Konsequenzen, bis zu sozialer Instabilität. Das Magazin Focus schrieb schon 2022: „Der spektakuläre Abstieg Deutschlands geht in die Geschichtsbücher ein.“ *Schöne neue Welt.*

Die grünen Visionen verwehen wie Rauch im Wind. Nun erschallt der Hilferuf: Höhere Subventionen! So wird`s auch kommen. Schulden sind politisch genehmer als krachendes Scheitern. Die Rechnung wird dann später präsentiert. Vermutlich zu spät …

Zusätzliche Wermutstropfen in den sauren Windkraftwein: die billigere, inzwischen übermächtige chinesische Konkurrenz. Global kommt die Masse der Windkraftkomponenten mittlerweile aus China, von Rotorblättern bis zu Maschinenhäusern und zum komplexen Netzwerkmanagement. Der Energieriese RWE bezieht sogar die Stahlbetonfundamente für seine Nordsee-Windparks aus China. Deutsche Akteure aber schließen die Werke, wie Nordex oder SGL Carbon. Rotoren kommen fast nur noch aus dem Ausland. Europa ist dabei die Windindustrie zu verlieren, so wie es die Solarindustrie verloren hat. *Grünes Wachstum* – eine Schimäre.

Damit immer noch kein Ende. Bekanntlich erfordert der Wind- und Sonne-Zappelstrom fossile Reservekraftwerke für Dunkelflauten. In Gestalt schnell hoch fahrbarer, sehr teurer Gaskraftwerke. Man braucht, bildlich gesprochen, zum Auto noch ein Zweitauto, das permanent im Leerlauf brummt, um im Notfall sofort starten zu können. Denn ein Blackout kommt blitzschnell. Folge: doppelte Energie-Infrastruktur, zig Milliarden Extrakosten. Schildbürgerstreich? Ach wo: „Kraftwerks-Strategie", so die vornehme Umschreibung für den Murks.

Solche Reservekraftwerke sind wegen ihres nur sporadischen Betriebs völlig unwirtschaftlich, weshalb private Investoren abwinken. Und am Ende der Verbraucher zahlen muss, wie für alle am Markt vorbei geplanten grünen Kopfgeburten. Die murksige Kraftwerksstrategie steckt völlig fest, der Terminplan hoffnungslos in Verzug. Und damit die schönen Energiewende-Pläne. Es läuft hinaus auf Weiterbetrieb schmutziger Kohlekraftwerke auf unabsehbare Zeit. Und auf massive Stromimporte – sprich: Abhängigkeit vom Ausland, Exodus der Energiesouveränität. Zusätzlich zum Exodus großer Industrien wegen der hohen Strompreise. Geniale Strategie. Erinnert mich echt an die Schildbürger, die beim Hausbau den langen Giebelbalken quer zur Haustür rein tragen wollten und dafür die Wand einrissen.

Bilanz Windkraft: Bei ganzheitlicher Betrachtung – auch inklusive des gesamten Lebenszyklus von Rohstoffgewinnung über Transport, Bau, Betrieb und Entsorgung – ist sie negativ. Mit gravierenden Schäden ökonomisch, ökologisch und für die Gesundheit von Betroffenen. Je länger dies andauert, umso schlimmer der Schaden.

Letztlich auch ethisch wegen der immer dreisteren Schönfärbereien und Täuschungen, um die Illusion am Leben zu halten und die Wahrheit zu vertuschen.

Und die Photovoltaik – wie sieht`s da aus? Besser, aber lang nicht so rosig wie propagiert. Anders als bei der Windkraft gibt es keine bewegten, extrem belastete Teile und auch keine feindlichen Umweltbedingungen wie besonders bei Offshore-Windanlagen. Daher sind Bauaufwand sowie Betriebs-, Wartungs- und Reparaturkosten ungleich geringer. Wesentlich geringer sind auch die ökologischen Schäden: kein massenhaftes Schädigen und Töten von Leben durch Verhäckseln, Unterwasserschall, krankmachenden Tieffrequenz-Schall.

Sofern man Politik und Medien glaubt, sieht es bei der Photovoltaik sogar glänzend aus, gemäß Jubelmeldungen über immer neue Solar-Rekorde. Das Solar-Forschungszentrum ZSW setzt noch eins drauf: Der Photovoltaik-Ausbau müsse „ganz neue Dimensionen" annehmen angesichts der geplanten Totalelektrifizierung des Lebens.

Kratzt man etwas am Glanzlack, kommt dann doch so mancher Fleck zum Vorschein: Der ökologische Nutzen der Photovoltaik ist bei gesamthafter Betrachtung keineswegs so großartig wie suggeriert. Bei Hohensaaten in Brandenburg sollten für eine Riesensolaranlage 370 Hektar Wald gerodet werden. Der natürliche Klimaretter sollte fallen für den künstlichen. Aufgrund Bürgerprotesten wurde das Projekt im Juli 2024 im letzten Moment gestoppt.

Wäre es realisiert und die Riesenfläche mit schwarzer Photovoltaik bepflastert worden, dann wäre es dort gleich wärmer geworden. Wie internationale Untersuchungen zeigen, etwa der US-Universitäten Illinois und Arizona: Die Temperaturen über einem PV-Feld lagen nachts regelmäßig 3 bis 4 Grad höher als in der freien Natur. Auch umfangreiche Wärmebild-Analysen bestätigen den Wärmeinsel-Effekt von großen PV-Anlagen in der freien Natur. – Mit der Schlussfolgerung, dass solche Anlagen „eine massive konvektive Erwärmung der Atmosphäre" verursachen und zusätzlich unter den Anlagen am Boden den Photosynthese-CO2-Abbau stark verringern. Alles zusammen sehr kontraproduktiv für das erstrebte Ziel der Erwärmungsbegrenzung.

Weiterer Knackpunkt: „Warum Solaranlagen immer wieder abgeschaltet werden", titelt das Rundfunkportal BR24 am 10.11.2023. Und führt aus: „In diesem Jahr wurden Photovoltaik-Anlagen häufig vom Netz genommen. Ausgerechnet an sonnigen Tagen, an denen sie viel Strom produzieren." Dieses Jahr sei es schon der 57. Abschalttag, schimpft der Solarpark-Betreiber. „Einfach Hunderte oder wahrscheinlich Tausende Solarparks auszuschalten ist ein Wahnsinn." Aus seiner Sicht verständlich, aus Sicht der Netze aber auch, weil sie an vielen Sommertagen sonst hoffnungslos überlastet würden. Der zuständige Netzbetreiber, das Bayernwerk, erklärt lapidar: Anlagen abzuregeln sei einfach und kostengünstig, das Netz auszubauen aber teuer. Und es kommt noch dicker: „Erneuerbare Energien werden immer mehr abgeschaltet", konstatiert BR24: Der Solarboom gehe weiter, eile dem Netz immer weiter voraus – die Abschaltungen würden zwangsläufig zunehmen. Und zwar auf lange Sicht, wie sich noch zeigen wird.

Fatales Fazit: Mit steigender Tendenz geht ein großer Teil gerade der sonnigsten Tage für die Stromerzeugung verloren, die knallige Aufheizung der schwarzen Solarfelder aber bleibt, typisch um 30 bis 40 Grad über die Umgebungstemperatur. Und damit auch die Aufheizung der Umgebung und Atmosphäre. Das Gegenteil dessen, was man will.

Weiterer Umweltpunkt: Das Portal *agrarheute.com* vom 16.6.2021 fragt: „Solarparks auf dem Acker – tödliche Falle für Vögel?" Und schreibt, gestützt auf eine US-Studie: „Durch Solarparks sterben Vögel. Zumindest in Amerika. Das ist eine für viele Betreiber und Tierschützer ziemlich unerwartete Folge des gewaltigen Solarbooms der letzten Jahre." Auch in Deutschland dürfte die Situation nicht viel anders sein, so das Portal. Das Problem sei aber: Niemand wisse bisher genau, warum und in welchem Umfang die Vögel in den Solarparks sterben.

Die Umweltschutz-Legende, der Biophysiker und Mediziner James Lovelock, einer der Gründerväter der grünen Bewegung und des Gaia-Weltbilds, erklärte im Januar 2020 in einem SPIEGEL-Interview: „Wir haben in bestehende natürliche Systeme eingegriffen, und das zieht immer unbeabsichtigte Nebenwirkungen nach sich. Unser Wissenschaftssystem ist aber nicht darauf ausgelegt, die Gesamtzusammenhänge zu erfassen. Auf der Universität lernen die Studenten nur, wie man Examen macht."

Aber: Scheuklappen haben auch die Investoren und Berater auf, die Kommunen und Landeignern mit Profitverheißungen neue Projekte schmackhaft machen. Schließlich versprechen die „Erneuerbaren" dank Steuerzahlersubventionen lukrative „Win-Win"-Deals. Nur nicht für die Umwelt.

Immerhin, erste Reaktionen auf die Kehrseite der Photovoltaik gibt es: Die italienische Regierung etwa hat Solarfelder auf produktiven landwirtschaftlichen Flächen verboten. Ziel: die „Verödung" von Agrarflächen zu verhindern. Der Landwirtschaftsverband Coldiretti begrüßte den Schritt. Er sei notwendig, um den Spekulationen von Großinvestoren Einhalt zu gebieten, welche die landwirtschaftliche Produktion gefährden. In Deutschland aber werden die dunklen Seiten der Erneuerbaren noch als Tabuzone behandelt, deren Betreten unerwünscht ist.

Noch ein Schmutzfleck auf der vorgeblich weißen PV-Weste: 1,1 Millionen Module auf 500 Hektar sind bei Deutschlands größtem Solar"park" nahe Leipzig verbaut. Modullebensdauer: laut Angaben typisch 25 Jahre, faktisch oft darunter (z. B. Studie Libra et al. 2023), Wechselrichter weit darunter aufgrund hoher thermischer Belastung. Welch millionenfaches Entsorgungsproblem! Zumal wenn man die weiteren Millionen aus den übrigen „Parks" und von unzähligen Hausdächern und Balkonen hinzurechnet. Denn ein ordentliches Recycling ist, trotz schönfärberischer Herstellerangaben, unwirtschaftlich und dazu potentiell umwelt- und gesundheitsschädlich, etwa aufgrund toxischer, teils cancerogener Schadstoffe wie Cadmium und Blei.

Wegen der drohenden gigantischen Entsorgungs- und Müllprobleme verhängte die kanadische Provinz Alberta Ende 2023 ein Moratorium für neue Solar- und Windprojekte: Erst sollten praktikable und bezahlbare Entsorgungslösungen gefunden werden, weil andernfalls riesige Deponien aus alten Solarmodulen und Windrädern die Umwelt gefährden würden wie etwa im benachbarten Kalifornien.

Das Kardinalproblem der Solar- und Windenergie ist zum einen natürlich die Volatilität: die stochastische und nur teilzeitige Stromerzeugung, die zudem überwiegend nicht zum Verbrauch passt. Was fatal ist: Zu viel oder zu wenig Erzeugung führt zu Über- oder Unterschreitung der engen Frequenz- und Spannungsgrenzen mit Gefahr Netzzusammenbruch. Deshalb muss Überschussstrom kostenpflichtig in Auslandsnetze entsorgt werden, fehlender Strom dagegen muss teuer importiert werden. Jedes Mal Extrakosten. Plus Gefährdung der Netzstabilität, siehe weiter unten.

Das zweite Kardinalproblem ist die in Relation zu Fossil- und Kernkraft tausendfach verdünnt anfallende Energie, was zu tausendfacher Multiplikation von Anlagen, Flächenverbrauch, Naturzerstörung zwingt. Solar- und Windkraft seien „unfassbar ineffizient", so der dänische Professor und Gründer des Thinktanks *Copenhagen Consensus* Bjorn Lomborg: Die Kosten überstiegen den Nutzen bei Weitem und machten das Ziel Klimaneutralität illusorisch. Und die Welt ärmer als nötig. Auf der Strecke blieben dabei die anderen großen Umwelt- und Menschheitsprobleme. Mit Blick auf die Photovoltaik, die in umsichtig ausgewählten, begrenzten Anwendungen ihre Vorteile ausspielen kann, ein etwas sehr hartes Urteil.

Auch wenn nun mal ihre Öko-Bilanz keineswegs so glänzt wie suggeriert. Durch Einbezug von Herstell-, Transport-, Installations-, Wartungs- und Entsorgungsaufwand leidet die Bilanz noch mehr. Zumal durch die extrem energieintensive Modulherstellung bei 2000 Grad im Ofen. Bei der auch enorme Mengen an Giftstoffen anfallen, die wiederum aufwendig entsorgt werden müssen. Bei den fast nur noch aus China kommenden Modulen wird all dies nicht eben umwelt- und klimaneutral erfolgen. Dafür sorgen allein schon Chinas viele Kohlekraftwerke. Bei der ausgelobten deutschen Öko-Bilanz fehlt dieser Posten. Der Globus aber kriegt ihn aufs Konto.

Auch das Grüne Wachstum bleibt bei der Photovoltaik ein Traum. Die EEG-Abgabe zur Erneuerbare Energien-Förderung subventioniert indirekt die chinesische Solarindustrie, die deutschen Hersteller aber machen Pleite: zu hohe Kosten, zu viele Auflagen und Beschränkungen, zu viel Bürokratie. Im einst florierenden, über 3000 Mitarbeiter beschäftigenden deutschen *Solar Valley* in Bitterfeld herrscht heute Katerstimmung. China liefert jetzt über 80 Prozent aller Solarzellen weltweit: Grünes Wachstum – bloß nicht bei uns in Deutschland.

Und wo wir schon bei der Ökonomie sind: Natürlich patzt da die Photovoltaik genauso wie die Windkraft durch die Notwendigkeit von teuren Reservekraftwerken: unverzichtbar bei dieser bloßen Sonnenschein-Energie. Einer der Gründe, warum sie teuer ist und bleibt. Auch ihr medial propagierter Siegeszug muss relativiert werden: Trotz inzwischen hohen Anteils an der Stromerzeugung lag in Deutschland im Jahr 2023 der Photovoltaik-Anteil am Gesamt-Primärenergieverbrauch, also an der Summe aller eingesetzten Energieträger, bei nur 2,4 Prozent. Photovoltaik plus Windkraft zusammen kamen auf 7,2 Prozent (Quelle: AG Energiebilanzen). Und das trotz jahrzehntelanger, zig-milliardenschwerer Subventionen, geholt aus den Taschen der Bürger. Von denen nicht wenige angesichts Teuerung schon auf Kante leben, voran einkommensschwache Familien mit Kindern.

Fazit Solarenergie: zwar nicht so schwer problembehaftet wie die Windkraft, aber lang nicht so ideal wie propagiert angesichts der Probleme von Umweltbelastung bis Industrieruin.

Und ein weiteres hoch Bedenkliches sei noch angefügt: Je mehr die beiden Volatil-Energien die kontinuierlich erzeugenden Grundlastenergien ersetzen, umso intrinsisch instabiler wird die Versorgung und umso höher das Blackout-Risiko – hauptsächlich durch Dunkelflauten. Der hoch dekorierte Energie-Fachmann Manfred Haferburg – er rettete bei der Schneekatastrophe 1978/79 als Leiter des Kernkraftwerks Greifswald mit seinem Team durch einen durchgängigen 70-stündigen dramatischen Einsatz die DDR vor einem verheerenden Netzzusammenbruch – beurteilt das deutsche 80 Prozent-Erneuerbare-Energien-Ziel als „gigantisches Klumpenrisiko“: Bei real vorkommenden großräumigen nächtlichen Flauten fällt die Stromerzeugung fast ganz aus. Abhilfe denkbar nur durch die erwähnten zahlreichen Reservekraftwerke – bislang nur Wunschdenken.

Offiziell wird abgewiegelt: „Wir hatten und haben ausreichend Strom zur Verfügung“, tönt die Grün-Lobby. Von Verbraucherseite aber klingt es anders: „Stromausfälle machen vielen Unternehmen zu schaffen“, fasste die Deutsche Industrie- und Handelskammer im Februar 2024 das Ergebnis einer breiten Unternehmensbefragung zusammen. Danach verursachten die Ausfälle im Jahr 2023 für ein Drittel der Betriebe Kosten bis zu 10 000 €, für 15 Prozent sogar bis 100 000 €.

„Durch den Ausbau der schwankenden Solar- und Windstromerzeugung kommt es immer häufiger zu Netzengpässen, Über- und Unterspannungen sowie einem Stromeinspeisemanagement in steigendem Umfang“, so der DIHK. Letzteres, der *Redispatch* zur Blackout-Verhinderung, kostete 2022 bereits unfassbare 2,7 Milliarden Euro. Im Jahr 2000 waren es jährlich noch 5 solche Noteingriffe, im Jahr 2022 dann alarmierende 12 146 Eingriffe – anders ausgedrückt: Beinahe-Ereignisse! Die Häufung macht einen Brownout oder gar Blackout immer wahrscheinlicher. Dazu der Bundesrechnungshof im März 2024: „Das Ziel einer sicheren Versorgung mit Strom kann so langfristig nicht gewährleistet werden.“

Und maßgebliche Energie-Fachleute warnen geradezu flehentlich. So beispielsweise der Professor für Energietechnik an der Westfälischen Hochschule Markus Löffler: „Wenn wir den eingeschlagenen Kurs mit den vorhandenen Lücken bei den Kraftwerkskapazitäten fortsetzen, werden wir schon in wenigen Jahren immer wieder im Dunkeln sitzen.“ Und Letzteres könnte eine unvorstellbare, länger andauernde Blackout-Katastrophe bedeuten: laut Technisches Hilfswerk THW typisch 5 Tage, nach Energie-Fachleuten bis zu Wochen. Laut einer im Fachblatt *Environmental Research Letters* publizierten Studie könnte die Dunkelflauten-Dauer sogar bis zu zwölf Wochen dauern. Denn oft folgten dunkle, windarme Phasen dicht hintereinander, so dass für das komplizierte Hochfahren der Versorgung keine Zeit bleibt.

Übrigens: Die letzte längere Dunkelflaute war im Dezember 2023. Dazu der Blog *Finanzmarktwelt* am 21.12.2023: „Energiewende in Deutschland: Scheitern zeigt sich im Winter. Bereits für die ersten drei Winter-Wochen zeigen die Daten, wie abhängig die Stromproduktion in Deutschland von fossilen Energieträgern ist. Ohne Kohle und Erdgas würde tagelang hierzulande sprichwörtlich das Licht ausgehen. Kohle und Erdgas müssen im Winter bei Windflaute Dreiviertel der

Stromproduktion in Deutschland stemmen. Der Beitrag aus Solarenergie zur Stromproduktion ist zu dieser Jahreszeit kaum messbar."

Der eigentlich Energiewende-affine SPIEGEL schreibt am 9.5.2022 erstaunlich offen über eine Mega-Dunkelflaute im Januar 2017: „Kaum ein Lüftchen von Flensburg bis zum Bodensee, dazu Nebel allerorten; und das zur Winterzeit, wenn der Strombedarf besonders hoch ist: ‚Kalte Dunkelflaute' nennen Energiewende-Skeptiker derartige Wetterlagen. Für sie ist es ein Totschlagargument, das zeigen soll: Es geht nicht ohne fossile Brennstoffe. Für zehn Tage herrschte ein solches graues Einerlei beispielsweise Anfang 2017. Und wie erwartet: Wind- und Solarenergieanlagen brachten lediglich 4,6 Gigawatt Leistung ins Stromnetz ein. Benötigt wurden jedoch über 60 Gigawatt." Für ein künftiges Sonne-/Windland ohne volle Reservekraftwerk-Abdeckung – die auf lange Sicht ein Fantasma bleibt – wäre das der GAU. Mit entsprechend verhängnisvollen Konsequenzen, die man sich nicht vorstellen will.

Dunkelflauten und Blackout: kein bloßes Fantasma von Energie-Wende-Mäklern!

Professor Vahrenholt blogt am 13.9.2024, gestützt auf eine aktuelle Grafik der deutschen Energieträger-Entwicklung des Fraunhofer Instituts: „Die Grafik zeigt, dass die Energiewende hinsichtlich der CO2-freien Stromerzeugung nichts anderes gebracht hat, als seit 2002 preiswerte Kernenergie durch teureren und unzuverlässigen Wind- und Solarstrom zu ersetzen." Laut der Fachzeitschrift *International Journal of Sustainable Energy* habe diese Umstellung den deutschen Steuerzahler 600 Milliarden Euro gekostet.

Und noch schlimmer: „Die Kostenspirale der Wind- und Solarenergie dreht sich immer schneller." Kompetente Stellen beziffern „die von 2023 bis 2035 zu tätigenden Investitionen mit schwindelerregenden 1214 Milliarden Euro". Kleiner Fingerzeig, wie es dazu kommt: Allein die Netzausbaukosten steigen schwindelerregend: Ausbau der Hochspannungsleitungen 300 Milliarden und der Verteilnetze in Städten und Gemeinden 150 Milliarden. Eine Nirwana-Planung nicht nur finanziell, sondern auch technisch-terminlich und auch personell. Der erfahrungsgestählte Praktiker Haferburg auf der EIKE-Konferenz

2024: Wer immer Optimismus über die Energiewende verbreite, spreche „im Delirium".

Habeck flapste ja bekanntlich, falls die Energiewende nicht klappe, müsse man ein anderes Geschäftsmodell auflegen. Dazu Vahrenholt: „Das wird dann nicht das Geschäftsmodell eines Industrielandes sein." Und auch nicht mehr das Deutschland, das wir kennen.

Noch kurzer Blick auf den als klimaneutral geltenden Energieträger Biomasse/-gas. Er wird bevorzugt in Blockheizkraftwerken mit kombinierter Strom-/Wärmeerzeugung eingesetzt. Sein Potential bleibt aber begrenzt aufgrund gravierender Nachteile: Der großflächige Monokultur-Anbau von Energiepflanzen wie Mais ist nicht nur umweltschädlich aufgrund Bodendegradierung, sondern führt auch zum Zielkonflikt „Tank oder Teller" mit negativen Folgen für die Nahrungsversorgung weltweit sowie auch zur Regenwaldabholzung für Ölplantagen. Der deutsche Sachverständigenrat für Umweltfragen kommt zum Schluss, dass Biomasse nicht geeignet ist, fossile Brennstoffe in größerem Maße zu ersetzen.

Zum Schluss noch ein Blick auf die Energiewende aus der Höhe des global bewanderten Top-Ökonomen Daniel Stelter: „Die Energiewende ist gescheitert. Um das Scheitern Deutschlands abzuwenden, bleibt nicht mehr viel Zeit." Die Klimapriesterschaft aber will die Zeit nicht nutzen, im Gegenteil, sie sucht die Rettung in einem „Noch mehr": Die Kapazität der Offshore-Windkraft soll verdreißigfacht werden. Zudem noch mehr Höhe und Leistung der Windräder bis zu Kolossen von 380 Metern. Flucht in die Gigantomanie. Wo schon die jetzigen Technikprobleme in Riesenverluste münden.

Vabanquespiel. Und Umverteilung von unten nach oben. Die Bürger bezahlen. Die Kredite gebenden Großbanken gewinnen. Auch wenn die Chose floppt. Wie sagte Minister Habeck: „Wir gehen voll ins Risiko – vielleicht gelingt es ja auch."

2

Energie-Zukunft

„Deutschland war lange der Motor der europäischen Industrie und einer von Schwedens wichtigsten Handelspartnern. Aber wie die Dinge derzeit stehen, fürchte ich leider, dass die deutsche Industrie in andere Länder und Kontinente abwandern wird, die eine vernünftigere Energie-, Klima- und Wirtschaftspolitik verfolgen. Und wenn deutsche Unternehmen nach China ziehen, wird es weder für das Klima noch für die europäische Wettbewerbsfähigkeit ein Gewinn sein. Aber das ist unbestreitbar der Weg, den Deutschlands Energiepolitik derzeit einschlägt."

Das erklärt der schwedische Fachjournalist Pontus Nyman dem kritischen Magazin *Cicero*. Anlass: Schwedens Ablehnung des deutschen Wunsches, mit dem Unterseekabel *Hansa Powerbridge* eine Versorgung Deutschlands mit schwedischem Grundlaststrom zu schaffen. Der Artikel vom Juni 2024 titelt: *Gescheiterte Stromverbindung – Wir Schweden wollen nicht mehr für Deutschlands falsche Energiepolitik bezahlen.* Manchmal macht die Sicht von außen das Bild klarer. Deshalb noch mal Nyman: „Es ist an der Zeit, dass Deutschland aufwacht, seine Energiepolitik wieder nüchtern betreibt und dann das wirtschaftliche Comeback schafft, das ihm schon einmal gelungen ist – und auf das wir andere Länder warten und hoffen."

Laut der schwedischen Regierung ist eine solche Stromtrasse dann wieder denkbar, „wenn sich die Voraussetzungen in Zukunft ändern sollten". Damit versuche sie, so Nyman, Deutschland von seiner falschen Energiepolitik abzubringen, die die gesamte europäische Wettbewerbsfähigkeit gefährde. Schwedens Signal signalisiere den Deutschen, dass ihr Land energiepolitisch auf einem abschüssigen Weg sei. Darunter werde nicht nur Deutschland selbst, sondern ganz Europa leiden. Nicht nur ökonomisch: Die deutsche Energiewende konterkariere in Wirklichkeit auch das EU-Ziel, Fossilenergie zu minimieren. Dagegen trügen etwa Schweden und Frankreich stark dazu bei: durch Nutzung der Kernkraft. Nyman beziffert die Treibhausemissionen von 2023: Frankreich 53 Gramm pro Kilowattstunde Strom, Schweden 25 Gramm, Deutschland, durch den notwendigen Weiterbetrieb der Fossil-Kraftwerke, aber 400!

In seinem Eifer, die Kernkraftwerke abzuschalten habe Deutschland sich von Gas und Kohle abhängig gemacht. „Ich sehe keine Möglichkeiten für das Land, in den kommenden Jahrzehnten fossilfrei zu werden [...] Es sei denn, Deutschland macht eine komplette Kehrtwende in seiner Energiepolitik."

Die deutsche Bevölkerung habe jahrelang für die Energiewende bezahlt, dennoch sei das Land „meilenweit" von Klimaneutralität entfernt. Er frage sich, „wie lange die deutsche Bevölkerung diese radikale und einseitige Energiewende-Politik noch akzeptieren wird. Die Politiker sollten wissen: Man spielt nicht mit Energie; sie ist die Grundlage allen Wohlstands, und wenn die Energiepreise steigen, wird alles teurer. Inflation, gefolgt von Zinserhöhungen und einer Rezession, sind das Ergebnis." Vielmehr benötige Deutschland Sommer wie Winter eine rund um die Uhr stabile, fossilfreie und kostengünstige Grundlastenergie.

Nyman benennt konkrete Probleme: Deutschlands zeitweiser Solarstrom-Überschuss überfüllt und destabilisiert das europäische Stromnetz, andere Länder müssen dann ihre regelbaren Energieträger herunterfahren – schwedische Wasserkraftwerke etwa ihr Wasser an den Turbinen vorbei leiten. Teils werden die Abregelkapazitäten schon knapp. Das Stromsystem wird zunehmend instabil. Zumal aufgrund der hohen Solarstrom-Volatilität. Bei einem ernsten Vorfall im Juni 2024 war die Solarstromproduktion drastisch niedriger als meteorologisch erwartet, was das europäische Stromnetz in Gefahr brachte.

Nyman appelliert: „Ich glaube, Deutschland muss eine komplette Kehrtwende in seiner Energiepolitik machen. Es muss aufhören, wetterabhängige Energiequellen zu subventionieren, damit es vernünftige Proportionen im Strommix gibt, und es muss die stillgelegten Kernkraftwerke so schnell wie möglich wieder in Betrieb nehmen."

Und er zitiert, was ihm ein Energieversorger-Vorstand und Ex-CEO der *Weltvereinigung der Nuklearindustrie*, welche die Sicherheit von 450 Reaktoren überwacht, sagte: „Die deutschen Kernkraftwerke, und insbesondere die letzten drei, waren die sichersten Reaktoren der Welt und die am besten gewarteten."

Wie im Fieber treibt Deutschland die Volatil-Energien voran. Bei deren Dunkelflauten aber sollen andere Länder einspringen. Und dazu entsprechendes Potential schaffen. Bis im Sonne-/Wind-Land eines Tages die bewussten Lückenbüßer-Kraftwerke übernehmen. Dann braucht man die anderen Länder nicht mehr. Und sie können das Vorhaltpotential abwickeln. Feine Strategie ...

Nyman und Schweden plädieren unverhohlen pro Kernkraft, als wichtigen Grundlastanteil am Energiemix. Und sie sind da nicht alleine. „Deutschland hat mit dem Ausstieg aus der Atomkraft die Chance auf zukunftsfähige Energieversorgung verspielt!" So kreidet kurz-kernig der Berater für Nachhaltige Entwicklung, Dennis Riehle (Konstanz), der Regierung ihren folgenschweren Fehler an. Vor allem, meine ich, wie konnte man angesichts der gravierenden Energiekrise auch noch die letzten drei – weltsichersten – Kernkraftwerke abwickeln? Aber weder meine noch Riehles Meinung zählen.

Eher schon andere. Die EU-Kommission klassifizierte Kernkraftwerke im Februar 2022 als klimafreundlich und nachhaltig. Und dies mit vehementer Unterstützung der meisten EU-Länder. Selbst der CO2-fixierte Weltklimarat beugte sich dem weltweiten Pro-Kernkraft-Drängen von Amerika bis Japan, von Finnland bis Südafrika. Und zählt inzwischen die Kernkraft zu den angeratenen Technologien. Die internationale Kernkraft-Allianz ist auf inzwischen 37 Länder gewachsen. Deutschland weiß es natürlich besser ... Das Geisterfahrer-Witzchen durchzuckt das Hirn: „Lauter Geisterfahrer kommen mir entgegen!", meldet aufgeregt ein Autofahrer per Handy der Polizei.

Aber HALT: Schluss mit Ironie und kritikloser Kernkraft-Euphorie. Schließlich hat sie auch Pferdefüße. Der hässlichste: Die Lagerung des jahrtausendelang strahlenden Atommülls. Den Preis zahlen unzählige

Generationen nach uns. Es wäre, als müssten wir die Rechnungen der Pharaonen bezahlen. Niemand will ein Atommülllager in seiner Umgebung, ich auch nicht. Wie gesagt, der Abbruch der letzten drei KKW war, meines Erachtens, unverantwortlich – man hätte sie noch ein, zwei Jahrzehnte dringend gebraucht, bis Besseres zur Verfügung steht. Aber AKW-Neubau wäre eine ganz andere Sache – in Deutschland kaum durchsetzbar.

Hinzu kommen die krassen Bauzeitverlängerungen und Kostenerhöhungen bei aktuellen Projekten. Beispiel Flamanville in der Normandie. Mal als *Rolls Royce du nucléaire* beworben. Die Wirklichkeit: Baubeginn 2007, Fertigstellung unklar. Und Kosten: geplant 3 Milliarden, aktuelle Schätzung 20 Milliarden. Ähnliche Probleme in Finnland und Großbritannien. Ein Fiasko. Woher dann die plötzliche KKW-Euphorie? Man habe gelernt und werde es jetzt besser machen, heißt es. Hauptursache der Probleme seien die Unterschätzung der Komplexität dieser Energieriesen und die ständigen Nachforderungen der Aufsichtsbehörden. Fehler erkannt, Fehler gebannt?

Ein WELT-Artikel vom März 2024 widerspricht der Unausweichlichkeit von exzessiven Kosten und Verzögerungen. Und verweist auf die schnelle Errichtung der seinerzeit baugleichen deutschen „Konvoi"-KKW sowie auf den zügigen Bau von 6 großen Reaktoren durch Korea. Auffallend dabei das Stichwort „baugleich". Hat man sich jetzt da was abgeschaut? Denn neuerdings geht in der Kernkraftszene das Zauberwort *SMR* um: *Small Modular Reactors.* Modular ist dabei das Synonym für baugleich, zumindest auf der Ebene der Hauptkomponenten. Ihre Serienfertigung in Fabriken würde Kosten und Zeit sparen, und zudem noch die Qualität und Sicherheit erhöhen. Die weiteren Vorteile reichen hin bis hin zu schneller Baugenehmigung aufgrund international standardisierter Zulassung, oder geringerer Betriebs- und Wartungskosten. SMR: Die Szene ist enthusiasmiert.

Auch die EU-Kommission. Sie verkündete im Februar 2024, „dass kleine modulare Atomreaktoren (SMR) einen wesentlichen Beitrag zur Erreichung der Klimaziele 2040 leisten könnten". Dabei sollen die ersten Reaktoren bis 2030 in Betrieb genommen werden. Weiter heißt es: „Wir haben beschlossen, eine Industrieallianz für kleine modulare Reaktoren zu gründen, um die Einführung der ersten Reaktoren bis 2030 in den Ländern, die dies wünschen, zu erleichtern [...] Aufgrund ihrer Größe, Leistung und ihres geringeren Ressourcenbedarfs könnten kleine modulare Reaktoren die Stabilität des Stromnetzes in Ländern mit einem hohen Anteil an erneuerbaren Energien gewährleisten [...] Ihr Einsatz wird Europa erhebliche Vorteile bringen: größere Energiesouveränität, weniger CO2-Emissionen, neue Arbeitsplätze und Wirtschaftswachstum." Da schwingt viel Hoffnung mit. Wobei der vorletzte Satz Deutschland mit dem Zaunpfahl winkt: „Länder mit einem hohen Anteil an erneuerbaren Energien."

Aber, was ist mit dem Pferdefuß der Atommülllagerung? Tja, mal so, mal anders – abhängig vom Grundkonzept. Da gibt es unterschiedliche. Ein Überblick. Am raschesten realisierbar ist das Konzept der heute weltweit am meisten verbreiteten Leichtwasserreaktoren (Druckwasser- und Siedewasserreaktoren): Normales, „leichtes" Wasser dient zur Kühlung der Uranbrennstäbe und, mittels Dampfes, zum Antrieb der Generatorturbinen. Bei SMR-Reaktoren ist aber die Größe und Komplexität entscheidend reduziert, mit den genannten Vorteilen. Bezüglich Atommülls jedoch die gleiche Problematik.

Zweifellos werden als erste solche Leichtwasser-SMR an den Start gehen: in den 2030ern in den USA, Kanada, Großbritannien, Frankreich, Polen, Tschechien, Schweden, Finnland, Russland, China. Kanada könnte der Vorreiter sein, der Baubeginn wird für 2025 erwartet.

Aber die erhoffte Ideal-Energie ist das noch nicht, besonders in Deutschland steht die starke Atommüll-Aversion dagegen. Was also gibt es weiter an SMR-Konzepten? Intensiv gearbeitet wird an mehreren sogenannten Dual Fluid-Konzepten. Das Grundprinzip: Anders als bei Leichtwasserreaktoren liegt der Brennstoff nicht in fester, sondern in flüssiger Form vor. Der eigentliche Spaltstoff auf Basis Uran wird dazu verflüssigt. Die enorme Temperatur im Reaktorkern von teils über 1000 Grad wird abgeführt durch zirkulierendes flüssiges Blei im Sekundärkreislauf und dann auf den Generatorkreislauf übertragen.

Das deutsch-kanadische Startup namens Dual Fluid, entstanden aus einem Berliner Forscherteam, sieht sich an der Technikspitze dank eines revolutionären Konzepts: Es könne Atommüll aus Altanlagen als Brennstoff nutzen und damit das Abfallproblem entscheidend entschärfen, sagen die Entwickler. Ein epochaler Fortschritt! – Wenn es funktioniert. Daneben, so die Entwickler, verfüge der Reaktor über ein patentiertes intrinsisches Sicherheitskonzept: nur auf Basis physikalischer Gesetze, ohne Notwendigkeit von – ausfallgefährdeter – Fremdenergie (Abb. 17).

Das Dual Fluid-Unternehmen auf seiner Netzseite: „Dual Fluid stellt emissionsfreie Energie zu niedrigsten Kosten bereit. Aus Atommüll wird Strom für Generationen [...] Dieses technische Design macht ihn [den Reaktor] zur effizientesten Energiequelle, die Menschen je entworfen haben [...] Ein Dual Fluid Kraftwerk reguliert sich selbst und ist geschützt durch die Naturgesetze. Eine versehentliche oder absichtliche Fehlbedienung birgt keine Gefahren [...] Unsere Technologie ist flexibel und skalierbar zwischen 300 MW bis über 1500 MW, so dass wir überall auf der Welt einfach Wärme und Strom herstellen können [...] Wir sind entschlossen, das volle Potential der Kernkraft zu heben. Wir machen sie zur nachhaltigsten Energiequelle, die Menschen je hatten [...] Für den Bau unseres ersten Reaktors kooperieren wir mit Ruanda, um 2026 einen Konzeptnachweis zu liefern."

In der Tat hat Dual Fluid im September 2023 eine Vereinbarung über den Bau des ersten Demonstrationsreaktors mit der Regierung von Ruanda unterzeichnet. BILD vermeldete es so: „Endlager-Problem gelöst? Deutsche Forscher bauen Atommüll-Vernichter." Plakativ, aber dank Fragezeichen auch skeptisch. Was auch nötig ist, denn im Gegensatz zur frohen PR-Botschaft sind enorme technische Probleme zu lösen: das Werkstoff- und Korrosionsproblem bei 1000 Grad nur eines von vielen. Bis zur Serienreife wird es wohl gut über zehn Jahre dauern. Aber immerhin: wohl die derzeit größte Hoffnung auf eine verantwortbare Lösung des Energieproblems. Daumendrücken, dass sie nicht an den Technikproblemen scheitert!

Traurig, dass deutsche Forscher zur Realisierung ihrer Ideen ins Ausland gehen müssen. Technologieoffenheit? Eher Verbohrtheit: Kernkraft laut Mainstream „ein totes Pferd" – womit ein wegweisender Forschungsbereich samt möglicher künftiger Energieindustrie und großem Arbeitsplatzpotential abgewürgt wird. Kernforschung runter, Genderforschung rauf. Rauf auch die Energiekosten. Was vielfach Industrien und Arbeitgeber zum „toten Pferd" machen wird. Zur Freude der globalen Konkurrenz.

Ergänzung: Dank des Hochtemperaturbetriebs würde sich das Dual Fluid-Konzept auch gut für Blockheizkraftwerke eignen, also für die kombinierte Strom-/Wärmeerzeugung. Zumal auch für den Vor-Ort-Einsatz, etwa in Gewerbegebieten oder Wohnsiedlungen, aufgrund des geringen Raumbedarfs.

Ergänzung No. 2: Auch könnte Dual-Fluid der Wasserstoff-Wirtschaft aufhelfen. So sehr sie derzeit auch gehypt und mit Milliarden subventioniert wird, leidet sie doch unter dem tödlichen Geburtsfehler namens Unwirtschaftlichkeit. Aufgrund des niedrigen Kettenwirkungsgrades von der Erzeugung über Transport (ggfs. mit Verflüssigung, Speicherung) bis zur Nutzung. Besonders wenn es um den gewünschten grünen, also mit Regenerativ-Strom elektrolytisch erzeugten Wasserstoff geht. Die für die Elektrolyse nötige Stromenergie ist mehrfach höher als die beim Verbraucher ankommende Wasserstoffenergie. Man braucht also sehr viel, sehr kostengünstigen und auch kontinuierlich verfügbaren Strom. Wind und Sonne können das nicht.

Zumindest nicht bei uns. Weswegen unsere Politik versucht, grün hergestellten Wasserstoff aus Übersee zu beschaffen. Dort sollen gigantische Wind- und Solarparks entstehen. Aber die Betroffenen wehren sich. Etwa in Kanada gegen eine 300 Windrad-Mega-Anlage: „Nichts ist ‚grün' bei den Wind-zu-Wasserstoff-Projekten. Sie sind nur möglich durch Zerstörung von Land, Gewässern und Gemeinschaften", protestieren die Anrainer. Und drohen: „Werden wir zu weiteren Aktionen gezwungen sein, mit hoffentlich legalen Mitteln?" Gleichartigen Widerstand gibt es auf anderen Kontinenten, etwa in Namibia, wo riesige Wind- und Solarparks geplant sind. In Summe bröckeln die Übersee-Wasserstoffprojekte. Wie alles an der Energiewende bröckelt.

In dieser Situation könnte die potenziell sehr günstige Dual Fluid-Technik das Blatt wenden. Und grünen Wasserstoff sogar im eigenen Land relativ kostengünstig herstellbar machen. Wenn die deutsche Politik sich diese Chance entgehen lässt – und die Wähler das hinnehmen: dann ... sind sie selber schuld.

Weil wir schon bei der Kernkraft sind, noch kurzer Schwenk von der Kernspaltung zur Kernfusion. Die Zähmung des Sonnenfeuers für irdische Zwecke ist der hundertjährige Traum von der idealen, unerschöpflichen Energie: Bei extrem starker Aufheizung verschmelzen Wasserstoffatome zu Helium, was eine enorme Energiemenge freisetzt. So wie in der Sonne. Und wie auch bei der Wasserstoffbombe – die unkontrollierte Fusion hat der Mensch schnell geschafft, mit der kontrollierten aber tut er sich schwer. Denn schon seit rund acht Jahrzehnten wird daran gearbeitet, in den letzten Jahrzehnten mit Milliardenaufwand in aller Welt von West bis Ost.

Immer wieder gab es Erfolgsmeldungen und es hieß: „Nur noch wenige Jahrzehnte." Der letzte Durchbruch wurde im Juni 2024 aus China gemeldet: Eine neue Magnetfeldstruktur verbessert den Einschluss des 100 Millionen Grad heißen Wasserstoffplasmas. Und die wie immer optimistischen Amerikaner peilen sogar den Serienanlauf schon für das nächste Jahrzehnt an. Da halte ich es lieber mit Wikipedia: „Bis zu einem ersten praxistauglichen, im Dauerbetrieb arbeitenden und wirtschaftlich rentablen Fusionsreaktor sind auf den verschiedensten Gebieten noch eine Vielzahl technischer Schwierigkeiten zu überwinden." Und zwar so hohe Schwierigkeiten, dass der Satz noch Jahre gelten wird. Allein die zu lösenden Werkstoffprobleme der unter erosivem Neutronenbeschuss stehenden Reaktormaterialien erfordern noch aufwendigste F&E-Arbeiten.

Hinzu kommt, dass die ursprünglich erträumte billige Fusionsenergie nach neueren Erkenntnissen eher teuer wird. Die Fusionskraftwerke werden hochkomplex und sehr kapitalintensiv. Rentabel wohl nur für zentrale Großenergieanlagen. Nach den Fiaskos mit Flamanville & Co. keine erfreuliche Aussicht. Dennoch: Mit Blick auf die unwägbaren Eventualitäten der ferneren Zukunft muss die Welt diese Option verfolgen. Irgendwann werden die Fossilenergien zur Neige gehen, irgendwann wird eine neue Kaltzeit die Sonne- und Windkraft frosten, irgendwann könnte auch Uran knapp werden. Dann werden unsere Nachfahren für eine neue Energiequelle dankbar sein, auch wenn sie teuer ist.

Nun noch ein ganz alternativer Ansatz: Nicht um eine neue Energiequelle geht es, sondern um die Rettung einer alten: der Fossilenergie. Der man ja den Garaus machen will wegen des „Klimagifts" CO2. Der Rettungsplan: Das CO2 unschädlich machen, indem man es einfängt und untertage einlagert – Carbon Capture and Storage, abgekürzt CCS. Der SPIEGEL titelt im Juni 2024: *Endlager Nordsee.* Untertitel: *Die Speicherung von CO2 in der Erdkruste entwickelt sich zum Milliardengeschäft. Rettet die CCS-Technik das Klima oder nur die Profite der Ölindustrie?*

In der Tat sind die Öl- und Gas-Multis weltweit auf der Suche nach geeigneten Lagerstätten. Eine davon liegt direkt vor Deutschlands Haustür: die Nordsee. Eine immense Menge könnte dort eingelagert werden: Sie entspricht den heutigen CO2-Emissionen Europas über 75 Jahre. Die Nordsee-Geologie eigne sich „fantastisch" für die CO2-Speicherung, so ein Geowissenschaftler. Dass dies im Prinzip auch technisch funktioniert, beweist ein norwegisches Projekt, das schon seit 1996 beträchtliche Mengen tief unter dem Nordseegrund einlagert. Daneben treiben Briten, Dänen, Franzosen und Niederländer Projekte voran, etwa eine unterseeische Pipeline von Rotterdam in die See hinaus. Die Forscher der Leopoldina-Akademie in Halle sind zuversichtlich: „Die bisherigen Erfahrungen sprechen dafür, dass die Technologien zuverlässig betrieben werden können."

Auch von ganz oben gibt es grünes Licht: Von Weltklimarat, Internationaler Energieagentur, internationaler Politik einschließlich EU, sogar zuletzt, nach langer Ablehnung, auch von der deutschen Regierung. Perspektivisch könnten damit nicht nur Kohle- und Gaskraftwerke dekarbonisiert und weiterbetrieben werden, sondern zahlreiche energieintensive Industrien.

Freilich, der Aufwand ist hoch: Das CO_2 muss am Entstehungsort abgeschieden werden, komprimiert mittels Pipelines oder Tanker zum Endlager transportiert und dort in tiefe Gesteinsschichten verpresst werden. Geeignet sind vor allem ausgediente Öl- und Gasfelder. Alles sehr teuer, aufwendig und wiederum CO_2-trächtig. In den vergangenen 30 Jahren wurden von Regierungen und Unternehmen über 83 Milliarden Dollar investiert, was aber nur 0,1 Prozent der CO_2-Emissionen des Jahres 2023 einfing. Deshalb gibt es Zweifel und Kritik. CO_2-Kreuzzügler sehen ohnehin CCS als Werkzeug der bösen Öl-Multis, mit dem sie das Leben der Fossilwirtschaft verlängern und ihre Profite steigern wollen. Die Fundamentalisten wachen wohl erst dann auf, wenn auch bei ihnen das Licht ausgeht.

Ernster wiegen die konkreten Umsetzungsprobleme: teuer, Widerstand von Bürgerinitiativen, enorme technische Herausforderungen, Zweifel ob je Wirtschaftlichkeit erreicht werden kann.

So kommen einige unorthodoxe Denker auf eine ganz und gar alternative, geradezu verbotene Idee: Wenn die CO_2-Minderung so exzessiv teuer und für Ökonomie und Wohlstand so belastend ist, und sie darüber hinaus den Klimawandel nur ganz langfristig bremsen kann – weil ja das gesamt-akkumulierte CO_2 der Atmosphäre zählt: Sind da nicht Anpassungsmaßnahmen an den Klimawandel viel billiger, schneller wirkend und deshalb erfolgreicher? Und haben sich die Menschen nicht schon immer an Klimaänderungen und sonstige Herausforderungen angepasst?

Denken wir zurück an die fürchterliche Flutkatastrophe, die im Jahr 1953 Holland traf. Haben da die Holländer darauf gesonnen, das Meer zu zähmen, es zum Wohlverhalten zu zwingen? So wie wir dem Klima Mores lehren wollen? Die Holländer dachten nicht so großartig von sich. Sie dachten pragmatisch. Aber mit großartigem Erfolg: Ihr durchdachtes, umfangreiches Deichbauprogramm bewahrte sie seitdem vor weiteren schlimmen Fluten. Und gewann dem Meer sogar noch Land ab.

Lomborg schildert in seinem Buch *Klimapanik – Warum uns eine falsche Klimapolitik Billionen kostet und den Planeten nicht retten wird* ein

Anpassungsbeispiel von der anderen Seite des Globus: Im November 1970 kostete eine Flut in Bangladesch, ausgelöst durch einen tropischen Zyklon der Kategorie 3, über 250 000 Menschen das Leben. Als Konsequenz startete das Land ein Schutzprogramm. 1991, Bangladesch hatte bis dahin nur 300 Fluchträume gebaut, suchte ein noch viel stärkerer Zyklon der Kategorie 5 das Land heim. Dank Schutzmaßnahmen starben nur noch halb so viele Menschen wie 1970. Als Folge rüstete man nun energisch auf, 3500 Fluchträume entstanden. Seitdem ist die Zahl der Zyklonopfer auf unter ein Hundertstel gesunken. Zuletzt gab es durchschnittlich nur noch zwölf Tote im Jahr.

„Die Panikmacher rund um den Klimawandel vergessen fast immer, wie geschickt die Menschheit sich anpasst [...] Aber die Menschheit ist doch nicht blöd. Natürlich passt sie sich an, und dafür braucht sie keinen internationalen Vertrag. Individuen, Kommunen und Staaten entscheiden ganz souverän darüber, was sie unternehmen", argumentiert Lomborg. Und weiter: „Das Tolle an vielen Anpassungsmaßnahmen ist, dass sie nicht viel kosten und schnell wirken, oft schon nach Tagen oder wenigen Jahren. Vergleichen Sie das mal mit der Verzögerung, mit der sich der Nutzen weltweiter CO_2-Steuern zeigen wird."

Wenn er sich überhaupt zeigen wird, müssen wir hinzusetzen angesichts unseres Wissens von den überwiegend natürlichen Klimawandel-Ursachen. Was Lomborgs Botschaft noch bestärkt, dass nämlich mit einem kleinen Bruchteil der für die „Klimarettung" verbrannten Billionen viel mehr zu erreichen wäre, wenn sie in durchdachte Anpassungsmaßnahmen investiert würden.

Hierher passt auch das Projekt *1 Billion Trees* und die Studie der ETH Zürich, betitelt *Wie Bäume helfen könnten, das Klima zu retten.* Mit dem Fazit: „Die weltweite Aufforstung von Wäldern wäre auf einer Fläche von 0,9 Milliarden Hektar möglich und könnte so zwei Drittel der vom Menschen verursachten CO_2-Emissionen aufnehmen." Das wäre, zusammen mit den irdischen Senken und CO_2-Bepreisung, mehr als man bräuchte. Schon mit einem Drittel wäre entscheidend geholfen. Wie – hinter *1 Billion Trees* hat sich auch Trump gestellt? Ja, dann ist es natürlich nichts damit. Hab mir`s doch gleich gedacht:

Aufforstung und Renaturierung – ist ja auch zu einfach und billig! Was nicht kompliziert und teuer ist, kann ja nichts taugen ...

Und wieder ernst, sehr ernst: Die Energiewende in ihrer ideologischen Null-CO2-Fixierung fußt auf nicht zu Ende gedachten simplen Ideen à la „Die Sonne schickt keine Rechnung". Sie entspringt politisch-illusionärem Wunschdenken und nicht, wie es sein sollte, ingenieurmäßig-wirtschaftlicher Konzeptionierung und Durchrechnung. Ihre Folgen sind für das Gemeinwesen fatal: Investitions-Billionengrab, inhärent exzessive Energiekosten, Verlust wirtschaftlicher Wettbewerbsfähigkeit, Abwanderung Industrie und Arbeitsplätze, Erosion Wohlstand und soziale Sicherheit, Blackout-Gefahr mit potenziell katastrophalen Konsequenzen, Zersetzung der bisher so erfolgreichen Sozialen Marktwirtschaft und Marsch in Planwirtschaft, staatliche Bevormundung, Ökosozialismus und letztlich Unfreiheit.

Eine der führenden, einst hochgeachteten Industrienationen steigt vor den Augen der Welt ab. Zersetzt sich selbst. Aus doktrinärer Verblendung.

Die dahinterstehenden Politiker handeln gegen ihre Verpflichtung, für – wie es in den Amtseiden heißt – „Wohl und Nutzen des Volkes" einzustehen. Tun wir das uns Mögliche dazu, dass sich das ändert!

Teil IV

News-Ticker

1

Klima

- Bundesverfassungsgericht: Revision Klima-Beschluss nötig (klimanachrichten.de 8.2.25): Nach US-Ausstieg aus Pariser Klimaabkommen nur noch die EU, Australien, Kanada, Süd-Korea, Japan, UK zu Emissionsreduktion verpflichtet (verantworten nur noch 12,5 % der CO2-Globalemission). Folge: Pariser Abkommen wirkungslos. Das BVG, das auf Basis Paris und durch Fehlberatung deutsche Nullemission für 2050 festschrieb, muss nun Beschluss revidieren, andernfalls es Deutschland massiv schadet. Gelegenheit jetzt gegeben aufgrund Klagen von Luisa Neubauer, Greenpeace, BUND auf Verschärfung (!) Klimaschutzgesetz.
- Michael Mann nach Rechtsstreit verurteilt (EIKE 14.1.25): Der für Datenfrisieren bekannte Klimatologe unterlag vor Gericht mit dem Versuch, Kritik an seinen Methoden zu unterdrücken. Er wurde zur Zahlung von 530.000 Dollar Prozesskosten verurteilt.
- Globale Ozeantemperatur nach El Nino-bedingtem Rekordhoch von 2023/24 wieder im Sinken (climatereanalyzer.org 6.1.25).
- Stand der Klimaforschung (EIKE 1.1.25): Die CO2-Treibhausthese fokussiert von den am Klimawandel beteiligten mindestens 18 Hauptprozessen besonders auf das vermeintlich zentrale CO2 der Atmosphäre. Damit nimmt sie ihr Ergebnis vorweg: ein Zirkelschluss.

- CO_2 nützt dem Planeten (Daily Sceptic 24.12.24): Laut 6 internationaler Forschungsarbeiten aus 2023/24 tragen CO_2-Emissionen nicht oder nur gering zur Erderwärmung bei. Laut der jüngsten Arbeit (Wei et al. Dez. 2024) ist „die Auswirkung der CO_2-Konzentration auf die Erdtemperatur vernachlässigbar klein (*negligibly small).*" In Summe überwiegt der Vorteil der Ergrünung aufgrund CO_2-Pflanzendüngung.
- OECD Pisa Programm wird Klima-Kompetenz messen (The Guardian 23.12.24): Jugendliche sollen „handlungsfähig" werden.
- Grönland und Antarktis: Temperaturen zeigen über 20 Jahre fallende Tendenz (Climatedepot 27.11.24): Grönland -0,1 Grad, Antarktis -2 Grad. Basis: weiträumige Satellitenmessungen.
- Desinformation gefährdet Klimaziele (tagesschau.de 22.11.24): G20-Konferenz beschließt globale Initiative zur Bekämpfung von CO_2-Skeptiker-Informationen.
- Verzerrte Berichterstattung über tropische Zyklone (EIKE 13.11.24): Die globale Wirbelsturm-Gesamtaktivität bleibt unter dem Durchschnitt. Trotzdem berichten die Medien über „rekordverdächtige" Stürme und „katastrophale" Trends.
- Kampf gegen den Westen auf der COP29-Klimakonferenz in Baku (WELT 11.11.24): Die Entwicklungsländer fordern von den Industrieländern des Westens die Verzehnfachung der „Klimahilfen" auf 1000 Milliarden Dollar pro Jahr. China agiert als ihr Anwalt. Maßnahmen gegen die globale Erwärmung spielen kaum eine Rolle.
- Pflanzen nehmen global 31 % mehr CO_2 auf als bisher angenommen (Nature 16.10.24): CO_2-Klimawirkung bisher überschätzt.
- Klima-Journalismus: Immer mehr gekauft und bezahlt (heartland.org 10.10.24): AP nahm Millionen Dollar von Milliardärs-Stiftungen für konforme Klimaberichterstattung. Unangepasste

Berichte nicht mehr geduldet. Journalisten sollen emotionalisieren hin zu „apocalyptic horror".

- Arktisches Meereis (EIKE 3.10.24): Ausdehnung stabil, gegenüber 2007 sogar leicht größer. Widerlegt Al Gore`s Nobelpreisrede 2007 („eisfreie Arktis bis 2014").
- Unterdrückung von Wissenschaft (Andy May, Economic Research Institute 26.9.24): reicht von Publikationsablehnung bis zu Entlassung unangepasster Redakteure. Folgen: Fehlinformation der Öffentlichkeit, Korrumpierung Wissenschaft.
- Bei heutiger CO2-Konzentration kann zusätzliches CO2 kaum Wärme absorbieren (US-Klimaphysik-Professoren Lindzen und Happer 18.7.24): „Die gängige Annahme, CO2 sei Haupttreiber des Klimawandels, ist wissenschaftlich falsch."
- Antarktisches Meereis hat seit 1979 zugenommen (Cryosphere 30.4.24): Schwankungen haben natürliche Ursachen.
- Anthropogenes CO2 kann Klimaänderungen der letzten 200 Jahre nicht erklären (Statistics Norway Sept. 23): Statistisch plausibel sind dagegen natürliche Faktoren wie Sonnenzyklus, kosmische Strahlung, Ozeanströmungen.
- Klimaforscher Bjorn Stevens kritisiert Kollegen als alarmistisch (presseportal.de 19.10.2022): Stevens weist Worst-Case-Szenario des Potsdam-Instituts für Klimafolgenforschung (PIK) zurück.

2

Energiewende

- Bundestag beschließt drastische CO2-Preiserhöhung (Cicero 6.2.25): Nach Erhöhungen zum 1.1.25 und 1.1.26 kann der Einstieg in den EU-Zertifikatehandel ETS-II ab 1.1.27 den CO2-Preis vervielfachen, mit potentiell grundstürzenden Folgen für Bürger und Wirtschaft.
- CO2-Bepreisung kostete 2024 die Bürger 18,5 Milliarden Euro (Junge Freiheit 16.1.25).
- Stahl: Georgsmarienhütte vor dem Aus? (Tichys Einblick 15.1.25): Hohe Energiekosten ruinieren energieintensive Unternehmen. Notrufe auch aus anderen Industrien: „Es ist zum Verzweifeln." (Verbandssprecher Chemische Industrie).
- Grundsätze der Energiepolitik (Prof. Dr. Ing. Hans-Günter Appel, EIKE 14.1.25): 1) Die Energiewende ist gescheitert. 2) Deutschlands Wohlstand nur erhaltbar durch fossile Energien. 3) Mitentwicklung künftiger preiswerter und sicherer Kernkraftwerke nötig.
- Europas Spitzenreiter: Deutschland zahlt den höchsten Strom-Preis (reitschuster.de 13.1.25): Das Fiasko der deutschen Energiepolitik.
- Energiepreise bedrohen Wettbewerbsfähigkeit der deutschen Industrie (DIHK 13.1.25): Preise Gas bis zu siebenmal und Strom bis zu fünfmal so hoch wie an Konkurrenzstandorten. Alarmierend hohe Zahl abwanderungswillliger Unternehmen.
- Banker fliehen aus Klimakartell (EIKE 7.1.25): Seit Trumps Wahlsieg sind aus der „Net-Zero Banking Alliance" (weltweit mächtigstes Finanzkartell mit 130 Billionen Dollar Vermögenswerten) die führenden acht US-Bankgiganten ausgetreten. Aber immer noch

zählt das Kartell über 100 Banken weltweit. Sein Ziel: die Welt zu exorbitanten Krediten für Net-Zero-Transformation drängen.

- Neben Dunkelflauten bedroht auch Überproduktion von Wind/Solar („Hellbrise“) die Netzstabilität (reitschuster.de 7.1.25): Gefahr steigt mit weiterem Zubau.
- Deutschlands grüner Energietraum wird zum Albtraum: Wirtschaftseinbruch, Umweltschäden, Spannungen mit Nachbarländern (climate.news 4.1.25).
- Kohlekraftwerk Weisweiler (NRW) nahm zum 31.12.24 weiteren Block vom Netz (Tichys Einblick 4.1.25): CDU/CSU verzichtete auf politisch möglichen Beschluss eines Weiterbetriebs.
- New York`s Klima-Utopia (wattsupwiththat.com 3.1.25): NY und Deutschland fahren weltweit als Erste gegen die „grüne Energiemauer“.
- Wintertypische Dunkelflauten November/Dezember 2024 (klimanachrichten.de 20.12.24): Wind- und PV-Strom fast Null, Explosion Strompreise europaweit (Deutschland Verzehnfachung), Betriebe stoppen Produktion, Protest Nachbarländer: „wütend auf die Deutschen“ (Schweden). Am 11. Dezember weitere Dunkelflaute.
- Dänemark: keine Gebote für Offshore-Windkraft-Ausschreibung (windeurope.org 6.12.24): Grund: Kosten und Risiken gehen zulasten der Anlagenbetreiber (nicht wie etwa in Deutschland zulasten Steuerzahler/Verbraucher).
- Brandbrief Deutscher Arbeitgeberverband an CDU/CSU (Tichys Einblick 25.11.24): hohe Energiekosten ruinieren die deutsche Wirtschaft, schwerste politische Verwerfungen drohen. Union muss Fixierung auf EE stoppen und Energiemix mit Kernkraft forcieren.
- Energieökonomische Grundlagen von Wind und Solar (EIKE 22.11.24): Drei Faktoren reduzieren den Nutzen von Wind- und Solarkraft: 1) Energiedichte: Faktor 50 bis 1800 niedriger als

Fossil/Nuklear 2) Betriebslebensdauer: Faktor 2 bis 3 niedriger als Fossil/Nuklear 3) niedriger Nutzungsgrad: Solar 10 %, Windkraft 22 %. Daher extreme Kosten: bis 2030 über 2000 Milliarden Euro. In 2023 bereits 25 % der Haushalte von Energiearmut betroffen.

- Habecks Wasserstoff-Flaggschiff in Schieflage (Junge Freiheit 21.11.24): Das Wasserstofftechnologie-Unternehmen HH2E insolvent. Nach Aufgabe des Wasserstoffpipeline-Baus von Norwegen nach Deutschland ein weiterer Rückschlag für den Wasserstoff-Infrastrukturaufbau.

- Die US-Denkfabrik Heartland Institute und die polnische Gewerkschaft Solidarnosc kooperieren gegen den UN-Klima-Alarmismus (heartland.org 17.10.24).

- BP und Shell verkaufen Windparks (EIKE 16.10.24): BP hat den Wert seines Offshore-Windenergie-Portfolios um 1,1 Milliarden Dollar abgeschrieben. BP: „Die Offshore-Windenergie in den USA ist grundsätzlich kaputt.“ Auch Shell hat sich von der Energiewende abgewandt.

- Prof. Dr. Ing. Hans-Günter Appel:

  Die Energiewende geht dem Ende zu, weil sie unbezahlbar wird und die Industrie aus dem Land treibt. Deutschland muss durch ein tiefes Tal gehen, um wieder aufzusteigen. (EIKE 2.10.24)

  Die ausländischen Hintermänner der deutschen Energiewende: Akteur ist auch der CDU-Vorsitzende Friedrich Merz. Als Lobbyist für Black Rock in Deutschland warb er für die Energiewende. Den CDU-Vorsitz nutzte er, ihre Fortsetzung festzuschreiben (Deutsche Wirtschaftsnachrichten 11.8.23).

- Energiewendekosten bis 2040 auf 3 bis 4.5 Billionen Euro geschätzt (Verband kommunaler Unternehmen 1.10.24). Nötiges Fachpersonal nicht vorhanden.

- Grüne Fantastereien: Das Märchen vom Wasserstoff (Tichys Einblick 30.9.24): Die Illusionen von heute werden die Enttäuschungen von morgen sein. Bei realistischer Analyse erweist sich die Wasserstoffstrategie als „ein großes Nichts".
- Strompreise für 11 Stunden negativ, Strommarkt komplett aus den Fugen (agrarheute.com 27.9.24): EE-Stromüberschuss erzwingt teure Entsorgung ins Ausland bei gleichzeitig hoher Vergütung an die EE-Stromerzeuger. Weiterer EE-Ausbau verschärft das Problem, für 2026 dafür 30 Milliarden Kosten erwartet.
- Klimanachrichten.de 13.9.24: Steuergelder für Strom aus Erneuerbaren Energien: 1640 Millionen Euro allein im August 2024 (nur für Strommarkt). Die Energiewende ersetzte seit 2002 mit Kosten von 600 Milliarden nur die preiswerte, CO_2-freie Kernenergie durch teuren, unsteten Wind- und Solarstrom.
- Stoff der geplatzten Träume (SPIEGEL 15.6.24): Die Bundesregierung will Deutschland zum internationalen Leitmarkt für Wasserstoff machen und setzt dafür Milliarden ein. Doch die Produktion kommt nicht in Fahrt [...] Quer durch die Republik sind in jüngster Zeit Wasserstoffträume geplatzt.
- Top-Ökonom Professor Hans-Werner Sinn zur „Grünen Energie" (focus.de 24.6.2022): Der Umweltnutzen ist mehr als fraglich. Denn das eingesparte Öl und Gas geht nun erwiesenermaßen nach China und andere nicht-CO_2-sparende Länder. „Wir ruinieren die deutsche Automobilindustrie, fördern unsere fernöstlichen Konkurrenten und helfen der Umwelt nicht einmal ein bisschen."

Teil V

Blick vom Klimatunnel auf andere Probleme

1

Was dahinter steckt

Unablässig, fast tagtäglich wird uns von den Medien das Klimakatastrophen-Narrativ eingehämmert. Es steckt System dahinter: Zum einen, wie wir wissen, die ungeheure finanzielle und politische Macht der Globalisten-Elite, zum anderen die willfährigen Medienpropagandisten der einzelnen Länder: „Journalisten sollten jede extreme Hitze selbstbewusst auf den vom Menschen verursachten Klimawandel zurückführen", fordert etwa der englische *Leitfaden für Journalisten.* Und das deutsche *Netzwerk Klima-Journalismus* propagiert martialisch den „gesellschaftlichen Kampf gegen den menschengemachten Klimawandel" angesichts der bevorstehenden „irreversiblen Katastrophe". Und offeriert dafür „Trainings für Redaktionen von der Lokalzeitung bis zum öffentlich-rechtlichen Sender".

In Summe: Gehirnwäsche und obsessive Fixierung auf einen einzigen Punkt im Universum der Weltprobleme. Welch greller Kontrast: einerseits überkochende Klimahysterie, andererseits eine Vielzahl verdrängter fataler Entwicklungen für Umwelt und Menschen. Deshalb: Ausbruch aus der verordneten Klimafixierung und Blick auf einige andere, akutere und gefährlichere Probleme! Auf solche, die mich besonders umtreiben. Beginnen wir mit den destruktiven Folgen der Klimahysterie, politisch und für die Psyche der Menschen.

2

Öko-Diktatur für das Klima?

Todesstrafe für Leugner des Klimawandels titelt im Januar 2013 SPIEGEL online. Und erklärt: Wer „den Klimawandel verneint, habe den Tod verdient". Das schrieb ein Musikprofessor auf der Webseite der Uni Graz. Wohlgemerkt: Der Professor veröffentlichte seine Todesdrohung auf der offiziellen Uni-Webseite, nicht auf einem privaten Blog.

Und er führte aus: „Gewöhnliche" Massenmörder wie den Norweger Anders Breivik, der 77 Menschen tötete, solle man nicht hinrichten. Aber wer den Klimawandel abstreite, für den sei die Todesstrafe richtig. Schließlich seien Gegner der Klimawandel-Theorie mitverantwortlich für künftig viele Millionen Tote. Der radikale Kopf-ab-Eintrag triggerte Protest, wurde deshalb gelöscht, die Rektorin „erwägte" dienstrechtliche Konsequenzen. Dennoch: Das Zeichen steht an der Wand, die Radikalisierung der Klimafanatiker erinnert an frühere Perversionen von ursprünglich idealistischen Bewegungen: an das Verbrennen christlicher „Ketzer" durch Christen, an die Massenmorde der Französischen Revolution, an den Roten Terror des Sowjetkommunismus, an die mörderischen Linksradikal-Meuten wie RAF oder Brigate Rosse. Idealismus kippt schnell in Fanatismus. Die Überzeugung, im Dienste des Guten zu stehen, hat die Geschichte so gewalttätig gemacht, wusste schon Nietzsche.

Der Grazer Kopf-ab-Professor badet ja in einem Umfeld aufgeputschter radikaler und gewaltaffiner „Klimaschützer": Ob nun deutsche Gruppen wie Ende Gelände oder Letzte Generation – im Januar 2023 über 70 Polizisten verletzt und 500 Straftaten verübt –, oder internationale Öko-Extremisten, die den Menschen als „Krebsgeschwür auf dem Planeten" betrachten und bevölkerungsreduktionistischen Visionen nachhängen: „Eine massive menschliche Mortalität wäre eine gute Sache.“ Wobei die Ausrottungsfantasmen noch dadurch getoppt werden, dass sie, verbrämt durch pseudowissenschaftliche Rhetorik, von der Amerikanischen Anthropologischen Gesellschaft 1998 als Konferenzthema zugelassen wurden. Vielleicht promotet vom Rockefeller-Netzwerk, aus dem die zitierte „Krebsgeschwür“-Metapher stammt? Ein Netzwerk, das damals Programme zur Bevölkerungsreduzierung finanzierte – und heute Klima-Radikale á la Letzte Generation.

Die Phalanx der Klima-Agitatoren steht, mit Macht und Geld schwer gepanzert und tief gestaffelt: von brandsatz-werfenden Öko-Rowdys bis ins akademische Milieu. In Deutschland sogar bis hinauf zum Bundesverfassungsgericht. Die Freiheit ist in der Defensive, teilweise schon zerstört: Meinungsfreiheit, Pressefreiheit, Freiheit von Forschung und Lehre. Was bedeutet es für eine Lehrkraft, ob Schule oder Uni, wenn sie die Wahrheit kennt und Lüge lehren muss? Was bedeutet es für wissende Studierende und Schüler oder für Journalisten, wenn sie Lügen wiedergeben müssen? Welch giftige Schlange von Gewissenskorrumpierung und Freiheitsunterdrückung wird hier großgezogen!

Er merke, dass viele seiner Kollegen „die Schnauze voll haben von diesen dauernden Übertreibungen. Dieses summarische Zuschreiben, wann immer ein Extremereignis da ist, dann ist es der Klimawandel. Alles, was schlecht ist, ist Klimawandel.“ So der schon früher zitierte Professor Hans von Storch in einer ARD-Talkshow im Dezember 2019. Und auch der Physiker Professor Knut Löschke ließ, per Facebook im September 2021, nicht minder stark Dampf ab: „Ich habe die Schnauze voll vom permanenten und immer religiöser werdenden Klima-Geschwafel, von Energiewende-Fantasien, von Elektroauto-Anbetungen, von Gruselgeschichten über Weltuntergangsszenarien.“

Wie lange dürfen solche „ketzerische“ Sichtweisen – und Bücher, wie dieses hier – noch verbreitet werden? Schon jetzt herrscht bezüglich Klima mehr Zensur als Freiheit: Die Standardmedien, Presse und TV, unterdrücken vollständig die dem CO2-Dogma widersprechenden Erkenntnisse der unabhängigen Wissenschaft. Tägliches Einhämmern der „Klimakatastrophe“, aber noch nie fand ich im Mainstream eine Erwähnung des internationalen Clintel-Netzwerks mit seinen 2000

Mitgliedern und zwei Nobelpreisträgern an der Spitze. Welch Lug und Trug!

Und im Internet wachen zunehmend Zensuralgorithmen. Zu welchen Unterdrückungsmaßnahmen wird der Staat noch greifen? Werden „Klimaleugner" irgendwann mal vor den Kadi gezerrt? Der Verfassungsschutz verwarnt sie schon mal: Er sei besorgt über Kreise, die Krisen nutzen wollen, „um staatliche Stellen und politisch Verantwortliche herabzusetzen". In Betracht käme dabei etwa „eine verstärkte Thematisierung der politischen Maßnahmen zur Bewältigung des Klimawandels".

Verfassungsschutz und Politik installieren Grenzen der Meinungsfreiheit unterhalb geltendem Recht nach ideologischem Gusto. Dazu der profilierte CDU-Staatsrechtler und frühere Verteidigungsminister Rupert Scholz: „Die Meinungsfreiheit, die im Artikel 5 des Grundgesetzes garantiert wird, ist das zentrale Grundrecht der Demokratie. Doch was heute teilweise von maßgebenden Politikern vertreten wird, nämlich dass es auch unterhalb der Grenzen des Strafrechts Grenzen der Meinungsfreiheit gibt, ist verfassungswidrig. Der Präsident des Verfassungsschutzes spricht und agiert verfassungswidrig." So zu lesen im regierungskritischen, aber ganz und gar dem Grundgesetz und der Demokratie und Freiheit verpflichteten Magazin *Compact* von Juni 2024. Im Juli wurde es verboten ...

Sind wir unterwegs zur DDR 2.0? Der Verfassungsschutz schon mal eine Stasi 2.0, die nicht mehr die Verfassung schützt, sondern nur noch die Regierung. Durch Unterdrückung ihrer Kritiker. Mit so einem Spitzel- und Repressionssystem steht Deutschland unter den Demokratien der Welt ziemlich allein da. Von der freiheitlichen Demokratie bleibt noch die Fassade. Die gebetsmühlenartig beschworen wird, um über die Entdemokratisierung hinweg zu täuschen.

Unterwegs zur DDR 2.0? Maßgebliche klimafanatische Politiker hätten wohl nichts dagegen, wenn es irgendwann hieße: „Klimaleugner nach Bautzen!" Und am besten gleich andere kritische Geister noch dazu ...

3

Die Klimahysterie raubt der Jugend die Zukunftsfreude

Im Januar 2023 nahm sich in meiner Region das 16-jährige Mädchen Julia das Leben. Eine deprimierende Tragödie. Sie ging mir sehr nahe. Vorab: Die persönlichen Hintergründe des Falls blieben, richtigerweise, für die Öffentlichkeit verschlossen, auch für mich. Ein direkter Zusammenhang mit der geschürten Klimahysterie und Klimaangst ist nicht wahrscheinlich, aber ich begann dennoch darüber nachzudenken, welche Folgen die erzeugten Zukunftsängste auf das Seelenleben junger Menschen haben. Insbesondere dann, wenn sie schon anderweitig psychisch belastet sind. Wie dies allein schon durch schwierige oder zerbrochene Familienverhältnisse oft der Fall ist.

Julia verließ morgens das Elternhaus, um mit der S-Bahn zur Schule nach Stuttgart zu fahren. Sie kam dort nicht an. Als es auch am nächsten Tag kein Lebenszeichen von ihr gab, begann eine groß angelegte Suche, bei der die Polizei auch ein Foto von Julia veröffentlichte. Es hat mich erschüttert. Aus ihrer sehr ordentlichen, gepflegten Erscheinung schloss ich intuitiv auf ihr Wesen, ob nun richtig oder falsch.

Die Polizei konnte nach Tagen Julias Fahrtroute rekonstruieren: Sie führte mit mehrfachem Umsteigen in das Örtchen Lenningen auf der Schwäbischen Alb. Dort aber verlor sich ihre Spur. Neun Tage Ungewissheit. Trotz intensiver Suche. Für die Angehörigen endlose Qual und Verzweiflung. Dann wurde Julias Leiche gefunden. In einem unwegsamen Hangstück bei Lenningen. Von wo der Blick über das Tal des Flüsschen Lauter geht, auffallenderweise geradewegs in Richtung ihres dreißig Kilometer entfernten Heimatorts. Von wo umgekehrt Blicke und Gedanken zurück zu ihrem Todesort führen. Die Polizei bestätigte Suizid als Todesursache.

Die Meldungen über die Tragödie benannten die Hilfsstellen für Depressionen, darunter die Netzseite der Stiftung Deutsche Depressionshilfe. Darin heißt es: „Suizidgedanken und -impulse sind ein sehr häufiges Symptom bei Depression. Sie machen Depression oft zu einer lebensbedrohlichen Erkrankung. Menschen mit Depression erleben nicht nur großes Leid, sondern haben auch durch die Erkrankung jegliche Hoffnung verloren. Sie glauben nicht daran, dass ihnen geholfen werden kann und sich ihr Zustand je wieder bessert. Um diesem als unerträglich empfundenen Zustand zu entkommen, kann der Wunsch entstehen, nicht mehr leben zu wollen."

Eine sehr schlimme und gefährliche Krankheit. Die immer mehr um sich greift. *Ein Drittel des Landes fühlt sich psychisch krank*, titelt ein Zeitungsartikel vom März 2023; danach haben Depressionen den mit Abstand größten Anteil daran. Und das Verhängnisvolle: „Der Langzeitverlauf zeigt eindeutig nach oben." Wobei, besonders schlimm, Kinder und Jugendliche davon überproportional betroffen sind: bei den 10- bis 17-jährigen ein Anstieg um 46 % im Zeitraum zwischen 2011 und 2021! Ein Unglück für unzählige Betroffene und Angehörige. Und ein böses Symptom unserer Zeit. Alle erdenklichen Anstrengungen gegen die Ursachen sind erforderlich.

Und da kommt mir ein anderer Zeitungsartikel in die Hände: *Die grassierende Klimaangst macht vor allem junge Menschen seelisch krank.* Das Fazit: „Apokalyptische Szenarien vom nahen Weltuntergang treiben Millionen von Menschen auf dem ganzen Globus in schwere psychische Probleme." Ungeheuerlich: Die Mainstream-Akteure – Politik, Medien, Konform-Wissenschaftler – verbreiten mit der Klimapropaganda Hoffnungslosigkeit, Verzweiflung, Lebensfeindlichkeit! Rauben Jugendlichen Zukunft und Zuversicht! Wie viele haben sie schon in Depression und Unglück gestürzt? Die Angehörigen dem Elend ausgeliefert?

Der zitierte Zeitungsartikel, erschienen im Dezember 2023 in der Preußischen Allgemeinen, besagt weiter: „Das mediale Hochspielen der angeblich katastrophalen Folgen des vermeintlich vom Menschen verursachten Klimawandels hat 2023 eine neue Dimension erreicht.

Gleichzeitig fallen die Zukunftsprognosen immer apokalyptischer aus. Vor diesem Hintergrund warnte nun die Deutsche Gesellschaft für Psychiatrie, dass die 'Klimakrise' zu psychischen Erkrankungen führe." Die American Psychological Association betrachte die chronische Untergangs-Angst als spezifische Krankheit im Sinne einer Belastungsstörung. Britische Forscher befragten dazu 12 000 Personen in 23 Ländern. Knapp die Hälfte gab an, „sehr oder gar extrem besorgt über den Klimawandel zu sein". Deutschland stach dabei mit 64 Prozent besonders heraus.

Und am schlimmsten: Junge Menschen sind die Hauptbetroffenen. Sie fühlen neben Angst und Besorgnis auch Traurigkeit, Hilflosigkeit und Verzweiflung: klassische Depressionssymptome. Die Zukunft sei „beängstigend", gaben 76 Prozent an, und etwa die Hälfte meinte sogar, „die Menschheit ist dem Untergang geweiht". Deshalb zögern auch 39 Prozent, Kinder zu haben. Statt jugendlicher Lebens- und Zukunftsfreude: Endzeitdüsternis!

Der Jugend gegenüber ist das ununterbrochene Einhämmern einer nahenden Weltkatastrophe nichts anderes als psychische Gewalt. Die Rechtsprechung definiert sie als Machtmissbrauch, der die emotionale Unversehrtheit und psychische Gesundheit einer Person gefährdet. Etwa durch Manipulation. Genau dieser Tat macht sich das Mainstream-Syndikat schuldig. Wo finden sich die Ankläger? Justitia, die Göttin der Gerechtigkeit, ruft danach! Zumal in Fällen mit Todesfolge ...

4

Fortschritte, die krank machen

Lösen wir uns vom Großthema Klimakampagne samt den negativen Folgen für Freiheit, Demokratie, psychische Gesundheit. Und Sprung auf ein anderes akutes Problemfeld: verheerende Folgen des hohen Digitalkonsums.

Manfred Spitzer, Neurowissenschaftler und Psychiater, ist vielen bekannt, vor allem durch sein 2012 erschienenes Buch *Digitale Demenz*. Er warnt darin, dass bei intensiver Nutzung von Digitalmedien unser Gehirn abbaut. Junge Menschen seien besonders betroffen: „Kinder und Jugendliche sind oft kaum noch lernfähig. Die Symptome: Aufmerksamkeitsstörungen und Realitätsverlust, Stress, Depressionen und zunehmende Gewaltbereitschaft." Der Industrie- und Zeitgeist-Lobby passte die mangelnde Fortschrittsbegeisterung nicht in den Kram, Spitzer wurde abgemeiert als „Krawall-Psychiater". Der Progressiv-Mainstream spülte seine „kulturpessimistische" Warnung als Treibgut an Land. Wo der Zeitgeist sie liegen ließ und nur allzu gern vergaß.

Nun fiel mir da ein Artikel in der Neuen Westfälischen vom März 2020 in die Hände. Überschrieben: *Handys und Tablets setzen die Intelligenz bei Kindern herab*. Aufguss der Spitzer-Thesen? Ja, weil sie bestätigt werden. Und nein, weil neue wissenschaftliche Erkenntnisse und Beweise für die alarmierenden Thesen angeführt werden. Es handelt sich um ein Interview mit Frau Professor Dr. Gertraud Teuchert-Noodt, Neurobiologin und Hirnforscherin, bis zu ihrer Emeritierung Leiterin des Bereichs Neuroanatomie an der Universität Bielefeld. Und schwerpunktmäßig befasst mit Entwicklungsbiologie, Lernforschung und Auswirkung der Digitalmediennutzung auf die Kindesentwicklung.

Der Interviewer, Ansgar Mönter von der Neuen Westfälischen, scheint kein großer Freund der Digitalindustrie zu sein, wie seinem Vorwort zu entnehmen, wonach die Industrie angesichts Corona und geschlossener Schulen „die Chance witterte, die Kinder noch mehr an die digitalen Geräte zu fesseln“. Sie „entkommen ihrem Sog nicht mehr“. Und er liefert Frau Teuchert-Noodt damit die Steilvorlage für einen Bombenschuss aufs Tor der Schul-Digitalisierer: „Ich sage: Handys, Notebooks und Tablets haben an Schulen nichts zu suchen. Kinder können nur analog lernen. Nur dadurch werden die für die raum-zeitliche Knüpfung von Nervennetzen benötigten Synapsen im Gehirn geformt.“

Die Professorin unterfüttert ihr folgenschweres Statement mit Erkenntnissen der Medizin-Nobelpreisträger von 2014: Laut dem Karolinska-Institut in Stockholm wurde der Preis 2014 vergeben für die Entdeckung, „wie der Mensch seinen Weg durch ein komplexes Umfeld finden kann“. Das hat erkennbar mit Lernen, Denken und Intelligenz zu tun. Frau Teuchert-Noodt erläutert es genauer: Kinder haben die angeborene Gabe der schnellen Konditionierung, das heißt Abläufe in das Kurzzeitgedächtnis zu speichern, die dann als mühelos funktionierender Automatismus abrufbar sind. Wie wir Erwachsenen dies etwa beim Autofahren tun. Bei Erwachsenen ist aber ein weiteres, regulierendes Gehirnsystem aktiv, das uns zur Umsicht mahnt und die Lage denkend bewerten lässt. Dieses Kontrollsystem, angesiedelt als zentraler Intelligenzbaustein im Stirnhirn, vulgo „Oberstübchen“, ist beim Kind noch nicht ausgebildet. Und häufige Digitalmediennutzung im Kindesalter verhindert die richtige Ausbildung, „mit fatalen Folgen in der Intelligenzentwicklung von Kindern“.

Ob er richtig verstehe, dass Kinder und Jugendliche noch nicht vernunftgesteuert auf die sozialen Medien reagieren können, fragt Redakteur Mönter. „Genauso ist es“, antwortet die Professorin. „Erst das ausgereifte Oberstübchen bringt die raum-zeitliche Verrechnung. Das ist der Erfolgsschlager von uns Menschen.“ Die Ausreifung des Stirnhirns, inklusive Langzeitgedächtnis und Erfahrungsbewusstsein, hänge an der Zufuhr von Dopamin, und diese sei bei Digitalmediennutzung blockiert aufgrund Übererregung des Belohnungssystems. Es gebe dann nur eine Notreifung. „Das haben wir an der Bielefelder Universität herausgefunden“, so die Professorin. Und antwortet auf Mönters Frage, bis wann das gelte: „Das Stirnhirn ist erst mit 18 bis 20 Jahren voll entwickelt.“ Auf die Frage, ob sich die Folgen kindlicher Digitalnutzung reparieren lassen, kommt die niederschmetternde Antwort: „Nein, leider nicht. Deshalb entsteht gerade eine verlorene Generation.“

Sie finde es unverantwortlich, dass Pädagogen bei der Digitalisierung voll mitzögen, offenbar weil sie keine Ahnung hätten. Die Pädagogik berücksichtige die Erkenntnisse der Neurowissenschaft nicht. „Das ist ein riesenhaftes Versäumnis.“ Ich glaube, Frau Teuchert-Noodt sollte da aber auch die Politik mit einbeziehen, die unkritisch den Digitalisierungs-Hype anfeuert und finanziert.

„Eine Kindheit ohne digitale Medien ist der beste Start ins digitale Zeitalter“, bekräftigt die Professorin. Sie selbst, als nunmehr Ältere, sei ganz ohne Digitalmedien aufgewachsen, arbeite aber selbstverständlich mit Mail, Internet oder Powerpoint. „Mehr aber auch nicht. Der Rest ist der, der auch Erwachsene früher in die Demenz rutschen lässt.“ Und zwar aufgrund der Rückbildung von Netzverschaltungen im Gehirn. Im Übrigen, so die Professorin, führten digitale Medien auch noch zur Sucht, unausweichlich würden Opiate im Gehirn hochgefahren: für das Kind „wie jeden Morgen ein Gläschen Alkohol“, was ebenso süchtig mache. „Es darf kein bisschen davon geben, wenn das Kind intelligent werden soll.“

Hoffentlich, hoffentlich sieht Frau Teuchert-Noodt das überkritisch, hoffentlich kommt es in Wirklichkeit nicht ganz so schlimm. Aber die Hoffnung kann trügen, denn mein Fundus enthält einen Zeitungsbericht vom Januar 2022 mit dem Titel: *Immer mehr Kinder und Jugendliche mediensüchtig*. Und ein anderer Artikel, vom Dezember 2023, verheißt auch nichts Gutes: *Sprachdefizite durch Smartphones*. Betroffen: „Sechs- bis 18-Jährige“. In vielen Familien werde zu wenig mit dem Nachwuchs kommuniziert. Es gehe „auf das Konto intensiver Nutzung von Smartphone, PC und Co.“. Oft wohl auch seitens der Eltern, so der Artikel. Und zwei weitere Artikel vom Dezember 2023 vermelden: *Neuer Pisa-Schock* und *Verheerendes Ergebnis bei Pisa-Studie*. Aber das kennen Sie ja alle ...

Frau Teuchert-Noodt und ihrem Forschungsteam kommt das Verdienst zu, Spitzers Ergebnisse durch Aufklärung der ursächlichen Biochemie dahinter bestätigt und aktualisiert zu haben. Die marginale Medienresonanz zu ihren brandigen Erkenntnissen lässt aber nicht viel hoffen. Es liegt wohl auch am Medienkotau vor der Regierungsideologie, nach der das Patentrezept gegen die Bildungsmisere die Schuldigitalisierung ist – Feuer löschen mit Kerosin. Und wieder einmal wagt kein Verantwortlicher die Stimme zu erheben gegen den Lemmingszug. Während etwa Schwedens höchste Medizininstitution, das Stockholmer Karolinska-Institut, vor weiterer Unterrichtsdigitalisierung warnt: Dies führe nicht zur Anhebung des Niveaus, sondern zu dessen Gegenteil. Andere Länder ziehen bereits Konsequenzen: „Immer mehr Länder verbannen das Handy aus dem Unterricht“, meldet das Deutsche Schulportal im Februar 2024. Und führt aus: „Mit einer neuen Richtlinie setzt nun auch Großbritannien auf ein Verbot von Handys und anderen mobilen Geräten im Schulalltag. Ähnlich handhaben es seit Jahresbeginn 2024 auch die Niederlande.“ Und dazu weitere Länder wie Frankreich und Italien.

Ein mir gut bekannter Lehrer – Gegner von Digitalunterricht – lieferte mir den praktischen Beweis: Die zu seiner Klasse parallele Klasse, die digital unterrichtet wurde, „glänzte“ mit einem noch nie dagewesenen Schlecht-Ergebnis. Die Rektorin gebot, die Noten anzuheben, um die Durchfallquote auf ein unauffälliges Maß zu drücken und die Schule nicht in Verruf zu bringen.

Dennoch wird immer weiter eine „verlorene Generation“ herangezogen. In den Schulen vieler Länder, deren ignorante Politiker wie in Deutschland sich mit Digital-Unterricht als „progressiv“ profilieren wollen. Und leider auch in den unaufgeklärten Familien der Welt, wo unzählige Kinder exzessivem Digitalkonsum überlassen werden. Auch viele, viele Kleinkinder, die besonders stark geschädigt werden. Der immense PR-Einfluss der Digital-Lobby auf die Politik und Gesellschaft steht einem schnellen Abstellen des Verhängnisses entgegen.

Noch mal Frau Teuchert-Noodt: Weil Digitalmedien auf Kinder wie eine Droge wirken, sei ganz ohne am besten. Andernfalls „sackt unsere Gesellschaft auf ein verdummendes Niveau herunter". Hinzu kämen mehr Depressionen, Angstsyndrome und Konflikte, weil das rational-regulierende Stirnhirn nicht ausgereift sei. „Und wir bemerken es längst, dass das geschieht." Eine ungeschminkte, düstere Vision.

Die, ganz aktuell, auch der New Yorker Sozialpsychologe Professor Jonathan Haidt stützt. In seinem im Juni 2024 auf Deutsch erschienenen Buch *Generation Angst – Wie wir unsere Kinder an die virtuelle Welt verlieren und ihre psychische Gesundheit aufs Spiel setzen* spricht er von einem verheerenden Einfluss der starken Internetnutzung auf die psychische Gesundheit der Jugendlichen. Folge sei eine „gestörte Psyche" und eine „Flutwelle von Angststörungen, Depressionen und Selbstverletzungen". Gleiches Resultat wie bei Frau Teuchert-Noodt, trotz unterschiedlichem Forschungsansatz: einmal über die Neurologie und Biochemie, und bei Haidt über soziale Feldanalysen. Spricht sehr für die Richtigkeit.

Allein dieser eine Blick aus dem Klima-Tunnel zeigt eine akute zerstörerische Entwicklung. Die ungeheuer schwer zu bremsen ist. Und deshalb derselben gewaltigen Weltanstrengung bedürfte wie beim Klima. Aber davon ist weit und breit nichts zu spüren. Dabei ist es nur eine Unglücksentwicklung unter weiteren. Wie etwa der Rückfall der Welt in kriegerisches Zerfleischen, angeheizt durch Kriegspropaganda, Kriegslügen, Feindbilder und Feinddämonisierung. Bedienung des Reptilienhirns, der Urinstinkte. Nachlesbar schon in Cäsars *Gallischem Krieg*. Seit Jahrtausenden nichts dazu gelernt!

Anderes Beispiel für Selbstzerstörung: Virenzüchtung für Biowaffen in Ost und West: immer tödlichere, gefährlichere Viren und Bakterien, Gefahr des Entweichens aus dem Labor, siehe Covid-19: stammt aus Wuhan-Labor. Übrigens: verantwortlich nicht nur böse Chinesen, die USA inklusive CIA und Pentagon waren mit-involviert, so unglaublich es klingen mag. Und die internationalen Pharmagiganten verdienten hohe Milliardensummen mit den Impfstoffen – und zusätzlich noch mit den Impfstoffen gegen deren Nebenwirkungen, etwa Gürtelrose. Das profitabelste Geschäftsmodell seit Christi Geburt! Durch welchen ach so bedauerlichen Umstand das Virus freikam: Es ließ sich – leider, leider nicht rauskriegen

Weiterer verheerender Trend: die rasante Zunahme von Erkrankungen und Todesfällen wegen Adipositas, Diabetes und Demenz. Laut *Offener Brief ‚Ärzte gegen Fehlernährung'* an die deutsche Regierung von 2018 grassiert eine „globale Adipositas-Epidemie". Betroffen sind auch Kinder mit einer alarmierenden Steigerung um 50 Prozent seit den 1990er Jahren. Und der SPIEGEL vom 4.2.2023 schreibt: „Die Volkskrankheit: Fast jeder dritte Erwachsene in Deutschland ist übergewichtig, ein Fünftel adipös. Mit wachsender Tendenz und gravierenden Folgen." Nämlich Millionen Kranke und über hunderttausend Tote jährlich allein in Deutschland. Und diese Katastrophe, anders als das Imaginär-Konstrukt „Klimakatastrophe", nicht erst 2100, sondern heute – laufend, jedes Jahr! Mit wachsender Wucht wie eine Lawine.

Und damit noch kein Ende der Katastrophenlitanei. Siehe aktuelle Meldungen: „Plastik erstickt den Planeten". Oder: „Artenvernichtung und Insektensterben: ohne Bestäubung keine Pflanzen, Tiere und Menschen". Und am Horizont die eskalierende Atomkriegsgefahr: laut SIPRI Yearbook 2024 die nukleare Gefahr so hoch wie seit Jahrzehnten nicht, global 2100 Atomraketen in höchster Einsatzbereitschaft, Gesamtbestand 12 000.

Abschließend noch mal zur „Klimakatastrophe": Seit der vorindustriellen Phase 1850–1900, die das noch recht kalte Ende der Kleinen Eiszeit markiert, ist die globale Temperatur gestiegen mit einer Rate von rund 1 Grad pro Jahrhundert. Das liegt in der Schwankungsbreite der früheren natürlichen Temperaturänderungen. Und auf der Basis der Forschungsergebnisse der letzten Jahrzehnte wissen wir, dass dabei die steigende Sonnenaktivität ein wichtiger Faktor ist und das Anthro-CO2 nur ein Player unter mehreren. In Summe: Alles andere als eine Katastrophe. Im Gegensatz zu den oben geschilderten verhängnisvollen Entwicklungen.

Was nicht heißt, dass wir das Anthro-CO2 ignorieren können, sondern mit Vernunft, ganzheitlicher Planung und unter Erhalt von Arbeitsplätzen, sozialer Sicherheit – und Freiheit! – an seiner Begrenzung arbeiten sollten. Und nicht ruinös für Mensch und Umwelt, wie großenteils jetzt. Ein wichtiger Schritt dazu wäre, wo immer möglich, die Wahrheit über das Klima und die Energiewende zu vertreten.

Wahrheit und Freiheit bedingen sich gegenseitig. Und diese beiden Werte stehen über allem.

Anhang

1. Abbildungen

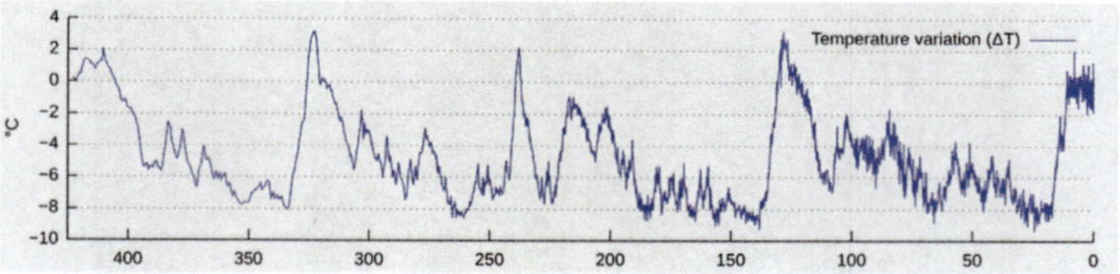

Abb. 1: Eiszeitperioden der letzten 400 000 Jahre (Eisbohrkern-Daten Antarktis): Zyklus von langen Kaltphasen und kurzen Warmphasen; ganz rechts: jetzige Warmzeit

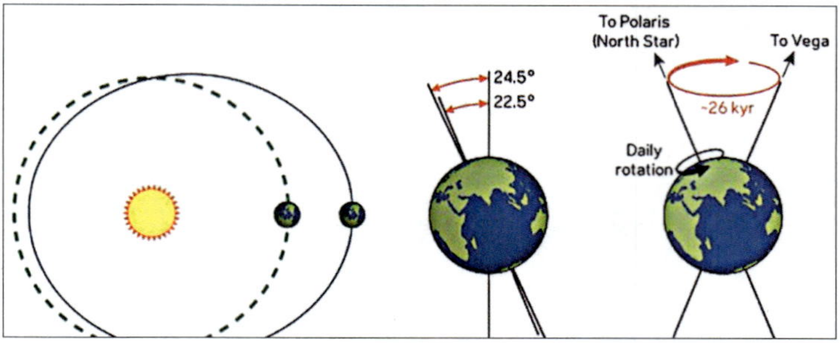

Abb. 2: Hauptursachen der Eiszeitperioden nach Milankovic: Schwankungen von Erdumlaufbahn und Neigung der Erdachse sowie ihre Kreiselbewegung

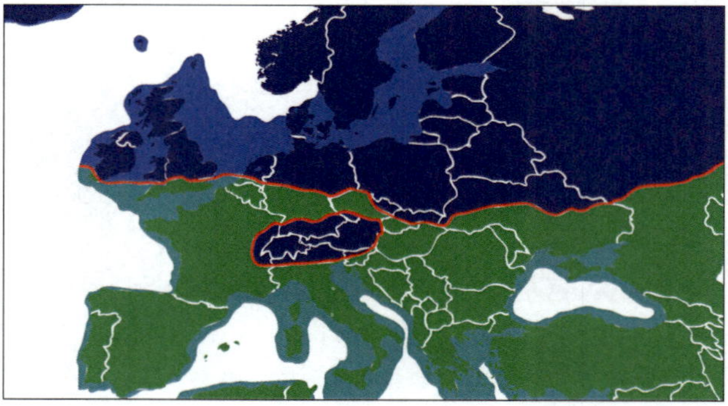

Abb. 3: Vereisung Europas während der letzten 400 000 Jahre; Landmasse größer als heute wegen niedrigerem Meeresspiegel

Abb. 4: Kolosseum Rom: Römisches Klimaoptimum begünstigt Monumentalarchitektur und Expansion des Imperiums

Abb. 5: Bamberger Dom: Mittelalter-Warmzeit stimuliert Errichtung himmelstrebender Gotteshäuser und Zivilisationsaufbruch

Abb. 6: Verbrennung angeblicher Hexen 1587: Die Klima-Not der Kleinen Eiszeit gebiert Menschheitsverbrechen

Abb. 7: Venedig, gefrorene Lagune 1709: Vergnügungen während der Kleinen Eiszeit. Aber im Hintergrund mahnt das Grabmal an den allgegenwärtigen Tod

Abb. 8: London, Treiben auf der gefrorenen Themse 1814: Die Londoner machen das Beste aus der Kleinen Eiszeit. In Irland aber verhungern eine Million Menschen

Abb. 9: London 1895, vereiste Themse vor Tower Bridge: frostiger Abgang der Kleinen Eiszeit

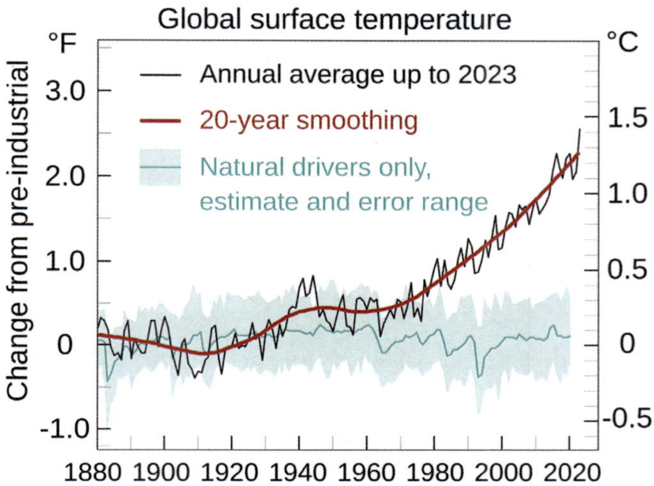

Abb. 10: Verlauf der Globaltemperatur von 1880 bis 2023 laut IPCC: Die Abkühlphasen um die 1910er- und 1960er-Jahre korrelieren mit Kaltphasen der Pazifischen Dekaden-Oszillation

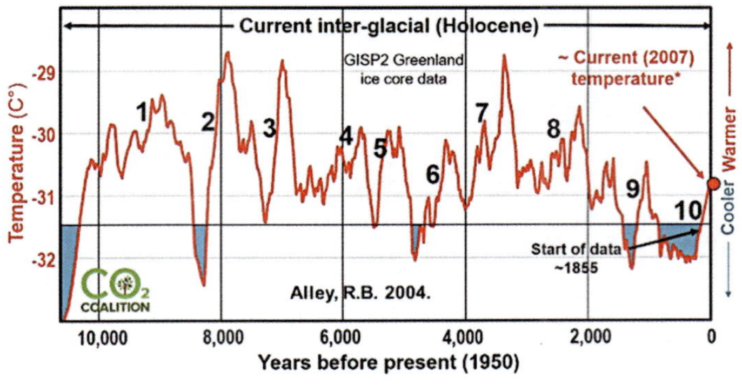

Abb. 11: Die letzten 10 000 Jahre vor heute (Eisbohrkern-Daten Grönland): 2–5 Klimaoptimum des Atlantikum, 5 Lebenszeit von Ötzi, 7 Hochkulturen Mesopotamien/Ägypten, 8 Beginn Römisches Klimaoptimum, 9 Klimapessimum der Völkerwanderungszeit gefolgt von Mittelalter-Warmzeit, 10 Kleine Eiszeit und Anstieg zur Modernen Warmzeit

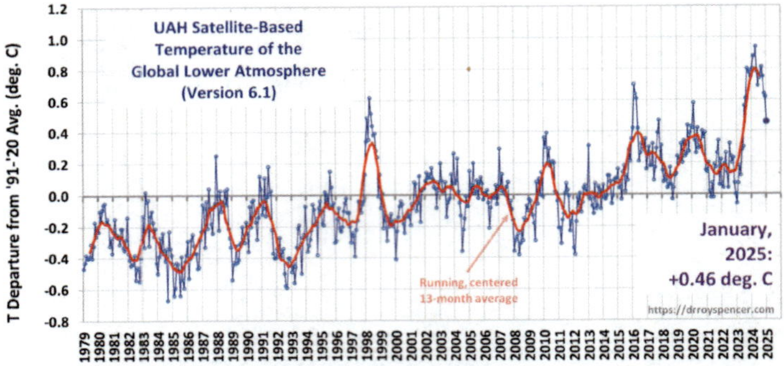

Abb. 12: Verlauf der Globaltemperatur von 1979 bis 2024 laut Satellitenmessungen („Goldstandard“, drroyspencer.com): Die Erwärmungspause von 1999 bis 2014 ist gut erkennbar. Sie korreliert mit der Kaltphase der Pazifischen Dekaden-Oszillation

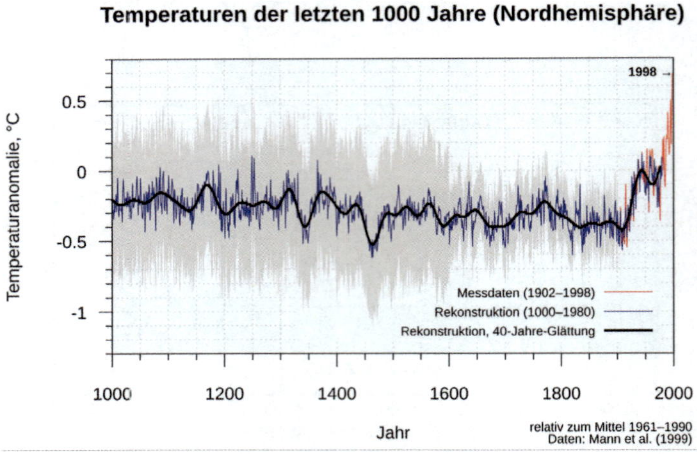

Abb. 13: Die fragwürdige Hockeyschläger-Temperaturkurve laut IPCC-Report 2001

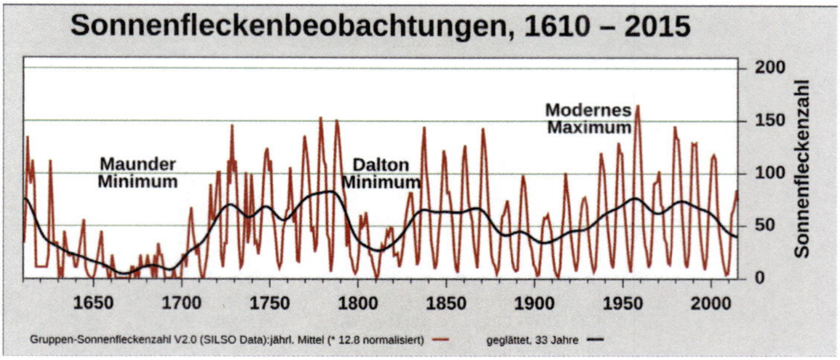

Abb. 14: Korrelation der Sonnenflecken-Zahl mit den Kältetiefs der Kleinen Eiszeit (Maunder- und Dalton-Minimum) sowie mit der Erwärmung nach 1900: Indiz für die Sonne als Klimafaktor

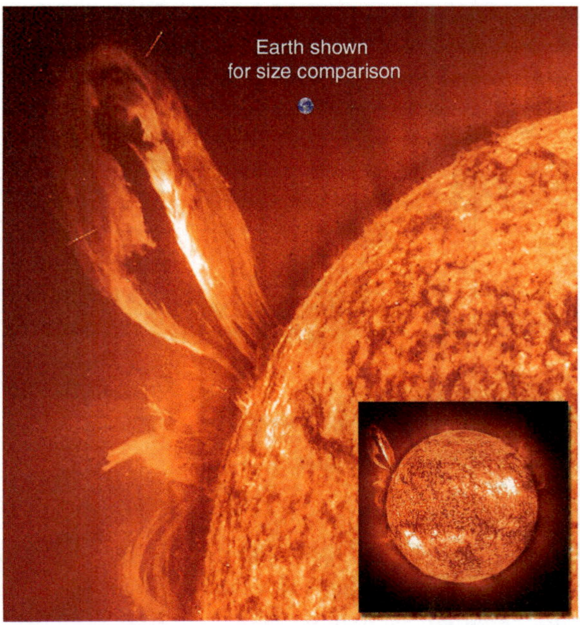

Abb. 15: Sonnenprotuberanzen (eruptiv und ruhend): erhöhen die auf die Erde treffende Strahlungsenergie

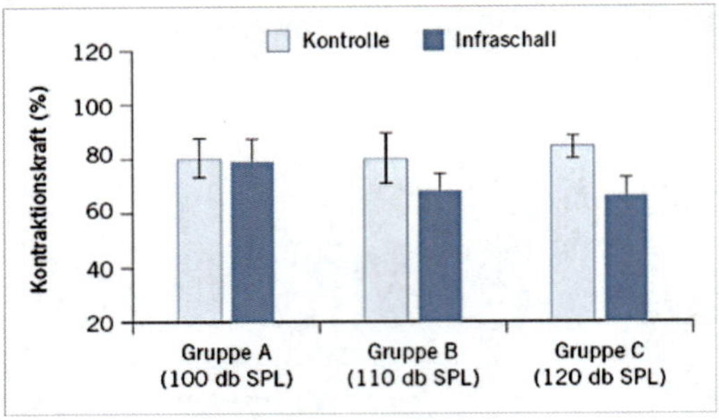

Abb. 16: Schwächung der Kontraktionskraft von Herzmuskelzellen mit steigender Infraschall-Intensität (Einwirkzeit 1 Stunde; ASU, Zeitschrift für medizinische Prävention 1.7.2021)

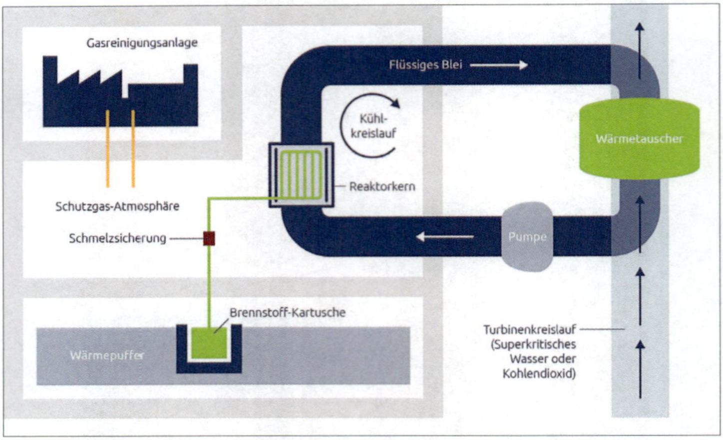

Abb. 17: Zukunftskonzept Dual Fluid-Reaktor (dual-fluid.com): Im Reaktorkern zirkuliert Flüssigbrennstoff (Natururan, Atommüll …), Wärmeabfuhr mittels flüssigem Blei

2. Erklärungen der Physiker Dr. John Clauser und Prof. Dr. William Happer

a) Erklärung des US-Physikers Dr. John Clauser, Träger des Physik-Nobelpreises von 2022 und Mitglied der politisch unabhängigen Klimawissenschafts-Vereinigung Clintel

(übersetzt vom Autor)

Das verbreitete Narrativ über den Klimawandel spiegelt eine gefährliche Korruption der Wissenschaft wider, welche die Weltwirtschaft und das Wohlergehen von Milliarden von Menschen bedroht. Die fehlgeleitete Klimawissenschaft ist zu einer schock-journalistischen Pseudowissenschaft degeneriert. Umgekehrt wird sie missbraucht für ganz andere Interessen: Sie wird genützt und inflatorisch propagiert für Marketing- und Geschäftszwecke sowie für die ehrgeizigen Intentionen von Politikern, Journalisten, Lobbyisten und Aktivisten. Meiner Meinung nach aber gibt es keine wirkliche Klima-Krise. Andererseits gibt es jedoch ein sehr reales Problem, der riesigen Weltbevölkerung ein menschenwürdiges Auskommen zu ermöglichen und die dafür nötigen Energien bereitzustellen. Letzteres wird unnötigerweise erschwert durch das, was in meinen Augen eine unehrliche Klimawissenschaft ist.

Quelle: https://clintel.org/nobel-prize-winner-dr-john-f-clauser-signs-the-clintel-world-climate-declaration/

b) Erklärung des US-Physikers Professor Dr. William Happer vor dem Bundestagsausschuss für Umwelt und Naturschutz am 21. Juli 2021

(gekürzt, übersetzt vom Autor)

Die Erhöhung der atmosphärischen CO2-Treibhausgas-Konzentration verursacht eine kleine, vorteilhafte Klima-Erwärmung. Mehr CO2 nützt Land- und Forstwirtschaft und allem Photosynthese-Leben. In unserer geologischen Periode waren die CO2-Konzentrationen teils gefährlich niedrig, mit Folge CO2-Aushungerung. Jetzt aber reagiert das Pflanzenwachstum sehr positiv auf die CO2-Erhöhung des letzten Jahrhunderts. Steigende Konzentrationen von CO2 und anderen Treibhausgasen werden nicht zu einem Klima-Notstand führen.

Für diese Aussage werden viele verlangen, dass ich verurteilt und verdammt werde, nicht unähnlich denen, die im Deutschland des 15. Jahrhunderts die Existenz von Hexen verneinten. So verdammte ja auch der Autor des Hexenhammers, Heinrich Kramer, die Prediger gegen die Hexenverfolgungen. Die Theologiefakultät der Universität Köln billigte Kramers Auslassungen einstimmig: ein 100 %-Konsens. Und 100 % falsch. Die Reformation machte es nur noch schlimmer: Die protestantische und die katholische Kirche wetteiferten darum, die Menschheit vor der Hexengefahr zu erretten.

Den Hexenjagden schlossen sich auch die weltlichen Mächte widerspruchslos an. Beständige Alarmierung durch Schreckgespenster, meist imaginäre, erlaubt den Mächtigen, das verunsicherte Volk zu führen und zu „retten". Der Klimawandel ist das ultimative Schreckgespenst. Klimawandel existiert seit Anbeginn der Welt und wird weiter existieren bis zu ihrem Ende. Die Menschen haben damit wenig zu tun.

Die Sonne erwärmt den dynamischen, rotierenden Planeten Erde, auf dem es komplexe Wechselwirkungen gibt zwischen zwei kolossalen, turbulenten Fluidsystemen: Atmosphäre und Ozeane. Fluide haben bekanntlich eine komplizierte Dynamik. Die wichtige, aber schwierige Klimawandel-Forschung wurde um Jahrzehnte zurückgeworfen durch das politische Dogma vom „CO_2-Drehknopf" des Klimas. Was klarerweise falsch ist angesichts der dramatischen Klimaänderungen allein in der 12 000 Jahresspanne unserer gegenwärtigen Interglazialperiode – in der bis 1850 die CO_2-Konzentration nahezu konstant war. Vielmehr müssen die Sonne, die Vulkanaktivität und die Variabilität der Atmosphäre und Ozeane die früheren Änderungen bewirkt haben. Diese waren oft stärker als der aktuelle Klimawandel.

In den vergangenen Jahrmillionen waren die Temperaturänderungen die Ursache für die CO_2-Änderungen, und nicht umgekehrt. Es gibt auch keine theoretische Stütze für CO_2 als wesentlichen Faktor des Klimawandels: Eine theoretische Verdopplung der CO_2-Konzentration reduziert die Wärmeabstrahlung der Erde nur um 1 Prozent, mit resultierender Erderwärmung um weniger als 1 Grad. Um höhere Erwärmungen zu prognostizieren, erfand man für die Modelle fantasievolle positive Rückkopplungen. Diese widersprechen aber dem Chatelier-Prinzip, dass Rückkopplungen in stabilen Natursystemen [wie der seit Jahrmilliarden existierenden Erde, Anmerkung des Autors] negativ sind. Dies reduziert die Erwärmung bei CO_2-Verdopplung noch weiter unter 1 Grad.

Auch die Temperaturaufzeichnungen über das 20. Jahrhundert passen nicht zur behaupteten CO_2-Verursachung. So etwa war die Erwärmung zwischen 1900 und 1950 ebenso stark wie zwischen 1950 und 2000, als der CO_2-Anstieg viel höher war. Vielmehr ist der Temperaturanstieg großenteils verursacht durch die natürliche Wiedererwärmung der Erde aus der Kleinen Eiszeit heraus.

Es gibt keinen Klima-Notstand, ebenso wenig wie es einen Hexen-Notstand vor 500 Jahren gab. Ich hoffe, die vernünftigen Mitglieder dieses Ausschusses wiederholen nicht frühere Fehler durch „Lösungen" für ein Phantomproblem, mit fatalen Folgen für die Umwelt, die Wirtschaft und die Freiheit der Menschen.

Quelle: https://www.bundestag.de/resource/blob/848534/5e565ef29607bb8b04f53cb4acd39683/Prof-Dr-em-William-Happer-Princeton-University.pdf

Hinweise des Autors zu Professor Happer:

- Professor em. der Princeton University, über 200 wissenschaftliche Publikationen u. a. zu Geophysik und Treibhauseffekt, als Forschungsdirektor der US-Administration verantwortlich für zahlreiche Forschungsinstitute (Energie, Umwelt, Klima), Wissenschaftsberater des Nationalen Sicherheitsrats, Mitglied der American Physical Society und weiterer Wissenschaftsinstitutionen, Träger verschiedener wissenschaftlicher Auszeichnungen.
- Prof. Happer verweist an anderer Stelle auf weitere Ursachen für die untergeordnete Klimabedeutung von CO2, in Übereinstimmung mit aktuellen Forschungsergebnissen: Die Wärmeabgabe der Erde erfolgt wesentlich auch durch atmosphärische Konvektion, nicht nur durch Wärmestrahlung. Hinzu kommt noch die Sättigung der CO2-Wärmeabsorption.

3. Quellenauswahl

Bachmann, Die Lüge der Klima-Katastrophe, Berlin 2020

Behringer/Lehmann/Pfister, Kulturelle Konsequenzen der Kleinen Eiszeit, Göttingen 2005

Behringer, Kulturgeschichte des Klimas, München 2023

Bennert/Merbach/Appel/Waniczek, Kann der Mensch das Klima retten?, Erfurt 2019

Buchner, Klima und Kulturen, Grenzach-Wyhlen 2011

Calvin, A Brain for All Seasons: Human Evolution and Climate Change, Chicago 2002

Caviedes, El Nino: Klima macht Geschichte, Darmstadt 2005

Crok/May, The Frozen Climate Views of the IPCC, 2023

Ehlers/Hughes/Gibbard, The Ice Age, Berlin 2022

Glaser, Klimageschichte Mitteleuropas, Darmstadt 2001 Kriesch, Ötzi – der Gletschermann und seine Welt, München 2001

Krauß/von Storch, Die Klimafalle, München 2013

Kriesch, Ötzi – der Gletschermann und seine Welt, München 2001

Lamb, Klima und Kulturgeschichte, Reinbek 1989

Lewin, Wie die Wissenschaftler der Welt für den Klimawandel weichgeklopft wurden, Freiburg 2021

Lomborg, Klima-Panik, München 2023

IPCC, Sixth Assessment Report AR6, 2021-2023

May, Politics and Climate Change, Springfield 2020

Patzner, Das Ende der liberalen Demokratie? Die Feinde der Freiheit haben die Klimakrise entdeckt, Berlin 2023

Pfister/Wanner, Klima und Gesellschaft in Europa, Bern 2021

Rahmstorf/Schellnhuber, Der Klimawandel, München 2019

Schellnhuber, Selbstverbrennung, München 2015

Schönwiese, Klimatologie, Stuttgart 2020

Uhlig, Der natürliche Klimawandel, Dresden/Sargans 2021

Vahrenholt/Lüning, Unerwünschte Wahrheiten, München 2021

Vahrenholt/Lüning, Unanfechtbar? Der Beschluss des Bundesverfassungsgerichts im Faktencheck, München 2021

Waniczek, Was Sie immer schon über die „Energiewende" wissen wollten, Uhingen 2023

Klima-Portale:

https://clintel.org/

https://www.ceres-science.com/

https://www.drroyspencer.com/

https://eike-klima-energie.eu/

https://www.ipcc.ch/

https://judithcurry.com/

https://klimanachrichten.de/

https://www.pik-potsdam.de/

PREFACE

The Fermentation and Biotechnology Division of the American Chemical Society annually organizes symposia on topics vital to the applied biosciences. In September, 1969, a symposium was held on "Properties and Products of Algae". Papers presented at this symposium covered numerous aspects of algal culture with emphasis on the special properties and products produced by algae of economic interest. The art of handling algae is rapidly becoming a science. The papers presented herein are part of man's attempt to understand the contribution of the algae to man's world.

Properties and Products of Algae

Properties and Products of Algae

Proceedings of the Symposium on the Culture of Algae sponsored by the Division of Microbial Chemistry and Technology of the American Chemical Society, held in New York City, September 7-12, 1969

Edited by J. E. Zajic

Biochemical Engineering
Faculty of Engineering Science
University of Western Ontario
London, Ontario, Canada

PLENUM PRESS • NEW YORK-LONDON • 1970

Library of Congress Catalog Card Number 75-112588
ISBN-13: 978-1-4684-1826-2 e-ISBN-13: 978-1-4684-1824-8
DOI: 10.1007/978-1-4684-1824-8

Softcover reprint of the hardcover 1st edition 1970

A Division of Plenum Publishing Corporation
227 West 17th Street, New York, N. Y. 10011

United Kingdom edition published by Plenum Press, London
A Division of Plenum Publishing Corporation, Ltd.
Donington House, 30 Norfolk Street, London W.C.2, England

Contributors to this Volume:

H. H. Blecker
Department of Chemistry
University of Michigan Flint College
Flint, Michigan

Y. S. Chiu
Biochemical Engineering
Faculty of Engineering Science
University of Western Ontario
London, Ontario

N. L. Clesceri
Rensselaer Polytechnic Institute
Troy, New York

Thomas H. Haines
The City College of the City University of New York
New York, New York

Raymond W. Holton
Department of Botany
University of Tennessee
Knoxville, Tennessee

Eva Knettig
Biochemical Engineering
Faculty of Engineering Science
University of Western Ontario
London, Ontario

P. J. Lavin
Albany County Health Department
Albany, New York

G. C. McDonald
Albany County Sewer District
Albany, New York

Edward J. Schantz
Department of the Army
Fort Detrick, Maryland

R. D. Spear
Rensselaer Polytechnic Institute
Troy, New York

B. Volesky
Biochemical Engineering
Faculty of Engineering Science
University of Western Ontario
London, Ontario

Varley E. Wiedeman
Department of Biology
University of Louisville
Louisville, Kentucky

J. E. Zajic
Biochemical Engineering
Faculty of Engineering Science
University of Western Ontario
London, Ontario

CONTENTS

HETEROTROPHIC CULTURE OF ALGAE

J.E. Zajic and Y.S. Chiu

Biochemical Engineering, Faculty of Engineering

Science, University of Western Ontario, London

INTRODUCTION

Classically all algae form their cellular carbon solely from carbon dioxide by photosynthesis. However, some are facultative heterotrophs and are able to utilize organic substrates as a source of carbon. Also there are obligate heterotrophic algae which must obtain at least some organic compounds from their surroundings. For example, the colorless alga Prototheca zopfii, which does not have the ability to photosynthesize, is unable to grow in the absence of organic materials (Barker, 1935). This alga utilizes ammonia, nitrogen from yeast autolyzate as well as glucose. It is unable to grow in the complete absence of yeast autolyzate.

Under heterotrophic conditions organic nitrogen is not always necessary, however algal growth is often accelerated by a simultaneous provision of both organic carbon and organic nitrogen sources (Kiyohara et al, 1960; Kathrein, 1964; Griffiths, 1967). Kiyohara et al (1960) observed maximum growth of the blue-green alga Tolypothrix tenuis when casamino acids and glucose were added together.

As have been shown by many workers (Iggena, 1938; Pearsall et al, 1940; Neish, 1951; Killam et al, 1956; Samejima et al, 1958; Mineeva, 1962b; Dvorakova-Hladka, 1966; Karlander et al, 1966), heterotrophic growth is accelerated upon introduction of light. For convenience of nomenclature, this type of growth has been called photoheterotrophy or mixotrophy in contrast to photoheterotrophy in which cellular material is synthesized solely from inorganic matter in light. Thus in both photoheterotrophy and photoautotrophy light is involved. There also exists another type of nutrition in which light is involved. That was shown by Algeus (1948b) in which Chlorella vulgaris grew by using atmospheric carbon dioxide and glycocoll. C. vulgaris utilizes the amino moiety of glycocoll by deamination and by releasing ammonia which is then assimilated. This occurs in both light and dark, however, conversion is much greater in light. Glycocoll is not a source of carbon but it does provide a source of organic nitrogen which makes this process also heterotrophic. Thus glycocoll is not used as a source of energy.

Apart from the growth of algae in nature, photoautotrophic algae production has not been successful on a large scale. Natural processes in which large scale photoautotrophic culture is conducted are (1) for increasing field fertility (Watanabe, 1962) and (2) for food production (Nakamura, 1961) and (3) in sewage treatment (Oswald et al, 1957). All of these are aimed at higher productivity of cellular material itself. For obtaining maximum cell concentration in the shortest time high growth rates are required. In photoautotrophy, use of thin aqueous layers of suspensions is required in order that light will be effective in reaching the entire culture. Such systems require large surface areas which are not always spatially economic, although this may be partially overcome by good mixing. In heterotrophy, even if light is provided, it is not the sole source of energy, thus it is easier to achieve maximum cell contact with both energy sources with a net result in greater productivity.

The approach to heterotrophic culture of algae for practical interest is still relatively new. The prime objective is to increase productivity by using cheap substrates such as plant and animal residues or industrial organic wastes. Very little information is available on commercial processes. For example, the processes involved in producing xanthophylls are still under the veil of patents and production information is lacking.

Whether photoheterotrophic culture of algae will contribute to the space program is not known but as man probes further into space, it can be expected to increase. Algae which are able to oxidize or reduce organic matters depending upon the energy source may be used for (1) to remove the organic materials from waste, (2) to remove and produce CO_2 and O_2 and (3) as a source of food.

Algae Able to Grow Heterotrophically

Algal isolates which have been most intensively studied for heterotrophic culture are those of the green algae such as Chlorella and Scenedesmus, blue-green algae and other miscellaneous cultures of algae.

Chlorella. Even in the early work of Beijerinck (1898), it was known that Chlorella could be grown in the dark with glucose as the organic substrate. In 1927, Emerson observed Chlorella cells growing in a medium containing glucose. Under these conditions cells possessed a respiration rate about four times that of light grown cells. More recently oxidative assimilation has been observed for C. pyrenoidosa on acetate and glucose (Myers, 1947; Myers et al, 1949); on glucose, galactose and acetate (Samejima et al, 1958); and for C. ellipsoidea on acetate (Fujita, 1959). Cells grown in dark assimilated about 49% of the glucose carbon (Myers et al, 1949) while Samejima et al (1958) reported the carbon assimilation was 45% for glucose, 37% for galactose and 26% for acetate. In another species C. ellipsoidea, Fujita reported carbon assimilation to be as high as 80% for acetate.

In studies of the heterotrophic nutrition of C. vulgaris Griffiths (1960) reported much higher rates of growth and respiration on glucose than with other organic substrates.

In the studies of xanthophyl production by C. pyrenoidosa, Theriault (1965) reported glucose, fructose and galactose were readily assimilated.

Glycocoll, which has no value as carbon source for Chlorella, is a good source of nitrogen for C. vulgaris (Algeus, 1948b). Utilization is preceded by deamination and release of ammonia to the medium. Further metabolism of the ammonia is quite rapid in the presence of carbon dioxide and light.

In a recent study on organic nitrogen utilization by Griffiths (1967) peptone was found more effective than nitrate for heterotrophic culture of C. vulgaris (Emerson strain). It allows the production of an increased amount of cellular material and supports an enhanced rate of cell division.

Scenedesmus. In the studies of oxidative assimilation, Taylor (1950) found that 80-90% of the glucose carbon was assimilated by S. quadricauda. Mannose is also utilized, but is an inferior substrate compared to glucose. S. obliquus utilizes glucose, cellobiose and acetate. Glucose added in the presence of light was found to be most satisfactory for growth (Dvorakova-Hladka, 1966). As a source of organic nitrogen, glycocoll was the most satisfactory substrate tested for S. obliquus (Algeus, 1948a). Alanine was inferior to glycocoll (Algeus, 1949).

Other green algae. Prototheca, the colorless counterpart of Chlorella, has been studied by Barker (1935, 1936) and Anderson (1945). Barker reported P. zopfii is unable to grow in the absence of an organic nitrogen source such as yeast autolyzate. For carbon sources, conventional monosaccharides, lower fatty acids and simple alcohols were most commonly assimilated. It was concluded that Prototheca is characterized by its ability to assimilate simple organic molecules. For example 75% ethanol, and over 80% glycerin were assimilated. Of the Krebs-cycle acids none was found to be utilized. However, Anderson (1945) reported pyruvate and lactate were assimilated under oxidative conditions, and oxidation was stimulated by addition of thiamin.

Algeus (1948c), studying the deamination of glycocoll by green algae, divided species of the algae into the Scenedesmus and the Chlorella types. The former included Haematococcus, Ankistrodesmus and one species of Hormidium. These all possessed deaminases. Algeus suggested that the self-purification of natural waters by deamination and free ammonia production was performed by this type of alga.

In the studies of the ability of the green algae Chlorococcum macrostigmatum to utilize the sugars present in spent sulfite liquor, Maloney (1959) reported that sugars serve as both carbon and energy sources for growth in dark.

Studies were also extended to the algae inhabiting sewage, in which Eppley et al (1962) isolated two strains of Chlamydomonas from sewage lagoons, and found them capable of utilizing acetate for CO_2 reduction in light without any net production of oxygen. The two strains were C. mundana Gerloff var. astigmata nov. var. (Mojave strain) and C. mundana Gerloff (Boron strain). Wiedeman et al (1965) grew 39 isolates from waste-stabilization ponds heterotrophically under various culture conditions. Isolates included the species of Chlamydomonas, Chlorococcum, Dictyosphaerium, Pediastrum, Ankistrodesmus etc. Glucose, mannose and coconut milk support growth of some of them in the dark with or without air. In the light, fructose and acetate were also utilized.

Blue-green algae. As suggested by Fogg in 1956, the frequent occurrence of blue-green algae in soils and habitats rich in organic matters indicated that they grew in dark on organic matter.

Earlier Harder (1917) reported Nostoc punctiforme was capable of growing on carbohydrates. Allison et al (1937) observed a strain of Nostoc muscorum which grew and fixed nitrogen on glucose in the dark. But it has not been until recently that more detailed studies on heterotrophic culture have involved the blue-green algae.

In examining the conditions favoring heterotrophic growth of Tolypothrix tenuis, Kiyohara et al (1960) reported maximal growth on addition of both casamino acids and glucose. Certain specific amino acids, such as arginine and phenylalanine, were also utilized as a source of nitrogen.

In studies concerning nitrogen fixation which is common among blue-green algae, Fay (1965) reported sucrose was most readily utilized by Chlorogloea fritschii. The growth rate of C. fritschii increased fourfold in light and sucrose assimilation was greater in the light in the absence of CO_2. Another heterotrophic nitrogen fixation alga Anabaenopsis circularis, utilizes glucose, fructose and sucrose (Watanabe et al, 1967). The effect of light was examined with fructose and it stimulated growth.

Diatoms. In 42 cultures of diatoms from freshwater and soil, Lewin (1953) found only 13 capable of growing on glucose. The 13 cultures comprised seven isolates of Navicula pelliculosa, five of other species of Navicula, and one unidentified isolate. One isolate of Navicula pelliculosa was tested for its ability to grow heterotrophically. Sixty common carbohydrates, fatty acids, alcohols and amino acids were tested. Only glucose was utilized. In the presence of light, glycerol and fructose also permitted growth.

In a later study, Lewin et al (1960) examined 44 isolates of marine littoral diatoms and found more than half consisting of species of Amphora, Navicula, Nitzschia and Cyclotella were able to grow heterotrophically. Glucose was the preferred carbohydrate.

Though there are still other divisions, genera and species of algae which grow heterotrophically, the above mentioned cultures are of the most significant. There are in excess of 88 literature citations on algae growing under heterotrophic and mixotrophic conditions. These have been summarized in Table I. The algal culture(s) used, general classification, substrates utilized, growth conditions and references are summarized.

Effect of Light on Heterotrophic Growth

Many studies comparing heterotrophic growth in light and in dark have been reported. The best conclusion is that light stimulates growth of algae under heterotrophic culture.

During photosynthesis carbon dioxide is reduced and converted into cellular material by absorbing light energy, whereas in fact photosynthetic organisms grow by utilizing the chemical energy which is wholly or partly produced during light absorption. As stated previously, light stimulates growth during photoheterotrophy, therefore this type of growth is, in a sense, photosynthetic in which organic substrates are photoassimilated. For example, in higher plants Maclachlan et al (1959) used tobacco leaf disks to synthesize starch and sucrose from glucose in light under anaerobic conditions. It was concluded that light replaced the oxygen requirement for synthesis by inducing an anaerobic phosphorylation.

Table 1. Organic substrates and growth conditions of heterotrophic algae

Organism (Classification)	Organic C and/or N Source	Growth Conditions	Reference (Remarks)
<u>Anabaenopsis circularis</u> (2)	glucose** fructose* sucrose	0.5% 0.3%; dark/light* 0.3%	Watanabe et al 1967 (nitrogen fixation)
<u>Ankistrodesmus braunii</u> (1)	glucose		Bishop 1961
<u>A. falcatus</u>	glucose + glycocoll** glycocoll* alanine	dark/light* dark/light* dark/light*	Algeus 1948c, 1949
<u>Botrydiopsis intercedens</u> (5)	glucose acetate		Belcher et al 1960
<u>Bracteacoccus cinnabarinus</u> (1) (Kol et F. Chod.) Starr	glucose acetate		Parker et al 1961

Table 1. (Cont..)

B. engadiensis (Kol et F. Chod.) Starr	glucose		Parker et al 1961
B. minor (Chodat) Petrova	glucose		Parker et al 1961
B. terrestris (Kol et F. Chod.) Starr	glucose		Parker et al 1961
Bracteacoccus sp.	glucose		Parker et al 1961
Bracteacoccus sp.	glucose acetate		Parker et al 1961
Bumilleriopsis brevis (5)	glucose* mannose fructose* sucrose acetate* citrate fumarate succinate glycine glycerol ethanol		Belcher et al 1960

Table 1. (Cont..)

Chilomonas paramecium (6)	acetate lactate	thiamin thiamin	Hutchens 1940, 1948 Hutchens et al 1948
	ethanol	0.01 M	Pace, 1948
	acetate ethanol		Blum et al 1951
	ethanol 1-butanol 1-hexanol acetate n-butyrate n-caproate n-caprylate		Cosgrove 1950 Cosgrove et al 1952
Chlamydobotrys sp. (1)	acetate + tryptone + yeast extract + beef extract	light only 2000-5000 lux 25-30°C	Pringsheim et al 1960
	acetate	light	Wiessner et al 1964
Chlamydomonas agloeformis (1)	glucose + CSL ǂ + urea		Kathrein 1960 (xanthophylls)
C. dysosmos	acetate** pyruvate lactate	dark/light*	Lewin 1954

Table 1. (Cont..)

C. mundana Mojave strain Boron strain	acetate	light only NH_3 29-34°C 28-32°C	Eppley et al 1962, 1963a
C. reinhardi (-) strain	acetate	light	Eppley et al 1962
Chlorella ellipsoidea (1)	glucose glucose + formate* glucose + urea** galactose	dark/light* dark/light*	Samejima et al 1958
	acetate		Fujita 1959
C. protothecoides	glucose + glycocoll glucose + alanine** glycocoll*	dark/light* dark*/light dark/light*	Algeus 1948c, 1949
C. pyrenoidosa	glucose	dark/light*	Bergmann 1955
	acetate	dark/light*	Schlegel 1956
	glucose** galactose* acetate	dark/light* dark/light*	Samejima et al 1958

Table 1. (Cont..)

	glucose galactose** acetate	dark/light 1080/1800 lux 1080*/1800 lux 1080*/1800 lux	Dvorakova-Hladka 1966
C. pyrenoidosa ATCC 7516	glucose + CSL + urea		Kathrein 1960 (xanthophylls)
C. pyrenoidosa C-37-2	glucose + tryptone + yeast extract		Guehler et al 1962 (steroid)
C. pyrenoidosa Emerson	glucose	dark/light*	Killam et al 1956 McBride 1961
C. pyrenoidosa 7-11-05	glucose + urea** glycerol + urea* dextrin + urea	dark-batch/ light-batch*/ light-continuous**	Theriault 1965 (xanthophylls)
	glucose + CSL + urea		Zajic 1969 (xanthophylls)
C. vulgaris	glucose + glycocoll** glucose + alanine glycocoll	dark/light* dark/light dark/light*	Algeus 1948b, 1949

Table 1. (Cont..)

	glucose	dark/light*	Finkle et al 1950 Killam et al 1956 McBride 1961
	glucose* acetate	dark/light* 2000-5000 lux 700-1000 lux	Mineeva 1962a, 1962b
<u>C. vulgaris</u> <u>ATCC 9765</u>	glucose + CSL + urea		Kathrein 1960 (xanthophylls)
<u>C. vulgaris</u> Emerson	glucose	dark/light*	Karlander et al 1966
	glucose* glucose + peptone** sucrose		Griffiths 1960, 1967 (protein)
<u>C. vulgaris</u> Pratt-Trealease	 glucose** galactose fructose* lactose cellobiose aseculin methyl-β-D-glucoside	35°C dark/light* dark/light* dark/light* dark/light* dark/light* dark/light* dark*/light	Neish 1951

Table 1. (Cont..)

C. vulgaris var. *viridis*	glucose + acetate + glycine + yeast extract	thiamin	Pruess et al 1954
Chlorellidium tetrabotrys (5)	acetate citrate succinate glycine glycerol ethanol		Belcher et al 1960
Chlorocloster engadinensis (5) Vischer	glucose galactose** mannose fructose	dark/light* 200-300 lux 23^oC	Clemencon 1965
Chlorococcum macrostigmatum (1) Starr	spent sulfite liquor (sugar)	dark/light*	Maloney 1959
Chlorococcum sp.	glucose + CSL + urea		Kathrein 1960 (xanthophylls)
Chlorogloea fritschii (2)	sucrose**	dark/light* 0.01 M	Fay et al 1962 Fay 1965 (nitrogen fixation)

Table 1. (Cont..)

	maltose glycine glutamine aspartate		
	sucrose	35°C	Holton 1968
<u>Chlorogonium elongatum</u> (1)	acetate	light	Pringsheim et al 1960
<u>Coccomyxa elongata</u> (1)	glucose + CSL + urea		Kathrein 1963 (xanthophylls)
<u>Cyclotella</u> sp. (3)	glucose	vitamin B_{12}	Lewin et al 1960
<u>Dictyochloris fragrans</u> (1) Vischer	glucose		Parker et al 1961
<u>Euglena gracilis</u> (7)	acetate	light	Pringsheim et al 1960
<u>E. gracilis</u> Vischer	acetate butyrate*	pH 6.8 6.8	Cramer et al 1952
<u>E. gracilis</u> var. <u>bacillaris</u>		thiamin vitamin B_{12}	Cramer et al 1952

Table 1. (Cont..)

	glucose* acetate pyruvate succinate** fumarate butyrate glutamate alanine aspartate	pH 4.5 6.8 4.5 4.5 4.5 6.8 4.5 4.5 4.5	
	acetate	dark/light*	Lynch et al 1953
	acetate		Wilson et al 1958
E. gracilis var. saccharophila	glucose fructose		Pringsheim 1955
Haematococcus pluvialis (1)	glycocoll glucose + glycocoll	light only	Algeus 1948c
Navicula incerta Grun. (3)	glucose		Lewin et al 1960
N. pelliculosa	glucose** fructose glycerol	dark/light* light only light only	Lewin 1953
Neochloris alveolaris (1) Bold	glucose acetate		Parker et al 1961

Table 1. (Cont..)

N. aquatica Starr	glucose		Parker et al 1961
N. gelatinosa Herndon	glucose		Parker et al 1961
N. pseudoalveolaris Deason et Bold	glucose		Parker et al 1961
Neochloris sp.	glucose		Parker et al 1961
Nitzschia angularis var. affinis (3) (Grun.) perag.	glucose		Lewin et al 1960
N. closterium (Ehr.) W. Sm.	glucose lactate	thiamin	Lewin et al 1960
N. curvilineata Hust.	lactate		Lewin et al 1960
N. filiformis W. Sm.	glucose		Lewin et al 1960
N. frustulum (Kürtz.) Grun.	glucose lactate	vitamin B_{12}	Lewin et al 1960

Table 1. (Cont..)

N. laevis Hust.	glucose lactate		Lewin et al 1960
Nostoc muscorum (2)	glucose sucrose	dark/light* dark/light*	Allison et al 1937
	acetate	dark/light*	Allison et al 1953
Ochromonas malhamensis (4)	glucose	thiamin biotin vitamin B_{12}	Reazin 1956
Pediastrum boryanum (1)	glucose** mannose acetate coconut milk	dark/light* light only light only	Wiedeman et al 1965
P. duplex	glucose** mannose acetate coconut milk	dark/light light only light only	Wiedeman et al 1965
Polytoma obtusum (1)	acetate	thiamin	Lwoff 1947
P. ocellatum	acetate	thiamin only	Lwoff 1947
P. uvella	acetate	thiamin	Lwoff 1947

Table 1. (Cont..)

Polytomella caeca (or coeca) (1)	acetate	thiamin only	Lwoff 1947
	acetate		Barker et al 1955
Prototheca zopfii (1)	yeast autolyzate + glucose fructose mannose galactose acetate propionate n-butyrate iso-butyrate n-valerate glycerol ethanol	 30°C	Barker 1935, 1936
	yeast agar + pyruvate lactate glycerol	thiamin	Anderson 1945
Scenedesmus acuminatus (1)	glucose + glycocoll* glucose + alanine** glycocoll	 dark*/light dark/light dark/light	Algeus 1948c, 1949

Table 1. (Cont..)

S. acutiformis	glucose + glycocoll** glucose + alanine glycocoll	dark/light* dark/light* dark/light*	Algeus 1948c, 1949
S. costulatus Chod, var. chlorelloides	glucose	dark/light*	Bristol-Roach 1928
S. dimorphus	glucose + glycocoll** glucose + alanine* glycocoll	dark/light* light only dark/light*	Algeus 1948c, 1949
S. obliquus	glucose	dark/light*	Killam et al 1956
	glucose* acetate	dark/light* 2000-5000 lux	Mineeva 1962a, 1962b
	glucose** cellobiose acetate	dark/light* 1080 /1800* lux 1080 /1800* lux 1080*/1800 lux	Dvorakova-Hladka
	glucose + glycocoll** glycocoll* alanine	dark/light* dark/light* dark/light*	Algeus 1948a, 1949

Table 1. (Cont..)

S. quadricauda	glucose + glycocoll* glycocoll	dark/light* dark/light*	Algeus 1948c
	glucose* mannose		Taylor 1950
Spongiochloris excentrica Starr (1)	glucose		Parker et al 1961
S. lamellata Deason et Bold	glucose		Parker et al 1961
S. spongiosus Starr	glucose		Parker et al 1961
Spongiochloris sp.	glucose + CSL + urea		Zajic 1969 (xanthophylls)
Spongiococcum alabamense (1) Deason	glucose		Parker et al 1961
S. excentricum	glucose + CSL + urea		Kathrein 1963 (xanthophylls)
S. excentricum Deason et Bold	glucose		Parker et al 1961

Table 1. (Cont..)

S. multinucleatum Deason et Bold	glucose		Parker et al 1961
Stichococcus bacillaris (1)	glucose + CSL + urea		Kathrein 1960 (xanthophylls)
S. subtilis	glucose + acetate + glycine + yeast extract glucose + acetate + enzyme hydro- lyzed casein	thiamin	Pruess et al 1954
Tolypothrix tenuis((2)	glucose + casamino acids** glucose + arginine glucose + phenylalanine	glucose 1% casamino acids 0.5% pH 8.0 32°C	Kiyohara et al 1960
Tribonema aequale (5) Pascher	a. agar + glucosé sucrose acetate citrate	 pH 5.8 5.8 4.0 4.0	Belcher et al 1958

Table 1. (Cont..)

	b. glycine* L-valine* DL-serine DL-phenylalanine DL-tryptophane L-histidine L-glutamine urea* urethane L-leucine DL-threonine L-tyrosine L-cystine* L-arginine-HCl* L-citrulline acetamide succinimide guanidine carbonate		
<u>T. minus</u>	glucose		Belcher et al 1960

(1): Division Chlorophyta (green algae)
(2): Division Cyanophyta (blue-green algae)
(3): Division Bacillariophyta (diatoms)
(4): Division Chrysophyta
(5): Division Xanthophyta
(6): Division Cryptophyta
(7): Division Euglenophyta
*: more satisfactory
**: most satisfactory
‡: CSL = corn steep liquor

In other instances certain algae such as Chlorella, Chlamydobotrys, Chlorogonium and Euglena were observed to grow anaerobically in the absence of carbon dioxide when acetate and light were provided (Pringsheim et al, 1960; Wiessner et al, 1964). Whatley et al (1964) concluded that light energy is required only to supply ATP (adenosine triphosphate) by cyclic photophosphorylation.

Assimilation of acetate and its enhancement by light was also investigated in Chlamydomonas mundana by Eppley et al (1963a). They reported that the increase of both acetate assimilation and respiration appears related to photosynthetic production of ATP, and that the inability to grow in dark with acetate is due to limited oxidative phosphorylation. Some individuals question whether this is true heterotrophy, these same individuals should ponder as to whether this is true phototrophy and at this point they will realize that this is an excellent example of photoheterotrophy, particularly if the algae culture can live in the dark on the substrate in question.

Among the earlier workers studying the effect of light on heterotrophic growth are Bristol-Roach (1928), Gaffron et al (1942) for Scenedesmus; Myers (1947), Killam et al (1956) and Samejima et al (1958) for Chlorella. Gaffron et al (1942) reported that Scenedesmus, which had been fermenting for several hours in the dark in a medium containing glucose gave an increase of several fold of free hydrogen upon re-illumination. In studies of oxidative assimilation of glucose by C. pyrenoidosa, Myers (1947) reported the time required for complete utilization of a limited amount of organic substrate is not affected by illumination, particularly in the absence of carbon dioxide. For C. vulgaris, Killam et al (1956) reported that very low light intensity markedly accelerated growth.

In contrast to light effect on heterotrophic growth, the effect of organic matters on the photosynthesis has been studied by Kratz et al (1955) and Pearce et al (1969) for the blue-green alga Anabaena variabilis. Kratz et al reported that even though glucose added in the autotrophic growth medium was incorporated and metabolized, there was no increase in the rate of growth and only a slight increase in the rate of respiration. Also, Pearce et al (1969) reported that the growth rate of A. variabilis was not increased or retarded by the addition of glucose or sucrose. No growth occurred in the complete absence of carbon dioxide and the presence of glucose. The respiration rate was not stimulated by glucose addition. Possibly this type of photosynthetic growth should have a special name other than photoheterotrophy.

Recently, more quantitative studies concerning the effect of light on growth have been conducted by different workers indicating the following: (A) Dvorakova-Hladka (1966) grew Chlorella pyrenoidosa and Scenedesmus obliquus in a medium with and without the presence of 0.05 M sugars (fructose, galactose, glucose, maltose, cellobiose, sucrose and soluble starch), or 0.025 molar sodium salts of organic acids of acetate, pyruvate and succinate. Identical heterotrophic conditions were also tested with specified levels of light intensity. For Chlorella, the best growth was with galactose in the light. For Scenedesmus galactose became the least effective among hexoses, with glucose and light being satisfactory. There was no significant difference between light intensities of 1080 and 1800 lux. Figures 1 and 2 show only examples where growth is most different. (B) Mineeva (1962a, 1962b) grew Chlorella vulgaris and Scenedesmus obliquus under conditions of phototrophic, mixotrophic and heterotrophic nutrition. For heterotrophic growth, glucose or acetate was added to the inorganic medium. An increase occurred at low intensities up to 500-700 lux. Above this, the ratio of growth between the autotrophic and the heterotrophic systems became constant over a wide range of light intensities. Of note was the growth stimulating effect at low light intensities of the range 50-100 lux in the glucose containing medium. This was especially true for Scenedesmus at 100 lux. At light saturation (2000-10,000 lux) and with 2 mg of glucose, 1 mg of cellular material was obtained with Chlorella. In Scenedesmus under the same conditions only 1.26-1.51 mg glucose was required. In the dark about 3 mg glucose is required for synthesis of one mg of either Chlorella or Scenedesmus. Results are shown in Figures 3 and 4.

Though the studies of the effect of light on heterotrophic growth has been confined to a limited number of species of algae, it can be concluded that light stimulates growth. As emphasized by McBride (1961), light of one lux intensity, which is inadequate to support autotrophic growth, has been reported to markedly stimulate heterotrophic growth of the Emerson strain of Chlorella vulgaris. As shown in the preceding Figures, the effect of light is not merely additive. The total rate of photoheterotrophic growth is greater than the sum of the rates due to either photoautotrophy or heterotrophy in the dark. Actually organic compounds cannot be regarded as stimulating photosynthesis unless actual utilization of the organic compounds is shown

Xanthophyll Production

Xanthophylls, which are the principal pigments in egg yolk and the shank in broilers, are synthesized by many algae. They are also the minor carotenoid pigments in many cereal grains, e.g. corn. Production of carotenoid pigments by heterotrophic culture of algae has been studied by Claes (1957, 1959), Kathrein (1960, 1963, 1964), Theriault (1965), Farrow et al (1966), and Zajic (1969).

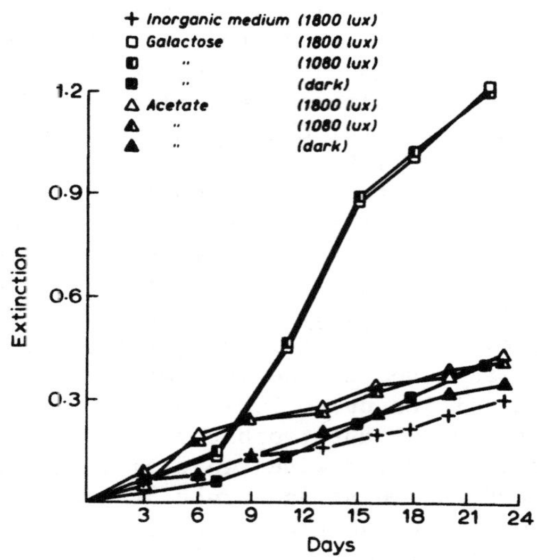

Fig. 1. Growth of Chlorella pyrenoidosa on various organic substrates. (After Dvorakova-Hladka, 1966).

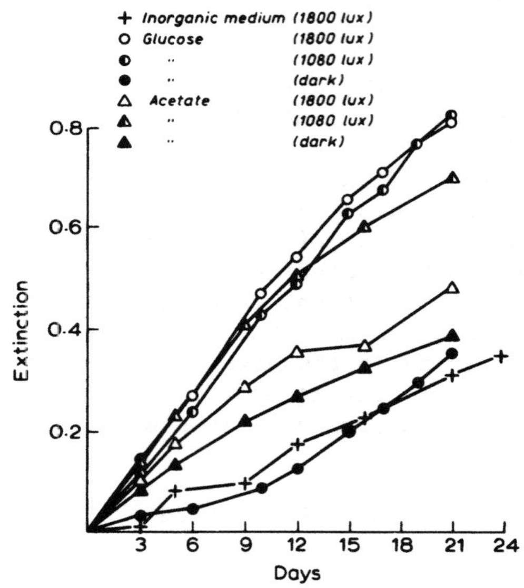

Fig. 2. Growth of Scenedesmus obliquus on various organic substrates. (After Dvorakova-Hladka, 1966).

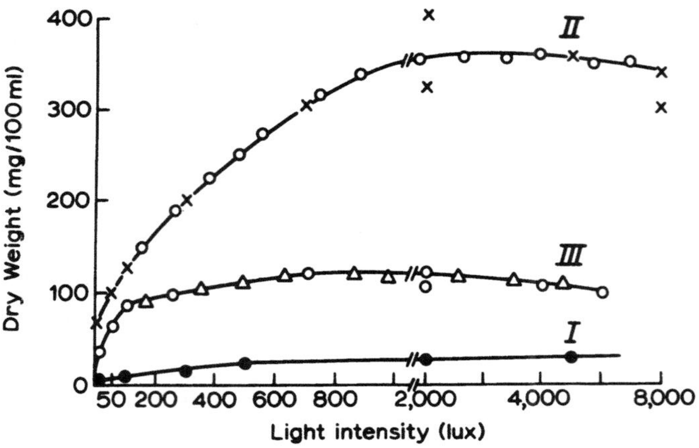

Fig. 3. Growth of Chlorella vulgaris at different light intensities.
I : Basal medium, phosphate buffer (pH 7.2-7.4)
II : Basal medium, plus glucose, phosphate buffer (pH 5.5-6.0)
III: Basal medium, plus acetate, phosphate buffer (pH 7.1-7.5).
(After Mineeva, 1962b).

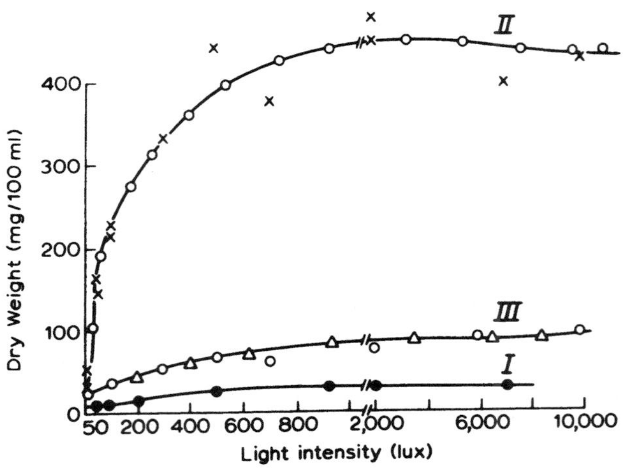

Fig. 4. Growth of Scenedesmus obliquus at different light intensities.
I : Basal medium, phosphate buffer (pH 7.2-7.4)
II : Basal medium, plus glucose, phosphate buffer (pH 5.5-6.0)
III: Basal medium, plug acetate, phosphate buffer (pH 7.1-7.5)
(After Mineeva, 1962b).

Zajic (1969) grew Chlorella pyrenoidosa 7-11-05, and Spongiochloris sp. on a medium consisting of glucose, corn steep liquor (CSL) and urea. Average yield of xanthophylls obtained for Spongiochloris sp. was 350 mg/l. Total ingredient concentrations were 15-18% glucose, 5-6.5% CSL, and 1.0-1.4% urea. The initial levels were 3% glucose, 1.5% CSL and 0.4% urea with remaining amounts fed after 48 hours at intervals of 24-36 hours at the levels of 3.0, 1.0 and 0.4% respectively.

Kathrein (1960, 1963, 1964) tested many green algae, e.g. Chlamydomonas agloeformis, Chlorella vulgaris, C. pyrenoidosa, Chlorococcum sp., Coccomyxa elongata, Spongiococcum excentricum and Stichoccus bacillaris, for their ability to produce xanthophylls. The highest yield reported was 294 mg/l for S. excentricum. The medium consisted of 3.0% dextrose, 1.5% CSL and 0.4% urea. This medium was supplemented with 3.0% dextrose and 1.0% CSL at 3, 4, 5, 6 and 7 days, and with 0.4% urea at 5 and 7 days.

Farrow et al (1966) claims to have developed UV mutants of a Chlorella culture which possessed a temperature growth optima of 38-40°C. One of these mutants gave a lutein yield of 235 mg/l in 96-120 hours. The medium consisted of 54.6 g glucose per liter (as glucose monohydrate), 7.5 g invert blackstrap molasses per liter, 2.4 g ethanol per liter and small amounts of mixed amino acids, potassium acetate, thiamin, and supplementary salts and trace elements. Guanidine, supplemented with lysine and several other amino acids, were particularly good sources of nitrogen. The addition of 30 mg/l of thiamin to the medium, along with 3.3 g/l of guanidine, increased the lutein content of the total carotenoid mixture from about 78 to about 90%.

In a study by Theriault (1965), excellent production was realized in 30-liter fermentor when Chlorella pyrenoidosa 7-11-05 was grown on glucose as the sole source of carbon. In 162 hours, a dry cell weight in excess of 100 g/l and total xanthophylls of 467-512 mg/l were obtained from 230-260 g/l glucose. Using a continuous feed, a dry cell weight of 302 g/l and total xanthophyll level of 650 mg/l was obtained from 520 g/l of glucose. Figures 5 and 6, and Table 2 show the results of typical fermentations. Under batch growth, light stimulated total xanthophyll production. Under continuous growth in light, total xanthophylls increased almost twofold, whereas cell weight increased almost threefold over that obtained heterotrophically in the dark. The greater increment of cellular production in relation to xanthophylls in continuous systems in comparison to batch, emphasizes a need for further investigation of a continuous process.

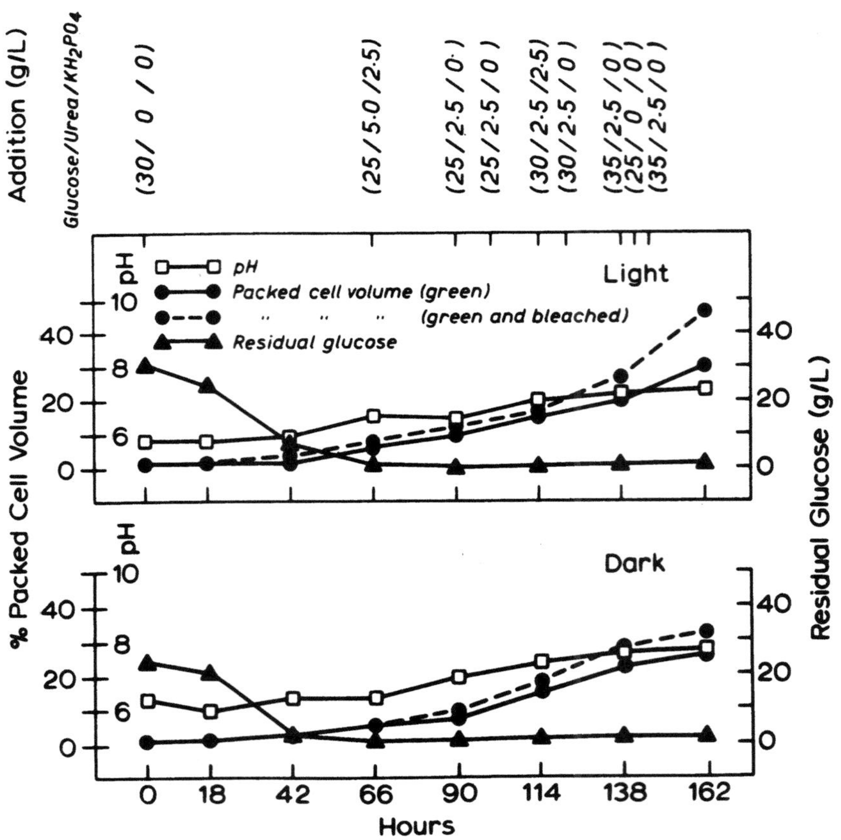

Fig. 5. Batch growth of Chlorella pyrenoidosa 7-11-05 (Modified from the figures of Theriault, 1965).

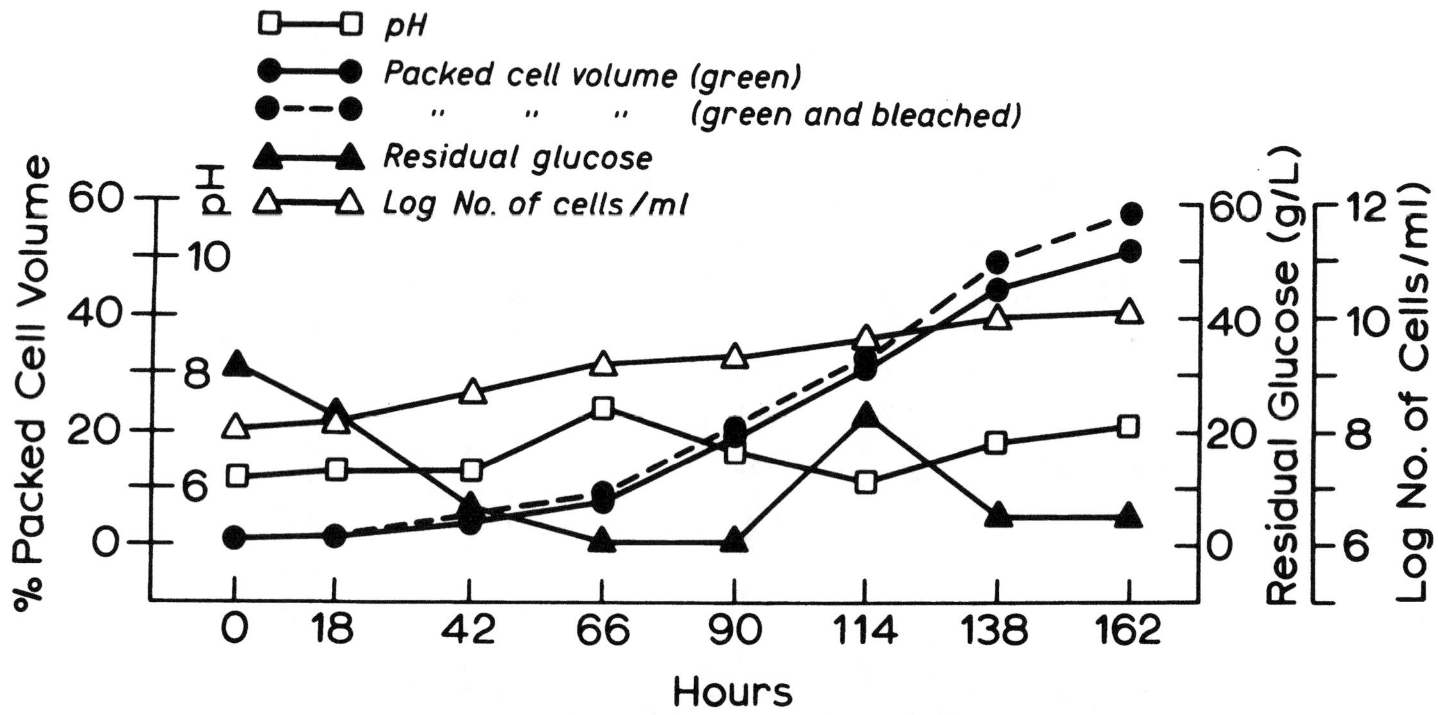

Fig. 6. Growth of Chlorella pyrenoidosa 7-11-05 by continuous feed method. Continuous-feed solution consisting of 605 g/1 glucose, 0.14 g/1 KH_2PO_4 and 75 g/1 Seitz-filtered urea was started at 66 hr. The feed rate was increased daily. (After Theriault, 1965).

Table 2. Heterotrophic growth of *Chlorella pyrenoidosa* 7-11-05: variation of total glucose, dry cell weight and total xanthophylls between batch and continuous method. (Data according to Theriault, 1965).

Method	Total Glucose (g/1)	Dry Cell Weight 162 hr(g/1)	Total Xanthophylls 162 hr(mg/1)
Batch dark light	230 260	108.6 108.8	378 470
Continuous light	521	302.5	650

Steroid Transformation

The use of steroids in medicine has increased greatly. Microbial transformation of steroids has been an important contribution. It was not until recently that algae have been used in effecting steroid changes.

Luedemann et al (1961) grew Scenedesmus sp. J9A21 under mixotrophic conditions. 4-Pregnene-17α,21-diol-3,20-dione (Reichstein' Compound S) was added at a level of 100 mg/l to an actively growing culture of Scenedesmus in a NZ amine (Type A) - starch medium. The steroidal product was 4-pregnene-6β,17α,21-triol-3,20-dione.

Guehler et al (1962) grew Chlorella pyrenoidosa C-37-2 also mixotrophically. A culture volume of 750 ml composed of 0.75 g glucose, 3.75 g tryptone and 1.85 g yeast extract was utilized. After 48 hours of incubation, 0.1875 g 4-androstene-3,17-dione dissolved in 3.75 ml of 95% ethanol was added. An 8.5% yield of testosterone was reported.

In a later study, Guehler (1966) grew 18 species of Scenedesmu Chlorella, and Euglena under both autotrophic and mixotrophic conditions. Dehydroisoandrosterone, 4-androstene-3,17-dione, progesterone, cholesterol and stigmasterol were individually dissolved in ethanol and separately as substrates for respective cultures. With dehydroisoandrosterone as substrate: (1) Scenedesmu S-2 gave product of 3β,11α-dihydroxy-5-androsten-17-one; (2) C. pyrenoidosa C-37-2 gave products of 7α-hydroxydehydroisoandrosteron and 3β-acetoxy-7α-hydroxy-5-androsten-17-one; and (3) C. ellipsoide CE-1 gave a product of 5-androstene-3β,17β-diol with a mixture of C16, C16:1, C16:2, C16:3, and C18:1, C18:2 and C18:3 acids. C. pyrenoidosa C-37-2 converted 4-androstene-3,17-dione to testosteron and testosterone acetate, whereas a culture adapted to progesterone and ethanol, transformed progesterone to 5α-pregnane-3,20-dione and 3β-hydroxy-5α-pregnan-20-one. 4-Androstene-3,17-dione was converted to androsterone, androstane-3α,17β-diol, and testosterone by E. gracilis var. bacillaris. E. gracilis converted progesterone to 5α-pregnane-3,20-dione, 3α-hydroxy-5α-pregnan-20-one, 20β-hydroxy-4-pregnen-3-one, 5α-pregnane-3α,20β-diol, and 5α-pregnane-3β,20β-diol.

Heterotrophic algae which contribute to steroid transformation and the steroidal products formed are summarized in Table 3. It should be noted that rate of steroid transformation is slow (Guehle: 1966).

Polysaccharide Accumulation

Starch, which is the most common polysaccharide produced by

Table 3. Steroidal products by heterotrophic algae.

Organism	Substrate	Product	Reference
Scenedesmus sp. J9A21	4-pregnene-17α,21-diol-3,20-dione	4-pregnene-6β,17α,21-triol-3,20-dione	Leudemann et al 1961
Scenedesmus sp. S-2	dehydroisoandrosterone	3β,11α-dihydroxy-5-androsten-17-one	Guehler 1966
Chlorella pyrenoidosa C-37-2	4-androstene-3,17-dione	testosterone	Guehler et al 1962 Guehler 1966
	dehydroisoandrosterone	7α-hydroxydehydroisoandrosterone 3β-acetoxy-7α-hydroxy-5-androsten-17-one	Guehler 1966
	progesterone	5α-pregnane-3,20-dione 3β-hydroxy-5α-pregnan-20-one	Guehler 1966

Table 3. (Cont..)

Organism	Substrate	Product	Reference
C. ellipsoidea CE-1	dehydroisoandro-sterone	5-androstene-3β,17β-diol	Guehler 1966
Euglena gracilis var. *bacillaris*	4-androstene-3,17-dione	androsterone androstane-3α,17β-diol testosterone	Guehler 1966
	progesterone	5α-pregnane-3,20-dione 3α-hydroxy-5α-pregnan-20-one 20β-hydroxy-4-pregnen-3-one 5α-pregnane-3α,20β-diol 5α-pregnane-3β,20β-diol	Guehler 1966

higher plants is also produced by algae. Algae vary greatly in their ability to accumulate starch and starch like compounds. Bailey et al (1954) reported that 20% of the dry weight of Chlorella vulgaris grown under certain conditions is starch.

As indicated previously the fraction of carbon assimilation varies between different algae and the growth conditions used. Starved cells may assimilate as much as 83% of the organic substrate (Myers, 1947). Normally the greater the percent of carbon assimilation, the greater the yield of polysaccharide. The polysaccharides synthesized have not been fully characterized. In Scenedesmus quadricauda (Taylor, 1950) the polymer formed was not starch, while in Prototheca zopfii (Barker, 1935) and Oscillatoria princeps (Fredrick, 1951), the polymer was glycogen or glycogen-like.

The Emerson strain of Chlorella vulgaris (Griffiths, 1963, 1965) synthesizes starch but not the Brannon No. 1 strain. The two strains were grown under autotrophic and heterotrophic conditions. The cells were starved for 24 hours in an unaerated inorganic medium in dark prior to inoculation. Cells of Emerson strain accumulated more polymer in dark on glucose than cells grown autotrophically. Under the same test condition Brannon No. 1, gave inferior results. Figures 7, 8 and 9 show the effects of 0.05 M glucose upon the population density, the dry weight and the average size of cells for the Emerson strain. Results for the carbohydrate accumulated by the Emerson strain are expressed in terms of reducing value in Table 4.

It is clear from the data that the increase in average cell size occurs during the lag phase and is induced by glucose addition (Fig. 9), whilst the population density increases at a slower rate in the lag phase under heterotrophic conditions (Fig. 7). The rates of dry weight increase under the both autotrophic and heterotrophic conditions appeared similar (Fig. 8).

The relatively low reducing values of alcoholic extracts from both autotrophic and heterotrophic cultures indicate a low level of free reducing sugar (Table 4). One assumes the bulk of the glucose consumed is either (1) oxidized or (2) converted into some nonreducing substances or to cellular material. In view of the amount of reducing substance produced following acid hydrolysis of the cellular extract, there is a marked difference between autotrophic and heterotrophic cultures. The difference is quite marked following diastase hydrolysis. This indicates a much greater proportion of starch formed during heterotrophy then during autotrophy.

There are many marine algae classified as sea-weeds which synthesize many polysaccharides of commercial interest e.g. agar.

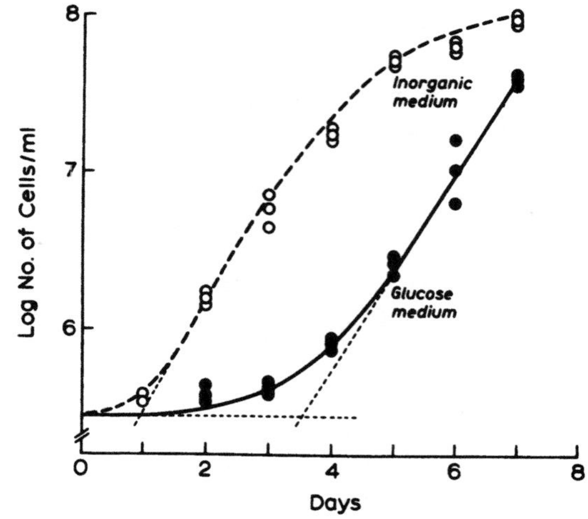

Fig. 7. The effect of glucose upon the rate of increase of population density of Chlorella vulgaris (Emerson strain). (After Griffiths, 1963).

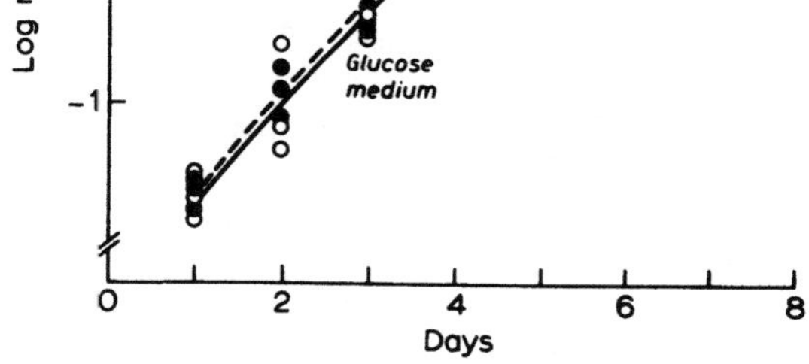

Fig. 8. The effect of glucose upon the rate of dry weight accumulation of Chlorella vulgaris (Emerson strain). Culture conditions as in Fig. 7. (After Griffiths, 1963).

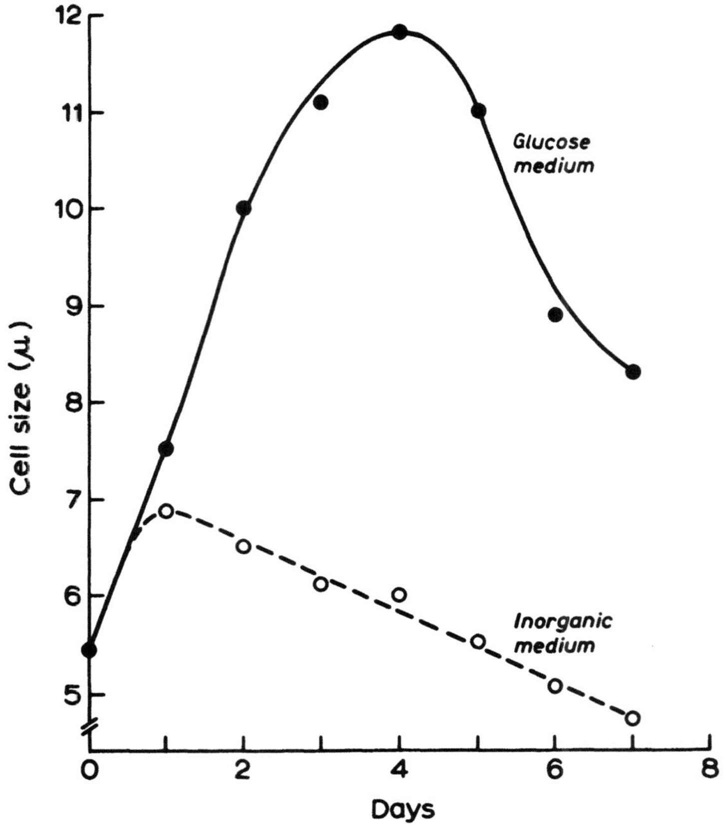

Fig. 9. The effect of glucose upon cell size of Chlorella vulgaris (Emerson strain) during growth. Culture conditions as in Fig. 7. (Estimated from the data of Griffiths, 1963).

Table 4. Carbohydrate analysis of autotrophic and heterotrophic cultures of *Chlorella vulgaris* (Emerson strain) obtained with the starved cells. (After Griffiths, 1965).

Extraction Procedure	10^{-9} mg Glucose equivalent per cell		% Glucose equivalent on dry weight basis	
	A	H	A	H
Alcoholic extract	0.5	5.4	0.45	0.70
Acid hydrolyzed alcoholic extract	0.8	16.3	0.71	2.12
Aqueous extract after acid hydrolysis of cell residue	7.6	204.1	6.77	26.49
Aqueous extract after diastase hydrolysis of cell residue	2.7	123.7	2.41	16.05

A: autotrophic growth
H: heterotrophic growth

These polysaccharides are reviewed by D.F. Jackson (1964) in Algae and Man, a Plenum Press publication.

Protein Production

Under specialized growth conditions protein content of algal cells of 88% can be attained (Milner, 1953). In heterotrophically grown algae, Samejima et al (1958) obtained 49% protein for Chlorella pyrenoidosa grown on glucose. These protein levels are only obtained in the presence of excess sources of inorganic nitrogen.

Of practical interest, the work of Griffiths (1967) on protein production by heterotrophic culture of algae is presented as follows. Emerson strain of Chlorella vulgaris was grown in a medium which consists of 0.5% peptone and an otherwise nitrogen-free inorganic medium supplemented by 0.05M glucose. In testing inorganic nitrogen during heterotrophic culture, potassium nitrate 0.025M was substituted for peptone. Cells were first kept in dark on inorganic medium for starvation, then inoculated with a relatively high algal population. The results are shown in Table 5. Peptone is far more effective than nitrate as a source of nitrogen. Peptone allows the production of a greatly increased cellular material as measured in dry weight or in population density.

The amounts of soluble and the insoluble nitrogen synthesized under autotrophic and heterotrophic conditions were compared. The results are shown in Table 6.

By assuming that the insoluble nitrogen is derived largely from cellular protein, it is clear that peptone-supplied heterotrophic culture gives a significantly higher content of protein. Compared with the autotrophic cultures, the soluble nitrogen value in peptone-supplied systems is only slightly less.

Nitrogen Fixation

Increased field fertility through nitrogen fixation is attributed mainly to species of blue-green algae, Azotobacter and symbiotic nitrogen fixing bacteria. The effect of inoculating paddy fields of rice with nitrogen fixing alga Tolypothrix tenuis was studied by Watanabe (1962). The average increase of rice crop was 2.0% the first year, and 8.0, 15.1, 19.5 and 10.5% for each of the subsequent years.

Certain nitrogen fixing algae, such as Nostoc muscorum (Allison et al, 1937), Tolypothrix tenuis (Kiyohara et al, 1960),

Table 5. Heterotrophic culture of *Chlorella vulgaris* (Emerson strain) on nitrate and peptone. (After Griffiths, 1967).

Algal Cells	Nitrogen Source	
	Nitrate	Peptone
Mean population density (10^6/ml)	0.266	3.136
Algal volume ($10^6\mu^3$/ml)	219	1522
Mean cell volume (μ^3)	823	485
Algal dry weight (10^{-3} mg/ml)	169	811
Mean cell dry weight (10^{-7} mg)	6.4	2.6

Table 6. Nitrogen content of autotrophic and heterotrophic grown cells of *Chlorella vulgaris* (Emerson strain) (After Griffiths, 1967).

Trophic Type	Nitrogen Content (% dry weight)	
	Soluble	Insoluble
Autotrophy	1.2	7.4
Heterotrophy		
nitrate	0.2	1.3
peptone	0.9	2.6

Chlorogloea fritschii (Fay, 1965), and Anabaenopsis circularis (Watanabe et al, 1967) are capable of heterotrophic growth. However, the maximum values for the growth rate and final growth yield obtained were far less than those obtained in the usual autotrophic culture (Watanabe et al, 1967). For theoretical reasons experiments on heterotrophic nitrogen fixation by the blue-green algae were completed by Fay (1965) for Chlorogloea fritschii and by Watanabe et al (1967) for Anabaenopsis circularis.

Fay observed Chlorogloea fritschii fixed elemental nitrogen to a limited extent in dark in a strictly inorganic medium. Growth as well as nitrogen fixation continued in the dark when a suitable organic substrate was added. Among the organic substrates tested, sucrose was the most readily utilized and was outstanding in supporting nitrogen fixation in dark. In light, sucrose assimilation proceeded more vigorously and resulted in a fourfold increase in the rate of growth and nitrogen fixation. Sucrose assimilation was increased in light in the absence of carbon dioxide in the gas phase. Nitrogen fixation was greatest when the alga was supplied with sucrose and carbon dioxide.

Another nitrogen fixing alga Anabaenopsis circularis, which was observed by Watanabe et al (1967) grows and fixes nitrogen at the greatest rate on glucose in the absence of organic nitrogen. As organic carbon sources, fructose, sucrose and maltose were also able to support growth and nitrogen fixation, but all were inferior to glucose. The effect of light on the growth was examined with fructose and was found to be beneficial.

SUMMARY

Data presented herein only include algae which grow on at least one organic substrate which may be used as either a source of carbon or nitrogen. There are several different genera, species and even strains of algae which grow on organic substrates. Organic substrates used are quite specific. Monosaccharides and acetate are more widely utilized than any other organic substrates. Although organic nitrogen sources are not always necessary, they are more effective in many cases than inorganic nitrogen, e.g. casamino acids in Tolypothrix tenuis (Kiyohara et al, 1960), peptone in Chlorella vulgaris (Griffiths, 1967). There are certain algae which have an absolute requirement for organic nitrogen e.g. yeast autolyzate in Prototheca zopfii (Barker, 1935).

The organic substrates, whether simple or complex are assimilated and utilized for conversion to energy and into cellular material If the objective is to produce cellular material itself, then the autotrophic or heterotrophic process, which gives the highest efficiency of conversion into cellular material should be used.

With respect to substrate assimilation, a mutual quantitative or qualitative relation exists between the carbon and nitrogen source. For example, the amount of available nitrogen has an enhancing effect on the assimilation of sugar in Chlorococcum macrostigmatum (Maloney, 1959). In order to provide a more practical basis for the heterotrophic culture of algae, nutritional patterns as well as suitable growth conditions have been summarized (Table 1).

Studies on heterotrophic nutrition have also been extended to those substrates in organic wastes such as spent sulfite liquor (Maloney, 1959), while other workers have been investigating heterotrophic growth of algae in waste-stabilization ponds (Eppley et al, 1962, 1963a, 1963b; Wiedeman et al, 1965). Since economy is the most important consideration in any application, selection of algae and a process should be based upon maximum productivity and the utilization of cheap substrates. The cheapest organic substrates are waste materials in the industrial wastes or sewage. Here algae can be used for both waste purification and protein synthesis.

If one emphasizes organic sources of carbon or nitrogen, purified glucose or peptone are preferred. These are relatively expensive, therefore, further studies seeking suitable substrates from waste liquors are required. Product oriented processes e.g. xanthophylls, carotene, polysaccharides etc. should also result in economies.

Furthermore, for more economical utilization of organic substrates, light should be introduced since in almost every instance tested, it stimulated growth.

In comparison to autotrophic culture, heterotrophic conditions gave higher yield of particular products, e.g. starch in the Emerson strain of Chlorella vulgaris (Griffiths, 1965). As emphasized by Griffiths (1963), heterotrophically produced algal cells yield more polysaccharides rather than other cellular constituents. Considerable research is needed to obtain information on other polysaccharides synthesized by uni-cellular algae.

Algae, characterized by the usually high protein content of about half the biomass, may have potential use as food. In peptone-grown culture, the percentage protein on dry weight basis is only slightly below that in the autotrophic cultures. Between nitrate and peptone, the latter gives four times as much soluble nitrogen and twice as much insoluble nitrogen (Griffiths, 1967). Nutritional studies must be completed evaluating feeding efficiency and toxicity of algal proteins.

In regard to food production for higher plants, another important function of algae is nitrogen fixation. The nitrogen fixing algae can by-pass the costly requirement for addition of inorganic or organic sources of nitrogen to soil for increasing productivity. The fact that certain nitrogen fixing algae can be grown heterotrophically in dark may be of practical interest (Watanabe et al, 1967), where large quantities of algal materials are produced for agricultural purposes in fermentation tanks.

From an engineering standpoint, the larger the cell the less the power needed to concentrate the biomass during harvesting. Therefore a larger cell size may be preferable. A systematical study on the type of nutrition as a factor of cell size has been studied by Andreeva (1967) for Chlorella vulgaris. Cells of some strains were larger in heterotrophic and mixotrophic cultures than in autotrophic culture. It was shown that the appearance of giant cells in Chlorella is associated not only with the nature of strain itself, but also with nutritive conditions. As indicated in Figure 9 for starch accumulation by the Emerson strain of Chlorella vulgaris, the average cell size in heterotrophic is much larger than those obtained in autotrophic culture. This feature would provide an additional advantage.

In conclusion, with an expanding industry and world population, the use of organic wastes as substrates for algal culture for supply of protein and products is necessary. Details are needed in developing product oriented processes in which mixotrophic conditions of growth are utilized. Additional process development and bioengineering are needed in these areas.

REFERENCES

Algeus, S., 1948a. Glycocoll as a source of nitrogen for Scenedesmus obliquus. Physiol. Plant. 1: 65-84.

Algeus, S., 1948b. The utilization of glycocoll by Chlorella vulgaris. Physiol. Plant. 1: 236-244.

Algeus, S., 1948c. The deamination of glycocoll by green algae. Physiol. Plant. 1: 382-386.

Algeus, S., 1949. Alanine as a source of nitrogen for green algae. Physiol. Plant. 2: 266-271.

Allison, F.E., Hoover, S.R. and Morris, H.J., 1937. Physiological studies with the nitrogen-fixing alga, Nostoc muscorum. Bot. Gaz. 98: 433-463.

Allison, R.K., Skipper, H.E., Reid, M.R., Short, W.A. and Hogan, G.L., 1953. Studies on the photosynthetic reaction. I. The assimilation of acetate by Nostoc muscorum. J. Biol. Chem. 204: 197-205.

Anderson, E.H., 1945. Studies on the metabolism of the colorless alga Prototheca zopfii. J. Gen. Physiol. 28: 297-327.

Andreeva, V.M., 1967. Variability of taxonomic characters of unicellular green algae in culture. II. Type of nutrition as a factor of cell size in Chlorella vulgaris. Bot. Zh. 52: 960-966.

Bailey, J.M. and Neisch, A.C., 1954. Starch synthesis in Chlorella vulgaris. Can. J. Biochem. Physiol. 32: 452-464.

Barker, H.A., 1935. The metabolism of the colorless alga, Prototheca zopfii Krüger. J. Cell. Comp. Physiol. 7: 73-79.

Barker, H.A., 1936. The oxidative metabolism of the colorless alga, Prototheca zopfii. J. Cell. Comp. Physiol. 8: 231-250.

Barker, S.A. and Bourne, E.J., 1955. Composition and synthesis of the starch of Polytomella coeca. pp. 45-56. In S. H. Hunter & A. Lwoff (ed.), Biochemistry and Physiology of Protozoa Vol. II. Academic Press, New York.

Beijerinck, M.W., 1898. Notiz über Pleurococcus vulgaris. Centralbl. f. Bakt. II. 4: 785-787.

Belcher, J.H., and Fogg, G.E., 1958. Studies on the growth of Xanthophyceae in pure culture. III. Tribonema aequale Pascher. Arch. Mikrobiol. 30: 17-22.

Belcher, J.H. and Miller, J.D.A., 1960. Studies on the growth of Xanthophyceae in pure culture. IV. Nutritional types amongest the Xanthophyceae. Arch. Mikrobiol. 36: 219-228.

Bergmann, L., 1955. Stoffwechsel und mineralsalzernährung einzelliger Grundlagen. II. Vergleichende Untersuchen über den Einfluss mineralischer Faktoren bei heterotropher und mixotropher Ernährung. Flora (Jena) 142: 493-539.

Bishop, N.I., 1961. The photometabolism of glucose by an hydrogen-adapted alga. Biochem. Biophys. Acta. 51: 323-332.

Blum, J.J., Podolsky, B. and Hutchens, J.O., 1951. Heat production in Chilomonas. J. Cell. Comp. Physiol. 37: 403-426.

Bristol-Roach, B.M., 1928. On the influence of light and of glucose on the growth of a soil alga. Ann. Bot. 42: 317-345.

Claes, H., 1957. Biosynthese von Carotinoiden bei Chlorella. III. Untersuchungen über die lichtabhängige Synthese von α-und β-Carotin und Xanthophyllen bei der Chlorella-Mutante 5/520. Z. Naturforsch. 12b: 401-407.

Claes, H., 1959. Biosynthese von Carotinoiden bei Chlorella. V. Die Trennung von Licht- und Dunkelreaktionen bei der lichtabhängigen Xanthophyllsynthese von Chlorella. Z. Naturforsch. 14b: 4-7.

Clemencon, H., 1965. Kultur und Entwicklung von Chlorocloster engadinensis Vischer (Xanthophyceae). Arch. Mikrobiol. 51: 199-212.

Cosgrove, W.B., 1950. Studies on the question of chemoautotrophy in Chilomonas paramecium. Physiol. Zoöl. 23: 73-84.

Cosgrove, W.B. and Swanson, B.K., 1952. Growth of Chilomonas paramecium in simple organic media. Physiol. Zoöl. 25: 287-292.

Cramer, M. and Myers, J., 1952. Growth and photosynthetic characteristics of Euglena gracilis. Arch. Mikrobiol. 17: 384-402.
Dvorakova-Hladka, J., 1966. Utilization of organic substrates during mixotrophic and heterotrophic cultivation of algae. Biol. Plant. (praha) 8: 354-361.
Emerson, R., 1927. The effect of certain respiratory inhibitors on the respiration of Chlorella. J. Gen. Physiol. 10: 469-477.
Eppley, R.W. and MaciasR, F.M., 1962. Rapid Growth of sewage lagoon Chlamydomonas with acetate. Physiol. Plant. 15: 72-79.
Eppley, R.W., Gee, R. and Saltman, P., 1963a. Photometabolism of acetate by Chlamydomonas mundana. Physiol. Plant 16: 772-792.
Eppley, R.W. and MaciasR, F.M., 1963b. Role of the alga Chlamydomonas mundana in anaerobic waste stabilization lagoons. Limnol. Oceanogr. 8: 411-416.
Farrow, W. and Tabenkin, B., 1966. Process for the preparation of lutein. U.S. Patent 3,280,502.
Fay, P., 1965. Heterotrophy and nitrogen fixation in Chlorogloea fritschii. J. Gen. Microbiol. 39: 11-20.
Fay, P. and Fogg, G.E., 1962. Studies on nitrogen fixation by blue-green algae. III. Growth and nitrogen fixation in Chlorogloea fritschii Mitra. Arch. Mikrobiol. 42: 310-321
Finkle, B.J., Appleman, D. and Fleischer, F.K., 1950. Growth of Chlorella vulgaris in the dark. Science 111: 309.
Fogg, G.E., 1956. The comparative physiology and biochemistry of the blue-green algae. Bact. Rev. 20: 148-165.
Frederick, J.F., 1951. Preliminary studies on the synthesis of polysaccharides in the algae. Physiol. Plant. 4: 621-626.
Fujita, K., 1959. The metabolism of acetate in Chlorella cells. J. Biochem. (Tokyo) 46: 253-268.
Gaffron, H. and Rubin, J., 1942. Fermentative and photochemical production of hydrogen in algae. J. Gen. Physiol. 26: 219-240.
Griffiths, D.J., 1960. The heterotrophic nutrition of Chlorella vulgaris (Brannon No. 1 strain). Ann. Bot. N.S. 24: 1-11.
Griffiths, D.J., 1963. The effect of glucose on cell division in Chlorella vulgaris, Beijerinck (Emerson strain). Ann. Bot. N.S. 27: 493-504.
Griffiths, D.J., 1965. The accumulation of carbohydrate in Chlorella vulgaris.under heterotrophic conditions. Ann. Bot. N.S. 29: 347-357.
Griffiths, D.J., 1967. The effect of peptone on the growth of heterotrophic cultures of Chlorella vulgaris (Emerson strain) Planta (Berl.) 75: 161-163.
Guehler, P.F., 1966. Transformation of steroids by algae. Dissertation Absts. 26: 6371-6372.
Guehler, P.F., Dodson, R.M. and Tsuchiya, H.M., 1962. Transformation of steroids with Chlorella pyrenoidosa. Microbiol. 48: 377-379.

Harder, R., 1917. Ernährungsphysiologische Untersuchungen an Cyanophyceen, hauptsächlich dem endophytischen Nostoc punctiforme. Z. Bot. 9: 145-242.
Holton, R.W., 1968. Fatty acids in blue-green algae: Possible relation to phylogenetic position. Science 160: 545-547.
Hutchens, J.O., 1940. The need of Chilomonas paramecium for iron. J. Cell. Comp. Physiol. 16: 265-267.
Hutchens, J.O., 1948. Growth of Chilomonas paramecium in mass cultures. J. Cell. Comp. Physiol. 32: 105-116.
Hutchens, J.O., Podolsky, B. and Morales, M.F., 1948. Studies on the kinetics and energetics of carbon and nitrogen metabolism of Chilomonas paramecium. J. Cell. Comp. Physiol. 32: 117-141.
Iggena, M.L., 1938. Beobachtungen über die Wirkung des Lichtes auf das Wachstum von Blaualgen und Grünalgen. Arch. Mikrobiol. 9: 129-166.
Karlander, E.P. and Krauss, R.W., 1966. Responses of heterotrophic cultures of Chlorella vulgaris Beijerinck to darkness and light. II. Action spectrum for and mechanism of the light requirement for heterotrophic growth. Plant. Physiol. 41: 7-14.
Kathrein, H.R., 1960. Production of carotenoids by the cultivation of algae. U.S. Patent 2,949,700.
Kathrein, H.R., 1963. Production of carotenoid pigments. U.S. Patent 3,108,402.
Kathrein, H.R., 1964. Production of carotenoids by the cultivation of algae. U.S. Patent 3,142,135.
Killam, A. and Myers, J., 1956. A special effect of light on the growth of Chlorella vulgaris. Amer. J. Bot. 43: 569-572.
Kiyohara, T., Fujita, Y., Hattori, A. and Watanabe, A., 1960. Heterotrophic culture of a blue-green alga, Tolypothrix tenuis I. J. Gen. Appl. Microbiol. 6: 176-182.
Kratz, W.A. and Myers, J., 1955. Photosynthesis and respiration of three blue-green algae. Pl. Physiol. Lancaster 30: 275-280.
Lewin, J.C., 1953. Heterotrophy in diatoms. J. Gen. Microbiol. 9: 305-313.
Lewin, R.A., 1954. The utilization of acetate by wild-type and mutant Chlamydomonas dysosmos. J. Gen. Microbiol. 11: 459-471.
Lewin, J.C. and Lewin, R.A., 1960. Auxotrophy and heterotrophy in marine littoral diatoms. Can. J. Microbiol. 6: 127-134.
Luedemann, G., Charney, W., Woyciesjes, A., Pettersen, E., Peckham, W.D., Gentles, M.J., Marshall, H. and Herzog, H.L., 1961. Microbiological transformation of steroids. IX. The transformation of Reichstein's Compound S by Scenedesmus sp.: Diketopiperazine metabolites from Scenedesmus sp. J. Org. Chem. 26: 4128-4129.
Lwoff, A., 1947. Some aspects of the problem of growth factors for protozoa. Ann. Rev. Microbiol. 1: 101-114.

Lynch, V.H. and Calvin, M., 1953. CO_2 fixation by Euglena. Ann. N.Y. Acad. Sci. 56: 890-900.

Maclachlan, G.A. and Porter, H.K., 1959. Replacement of oxidation by light as the energy source for glucose metabolism in tobacco leaf. Proc. Roy. Soc. B 150: 460-473.

Maloney, T.E., 1959. Utilization of sugars in spent sulfite liquor by a green alga, Chlorococcum macrostigmatum. Sewage Industr. Wastes 31: 1395-1400.

McBride, L.J., 1961. The stimulatory effect of low intensity light on the heterotrophic growth of Chlorella. Dissertation Absts. 22: 1805-1806.

Milner, H.W., 1953. The chemical composition of algae. Ch. 19. In J.S. Burlew (ed.), Algal culture from laboratory to pilot plant. Carnegie Inst. Wash. Pub. 600. Washington, D.C.

Mineeva, L.A., 1962a. Effect of pH on the autotrophic and heterotrophic nutrition of Chlorella vulgaris and Scenedesmus obliquus. Mikrobiologiya 31: 233-240.

Mineeva, L.A., 1962b. The effect of light intensity upon autotrophic and heterotrophic nutrition of Chlorella vulgaris and Scenedesmus obliquus. Mikrobiologiya 31: 411-416.

Myers, J., 1947. Oxidative assimilation in relation to photosynthesis in Chlorella. J. Gen. Physiol. 30: 217-227.

Myers, J. and Johnston, J.A., 1949. Carbon and nitrogen balance of Chlorella during growth. Plant Physiol. 24: 111-119.

Nakamura, H., 1961. Report on the present situation of the Microalgae Research Institute of Japan. The Japan Nutrition Association. Tokyo. 2: 1-12.

Neish, A.C., 1951. Carbohydrate nutrition of Chlorella vulgaris. Can. J. Bot. 29: 68-78.

Oswald, W.J., and Gotaas, H.B., 1957. Photosynthesis in Sewage Treatment. Tr. Amer. Soc. Civil Eng. 122: 73-97.

Pace, D.M., 1948. The utilization of ethyl alcohol as source of carbon in Chilomonas paramecium. Anat. Rec. 101: 730-731.

Parker, B.C., Bold, H.C. and Deason, T.R., 1961. Facultative heterotrophy in some chlorococcacean algae. Science 133: 761-763.

Pearce, J. and Carr, N.G., 1969. The incorporation and metabolism of glucose by Anabaena variabilis. J. Gen. Microbiol. 54: 451-462.

Pearsall, W.H. and Bengry, R.P., 1940. Growth of Chlorella in relation to light intensity. Ann. Bot. N.S. 4: 485-494.

Pringsheim, E.G., 1955. Kleine Mitteilungen über Flagellaten und Algen. II. Euglena gracilis var. saccharophila n. var. und eine vereinfachte Nährlösung zur Vitamin B_{12} Bestimmung. Arch. Mikrobiol. 21: 414-419.

Pringsheim, E.G. and Wiessner, W., 1960. Photoassimilation of acetate by green organisms. Nature 188: 919-921.

Pruess, L., Arnow, P., Wolcott, L., Bohonos, N., Oleson, J.J. and Williams, J.H., 1954. Studies on the mass culture of various algae in carboys and deep-tank fermentations. Appl. Microbiol. 2: 125-130.

Reazin, G.H., 1956. The metabolism of glucose by the algae. Ochromonas malhamensis. Plant Physiol. 31: 299-303.

Samejima, H. and Myers, J., 1958. On the heterotrophic growth of Chlorella pyrenoidosa. J. Gen. Microbiol. 18: 107-117.

Schlegel, H.G., 1956. Die Verwertung von Essigsäure durch Chlorella im Licht. Z. Naturforsch. 14b: 246-253.

Taylor, F.J., 1950. Oxidative assimilation of glucose by Scenedesmus quadricauda. J. Exptl. Bot. 1: 301-321.

Theriault, R.J., 1965. Heterotrophic growth and production of xanthophylls by Chlorella pyrenoidosa. Appl. Microbiol. 13: 402-416.

Watanabe, A., 1962. Effect of nitrogen fixing blue-green alga, Tolypothrix tenuis on the nitrogenous fertility of paddy soil and on the crop yield of rice plant. J. Gen. Appl. Microbiol. 8: 85-91.

Watanabe, A. and Yamamoto, Y., 1967. Heterotrophic nitrogen fixation by the blue-green alga Anabaenopsis circularis. Nature 214: 738.

Whatley, F.R. and Losada, M., 1964. The photochemical reactions of photosynthesis. Chap. 5. In. A.C. Giese (ed.), Photophysiology Vol. 1. Academic Press, New York.

Wiedeman, V.E. and Bold, H.C., 1965. Heterotrophic growth of selected waste-stabilization pond algae. J. Phycol. 1: 66-69.

Wiessner, W. and Gaffron, H., 1964. Role of photosynthesis in the light-induced assimilation of acetate by Chlamydobotrys. Nature 201: 725-726.

Wilson, B.W. and Danforth, W.F., 1958. The extent of acetate and ethanol oxidation by Euglena gracilis. J. Gen. Microbiol. 18: 535-542.

Zajic, J.E., 1969. Xanthophylls formation in heterotrophically grown algae. Unpublished. 8 pp.

ALGAL PRODUCTS

B. Volesky, J.E. Zajic,and E. Knettig

Biochemical Engineering, University of Western Ontario

London, Ontario

INTRODUCTION

Algae are sources of many useful products. Many polysaccharides are recovered from algae (Percival and McDowel, 1967; Fogg, 1966). The most important of these are alginic acid (Haug and Larsen, 1964; Peat and Turvey, 1965; Kim et al., 1965), laminarin, fucoidin, galactans, agar (Percival, 1964; de Leon et al., 1963; Ming, 1962; Painter, 1960; Fogg, 1953), carrageenin, xylans and mannans. Starch is also produced but not in large quantities. Marine algae are excellent sources of potash, iodine and trace elements. Algae are used for food and some cultures are very high in protein, vitamins and essential growth substances. Many pigments are produced, but only carotenoids having pro-vitamin-A activity are of current interest. Algae are used as fodder and fertilizer. Some produce medicinal products, although no antibiotics are being produced commercially from algae. Diatomaceous deposits are used to recover high yields of silica. These materials are only a few of the more important products produced by algae.

Algal Polysaccharides

Extensive investigations have been taking place during the past two decades in the field of algal polysaccharides. Major marine plant polysaccharides are mucilaginous in nature. A wide spectrum of these complex polymers have been isolated from both marine and fresh water algae. Mucilage extruded by marine algae which is dried or exposed to fresh water has a very high content of polysaccharide. Polysaccharides when extracted from algal tissue may make up to 10-65% of the dry weight, depending on the genera and the conditions of growth. Environmental factors are very active in controlling polymer synthesis.

The algal polysaccharides of greatest industrial importance from brown algae are (Schmid, 1962); alginic acid derivatives, fucoidans, funoran, laminarans, and from red algae: sulphated galactans agar and carrageenin. Other polymers such as xylans, mannans, xylomannan and glucan, (Ralph and Bender, 1965), eucheuman, furcellaran, hypean, iridophycan, phyllophoran, odonthalan (Usov and Kochetkov, 1968), cellulose, chitin, hemicelluloses, pectins and mucilages are primarily of academic interest. Most are components of the cell wall. Algal starch has been known as a storage product in many genera (Gusev, 1961; Love et al., 1963; Meeuse et al., 1960).

Many structurally similar polysaccharides isolated from separate genera differ only slightly from known polymers. Their structural composition and uses are still being extensively studied.

Alginates

Discovery of these substances is attributed to E.C. Stanford in 1883, who found that many of the brown seaweeds contained a viscous matter which on treatment with sodium carbonate and subsequently with mineral acid, produced a new compound which was called alginic acid. This is a reserve product of cellular metabolism, (Doshi and Rao, 1968). The production of this compound and its salts has become the major product of the kelp industry.

Alginic acid is a complex polyuronide which is very stable to hydrolysis. It has been shown to be comprised mainly of β-1,4'-linked D-mannuronic and L-guluronic acid units as shown in Figure 1 (Percival, 1964). The fine details of structure of the macromolecule remain to be elucidated.

The alginic acid itself is insoluble in water but has a high capacity for absorbing water. Its Na, K, NH_4, Mg, Fe(ferrous) salts are soluble in water, giving high viscosities, whereas the Ca, Al, Zn, Cu, Cr, Fe(ferric) and Ag complexes yield insoluble compounds.

The alginates of the heavy metals form plastic type materials when wet and set up hard on drying. Alginic acid derivatives are extracted from Phaeophyta (Rae and Mody, 1968) of different genera according to local conditions and occurence. Brown algae harvested for alginates in various parts of the world are as follows:

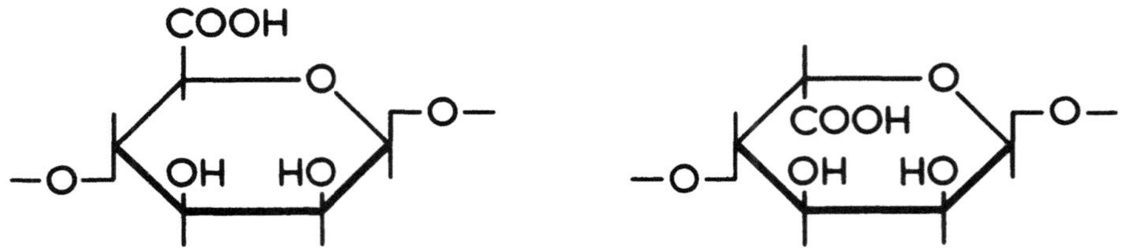

β-1,4-D- MANNURONIC ACID

β-1,4-L- GULURONIC ACID

Fig. 1. Structures of mannuronic and guluronic acids.

Laminaria, *Ascophyllum*	- Northern coasts (Haug, 1965)
Macrocystis	- California coasts
Cystoseira barbata	- Black Sea (Yatsenko, 1962; Tsapko, 1966)
Eklonia, *Eisenia*	- Japan coasts
Macrocystis, *Eklonia*	- Australasia coasts
Macrocystis, *Lessonia*, *Durvillea*	- S. America coasts
Laminaria pallida, *Eklonia*	- S. Africa coasts

The amount of alginic acid in the various Fucales and laminarians varies with the season. It is lowest in spring and highest in the autumn. It is also affected by habitat (i.e. exposure, protection, currents, and depth). In *Macrocystis* there is evidence of a variation with latitude. This is apparently associated with temperature and light variations, since alginates are regarded as one of the products of metabolism. Positionally there is almost no difference in location of the alginates within the algal body (Miyake, 1959) and it has been isolated from stipe and at least 3 different parts of the frond in approximately equal amounts. This observation has certain significance from the viewpoint of harvesting and further extraction. X-ray microradiographs and spodograms have shown that alginic acid is located in all walls (Frei and Preston, 1962).

The harvesting of the seaweed is carried out according to the general occurrence and habitat. *Laminaria* spp. as well as *Ascophyllum* are the most difficult to harvest because they attach to rock surfaces under water. For this reason they are often harvested along the shore line from materials cast up during storms. Macrocystis which is the main source of alginates on California coast grows attached by huge holdfasts. Populations of this alga reproduces itself vegetatively rather than sexually. Conditions for sexual reproduction are not favorable due to the shade under the dense canopy of fronds and leaves floating on the surface of water. Growth rate of this particular alga has been reported to be 10-15 feet/week which is greater than for any land or sea plant.

Floating mechanical harvesters are employed for harvesting. The fronds that are cut regenerate and the bed of algal vegetation may be maintained in growing state for long periods of time. The mucilaginous exudate found on the surface of brown seaweeds exposed to the atmosphere comprises high amount of alginic acid (Kroes, 1968). Various methods of extraction of seaweed have been devised. After desalination and shredding it is leached first with acid and then treated with soda ash or sodium carbonate solution yielding a crude mass of either raw alginic acid or more usually calcium or sodium alginates. The various forms can be interconverted after priliminary filtering and bleaching. The most commonly employed method is that of Green (cold process) yielding sodium or other alginic salts and that of Gloahec-Herter yielding alginic acid after removing of laminarin, mannitol and other salts by treatment with calcium chloride (Figure 2).

Variety of properties of different salts of alginic acid gives them a remarkably wide range of application for industry use. Textile industry has been experimenting with seaweed rayons. Viscous solution of the alkali salts can be spun into artificial silk threads. The final yarn is usually of calcium or sodium alginate. The "disappearing fibre" technique has been made possible because of the property of the yarn which enable it to dissolve in soap and soda. Very fine wools may be strengthened by the addition of soluble alginate thread which can afterwards be easily washed out (textile sizing). Resistant threads can be obtained by replacing the calcium or sodium with chromium or beryllium. In practice it is found easier to weave the yarn in the form of calcium alginate and then convert the woven material to beryllium or chromium salt by immersing it in a bath of beryllium or chromium acetate. An interesting feature of alginate fabrics is that they are non-flammable.

As plastic materials, alginates have a number of applications in the field of medicine. Particularly accurate dental impressions may be taken by using alginates. Gauze made of alginic acid salts is used which is haemostatic and slowly absorbed in the body.

Because of its non-toxicity and colloidal properties alginic acid and its salts find considerable use in the food industry.

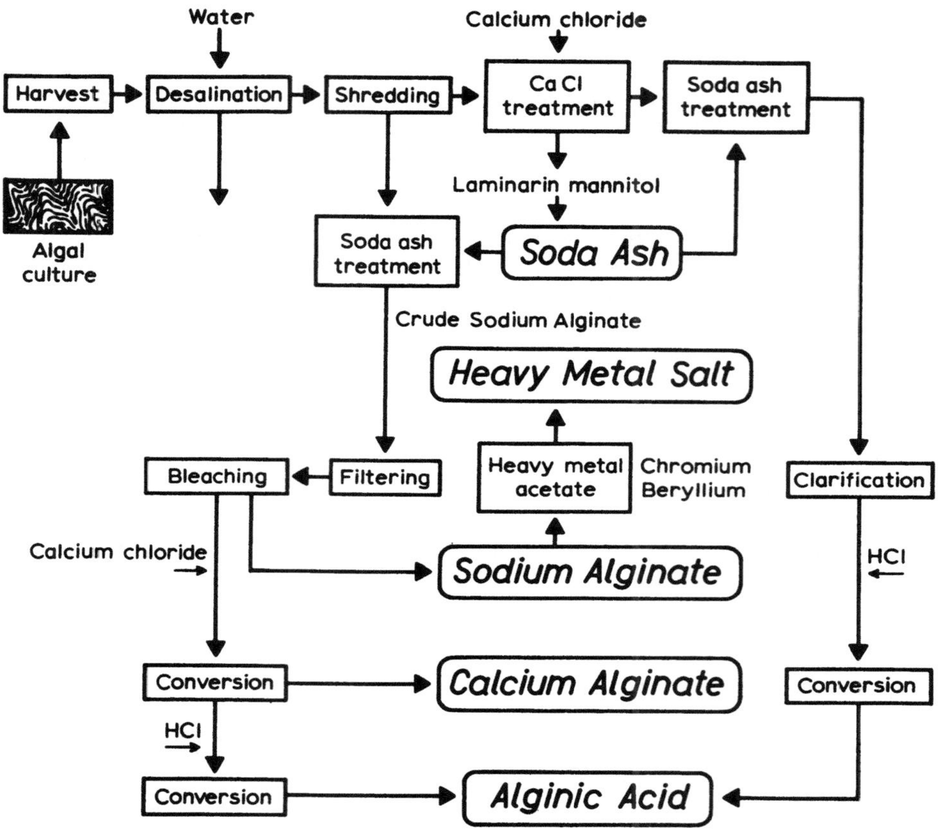

Fig. 2 Schematic for alginic acid production.

By proper control it is possible to produce gels of different viscosities. Sodium alginate is considered to be superior to all other colloids as a stabilizer and creaming agent for ice cream.

Its thickening properties make it useful in the preparation of foods such as soups, sauces and creams of various kinds. Films of alginates may also be made into sausage casings. It is also used as a gel in the freezing of fish. Antibiotics (aureomycin) may be incorporated into algin gels to keep dispersed.

Alginates are used in pharmaceutical emmulsions and as a desintegrant in the coating of pills. They swell readily in a watery medium. The cosmetic trade uses alginates to thicken various creams. Other applications are as (1) surface films in the paper industry and (2) in placing a glaze on ceramics. In emulsification it finds use in latex and other emmulsion paints as well as a polishing material.

More recently, experiments have been conducted to ascertain its usefulness as an ameliorator of soils low in organics. In this respect it competes with materials such as krillium which improves the physical state of the soil.

Laminarin

Laminarin was first reported by Schmiedeberg in 1885. It is neutral polysaccharide which readily hydrolyses. It is composed mainly of β-1,3'-linked glucose units and was originally believed to have the structure shown in Figure 3. Some evidence has been shown that it also contains a small proportion of mannitol and of mannose, as well as 1,6'-linkages. Laminarin is a mixture of two different molecules, one terminated by a reducing glucose unit and the other by a non-reducing sugar alcohol such as mannitol (Dillon, 1964).

Goldstein et al. (1959) suggested that the two molecules have a non-reducing and reducing arrangements as shown (Percival, 1964):

Non-reducing laminarin: (G = D-glucose; M = mannitol)

$$\mathrm{G1} \xrightarrow{\beta} [\mathrm{3G1}]_n \xrightarrow{\beta} \mathrm{6G1} \xrightarrow{\beta} [\mathrm{3G1}]_m \searrow$$

$$\mathrm{1\ M\ 2}$$

$$\mathrm{G1} \xrightarrow{\beta} [\mathrm{3G1}]_n \xrightarrow{\beta} \mathrm{6G1} \xrightarrow{\beta} [\mathrm{3G1}]_m \nearrow$$

Reducing laminarin:

$$\mathrm{G1} \xrightarrow{\beta} [\mathrm{3G1}]_m \xrightarrow{\beta} \mathrm{6G1} \xrightarrow{\beta} [\mathrm{3G1}]_m \xrightarrow{\beta} \mathrm{3G}$$

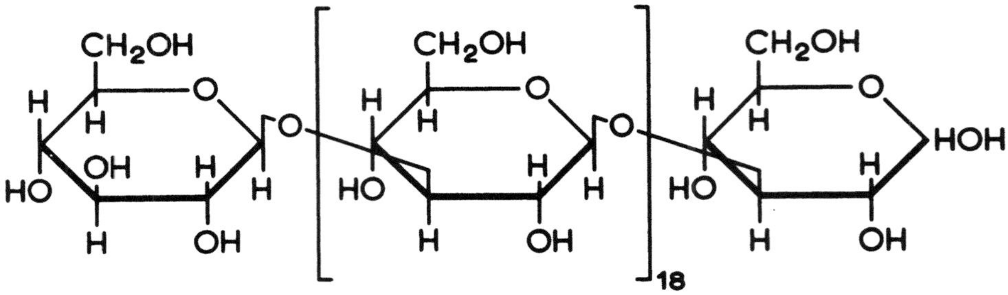

Fig. 3. General chemical structure of laminarin.

Other analyses indicate that laminarin has a branched rather than a straight chain structure.

There have been isolated "insoluble" and "soluble" forms of laminarin. The latter was suggested to contain a substance which interferes with the aggregation of the colloidal molecules (Smith and Montgomery, 1959).

Laminarin is chiefly a soluble reserve product occuring mainly in Phaeophyceae e.g. Ascophyllum, Fucus, and Laminaria spp. to the extent of up to 30% of dry weight of the algal tissue (Dillon, 1964). Oddly, it is not present in some of the members of Phaeophyceae at all. Evidence of small quantities of the laminarin-type polysaccharide has been presented for the Chlorophyceae for Ulva lactuca, Acrosiphonia centralis and Cladophora vupestris (Mackie and Percival, 1959). From a mixed culture of diatoms belonging to the Chrysophyceae crystalline polysaccharide resembling reducing molecule of laminarin has been prepared (Percival, 1967). Laminarin has not been reported in Rhodophyceae.

Fucoidin

Fucoidin is a mucilaginous material consisting of a family of compounds extracted from Phaeophyceae. Over 16% has been reported in Phyllophora nervosa (Gryuner and Evmenova, 1961). It is composed mainly of L-fucose (a methyl pentose)

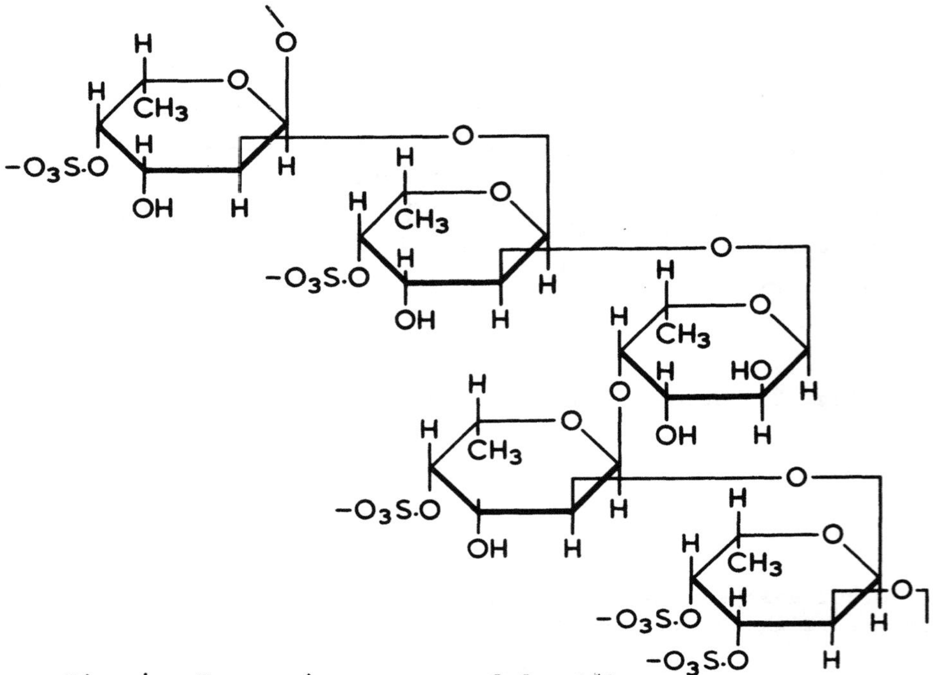

Fig. 4. Proposed structure of fucoidin.

residues esterified by sulfuric acid. Carbohydrate units are linked 1,2'- with at least some of the sulphate in C_4 position (Figure 2). Some of the fucose units may be 1,4'-linked (Cote, 1959).

Fucose appears to be the characteristic mucilage sugar of the brown algae. Species differs in the amounts of mucilage accumulated in a given time and in the relative amounts of the various sugars.

Possible structure of fucoidin is shown in Figure 4, (Fogg, 1953).

Sulphated Galactans

The red algae synthesize mainly galactan sulphates containing 1,3-linked galactose, together with certain proportions of 3,6-anhydrogalactose residues and sulphate. The most familiar polysaccharides of the group are agar and carrageenin.

Odonthalan isolated from Pacific Odonthalia corymbifera was found to contain 6-O-methyl-D-galactose (Usov and Kochetkov, 1968). Another highly sulphated methylated galactan called aeodan, has been isolated from Aeodes orbitors. It contains D-galactose, 2-O-methyl-D-galactose and glycerol (Nunn and Parolis, 1968).

Various galactans from different red algae show certain similarities and generally it is possible to conclude that they are a family of polysaccharides based on 1,3-linked galactose and 1,4-linked 3,6-anhydrogalactose. The relative proportions of these residues varies with the species of algae. They also vary as to the proportions of D-, L-sugar and sulfate content.

Agar

Apart from alginic acid derivatives the other major seaweed industry today is concerned with the production of agar-agar.

Studies on agar (Gelidium amansii) revealed it to be a mixture of 2 polysaccharides agarose and agaropectin. Molecules of agarose are composed of a neutral chain of β-D-galactopyranose residues linked through 1,3-positions, and 3,6-anhydro-α-L-galactopyranose residues connected through 1,4-positions and repeated alternatively.

Agaropectin has the same backbone but also contains ester of sulphate, glucuronic acid and pyruvic acid (Araki, 1965). Polysaccharides like agaropectin, funoran and porphyran resemble agarose structurally in having the disaccharide agarobiose as the structural unit. Specific enzyme agarase has been detected in bacteria which hydrolyzes agar. Dry agar is insoluble in cold and soluble in hot water. Dilute solutions (1-2%) remain liquid down to a temperature between 35-50°C; but gel at lower temperatures. The gel melts at 90°-100°C.

A large number of genera and species of red algae are used as the source of agar and its properties change slightly with the source. The principal source are algae of genus Gelidium (substance extracted is known as gelose), but also some other species of other species of other genera give satisfactorily yields. Some of these algae and where theyooccur are:

Gelidium amansii	- Japan, India
G. subcostatum	- Japan
Ahnfeltia plicata	- Japan, (Arai, 1961)
Gelidium cartilagineum	- Pacific coast of America and S. Africa
Gelidium lingulatum	- South America

Gracilaria verrucosa	- S. America
Gelidium pulchellum	- Ireland
Gelidium latifolium	- Ireland
Chondrus crispus	- England
Gigartina stellata	- England, India
Gracilaria confervoides	- Carolina, South Africa, Australia
Hypnea musciformis	- Carolina
Suluria vittata	- South Africa
Pterocladia lucida	- New Zealand
P. capillacea	- New Zealand
Ahnfeltia	- New Zealand
Furcellaria fastigiata	- Baltic Sea (Czapke, 1961)
Phyllophora	- Black Sea
Eucheuma	- India, Australia

In some species there is a seasonal periodicity in the amount of gelose the alga contains, e.g. Gelidium cartilagineum in California reaches a peak in June.

The agarophytes can be divided into three groups on the basis of the "setting power of the gel":

1) Gelidium type - decoction sets firm even if dilute.
2) Gracilaria, Hypnea type - decoction sets firm if more concentrated or if electrolytes are added.
3) Chondrus type - only sets firm if very concentrated.

Several approaches to the extraction of agar from the seaweeds may be taken and industrial extraction procedures differ. Usually extraction is carried out with hot or boiling water. The extract is then treated with active carbon, filtered and the filtrate allowed to set until it gels. The gel is purified by freezing, the water flowing off the impurities during the thawing operation. The pure gel is dried. The yield depends on the source but is generally between 24-45% of the dry weight of the algae (Kappanna and Rao, 1963). Figure 5 describes one of the procedures used in agar production.

Another approach (Steinmetz et al., 1969) is taken by treatment of the seaweed below 25°C with alternate alkali and acid washing prior to extraction. Additional purification follows steps described in Figure 5.

It has been reported (Gryuner, 1961) that agaroid extracted from Phyllophora nervosa with boiling water consist of a mixture of carbohydrates, polysaccharides and other organic and mineral compounds. Purified agaroid even contains some nitrogenous material as well as other impurities. It retains 13-15% mineral constituents.

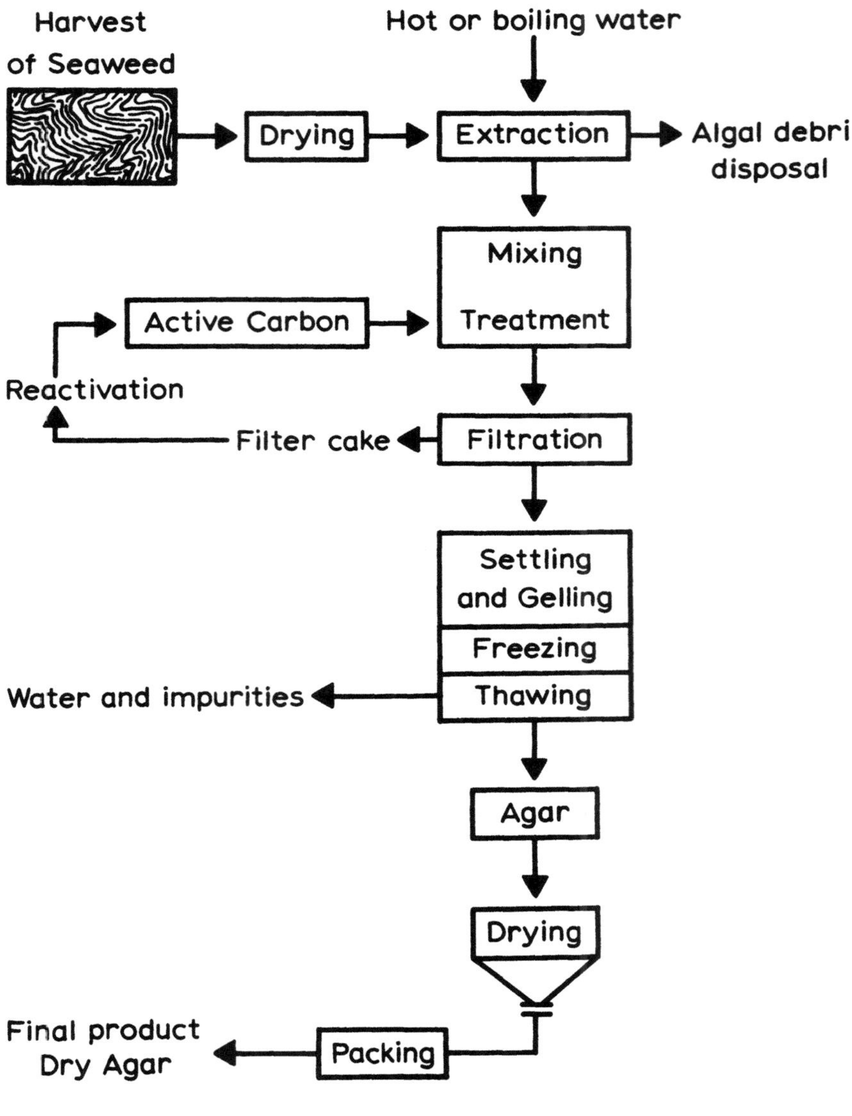

Fig. 5. Agar production from seaweed.

Washing water divides the agaroid into the true agaroid (~60%) which is insoluble in cold water dissolves freely in hot water, and agaroidin, which is soluble in water and 40% alcohol. Agaroid has a crystalline structure (22.16% sulfate after hydrolysis and 11.5% sulfate in the ash) while agaroidin is amorphous (15.5% and 5.56% sulfate) (Gryuner, 1961).

Agar has a variety of uses in commerce and is very important in microbiological laboratory studies. A 1-2% solution gives a satisfactory gel which in the presence of different nutrients remains undigested and refractile to microbial attack. Agar is non-toxic and has gained wide use in the food industry for canning meat and fish and it is being used in small quantities in some canned foods and cereals. It has a property of passing through the stomach undigested, releasing its water content. It has another popular use as an emulsifier in laxatives. Agar has also been used in cosmetics, leather, textile industries, etc., in a manner analagous to alginates and carrageenin.

Carrageenin

Carrageenin is a cell wall polysaccharide complex extracted from the Rhodophyceae. Carrageenin has been fractionated into two distincts polysaccharides. (1) κ-carrageenin (kappa) and (2) λ-carrageenin (lambda). Both form strong milk gels and moderate water gels.

κ-carrageenin contains sulphated 1,3-linked-β-D-galactose residues together with 1,4-linked 3,6-anhydro-α-D-galactose residues (Young, 1961; Anderson et al., 1968; Smith and Montgomery, 1959; Clingman and Nunn, 1959). Evidence has been shown (O'Neil, 1955) of a branching point at C_6 for the tenth D-galactose residue to which is attached D-galactose-3,4- or 3,6-disulphate as a non-reducing terminal residue. κ-carrageenin does not show any increase in gel formation after strong or mild alkali hydrolysis. It is believed to be a polysaccharide of decreased viscosity of lower mol. wt. and less polymerization than its precursor, λ-carrageenin (Stanley, 1963).

The repeating unit in κ-carrageenin is:

$$-3\ \text{Gal}\ 1 \xrightarrow{\beta} 4\text{-D-A Gal.}\ 2 \xrightarrow{\alpha} \qquad \text{S is } \mathrm{O{=}S(=O)-OH}$$

Gal = D-Galactose
A Gal = 3,6-anhydro-galactose

The λ- carrageenin structure has been less studied and is believed to comprise a highly sulphated 1,3'-linked galactan containing only small proportion of the 3,6-anhydroderivative. The galactans isolated from different algae may differ very slightly but all show similarities to carrageenins (Percival, 1964).

The difference in physical properties between the two carrageenins (one is more soluble in cold water than the other which forms a gel more readily) appears to be due to the content of sodium and calcium (Young, 1961; Schmitt, 1961).

The main source of carrageenins is *Chondrus crispus*, called sometimes carragheen or "Irish moss", *Gigartina stellata*, *Iridae laminarioides*. Galactans of similar composition and properties have been reported also in *Dilsea edulis*, *Porphyra umbicalis*, *P. capensis*, *P. crispata*, *Bangia fuscopurpurea* (Percival, 1964).

The procedure of extraction of these types of polysaccharides is very similar to that of agar. Production of carrageenins increases every year. Abundant sources of carrageenin are species of *Chondrus* and *Gigartina* located in the intertidal zone in the Maritime Provinces of Canada.

Carrageenin is non-toxic. Its colloidal properties are widely used in many branches of industry to stabilize emulsions and suspend solids, etc. Particular use of carrageenin is therefore found in food, pharmaceutical, brewing, leather and textile industries. Carragheen has a culinary use in the preparation of blancmanges and is used medicinally as a cough tincture.

Xylans

Xylans are polysaccharides yielding only xylose upon hydrolysis. It has been shown that xylan is one of the essential cell wall constituents of some siphonous green algae (Miwa et al., 1961) as *Bryopsis maxima*, *Caulerpa brachypus*, *C. racemosa* var. *lactivireus*, *Halimeda cuneata*, *Chorodesmis formosana*, *Pseudodichotomosiphon constricta*, *Udotea oricutalis*. It comprises mainly β-1,3'-linked residues (Percival, 1964).

$$X1 \xrightarrow{\beta} 3\ X\ 1 \xrightarrow{\beta} 3\ X\ 1 \xrightarrow{\beta} \ldots 3X$$

X = D-xylose

Xylan in Rhodophyceae (*Rhodymenia palmata*), comprises 80% of β-1,4'-linked units. There is a structural similarity between the β-1,4'-linked xylans of the land plants and the xylans of the species of the green algae.

Rhodymenia xylan:

$$X1 \overset{\beta}{\text{———}} 4\ X\ 1 \overset{\beta}{\text{———}} 4\ X\ 1 \overset{\beta}{\text{———}} \ldots\ 3\ X\ 1 \overset{\beta}{\text{———}} \ldots$$

Mannans

Algal mannans are similar to those in ivory nut and iris although algal mannans probably do not contain galactose units (Percival, 1964). Mannans have been isolated from *Porphyra umbicalis* and species of *Codium* (*C. fragile*, *C. latum*, *C. intricata*, *C. adhaereus*), *Acetabularia calyculus* and *Halicoryne wrightii*. They are β-1,4'-linked and often represent up to ~60% of the crude fiber of the cell wall (Miwa et al., 1961).

Algal Starches

Starches are the main storage products of some algae. True starches consisting of two principal constituents, i.e. amylose and amylopectin, have been found mainly in Chlorophyceae. The algal amyloses and amylopectins resemble those of plants (J. Love et al., 1963). Floridean starch consisting entirely of glucose residues is structurally different from starch from higher plants. Floridean starch is a typical photosynthetic product of certain red algae (Rhodophycophyta), however it is more closely related to the plant amylopectins than to the animal glycogens. Likewise it does gelatinize in water upon prolonged boiling (Meeuse et al., 1960).

Myxophycean starch generally occurs in the Myxophyceae. A similar polysaccharide has been isolated from blue-green algae (Cyanophyte starch) (Fredrick, 1959). Paramylum, the characteristic reserve product of the Euglenineae, yields mostly glucose upon hydrolysis and is closely related to starch.

Starch and related polymers appear to be absent in the family of Phaeophyceae. Table 1 shows the main storage products of algae (Fogg, 1953).

Minerals and Elements

The word kelp itself originally referred to the burnt ash of the brown seaweeds. Subsequently the term became applied to the actual weeds. Ash from seaweed has been used for a long time as a source of soda. Algae also contain iodine and potash and depending on the ashing procedure, ammonia, tar or charcoal can be recovered.

Table I. Biochemical Characteristics of the Algal Classes

Class	Reserve products	Cell wall constituents	Sterols
Chlorophyceae	starch fat	cellulose pectin	sitosterol fucosterol chondrillasterol ergosterol
Chrysophyceae	leucosin fat	pectin silica	fucosterol unidentified sterols
Xanthophyceae	fat	pectin silica cellulose chitin(?)	sitosterol
Bacillariophyceae	fat leucosin(?)	silica pectin	fucosterol unidentified sterols
Cryptophyceae	starch	cellulose(?)	-
Dinophyceae	starch fat	cellulose pectin	-
Euglenineae	paramylum	none	-
Phaeophyceae	mannitol laminarin	algin fucoidin cellulose	fucosterol
Rhodophyceae	floridoside mannoglycerate floridean starch	polygalactose-sulphate esters cellulose	fucosterol sitosterol unidentified sterols
Myxophyceae	myxophycean starch cyanophycin	pectin cellulose	none
Higher plants	starch fat	cellulose pectin lignin	sitosterol chondrillasterol stigmasterol

(After Fogg, 1953)

Soda and Potash

The industry based on soda and potash recovery from algal ash has operated with alternating periods of prosperity and depression since the mid of eighteenth century. The French were the first to use the ash of burnt seaweeds as a source of salt and soda, however, other European countries especially Ireland and Scotland picked up the technique quickly. Algae primarily used in Europe were the species of _Laminaria_, _Fucus_ and _Ascophyllum nodosum_.

Large areas on the Pacific coast of North America and Canada are occupied by laminarians, e.g. Macrocystis, Nereocystis, and Alaria which are used as a source of potassium carbonate. The average dry weight content in Nereocystis is around 19%, in Macrocystis around 16% and in Alaria around 7%. The amount varies with season, habitat and wave activity.

When the weed is collected it is allowed to air dry and then burned in cylindrical kilns. Soda and potash are recovered from the ash cake which accumulates. Later when iodine was needed the technology was modified to avoid the losses of iodine and this by-product was produced. Ash of these algae makes up 20% of the dry weight.

Kelp is used mainly as a source of soda and potash in the manufacture of soap, glassware, alum, etc.

Iodine

In 1811 Courtois discovered the new element iodine in the ash of brown seaweeds and for 30 years kelp was the primary source of this element. Seaweed is about 1000 times richer than other plants in iodine (Klincare, 1967). Phaeophyta are particularly rich in iodine. In Laminariales and Desmarestiales the concentration may occasionally reach 30,000 times that in sea water, and can constitute 1% of dry weight (Black, 1948). The iodine is typically present in iodide form (Shaw, 1962; Meguro, et al, 1967 Rhodophyta, Ptilota and some Chlorophyta, notably the culture Codium intricatum, also contain an appreciable quantities of iodine. The concentration of iodine within the algal cell is often followed by using the radioactive isotope I^{131} (Roche and Andre, 1962). Iodine content varies with the season and the species of algae studied. The level of iodine in young plants is generally higher than in old ones.

Iodine from kelp is still produced in Japan and it represents about 5-7% of the world production. Laminaria, Fucus, Ecklonia and Eisenia are the genera principally employed. In order to improve the yield a new process has been designed to recover the iodine from algae. After drying the weed in rotary driers the dry tissue is processed either by destructive distillation or by fermentation. Temperature in the first is not very high in order to prevent volatilization and losses of iodine. Other by-products of this process are ammonia, tar, as well as gas and charcoal. The fermentation process is far more elaborate and yields a greater variety of products (Chapman, 1962) as is shown in Figure 6.

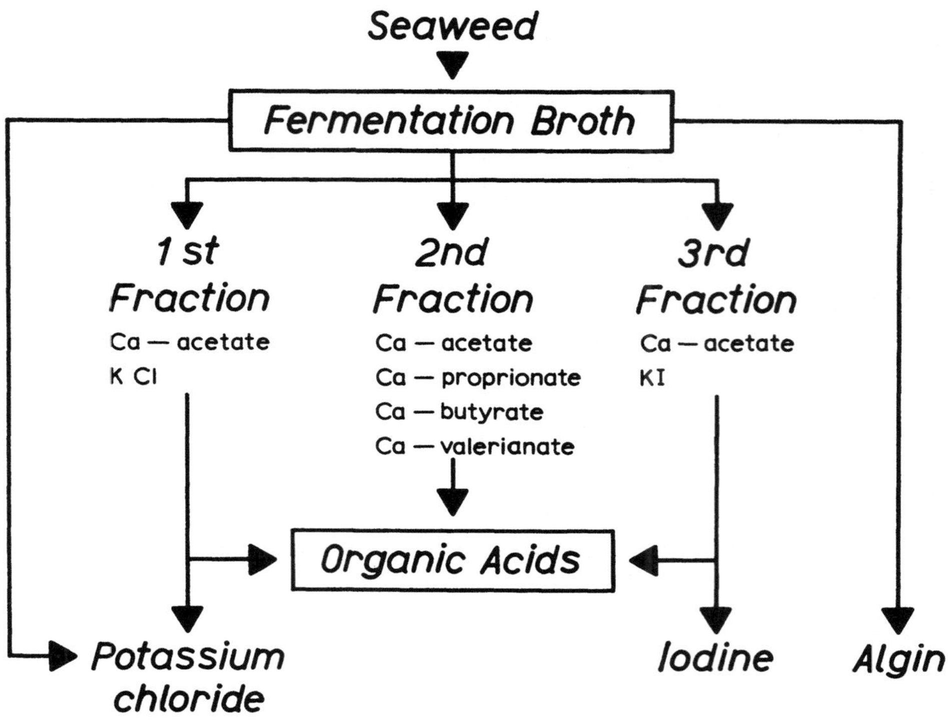

Fig. 6. Iodine, potassium chloride and algin recovery from seaweed.

Trace Elements

In addition to the halogens such as bromine and chlorine many minerals are concentrated in algae. The use of seaweed as a source of trace elements is not new. They have been used for their trace elements to supplement basic fodders and fertilizers. Elements as copper, iron, zinc, cobalt, vanadium, molybdenum manganese, boron, aluminum and chromium, are found in seaweeds in sufficient trace quantities to make their use effective (Booth, 1964; Yamamoto et al., 1956).

Human Food

In the Far East seaweeds have been used for centuries as a human food. In Japan Porphyra is widely cultivated for culinary purposes. It is recovered from bamboo poles inserted into shallow waters. When mature the alga is removed from the poles, dried and pressed into sheets where it is known as Asakusa-nori. Another algal food called kombu is prepared from large laminarians, especially Laminaria, Alaria and Arthrothamnus. The amount harvested is considerable and runs over half million tons of wet weed per year. Other foods from known seaweeds are Wakame from Undaria pinnatifida, Arame from Eisenia bicyclis, Hijiki from Hijikia fusiforme, Miru from the green Codium and a variety of other weeds.

In the Pacific Islands raw algae of the Rhodophyta, Chlorophyta and Phaeophyta are added to many common foods. At least 70 species are in common use. Undaria and Sargassum as well as Caulerpa racimosa are often used in the Philippines.

In South America dried and salted species of Ulva and Durvillea are used in a food called "cachiyugo". In Europe meals from seaweeds have never achieved wide popularity but in some countries they are used to a limited extent.

Some attempts have been made to assess the nutritional value of these edible marine algae. Edible preparations of Nostoc from China and Porphyra have high nitrogen levels. Other food values are (1) carbohydrates, (2) iodine, (3) minerals, (4) vitamins and (5) other essential growth factors.

Extensive studies especially with unicellular algae, particularly Chlorella, have shown that these microorganisms are very high in proteins and possess considerable nutritional value. Due to their unicellular nature these algae are ideally suited for cultivation by fermentation processes in either fermentation vessels or "open-air" lagoons. World food shortages have created a need for developing new nonconventional food sources. Algal culture represents one way to alleviate the world-wide food and protein shortage. Currently the cost of algal protein can hardly compete with conventional sources of protein, but further research in this field should reduce the cost for algal protein synthesis significantly. Active research programs are being conducted in this field. Thacker and Babcock (1957) reported yields of Chlorella pyrenoidosa of 13 g d.w./liter in a batch 12 day fermentation. Estimated cost of cells produced on this basis would be 50 cents/pound. Tamiya (1957) reported a considerably lower figure of about 26 cents/pound which could be reduced further using continuous-flow large scale production.

Production of algae in pilot scale units is feasible. The yield of Chlorella obtained in a closed system was 15-20 g d.w./m^2 day and this yield still can be improved by adjusting the optimal parameters for photosynthetic growth. It is necessary to recognize that the yield is controlled by numerous factors. Under natural conditions in an aquatic medium the limiting influence of light, CO_2 availability, turbulence, growth supporting chemical components, etc., restrict maximum photosynthetic yields to a considerable extent. The following modification of the Baule-Mitscherlich limiting factor equation is suggested (Verduin, 1962) as a model of the limiting-factor relationship:

$$Y = Y_{opt} (1-e^{-x})(1-e^{-y})(1-e^{-z})$$

where:

- Y = photosynthetic yield per m^2 of production area
- Y_{opt} = yield obtainable if all the factors are present at optimal levels
- x,y,z = factors influencing the photosynthetic process

It can be used to compare primary production.

Many authors have analyzed the protein content and examined amino acid composition in various species. Results vary over a wide range of values (Fowden, 1962; Rao and Tipnis, 1964; Bailey and Staehelin, 1969; Clement et al., 1968; Lewis, 1962; Lewis and Gonzalves, 1962).

Higher values of protein are found in the Chlorophyceae (Chlorella pyrenoidosa, C. ellipsoidea, C. vulgaris: 40-50%; Ulva 20-30%)(Rao and Tipnis, 1964) and Rhodophyceae, than in the Phaeophyceae. The blue-green alga Spirulina maxima (Clement et al., 1968) is very rich in proteins (63-68%) and vitamins. It possesses carbohydrates at levels between 18-20% and 2-3% lipids. Under continuous culture it yields ~15 g d.w./day/m^2.

The cultures of Chlorella are reported to contain from about 10-25% carbohydrates and 8-30% crude fat.

Table II presents amino acid composition of Spirulina maxima (Clement et al., 1968) in comparison with other algal proteins (Fowden, 1962), a standard protein of F.A.O. and Baker's yeast protein.

From a nutritional point of view the vitamin content of some algal cultures is high which makes them even more valuable as a food (Jensen, 1964; Pratt and Johnson, 1965).

Table III shows vitamin content of Chlorella grown under some different autotrophic conditions in comparison with other sources of microbial protein.

Table II. The amino-acid composition of the bulk protein of various algae compared with that of standard protein FAO.

[Amounts are given as g. amino-acid N/100g protein N]

AMINO ACID / SOURCE OF PROTEIN	FAO	Chlorella vulgaris	Ulva sp.	Tribonema alginate	Navicula pelliculosa	Laminaria sp.	Chondrus sp.	Microcystis (Diplocystis) aeruginosa	Anabaena cylindrica	Phormidium sp.	Spirulina maxima
Reference	1	2	2	2					2	2	1
Essential amino-acids											
Arginine	-	15.8	7.5	15.9	9.2	16.1	10.2	-	11.7	9.2	-
Histidine	-	3.3	1.2	3.7	2.8	1.6	1.8	-	2.5	3.8	-
Isoleucine	4.2	3.5	-	4.1	3.5	-	-	2.2	3.9	-	6.03
Leucine	4.8	6.1	5.2	6.4	7.2	2.5	5.3	4.2	6.2	2.1	8.02
Lysine	4.2	10.2	0.0	9.0	8.3	0.0	4.0	-	6.6	0.0	4.59
Methionine	2.2	1.4	0.0	1.4	1.2	0.0	0.0	1.7	1.2	2.0	1.37
Phenylalanine	2.8	2.8	2.3	2.8	3.4	1.0	1.5	4.4	2.9	1.1	4.97
Threonine	2.8	2.9	-	4.0	4.2	-	-	3.2	5.7	1.6	4.56
Tryptophane	1.4	2.1	0.3	1.8	1.1	1.1	1.6	-	1.0	0.2	1.40
Valine	4.2	5.5	5.2	7.5	7.5	5.1	2.8	4.1	7.0	6.7	6.49

Table II. Cont..

AMINO ACID \ SOURCE OF PROTEIN	FAO	Chlorella vulgaris	Ulva sp.	Tribonema alginate	Navicula pelliculosa	Laminaria sp.	Chondrus sp.	Microcystis (Diplocystis) aeruginosa	Anabaena cylindrica	Phormidium sp.	Spirulina maxima
Reference	1	2	2	2					2	2	1
Non-essential amino-acids											
Alanine	-	7.7	6.5	8.4	6.5	6.4	3.7	5.4	6.0	5.2	-
Amide N	-	6.1	-	6.5	7.1	-	-	-	8.0	-	-
Aspartic acid	4.2	6.4	4.1	5.1	6.4	1.9	2.5	4.6	6.9	0.9	1.80
Cystine	-	0.2	1.8	-	-	3.4	1.6	-	-	0.0	-
Glycine	-	6.2	0.8	6.2	6.1	2.7	2.1	4.9	5.5	1.6	-
Glutamic acid	-	7.8	7.6	4.6	4.9	7.3	8.2	6.5	5.6	4.4	-
Proline	-	7.2	7.0	6.1	6.2	7.6	7.1	3.2	5.0	7.0	-
Serine	-	3.3	-	2.4	4.2	-	-	3.3	2.4	-	-
Tyrosine	2.8	2.8	0.0	3.0	1.9	1.9	2.3	-	1.6	1.8	3.95
Total N	33.5	101.3	49.5	98.9	9.17	58.6	54.7	47.7	89.7	46.0	53.18

References:

1) Clement et al., 1968.

2) Fowden, 1962.

Table III. Vitamins in Algae [mg/kg]

	Chlorella pyrenoidosa (25°C)	Chlorella pyrenoidosa (outdoor pond)	Yeasts
Reference	Combs, 1952	Yakult, 1960	Handbook of biolog. data, ed. Saunders, 1960
Ascorbic acid	-	1800-4000	0
Thiamine (B_1)	9.5	3.7- 22.0	27-82
Riboflavin (B_2)	33.0	19.5- 55.0	33-80
Niacin	220.0	110.0-218.0	173-2670
Panthotenic acid	18.5	-	107-180
Cholin	2800.0	-	2100-3350
Pyridoxin (B_6)	21.5	10.0- 26.0	15-58
Cobalamin (B_{12})	0.021	-	-

Marine algal culture provides a distinct advantage over culture of terrestrial plants, because desirable algal forms have a high protein content and can be cropped continuously. In large scale algal culture a fraction of the crop can be harvested daily and the algae production can be maintained at peak levels. On the basis of protein content the algae have a 3-fold advantage over leguminous plants. Their caloric yield per unit of environmental area under natural large scale culture is already equal to that of our best terrestrial crop plants at their season of peak production.

Continuous cropping of algae will, therefore, yield a 3-9 fold higher caloric conversion per year if cultures are maintained at peak efficiency. A 10-50-fold advantage in protein yield can be expected.

If man is capable of adapting to direct consumption of algal carbohydrate and protein (Rogers, 1963), a large proportion of earth's watery surface could be used for algae cultivation. It is estimated (Verduin and Schmid, 1966) that the efficienty of such a conversion would support a world population of the order 10^{13} people, or 3000 times the present world population. However, environmental problems would be created so that this figure is quite hypothetical. It does show the potential of algae in resolving the world nutrition problem.

Pigments

There are numerous algal pigments. The subject is too complex and voluminous to cover herein, however, some mention must be made of the carotenoids.

The carotenoids of algae include a variety of both common and unusual types (Egger, 1967; Goodwin, 1966). Their main importance is assessed in their value as provitamin A.

Carotenoids are yellow, orange, or red pigments of aliphatic or alicyclic structure composed of isoprene units (Gerosa, 1966) linked so that the methyl groups nearest the center of the molecule are in 1,5-position while all other lateral methyl groups are in 1,6-position. In general, natural carotenoids may be divided into two classes: 1) oxygen-free hydrocarbons, the carotenes
2) their oxygenated derivatives, the xanthophylls.

The principal carotene is β-carotene, although there are exceptions where α-carotene predominates (Nakayama, 1962). Table IV shows distribution of carotenoids and other pigments in the various classes of algae (Bogorad, 1962).

The recovery of carotenoids generally involves an extraction of the source material with acetone or methanol and/or some other organic solvent. Further separation procedures employ partition chromatography on silica gel or reverse-phase column chromatography using polyethylene and methanol. The pigments are then crystallized.

The other algal pigments are chlorophylls, tannins and phycobilins. Some species of <u>Sargassum</u> contain tannin which has been used in tanning industry (Ogino, 1962).

Fodder

For many years seaweeds have been used in maritime areas of the world as a stock food. Seaweeds have definite nutritional values, vitamins and other micronutrients. The major uses of brown and red algae have been for grazing of sheep, and to a lesser extent horses and cattle. There is a race of sheep on North Ronaldsay and in the Orkneys which lives entirely on seaweed for approximately 10 months per year. In Europe several factories have been built to manufacture stock feed using the brown rockweeds of <u>Fucus</u>, <u>Ascophyllum</u> and also some species of <u>Laminaria</u>. At present different kinds of supplementary seaweed fodder are on market. In these areas algae meal is used in place of hay, oats and potato tops. Laminarin appears to be the most digestable and therefore the time of harvesting is of major importance for obtaining maximum laminarin content.

Trace elements present in seaweeds are of a great importance to the sheep and cattle feeding on algae (Booth, 1964). Sheep have been shown to be very sensitive to an unbalanced copper content

Table IV. Distribution of Chlorophylls, Biliproteins, and Carotenoids Among Algae

Pigments	Charophyta	Chlorophyta: "Siphonales" b	Chlorophyta: Others	Euglenophyta	Xanthophyta	Chrysophyta	Bacillariophyta	Phaeophyta	Pyrrophyta	Cryptophyta	Cyanophyta	Rhodophyta
Chlorophylls												
a	+	+	+	+	+	+	+	+	+	+	+	+
b	+	+	+	+	–	–	–	–	–	–	–	–
c	–	–	–	–	–	?	+	+	+	+	–	–
d	–	–	–	–	–	?	–	–	–	–	–	±
e	–	–	–	–	*a*	?	–	–	–	–	–	–
Biliproteins												
Phycocyanin				–	–	–	–	–	–	+*b*	+	+
Phycoerythrin			*c*	–	–	–	–	–	–		+	+
Carotenes												
α-Carotene		+	±				±	±		+		±
β-Carotene	+	+	+	+	+	+	+	+	+		+	+
γ-Carotene	+											
Lycopene	+											
ε-Carotene							+			+		
Unknown				+								
	(1)	(2)	(3)	(4)	(5)	(6)	(7)	(8)	(9)	(10)	(11)	(12)

Table IV. Cont.

	(1)	(2)	(3)	(4)	(5)	(6)	(7)	(8)	(9)	(10)	(11)	(12)
Xanthophylls		L N,S Sx V,Z	As L N V Z	As L, N, Un		F L Un	Dd Dt F	Flx, F, L, V	Dd Dn P	?Z	Apn, Apl Fle, ±1 Mn, Ml, O, Z	T, ±Z 1,

(After Bogorad, 1962)

Key

\+ = Present
\- = Absent
? = Insufficient information
Apn = Aphanicin
Apl = Aphanizophyll
As = Astaxanthin (euglenarhodone)
Dd = Diadinoxanthin
Dt = Diatoxanthin
Dn = Dinoxanthin
Fle = Flavacin
Flx = Flavoxanthin
F = Fucoxanthin

L = Lutein
Mn = Myxoxanthin (aphanin, echinenone)
Ml = Myxoxanthophyll
N = Neoxanthin
O = Oscilloxanthin
P = Peridinin (sulcatoxanthin)
S = Siphonein
Sx = Siphonoxanthin
T = Taraxanthin
V = Violaxanthin
Z = Zeaxanthin
Un = Unknown

a Only observed in Tribonema bombycinum
b Reported also in Cyanidium caldarium
c Reported in Palmellococcus miniatus
d Order Codialles and Derbesiales Feldmann

in the fodder and this can lead to an extremely high death rate especially for the newly born and young lambs (Booth, 1964; Hallsson, 1964). The effect of minute amount of copper in the seaweed is more effective than a large dose of inorganic salt in the form of copper sulphate. This results in an increase in the butter-fat content in milk of lactating animals.

Seaweed has appeared to be the only good reliable source of cobalt which is about ten times higher than in grass. Proper levels of this element in the fodder is very important, overdosing can lead to a serious disorder of metabolism. In the USA the cobalt content in the fodder is restricted.

Fresh Laminariaceae were successfully preserved by ensiling and this process is reported to give a wholesome and palatable fodder for sheep. Fresh Alaria was also dried after washing in the rain and put in between layers of hay and thus given to cattle and sheep with encouraging results. Sargassum species are used as fodder in China.

Eggs, from hens fed on seaweed meal, have an increased iodine content.

Many fish, both marine and freshwater feed on planktonic or attached type algae. Diatoms are apparently easily digested by most fish, although the silica frustules are not utilized.

Fertilizer and Manure

Seaweeds and algae collected along the shoreline have been used for at least 100 years for fertilizer. Manurially the algae used have a good nitrogen and potash contents but they are low in phosphorus having only about one-third of the farm-yard manure phosphate content. The nitrogen is not freely available and requires time to pass into the soil. This makes seaweed manure a slow but long acting fertilizer. Seaweed addition is well suited to light sandy soils, which are generally deficient in potassium. The physical condition of these light soils also improves (crumb structure) on account of the gelatinous nature of seaweed. This is attributed to the high content of polysaccharides and its consequent capacity for holding water (algin etc.).

Excesses of some salts in seaweeds may be compensated by composting before use. However, the amount of common salt present is not as excessive as earlier anticipated. Seaweed manure is particularly valuable because of the trace elements that it contains. The total quantity of trace metals removed annually by a good crop of grass could be replaced by the following quantities of seaweed (Booth, 1964):

	per acre		per acre
iodine	4.5 lb.	cobalt	4 cwt
vanadium	40 lb.	zinc	20 cwt
iron	2 cwt	molybdenum	26 cwt
boron	2.5 cwt	manganese	84 cwt
copper	3 cwt		

Soil itself can usually supply most of the elements and it is probable that under most conditions 1-2 cwt/acre/annum would be adequate. Soil pH often makes some of the elements unavailable to the plant. More data in this field as well as evaluation of toxic effects of some elements (boron, copper) are needed. For acid soils a useful dressing is provided by some Corallinaceae and Lithothamnion which contain a high proportion of lime (Walter-Levy, 1961).

Drying of the seaweed manure before application makes it more effective because when stored wet some of valuable materials such as potash are leached from it. Dry seaweed fertilizers of many kinds are available on the market. They are easily applied by mechanical distributors. The most economical way of applying seaweed is as a liquid extract (Milton, 1964). This is compatible with other liquid sprays and can be combined with various additives to achieve proper activity. Absolute safety is another advantage of these products. Liquifaction of the seaweed will bring about a product which gives the same result as composted seaweed. In this process the seaweeds are reduced to liquid form by pressurized alkaline hydrolysis. A wide selection of weeds is used for this purpose and those containing high percentage of laminarin, fucoidin and alginic acid are treated with mild alkali so that polysaccharides are not broken down to monomeric units. The final product which is black in color may be applied to the soil in a much diluted form of 1:500. The net effect of this substance is similar to the controlled application of small amounts of chemical fertilizer when applied over a prolonged time period since it enhances nitrogen availability and the release of bound phosphate and potach from the soil (Myklestad, 1964).

There is another aspect of the use of algae as fertilizer in connection with the nitrogen fixation properties of certain blue-green algae (Tabenkin, 1968). There are about 50 species of Cyanophyta which actively fix atmospheric nitrogen (Watanabe, 1960). In some rice crops inoculated with Tolyphotrix tenuis production increased 20% over the uninoculated controls. Seeding the rice fields with nitrogen fixing algae is of great economic importance. Large scale pure culture cultivations of the inoculum for rice fields is required. Controlled heterotrophic growth of these algal cultures would enable one to produce the symbiotic cultures in large volume cheaply (Watanabe and Yamamoto, 1967).

Antibiotics and Medicinal Uses

There is much evidence suggesting that certain species of algae liberate extracellular products which inhibit growth of other organisms as well as themselves. The first observation concerning antibiotic active substances secreted by algae was given by Harder in 1917. Since the works of Pratt et al. (1940) on Chlorella vulgaris, many algal substances have been shown to have bactericidal or bacteriostatic properties toward various pathogenic species (Zaehmer, 1962; Walters, 1964). Sensitivity of diphteria, typhoid, paratyphoid and disenteric microorganisms to a substance consisting of lipids, called cyanophycin, has been reported (Mamaichuk and Matus, 1959), as well as marinamycin (Soeda, 1962).

Pelvetia, Halidrys, Laminaria digitata and Polysiphonia has been shown to possess antibacterial properties associated with chlorophyll (Chesters and Stott, 1955). Also among other species antibacterial activity is often associated with photosynthetic activity e.g. Nitzchia palatea. An antimicrobial substance isolated from Liguharia tussilaginea obtained after steam distillation proved to be very efficient against Staphylococcus aureus (dilution 1:5000) and Trichophyton asteroides (1:10000)(Kosuge et al., 1963). Some of the pronounced algal antibiotic agents have been suggested to be oxidation products of unsaturated fatty acids.

None of the extracellular antibiotic agents from algae has proved to be of economic value in competing with fungal antibiotics in large-scale production. They remain of academic interest only. However, since some green and other algae are common on the sand of water works filters they probably decrease the bacterial count by their antibiotic action. No doubt many other antibiotics from algae will be isolated and identified.

The field of research in phycotherapy is young and the results obtained are encouraging. Some clinical assays have been done for instance on wound healing. Treatments applied to various animals have been carried out and have given unexpectedly good results. In human therapeutics a certain tendency to return to older methods of phycotherapy is arising (Lefèvre, 1964).

Some algae (e.g. Digenia simplex) have been used as an antihelminthics. Sodium laminarin sulphate and fucoidin which are similar to heparin suggest their possible use as blood coagulants. This has been experimentally confirmed.

Diatomite (Kieselguhr)

Diatomite is an inorganic material of algal origin containing about 86-88% silica. It gives extremely low losses of volatiles (4%) on ignition. It is almost chemically inert when processed. It is scooped-up from large deposits of diatom frustules of marine or freshwater origin which were layed down during Tertiary and Quaternary geological times. The siliceous cell walls are relatively insoluble and hence these sediments accumulated being relatively uncontaminated by clays, etc. Diatom walls from marine plankton contain 96.5% SiO_2 and only approximately 1.5% Al_2O_3 or Fe_2O_3. It has been found that the silica walls of diatoms adsorb positively charged colloids to the same degree as do dried silica gels. Diatomite has a high degree of porosity and surface area ranging around 120 m^2/g which is about five times the "visible" surface (Lewin, 1962). Processed diatomite earth is used mainly as a filtration aid in sugar refining process in the brewing industry, in wine making, and in antibiotic production for mycelium removal.

Another use of diatomite is as a filler for paints varnishes and paper products, as well as for insulating purposes where extreme temperatures are used. It is also used as a chemical catalysts.

Historically diatomite was used in A.D. 532 in Constantinople to make lightweight bricks used for building the Cathedral of St. Sophia. Alfred Nobel used diatomite to adsorb nitroglycerin manufacturing dynamite. Other materials are used for this purpose today. Annual sales in the USA show a steady increase exceeding 3000,000 tons per year (Round, 1965).

References

Anderson, N.Y., T.C.S. Dolan, A. Penman, D.A. Rees, G.P. Mueller, D.J. Stacioff, N.F. Stanley, 1968. Carrageenans, IV. Variations in the structure and gel properties of κ-carrageenins, and the characterization of sulfate esters by IR spectroscopy. J. Chem. Soc., C 1968, 602-606.

Arai, K., 1961. Constituents of marine algae. VI. Agar of *Ahnfeltia plicata*. Nippon Kagaku Zasshi, 82, 771-774.

Araki, C., 1965. The polysaccharides of agarophytes. Proc. Int. Seaweed Symp., 5th, Halifax, N.S., 3-17.

Bailey, R.W., L.A. Staehelin, 1969. Chemical composition of isolated cell walls of *Cyanidium caldarium*. J. Gen. Microbiol., 54, (2), 269-276.

Black, W.A.P., 1948. The season variation of some of the sublittoral seaweed common to Scotland. J. Soc. Chem. Ind. (London), 67, 165-176.

Bogorad, L., 1962. Chlorophylls. Physiology and Biochemistry of Algae, R.A. Lewin, ed., Academic Press, New York, N.Y. 385-404.

Booth, E., 1964. Trace elements and seaweeds. Proceedings of the IV Int. Sympos. on Seaweeds, DeVirvile, A.D. and J. Feldman, ed., The Macmillan Co., London, England.

Chapman, V.J., 1962. The Algae. MacMillan and Co. Ltd., London, England.

Chesters, C.G.C., J.A. Scott, 1955. Production of antibiotic substances by seaweeds. Int. Seaweed Symp., 2nd, Trondheim, 49-53.

Clement, G., M. Rebeller, and P. Trambouze, 1968. Utilization massive du gaz carbonique dans la culture d'une nouvelle algae alimentaire. Revue de l'Institute Francais du Pétrole et Annales des Combustibles Liquides, Paris, France, 23, 702-711.

Clingman, A.L., J.R. Nunn, 1959. Red-seaweed polysaccharides. III. Polysaccharides from Hypnea specifera. J. Chem. Soc. 493-498.

Combes, G.F., 1952. Algae (Chlorella) as a source of nutrients for the chic. Science, 116, 453-454.

Cote, R.H., 1959. Disaccharides from fucoidin. J. Chem. Soc., 1959, 2248-2254.

Czapke, Karol, 1961. Agar-Agar from domestic sources. Przemysl Spozywczy, 15, 652-657.

Dillon, T., 1964. The laminarans. Proceedings of the IV Int. Sympos. on Seaweeds, DeVirvile, A.D. and J. Feldman, ed., The Macmillan Co., London, England, 301-305.

Doshi, Y.A., P.S. Rao, 1968. Biosynthesis of alginic - C^{14} acid (G.). J. Label. Compounds, 4, 192-193.

Egger, K., 1967. Review of distribution and function of vegetable carotenoids. Biol. Rundsch., 5, 112-124.

Fogg, G.E., 1953. The Metabolism of Algae. John Wiley and Son, New York, New York.

Fogg, G.E., 1966. The extracellular product of algae. Oceanogr. Mar. Biol., 4, 195-212.

Fowden, L., 1962. Amino Acids and Proteins. Physiol. Biochem. Algae, A. Lewin, ed., Academic Press, New York, N.Y., 189-206.

Fredrick, I.F., 1959. Chromatographic patterns of polysaccharide-synthesizing enzymes. Physiol. Plantarum, 8, 936-944.

Frei, Eva and R.D. Preston, 1962. Configuration of alginic acid in marine brown alga. Nature, 196, 130-134.

Gerosa, V., 1966. Chemical comparison of algal carotenoids. Studi Trentini Sci. Natur., 43, 159-171.

Goldstein, N., F. Smith, A.M. Unrau, 1959. Laminarin. Chem. and Ind., 124, 881.

Goodwin, T.W., 1966. Carotenoids. Comp. Phytochem., 1966, 121-37.

Gryuner, V.S., 1961. Chemical and physicochemical characterization of agaroid, a constituent of the alga Phyllophora nervosa. Colloq. Intern. Centre Natl. Rech. Sc., No. 103, 183-190.

Gryuner, V.S., L.A. Evmenova, 1961. Black Sea algae Phyllophora as raw material for food and fodder. Rybn. Khoz., 37, (10) 61-62.
Gusev, M.V., 1961. Blue-green algae. Mikrobiologiya, 30, 1108-28.
Hallsson, S.V., 1964. The uses of seaweeds in Iceland. Proceedings of the IV Int. Sympos. on Seaweeds, DeVirvile, A.D., J. Feldman, ed., The Macmillan Co., London, England, 398-405.
Harder, R., 1917. Ernährungsphysiologische Untersuchungen an Cyanophyceen, hauptsächlich dam endophytischen Nostoc punctiforme. Z. Bot., 9, 145.
Haug, A., B. Larsen, 1964. Studies on composition and properties of alginates. Proceedings of the IV. Int. Symp. on Seaweeds, DeVirvile, A.D., J. Feldman, ed., The Macmillan Co., London, England.
Haug, A., 1965. Alginic acid extraction. Norw. 105,975 (Cl. C 07 c3), Feb. 6, 1965.
Holm-Hansen, O., 1968. Ecology, physiology and biochemistry of blue-green algae. Ann. Rev. Microbiol., 22, 47-70.
Jensen, A., 1964. Ascorbic acid in Ascophyllum nodosum, Fucus seratus, and Fucus vesiculosus. Proceedings of the IV. Int. Symp. on Seaweeds, DeVirvile, A.D., J. Feldman, ed., The Macmillan Co., London, England.
Kappanna, A.U., A.V. Rao, 1963. Preparation and properties of agar-agar from Indian seaweeds. Indian J. Technol., 1, (5), 222-4.
Kim, Ch.S., H.J. Humm, 1965. Red alga Gracilaria foliifera with special reference to the cell wall polysaccharides. Bull. Marine Sci., 15, (4), 1036-50.
Klincare, A., I. Strazda, I. Streipa, 1967. Iodine level in fruits and in some biologically active substances. Latv. Lauksaimn. Akad. Raksti, 20, 323-6, (Latvian).
Kosuge, T., M. Yokota, 1963. An antimicrobial substance isolated from Liguharia tussilaginea. Yakugaku Zasshi, 83, 422-3.
Kroes, H.W., 1968. Excretion of mucilage and other substances by brown algae of the tidal zone. Kon. Ned. Akad. Wetenschap. Versl. Gewone Vergad. Afd. Natuurk, 77 (10), 159-69.
Lefevre, M., 1964. Medicinal uses of algae. Algae and Man. D.F. Jackson, ed., Plenum Press, New York, N.Y.
Leon de, A.I., N. Eufemio, M. Pineda, 1963. Chemical composition of some Philippine algae. Philippine J. Sci., 92, 77-87.
Lewin, R.A., 1962. Proteins, peptides, and free amino acid contents in some species of Padina from southeastern coast of India. Current Sci., 31, 90-92.
Lewis, E.J., E.A. Gonzalves, 1962. Protein, peptide and free amino acid contents of some species of marine algae from Bombay. Ann. Botany, 26, 301-16.
Love, J., W. Mackie, J.W. McKinnell, E. Percival, 1963. Starch-type polysaccharides isolated from the green seaweeds Euteromorpha compressa, Ulva lactuca, Cladophora rupestris, Codium fragile and Chaetomorpha capillaris. J. Chem. Soc., 4177-82.

Mackie, I.M., E. Percival, 1959. Constitution of xylan from the green seaweed Caulerpa filiformis. J. Chem. Soc., 1151-6.

Mamaichuk, M.I., A.G. Matus, 1959. Sensitivity of diphteria, typhoid, paratyphoid and disenteric microorganisms to cyanophytin. Pyatigorsk. Farm. Inst., 3, 20-25.

Meeuse, B.J.D., M. Andries, J.A. Wood, 1960. Floridean starch, J. Exptl. Bot., 11, 129-140.

Meguro, H., T. Abe, T. Ogasawara, K. Tuzimura, 1967. Analytical studies of iodine in food substances. I. Chemical form of iodine in edible marine algae. Agr. Biol. Chem., 31, (9), 999-1002.

Milton, R.F., 1964. Liquid seaweed as a fertilizer. Proceedings of the IV Int. Sympos. on Seaweeds, DeVirvile, A.D., J. Feldman, ed. The Macmillan Co., London, England, 428-431.

Ming - How Chi, 1962. Chemical composition of the Chinese economic brown seaweeds, II. Hai Yang Yu Hu Chao, 5, (1), 1-10.

Miwa, J., Y. Iriki, T. Suzuki, 1961. Mannan and xylan as essential cell wall constituents of some siphonous green algae. Colloq. Intern. Centre Natl. Rech. Sci., No. 103, 135-144.

Miyake, S., 1959. Distribution of alginate in the body of algae from the viewpoint of its extraction. Kogyo Kagaku Zasshi, 62, 422-25.

Myklestad, S., 1964. Experiments with seaweed as supplemental fertilizer. Proceedings of the IV Int. Sympos. on Seaweeds. DeVirvile, A.D., J.Feldman, ed., The Macmillan Co., London England, 432-438.

Nakayama, T.O.M., 1962. Carotenoids. Physology and Biochemistry of Algae. R.A. Lewin, ed., Academic Press, New York, N.Y., 409-416.

Nishide, H., 1961. Chemistry and Industry of alginic acid. Nosan Kako Gijutsu Kenkyu Kaishi, 8, 149-57.

Nunn, J.R., J. Parolis, 1968. A polysaccharide from Aeodes orbitosa. Carbohyd. Res., 6 (1), 1-11.

Ogino, C., 1962. Tannins and vacuolar pigments. Physiology and Biochemistry of Algae, R.A. Lewin, ed., Academic Press, New York, N.Y., 437-443.

O'Neill, A.N., 1955. Derivatives of 4-O-β-D-galactopyranosyl-3.6.-anhydro-D-galactose from κ-carrageenin. J. Amer. Chem. Soc., 77, 6324-6.

Painter, T.J., 1960. The polysaccharide of Furcellaria fastigiata. I. Isolation and partial mercaptolysis of a gel fraction. Can. J. Chem., 38, 112-118.

Peat, S., J.R. Turvey, 1965. Polysaccharides of marine algae. Fortschr. Chem. Org. Naturstoffe, 23, 1-45.

Percival, E., 1964. Algal polysaccharides and their biological relationships. Proceedings of the IV Int. Sympos. on Seaweeds, DeVirvile, A.D., J. Feldman, ed., The Macmillan Co., London, England.

Percival, E., R.H. McDowel, 1967. Chemistry and Enzymology of Marine Algal Polysaccharides, Academic Press, New York, N.Y.

Pratt, R., J. Fong, 1940. Chlorella vulgaris. II. Evidence that Chlorella cells form a growth inhibiting substance. Am. J. Botany, 27, 431-436.
Pratt, R., E. Johnson, 1965. Production of thiamine, riboflavine, folic acid, and biotin by Chlorella vulgaris and Chlorella pyrenoidosa. J. Pharm. Sci., 54, (6), 871-4.
Rae, A.V., I.C. Mody, 1968. Extraction of alginic acid and alginates from brown seaweeds. Indian J. Technol., 3 (8), 261-2.
Ralph, B.J., V.J. Bender, 1965. Isolation of two new polysaccharides from the cell wall of Polyporus tumulosus. Chem. Ind. (London), 26, 1181.
Rao, V.S., U.K. Tipnis, 1964. Protein content of marine algae from Gujarat coast. Current Sci. (India), 33 (1), 16-17.
Roche, J., Y. Andre, 1962. Autoradiographic study of the fixation of radioiodine by marine algae. Compt. Rend. Soc. Biol., 156, 1968-71.
Rogers, A.R., 1963. Protein digestion and utilization in vivo studied with uniformly C^{14}- labeled algal protein. Univ. Microfilms (Ann Arbor, Mich.), Order No. 63-2907, 178 pp., Dissertation Abstr., 23, 3111.
Round, F.E., 1965. The Biology of the Algae. Edward Arnold Ltd. London, England.
Saunders, W.B., ed., 1956. Handbook on Biological Data. Saunders, W.B., Co., Philadelphia, Penn.
Schmid, O.J., 1962. Constituents of marine algae. Botan. Marina, Suppl. 3, 67-74.
Schmitt, M., 1961. The carrageenins. Colloq. Intern. Centre Natl. Rech. Sci., No. 103, 199-204.
Shaw, T.I., 1962. Halogens. Physiology and Biochemistry of Algae, R.A. Lewin, Ed., Academic Press Inc., New York, N.Y., 247-253.
Smith, R., R. Montgomery, 1959. Chemistry of plant gums and mucilages. Reinhold Publ. Corp., New York, N.Y.
Soeda, M., M. Mitomi, 1962. Marinamycin - Chemical Studies. J. Antibiotics (Japan), Ser. A, 15, 182-6.
Stanley, N.F., 1963. Treating polysaccharides of seaweeds of the Grigartinaceae and Solienaceae families. U.S. 3,094,517, June 18, 1963.
Steinmetz, C.P., V. Gunther, R. Hinterwaldner, 1969. Treating marine algae. Brit. 1, 154, 137 (Cl. C 086), 4 January, 1969.
Tabenkin, B., 1968. Algal fermentations. Paper presented at the Ann. Mtg. of the Am. Soc. for Microbiol., (Detroit, Michigan), May 5-10, 1968.
Tamiya, H., 1957. The mass culture of algae. Ann. Rev. Plant Physiol., 8, 309.334.
Tsapko, A., 1966. New raw materials for the production of sodium alginate. Rybn. Khoz., 42 (7), 65-6, (Russ.).
Usov, A.I., N.K. Kochetkov, 1968. Polysaccharides of red algae. II. Polysaccharides of red alga Odonthalia corymbifera. Separation of 6-O-methyl-D-galactose. Zh. Obshch. Khim., 38 (2), 234-8, (Russ.).

Verduin, J., 1962. Principles of primary productivity: Photosynthesis under completely natural conditions. Algae and Man, D.F. Jackson, ed., Plenum Press, New York (1964).
Verduin, J., W.E. Schmid, 1966. Evaluation of algal culture as a source of food supply. Dev. In. Microbiol., 7, 205.
Walter-Levy, L., R. Strauss, 1961. The mineral constituents of calcareous algae. Colloq. Intern. Centre Natl. Rech. Sci., No. 103, 39-50.
Walters, B., 1964. Antibiotic and toxic substances from algae and mosses. Planta Med., 12 (1), 85-99.
Watanabe, A., 1960. Collection and cultivation of nitrogen fixing blue-green algae and their effect on the growth and crop yield of rice plants. Proc. Symp. Algology, Indian Council of Agric. Res., New Delhi., 162-166.
Watanabe, A., Y. Yamamoto, 1967. Heterotrophic nitrogen fixation by the blue-green alga, Anabaenopsis circularis. Nature, 214, 738.
Yakult, K.K., 1960. Chlorella, Honska Bolletin, Japan Chlorella Research Institute, Tokyo.
Yamamoto, T., T. Fujita, M. Ishibashi, 1956. Chemical studies on the ocean. XCV-XCVI. Chemical studies on seaweeds. Nippon Kagaku Zasshi, 86, (1), 49-59.
Yatsenko, G.K., 1962. Biochemical composition of Cystoseira barbata. Nauk. Zap. Odesk. Biol. St., Akad. Nauk. Ukr. RSR, 72-9.
Young, E.G., 1961. Carrageenin and related polysaccharide sulfates. Colloq. Intern. Centre Natl. Rech. Sci., No. 103, 173-81.
Zaehner, H., 1962. Antibiotics. Fortschr. Botan., 24, 471-81.

ALGAL TOXINS

Edward J. Schantz

Department of the Army

Fort Detrick, Frederick, Maryland

Several species of algae produce very potent poisons (Gorham, 1960; Shilo, 1967; Schantz, 1968). When we propose to culture algae for food for man and animals we must also contend with those algae that produce toxins and may contaminate food cultures. In certain areas of this country, in fact throughout the world, sickness and death have occurred in domestic animals that have consumed toxic algae by drinking polluted water from shallow fresh water lakes and pools (Hughes et al., 1958). The areas affected in North America are mainly the shallow fresh water lakes of northern United States and southern Canada. Similar outbreaks of toxic algae have been reported from Russia, South America, Australia and Africa. The organisms that have been identified as causing this type of poisoning in the lakes and pools are species of blue-green algae.

Until recently man has not considered seriously the direct consumption of algae as a source of food and therefore has not been confronted with the problem in this way. However, man has been poisoned by algal toxins through the food chain by eating shellfish at certain times. The classical example in this case is the relation of the toxic marine dinoflagellate, Gonyaulax catenella, to paralytic shellfish poisoning reported by Sommer and Meyer (1937) and Sommer et al. (1937) at the University of California. Occasionally in local areas shellfish become extremely poisonous and have caused sickness and death in humans that have eaten the shellfish. Shellfish acquire this poison from certain dinoflagellates that grow in the water where the shellfish feed. In general, the shellfish remain poisonous only when feeding on a sufficient number of the poisonous organisms. Along the California coast mussels became too toxic for human consumption when 200 or more G. catenella cells were found per ml. of water. Low counts such as this can only be detected by microscopic examination of the water. This organism, like many others, will produce a visible "red tide" when the count reaches 20,000 or more per ml. These organisms usually bloom for two to three weeks and within a week or two after the bloom the shellfish are safe for human consumption again. The poison is bound in the dark gland or hepatopancreas of the shellfish and causes no observable disturbance to its physiology or appearance. Because of this fact there is no means of distinguishing poisonous shellfish from those that are safe to eat, except by a bioassay with mice or other suitable animals.

The regions of the world where paralytic shellfish poisoning sometimes called mussel poisoning, has occurred most often are around the North Sea, the north Atlantic coast of America, the north Pacific coast of America from central California to the Aleutian Islands, and the coastal areas of Japan and of South Africa. In general, these areas are 30° or more north or south latitude. Table 1 lists some of the toxic algae that have caused trouble and which will be discussed in this report. Much of the background information on algal toxins was presented two years ago at an American Chemical Society symposium on Microbial Toxins (Schantz, 1968). The purpose of this presentation is to review and bring the information up to date.

The first three species listed in Table 1 are mainly responsible for cases of paralytic shellfish poisoning. G. catenella occurs along the Pacific coast and has definitely been established as the cause of paralytic poison in California mussels and probably in Alaska butter clams. Gonyaulax tamarensis occurs along the North Atlantic coast of America and throughout the North Sea area where it has caused clams, scallops and mussels to become poisonous (Needler, 1949; Prakash, 1963). The most recent outbreak of shellfish poisoning caused by this organism occurred during the latter part of June and July of 1968 along the northeast coast of England (Wood, 1968; Robinson, 1968). Another closely related species, Gonyaulax acatenella, occurring along the coast of British Columbia has caused clams to become poisonous (Prakash and Taylor, 1966). This organism produces a poison similar to the above two organisms. Gonyaulax polyedra often blooms along the coast of southern California. Schradie and Bliss (1962) have reported that this organism produces a poison in the natural state that has some properties similar to that produced by G. catenella. However, when the organism does produce a poison, it probably does so only under a specific set of conditions and has never been known to cause shellfish to become poisonous. Laboratory cultures have not proven to be toxic. Because the organism grows abundantly, it has been suggested by Patton et al. (1967) that the cells may serve as an animal food. The essential amino acid composition resembles that of casein. Gonyaulax monilata often blooms to red tide proportions in the Gulf of Mexico and produces a poison that is toxic

Table 1. Toxins Produced by Various Algae

Pyrrophyta; Dinoflagellates

Species	Common Location	Biological Characteristics	Chemical Characteristics
Gonyaulax catenella	Pacific coast of North America	Toxic to all higher animals. Predators bind toxin. Poison blocks sodium influx in nerve cells.	Among most potent poisons. Low mol wt (372). Water-soluble tetrahydropurine.
Gonyaulax tamarensis	North American Atlantic coast	Appears similar to *G. catenella* poison.	Appears similar to *G. catenella* poison.
Gonyaulax polyedra[1]	California coast	Toxic to mice and fish. Produces poison only under some conditions.	Somewhat similar to *G. catenella* poison.
Gonyaulax monilata	Gulf of Mexico	Toxic to fish.	Not characterized.
Gymnodinium breve	Gulf of Mexico	Toxic to fish and mice. May be several poisons.	One poison is lipid soluble. Mol wt 1500.
Gymnodinium veneficum	Isolated from the English Channel	Toxic to fish and mice.	High molecular weight. Water soluble.

Table 1 Continued. Toxins Produced by Various Algae
Cyanophyta; Blue-Green Algae

Species	Common Location	Biological Characteristics	Chemical Characteristics
Microcystis aeruginosa	Shallow fresh water lakes	Toxic to many animals. (FDF)[2]	Cyclic polypeptide of 10 amino acid units. Mol wt about 1200. Water soluble.
Anabaena flos-aquae	Shallow fresh water lakes	Toxic to many animals. Kills faster than *M. aeruginosa*. (VFDF)[3]	Water soluble.
Aphanizomenon flos-aquae	Fresh water	Same as *G. catenella*	Same as *G. catenella*
Schizothrix calcicola[4]	Pacific Ocean	Somewhat like ciguatera poisoning in man.	Not characterized.
Caulepra (several species)[5]	Western Pacific Ocean	Dizziness in man.	Not characterized.

Table 1 Continued. Toxins Produced by Various Algae

Chrysophyta; Yellow-Brown Algae; Phytoflagellates

Species	Common Location	Biological Characteristics	Chemical Characteristics
Pyrmnesium parvum	Brackish water ponds and estuarine water.	Toxic to fish and all gill-breathing animals. Potent hemolytic agent.	Water soluble. Non-dialyzable thermolabile. May be a saponin-like compound.

[1]This species has been proposed as a food (see Patton et al. 1967).

[2]FDF Fast death factor (see Gorham 1960).

[3]VFDF Very fast death factor (see Gorham 1960).

[4]This species produces a poison but its relation to ciguatera poisoning from eating certain fish is speculative (see Banner 1967).

[5]Several species of *Caulepra*, when eaten by man, cause dizziness, but the symptoms are not well defined.

to fish but not to chickens (Connell and Cross, 1950; Gates and Wilson, 1960; Ray and Aldrich, 1967). Oysters do not filter and feed on this organism. Abbot and Ballantine (1957) described a poison from Gymnodinium veneficum that is toxic to fish and mice and will cause bivalues to close and stop filtering. Within the past several years the toxin from Gymnodinium breve has been described in more detail. Starr (1958) described the toxicity to fish and Ray and Aldrich (1965, 1967) described the toxicity to chicks. McFarren et al. (1965) described the occurrence of a ciguatera-like poison in oysters from the Gulf of Mexico and in G. breve cultures. Poisonous substances have been isolated in pure form and partially characterized from cultured G. breve cells (Spikes and Ray, personal communication). These poisons are more soluble in lipid solvents than in water and have a molecular weight of about 1500. The present information indicate that there may be at least two toxins, one of which is an acetylcholine esterase inhibitor (Martin and Chatterjee, 1969).

One of the first toxins isolated and characterized from the blue-green algae was that from Microcystis aeruginosa, which, as stated above, has caused poisoning in many animals. Bishop et al. (1959) in Canada have characterized this toxin as a cyclic polypeptide containing 10 amino acid units with a molecular weight of about 1,200. It is a water soluble substance. When the minimum lethal dose of 0.5 mg of this toxin is injected intraperitoneally into mice death occurs in 30 to 60 minutes. Another important toxin from the blue-green algae is that from Anabaena flos-aquae which is also extremely toxic to many farm animals and kills very rapidly. In mice death occurs within 15 minutes or less depending upon the dose and the action is very much like that of the shellfish poisons. This toxin was described by Gorham and coworkers (1960) as the very fast death factor and has not been isolated in pure form. Just recently Jackim and Gentile (1968) from West Kingston, Rhode Island reported the isolation of a toxin from Aphanizomenon flos-aquae which they claim to be similar to the toxin isolated from shellfish. It may be similar to the substance which the Canadians called the very fast death factor from Anabaena flos-aquae.

Another toxin of great interest is one produced by one of the yellow-brown alga, Pyrmnesium parvum. This alga grows in the brackish water ponds and estuary waters and produces a toxin that is lethal to fish and all gill breathing animals. The toxin produced by the organism inhibits the transfer of oxygen across the gill membranes and has been a great problem in the commercial carp tanks in Israel. Several investigators in Israel have isolated and studied the toxin to a great extent (Otterstrøm and Steemann-Nielsen, 1939; Reich et al., 1965; Parnas, 1963; Shilo and Rosenberger, 1964). It is non-dialyzable, thermolabile and believed to be a saponin-like compound that is a potent hemolytic agent. As far as I know it has not been obtained in purified form.

Although all of the algal poisons mentioned cause considerable economic losses, the ones that have caused human deaths and sickness and are of great public health importance in certain areas are the poisons from certain toxic algae that have caused shellfish poisoning in humans. The symptoms of shellfish poisoning in humans begins by a numbness in the lips, tongue and fingertips within 30 minutes after the misfortune of eating poisonous shellfish. Progressive paralysis follows and death results from respiratory failure in 2 to 12 hours depending on the dose. If a person survives 24 hours the prognosis is good and no lasting effects are apparent. The poison from poisonous California mussels and Alaska butter clams was isolated in pure form at my laboratory after several years of cooperative work with the University of California and Northwestern University (Schantz et al., 1957; Mold et al., 1957; Schantz et al., 1961). Poisonous mussels were collected along the Pacific coast near San Francisco and butter clams from southeastern Alaska. Acidified water extracts of the finely ground dark gland of the mussels and the siphons from clams were made. The purification of the poison in the extract was accomplished by ion exchange chromatography on carboxylic acid resins, followed by chromatography on acid washed alumina in absolute ethanol. By this procedure a white hygroscopic product was obtained that had a potency of 5,500 mouse units (MU) per milligram of solids. A mouse unit (MU) is defined as the minimum amount of poison, injected intraperitoneally, that will kill a mouse weighing 20 grams in 15 minutes. Further chromatography employing a variety of techniques failed to improve the potency or change any of its chemical and physical properties. The purified poison is a dibasic salt with a pK_a at 8.2 and 11.5 and is very soluble in water. Its molecular weight as a dihydrochloride salt is 372. It has no ultraviolet absorption, gives positive Benedict-Behre and Jaffe tests similar to that given by creatinine and is completely detoxified by mild catalytic reduction with the uptake of 1 mole of hydrogen per mole of poison at atmospheric pressure. The purified clam poison was studied by Rapoport et al. at the University of California, Berkeley and in 1964 they proposed that its structure was an unusually substituted tetrohydropurine and named the substance Saxitoxin. The complete structure of this poison has not been fully worked out.

After we had purified the poison from toxic mussels and clams, studies were initiated to culture G. catenella and isolate the poison from this organism. An axenic culture of G. catenella was obtained through the courtesy of Luigi Provasoli, Haskins Laboratories, New York and used for these studies. This organism was cultured in sterile sea water at 13°C. After 17 days the count reached about 30,000 and the cells were filtered from the media and lysed with dilute HCl at pH 2-3. This acid extract of the cells was processed through the carboxylic acid ion exchange resins and acid washed alumina, exactly as the extracts of poisonous mussells and clams. The final product from this process was equal in toxicity to mice and identical in all of its chemical and physical properties to those of mussels and clam poisons.

Table 2 shows a comparison of the properties of the poison from cultured G. catenella cells with poison from mussels and clams. The properties are identical within experimental error. In an attempt to determine if there may be some differences in structure, Rapoport carried out degradation studies on each of the three poisons under identical conditions and compared the properties of each of the degradation products. Each degradation product was identical in ultraviolet and infrared absorption, nuclear magnetic resonance and in R_f values on paper chromatography. From these data it was concluded that the structures of all three poisons must be identical (Schantz et al., 1966).

These studies have shown that the poison produced by G. catenella in its natural state in the Pacific Ocean was absorbed by the mussels with no change in the chemical structure. Because the poison was produced in axenic culture it is concluded that the poison is a product of the dinoflagellate and not due to a symbiotic effect of the bacteria that are normally associated with these dinoflagellates in the natural state (Burke et al., 1960).

These poisons are among the most potent known to man. In terms of the purified poison one MU is equal to 0.18 micrograms. The intravenous dose for a rabbit is 3-4 micrograms per kilogram of body weight. Accidental cases of poisoning along the California coast and in Canada have indicated that the lethal dose for man is around 20,000 MU and may be as low as 3000 MU in some cases. In terms of weight of poison this would amount to about 1/2 to 4 mg by oral dose. In experimental animals the oral dose is about 10 times the intraperitoneal dose. There is no known effective antidote for the poisons. However, the Klamath Indians used the gum from the sugar pine tree (Thompson, 1916) to overcome the toxic effects, but studies in my laboratory have not shown any of the products from the sugar gum tree to be effective against the poison in experimental animals. Because the diaphram mussels are particularly sensitive to the poison and death usually results from respiratory failure, artificial respiration has been used and believed to be effective to some extent, particularly in marginal cases.

These poisons have become of special interest to physiologists because they block the propagation of impulses in nerves and skeletal mussels without depolarization. Evans (1964, 1965) at the Sherrington School of Physiology in London, and Kao and Nishiyama (1965) at the New York State University studied the mechanism of action of the purified poison and found that the block is due to some specific interference with the increase in sodium permeability,

Table 2. Comparison of Properties of Poison from Cultured *Gonyaulax catenella* Cells with Poison from Mussels and Clams

Property	Clam Poison	Mussel Poison	*G. catenella* Poison
Bioassay (MU/mg)[a]	5200	5300	5100
Specific optical rotation	+128°	+130°	+128°
pK_a	8.3; 11.5	8.3; 11.5	8.2; 11.5
Diffusion coefficient	4.9×10^{-6}	4.9×10^{-6}	4.8×10^{-6}
Absorption in ultraviolet and visible[b]	None	None	None
N content (Kjeldahl)	26.8	26.1	26.3
Sakaguchi[c]	-	-	-
Benedict-Behre[c]	+	+	+
Jaffe[c]	+	+	+
Reduction with H_2	Dihydro derivative, nontoxic	Dihydro derivative, nontoxic	Dihydro derivative, non toxic

[a]All bioassay values are within experimental error of the value 5500 ± 500 MU/mg solids reported previously for clam and mussel poisons.

[b]Infrared absorption of *G. catenella* poison was identical with that of clam and mussel poisons.

[c]Tests carried out as described by Mold et al. (1957).

Courtesy Am. Chem. Soc., Biochemistry, 5, 1191 (1966).

normally associated with excitation. They also found that the resting membrane conductances attributed chiefly to potassium and chloride permeabilities are unaffected. The toxin produced by G. catenella is unique in its physiological action, in that conduction is blocked in dorsal and ventral root fibers in the cat by a concentration of 5×10^{-9} grams per ml (Evans, 1968). Only one other known substance, tetrodotoxin from the puffer fish, is equivalent to it in this action. Tetrodotoxin is entirely different in its chemical structure.

Except for the shellfish poisons, the basic mechanisms of action of the various algal toxins have not been studied extensively and much more work needs to be done in this respect. Abbot and Ballantine (1957) found the poison from G. veneficum produced depolarization of the membranes of nerve and skeletal muscle and Sasner (1965) found the same results with the poison from G. breve. Ulitzur and Shilo (1966) have studied the mechanism of action of the poison from P. parvum and have found it to be complicated by many cofactors bringing about changes in the gill membrane permeability. The fast death factor from M. aeruginosa causes cellular breakdown in the liver of animals but the basic cause for this action is not known. The very fast death factor from Anabaena flos-aquae and the recently isolated poison from Aphanizomenon flos-aquae probably has an action similar to that of the poison from G. catenella (Sawyer et al., 1968).

Although progress has been made on the elucidation of the nature and properties of the shellfish poisons and the poisons from the dinoflagellates, many problems still remain that are important economically and academically. One of these problems concerns the poison occurring in the Alaska butter clams. These clams are one of the most palatable species known but in some regions they are too poisonous for human consumption. Although the cause of the toxicity in the clams is open to debate, there is some evidence that it may be G. catenella or a closely related species (Schantz and Magnusson, 1964). The cause and a means of controlling the poison in these clams would be of great economic value to Alaska. A study of the means by which shellfish bind the poison in their own system might lead to a means of removing the poison from shellfish without destroying the commercial value.

Other studies of considerable interest would be the mechanism by which the various species of dinoflagellates synthesize the poison. G. tamarensis produces a very potent poison that appears to be like G. catenella poison in its biological action, but indications are that it is somewhat different in its chemical and physical properties. This poison has been purified recently in our laboratory but no extensive studies have been carried out on its chemical and physical properties. Other toxic organisms that could cause poisoning have been encountered in recent years and need further study. Recently Japanese workers, Konosu et al., (1968), have reported a toxin in crabs which is very similar, if not identical, in chemical structure to the shellfish poisons and to the dinoflagellate poison from G. catenella. This might indicate that some organism upon which the crabs are feeding may be poisonous. Ciguatara poisoning in humans from eating certain fish caught in the south Pacific area particularly, is believed to be the result of these fish feeding on marine algae (Helfrich and Banner, 1966; Banner, 1967). Recently, certain species of Caulerpa, a marine blue-green alga, have been found to contain toxic substances (Doty, M.S. and G. Aguilar-Santos, personal communication).

The trend toward the use of more products from the sea as food for man and the culturing of various algae for food makes it important that we know more about various toxic algae and the toxins that they produce.

REFERENCES

Abbot, B.C., and D. Ballantine. 1957. The toxin from Gymnodinium veneficum Ballantine. J. Marine Biol. Assoc. U.K. 36, 169-189.

Banner, A.H. 1966. Marine toxins from the Pacific. 1. Advances in the investigation of fish toxins. Animal Toxins 157-165. Editors, F.E. Russel and P.R. Saunders, Pergamon Press, Osford and New York 1967.

Bishop, C.T., E.F.L.J. Anet, and P.R. Gorham. 1959. Isolation and identification of the fast death factor in Microcystis aeruginosa NRC 1. Can. J. Biochem. Physiol. 37, 453-471.

Burke, J.M., J. Marchisotto, J.J.A. McLaughlin, and L. Provasoli. 1960. Analysis of the toxin produced by Gonyaulax catenella in axenic culture. Ann. N.Y. Acad. Sci. 90, 837-842.

Connell, C.H., and J.G. Cross. 1950. Mass mortality of fish associated with the protozoan Gonyaulax in the Gulf of Mexico. Science 112, 359-363.

Evans, M.H. 1964. Paralytic effects of paralytic shellfish poison on frog nerve and muscle. Brit. J. Pharm. and Chemotherapy 22, 478-485.

Evans, M.H. 1965. Cause of death in experimental paralytic shellfish poisoning (PSP). Brit. J. Exptl. Pathol. 46, 245-253.

Evans, M.H. 1968. Topical application of Saxitoxin and tetrodotoxin to peripheral nerves and spinal roots in cat. Toxicon 5, 289-294.

Gates, J.A., and W.B. Wilson. 1960. The toxicity of Gonyaulax monilata to Mugil cephalus. Limnol. Oceanogr. 5, 171.

Gorham, P.R. 1960. Toxic waterblooms of blue-green algae. Can. Vet. J. 1, 235-245.

Helfrich, P., and A.H. Banner. 1968. Ciguatera fish poisoning 11. General patterns of development in the Pacific. Bishop Museum Occasional Papers 23, 371-382.

Hughes, E.O., P.R. Gorham, and A. Zehnder. 1958. Toxicity of a unialgal culture of Microcystis aeruginosa. Can. J. Microbiol. 4, 225-236.

Jackim, E., and J. Gentile. 1968. Toxins of a blue-green alga: Similarity to Saxitoxin. Science 162, 915.

Kao, C.Y., and A. Nishiyama. 1965. Action of Saxitoxin on peripheral neuromuscular systems. J. Physiol. (London) 180, 50-66.

Konosu, S., A. Inone, T. Noguchi, and Y. Hashimoto. 1968. Comparison of crab toxin with Saxitoxin and tetrodotoxin. Toxicon 6, 113-117.

Martin, D.F., and A.B. Chatterjee. 1969. Isolation and characterization of a toxin from the Florida red tide organism. Nature 221, 59.

McFarren, E.F., H. Tanabe, F.J. Silva, W.B. Wilson, J.E. Campbell, and K.H. Lewis. 1965. The occurrence of a ciguatera-like poison in oysters, clams and Gymnodinium breve cultures. Toxicon 3, 111-123.

Mold, J.D., J.P. Bowden, D.W. Stanger, J.E. Maurer, J.M. Lynch, R.S. Wyler, E.J. Schantz, and B. Riegel. 1957. Paralytic shellfish poison Vll. Evidence for the purity of the poison isolated from toxic clams and mussels. J. Am. Chem. Soc. 79, 5235-5238.

Needler, A.B. 1949. Paralytic shellfish poisoning and Gonyaulax tamerensis. J. Fisheries Res. Board Can. 7, 490-504.

Otterstrøm, C.V., and E. Steemann-Nielsen. 1939. Two cases of extensive mortality in fishes caused by the flagellate Pyrmnesium parvum Carter. Rept. Danish Biol. Sta. 44, 5-24.

Parnas, I. 1963. The toxicity of Prymnesium parvum (a review). Israel J. Zool. 12, 15-23.

Patton, S., P.T. Chandler, E.B. Kalan, A.R. Loeblich III, G. Fuller, and A.A. Benson. 1967. Food value of a red tide (Gonyaulax polyedra). Science 158, 789-790.

Prakash, A. 1963. Source of paralytic shellfish toxin in the Bay of Fundy. J. Fish. Res. Bd. Can. 20, 983-996.

Prakash, A., and F.J.R. Taylor. 1966. A "red water" bloom of Gonyaulax acatenella in the Strait of Georgia and its relation to paralytic shellfish toxicity. J. Fish. Res. Board Can. 23, 1265-1270.

Rapoport, H., M.S. Brown, R. Oesterlin, and W. Schuett. 1964. Saxitoxin. 147th National Meeting, American Chemical Society, Philadelphia, Penna.

Ray, S.M., and D.V. Aldrich. 1965. Gymnodinium breve: Induction of shellfish poisoning in chicks. Science 148, 1748-1749.

Ray, S.M., and D.V. Aldrich. 1967. Ecological interactions of toxic dinoflagellates and molluscs in the Gulf of Mexico. Animal Toxins 75-83. Editors, F.E. Russel and P.R. Saunders, Pergamon Press, Oxford and New York 1967.

Reich, K., F. Bergmann, and M. Kidron. 1965. Studies on the homogeneity of Prymnesin, the toxin isolated from Prymnesium parvum Carter. Toxicon 3, 33-39.

Robinson, G.A. 1968. Distribution of Gonyaulax tamarensis Lebour in the Western North Sea in April, May and June 1968. Nature 220, 22-23.

Sasner, J.J., Jr. 1965. A study of the effects of a toxin produced by the Florida red tide dinoflagellate Gymnodinium breve Davis. Ph.D. Thesis. University of California, Los Angeles, California.

Sawyer, P.J., J.H. Gentile, and J.J. Sasner, Jr. 1968. Demonstration of a toxin from Aphanizomenon flos-aquae (L.) Ralfs. Can. J. Microbiol. 14, 1199-1204.

Schantz, E.J., J.D. Mold, D.W. Stanger, J. Shavel, F.J. Riel, J.P. Bowden, J.M. Lynch, R.W. Wyler, B. Riegel, and H. Sommer. 1957. Paralytic shellfish poison. VI. A procedure for the isolation and purification of the poison from toxic clam and mussel tissue. J. Am. Chem. Soc. 79, 5230.

Schantz, E.J., J.D. Mold, W.L. Howard, J.P. Bowden, D.W. Stanger, J.M. Lynch, O.P. Wintersteiner, J.D. Dutcher, D.R. Walters, and B. Riegel. 1961. Paralytic shellfish poison. VIII. Some chemical and physical properties of purified clam and mussel poisons. Can. J. Chem. 39, 2117-2123.

Schantz, E.J., and H.W. Magnusson. 1964. Observations on the origin of the paralytic poison in Alaska butter clam. J. Protozool. 11, 239-242.

Schantz, E.J., J.M. Lynch, G. Vayvada, K. Matsumoto, and H. Rapoport. 1966. The purification and characterization of the poison produced by Gonyaulax catenella in axenic culture. Biochemistry 5, 1191-1195.

Schantz, E.J. 1968. Biochemical studies on certain algal toxins. Biochemistry of Some Foodborne Microbial Toxins 51-65. Editors, R.I. Mateles, and G.N. Wogan, MIT Press, Cambridge, Massachusetts 1968.

Schradie, J., and C.A. Bliss. 1962. The cultivation and toxicity of Gonyaulax polyedra. Lloydia 25, 214-221.

Shilo, M., and R.F. Rosenberger. 1960. Studies on the toxic principles formed by the chrysomonad Pyrmnesium parvum Carter. Ann. N.Y. Acad. Sci. 90, 866-876.

Shilo, M. 1967. Formation and mode of action of algal toxins. Bacteriological Reviews 180-193.

Sommer, H., and K.F. Meyer. 1937. Paralytic shellfish poisoning. A.M.A. Arch. Pathol. 24, 560-598.

Sommer, H., W.F. Whedon, C.A. Kofoid, and R. Stohler. 1937. Relation of paralytic shellfish poison to certain plankton organisms of the genus Gonyaulax. A.M.A. Arch. Pathol. 24, 537-559.

Starr, T.J. 1958. Toxin from Gymnodinium brevis. Texas Repts. Biol. and Med. 16, 500-507. From 1960 Chemical Abstract. vol. 54.

Thompson, L. To The American Indian 28, Cummins Print Shop. Eureka, California 1916.
Ulitzur, S., and M. Shilo. 1966. Mode of action of Prymnesium parvum ichthyotoxin. J. Protozool. 13, 332-336.
Wood, P.D. 1968. Dinoflagellate crop in the North Sea. Nature 220, 21.

KINETICS OF ALGAL GROWTH IN AUSTERE MEDIA

G. C. McDonald[1], R. D. Spear, P. J. Lavin[2], N. L. Clesceri

Rensselaer Polytechnic Institute, Troy, New York

Man the builder has become man the destroyer. In his ever expanding quest for progress and power he has succeeded in adversely affecting his environment. One of the paramount effects of man's despoliation of the environment has been the accelerated ageing of natural bodies of water. This eutrophication has evidenced itself in the proliferation of nuisance algal growths. Previous investigations have indicated that nitrogen and phosphorus can be the primary cause of this imbalance in the aquatic ecosystem.

Materials and Methods

The object of the present investigation was to ascertain the effect of various concentrations of nitrogen and phosphorus on the growth rate of a test algal organism, namely Selenastrum capricornutum a uni-cellular green alga. This organism was selected because of its ease of culturing in the laboratory and for the fact that contrary to algae usually used in the laboratory, for example Chlorella, this organism has produced nuisance blooms in lake systems notably in Europe. The media selected for this study were the Basic ASM medium of the provisional algal assay procedure (PAAP, 1969) and a modification of Gorham's medium (Hughes et al., 1958). These media were selected to insure minimal nutrient carry over and to approximate as closely as possible the natural environment. The modification noted for Gorham's medium involved a 10 to 1 dilution of the standard medium with an increase in the sodium carbonate

---

[1]Albany County Sewer District, Albany, New York
[2]Albany County Health Department, Albany, New York

concentration to 50 milligrams per liter as an aid to pH control. Tables 1 and 2 present the media employed in the study. Prior to testing at the various nutrient concentrations, the organism was maintained in Basic ASM and modified tenth Gorham's media. Experiments were conducted at a constant illumination of 550 foot candles and a temperature of 23 ± 1°C (Skulberg, 1964; Skulberg, 1966).

The culture method was the use of bubbling tubes, that is 25 by 200 mm optically matched pyrex test tubes filled with 25 mm of growth media which is continuously aerated and mixed by passing water saturated air through a section of glass tubing that is vertically placed to the bottom of the culture tube. The growth of the cultures was followed using a Bausch and Lomb Spectronic 20 at 750 mm and a one inch cell path (Yentsch, 1957).

Experimental Results

The experimentation consisted in obtaining growth rates of the test alga in Basic ASM and modified tenth Gorham's media, both of which used glass distilled water and/or 0.45μ membrane-filtered Lake George water (an oligotrophic soft water lake in the eastern Adirondack Mountains) as dilution water. The rationale for using glass distilled water and Lake George water was to allow interpretation of the adequacy of the synthetic media for alga culturing. Once these growth rates were established, the concentrations of nitrogen and phosphorus in the two media were fractionally reduced to one half and one quarter of the full amount and the growth rate at each concentration level ascertained.

For the following illustrations, the ordinate indicates the extent of growth attained in 24 hours on a relative basis with Basic ASM medium made up with glass distilled water the norm for comparison since this medium supported the greatest rate of growth. During the experimentation only the component under study was altered from its concentration in the original medium. As illustrated in Figure 1, the effect of nitrogen reductions on the growth rate is less severe than fractional reductions in the phosphorus concentrations. The growth rate for Selenastrum capricornutum in Basic ASM is 1.32. In noting the effect of nitrogen reduction, it can be seen that a 50% reduction in nitrogen concentration produced a growth rate of 0.96 or a one third reduction in cell concentration over the 24 hour period. This is contrasted with a reduction in K rate to 0.74 when the nitrogen is further reduced from .5 nitrogen to 0.25 nitrogen. The overall change in cell concentration produced by a decrease in nitrogen concentration from the full nitrogen level to one fourth was 40%.

The influence of changes in phosphorus concentration is also illustrated in Figure 1. A reduction in cell concentration of

Compound	Stock Solution (g/l)	For 1 Liter Of Solution Use (ml)	Final Concentration In Medium (mg/l)
$NaNO_3$	8.50	10	85.0
K_2HPO_4	0.348	10	3.48
$CaCl_2 \cdot 2H_2O$	1.47	10	14.7
Na_2CO_3	5.00	10	50.0
$MgSO_4 \cdot 7H_2O$	4.90	10	49.0
$MgCl_2 \cdot 6H_2O$	1.90	10	19.0
$FeCl_3$	0.032	10 (combined)	0.32
$Na_2 \cdot EDTA$	0.100		1.0

Glass Distilled Or Lake George Water - Dilute To 1 Liter.

Table 1. Basic ASM Medium

Compound	Stock Solution (g/l)	For 1 Liter Of Solution Use (ml)	Final Concentration In Medium (mg/l)
$NaNO_3$	49.60	1	49.6
K_2HPO_4	3.90	1	3.9
$CaCl_2 \cdot 2H_2O$	3.60	1	3.6
Na_2CO_3	5.00	10	50.0
$MgSO_4 \cdot 7H_2O$	7.50	1	7.5
$NaSiO_3 \cdot 9H_2O$	5.80	1	5.8
$FeC_6H_5O_7 \cdot 3H_2O$	0.60	1 (combined)	0.6
$H_3C_6H_5O_7 \cdot H_2O$	0.60		0.6
$Na_2 \cdot EDTA$	0.10		0.1

Glass Distilled Or Lake George Water - Dilute To 1 Liter.

Table 2. Modified 1/10 Gorham's Medium

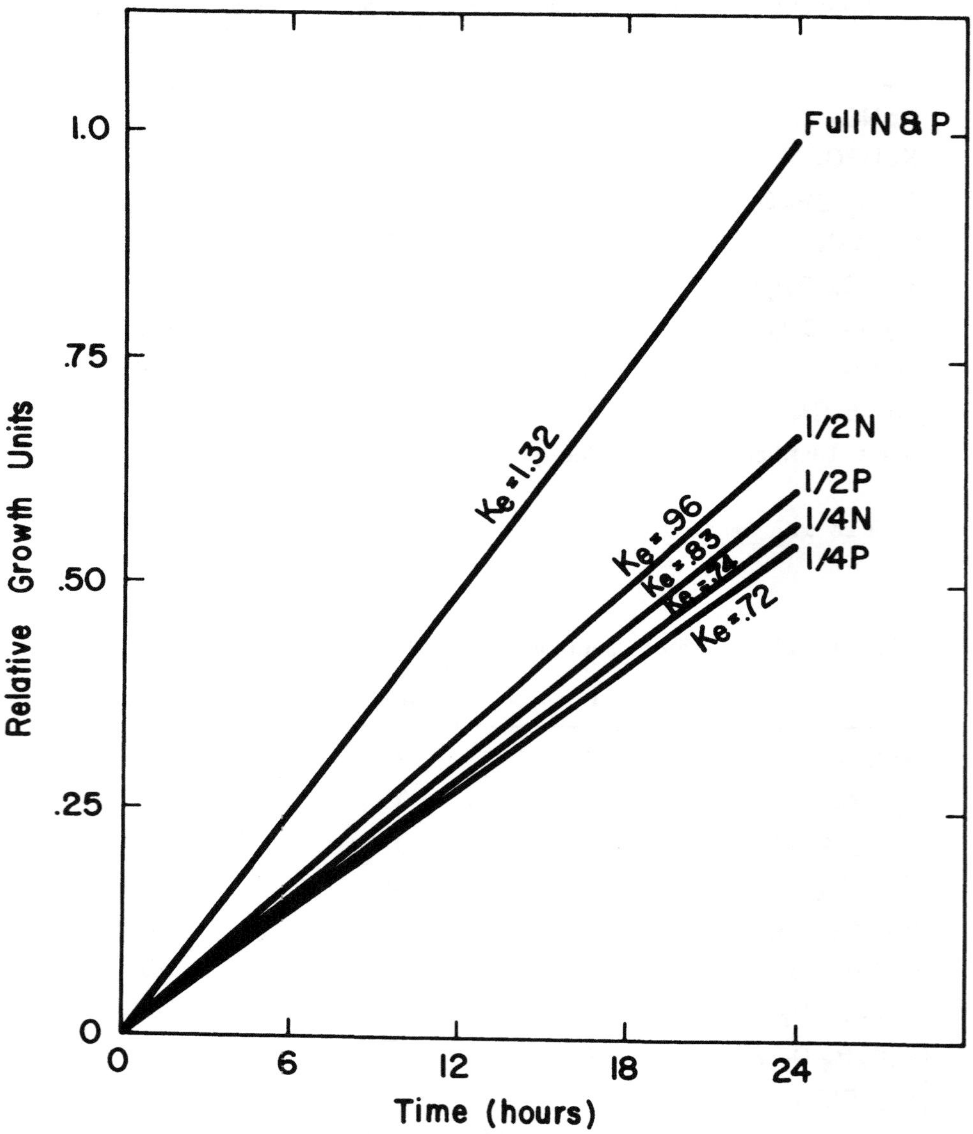

Fig. 1. Effect of Varying Nutrient Concentrations in ASM (DD) For Selenastrum capricornutum.

40% was affected by a 50% reduction in phosphorus level. A further reduction in the phosphorus level to one fourth of the full medium phosphorus level produced an overall reduction in cell concentration of 45%. The experiments indicated in Figure 1 and the following figures are illustrative of the nutrient limitation exhibited by the decreased concentrations of the required elements, nitrogen and phosphorus, with the organism being consistently more sensitive to reductions in phosphorus concentration than nitrogen concentration.

In Figure 2 the data were obtained by using the Basic ASM medium with Lake George water substituted for glass distilled water. The striking result evident in these data is the substantial reduction in growth rate for the full complement of nitrogen and phosphorus from 1.32 with glass distilled water as diluent to a value of 0.98 with Lake George water as diluent. The substitution of Lake George water as diluent for the Basic ASM medium thus produces a 29% reduction in cell mass production. A similar effect was noted in the growth rate of *Selenastrum capricornutum* in modified tenth Gorham's medium due to the Lake George water diluent. It appears that Lake George water contains some factor inhibitory to the growth of *Selenastrum capricornutum* with greater inhibition prevalent in the Basic ASM medium. The growth rates produced by fractional reductions in phosphorus are comparable to those obtained with these same reductions with glass distilled water. However, the effect of a reduction in nitrogen concentration to the one half level was more pronounced with Lake George water as diluent than with glass distilled water as diluent. The K rate for the one half nitrogen level in glass distilled water was 0.96, whereas the K value for Lake George water was 0.72, a 20% decrease in cell concentration due to Lake George water.

The basal medium for experimentation illustrated in Figure 3 was modified tenth Gorham's medium with glass distilled water as diluent. It can be seen that the growth rate for the full complement of nutrients is 1.15 which is considerably higher than the value obtained for Basic ASM with Lake George water and modified tenth Gorham's with Lake George water. The difference noted in K rate for a reduction of nitrogen to the one half level that is, a value of 1.03 and a concomitant 25% reduction in cell concentration, was not as pronounced as the reductions noted for a similar decrease in nitrogen level with Basic ASM, using either glass distilled water or Lake George water. When the nitrogen was fractionally reduced to one fifth its original level there was drastic reduction in the growth rate to a value of 0.40 and a 50% reduction in cell concentration. This indicated that for unimpeded growth a value at least one half of the full nitrogen concentration is required. For a reduction in phosphorus concentration to one half the level originally posited a growth rate of 0.60 was obtained as compared to 1.15 for the full complement of phosphorus.

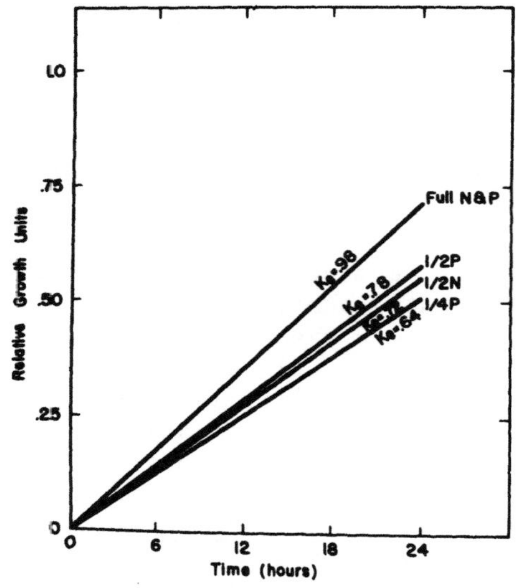

Fig. 2. Effect of Varying Nutrient Concentrations in ASM (LG) For Selenastrum capricornutum.

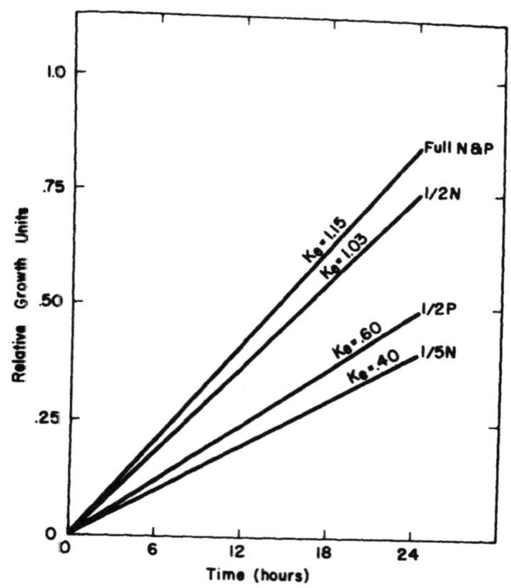

Fig. 3. Effect of Varying Nutrient Concentrations in Modified .1 G (DD) For Selenastrum capricornutum.

This reduction in growth rate represents a decrease of 40% in cell concentration. As noted previously, a reduction to one half phosphorus level in Basic ASM also produces a 40% change in cell concentration. A predictable result since both media have approximately the same phosphorus concentration and the organism is phosphorus limited in both situations.

Based upon the data presented in Figures 1 and 3 and the relative concentrations of nitrogen and phosphorus in both media, a comparison can be made between the results of Basic ASM with one half nitrogen and modified tenth Gorham's medium. The Basic ASM medium with one half nitrogen containing 7 mg/l and the tenth Gorham's medium containing 8 mg/l and approximately the same phosphorus concentration in both media. The K rate obtained for the modified tenth Gorham's medium is 1.15 while the K rate for Basic ASM with one half nitrogen is 0.96. For a 15% increase in nitrogen level one obtains 20% greater cell concentration modified tenth Gorham's medium as opposed to the Basic ASM medium with one half nitrogen. These proportions again hold when one compares Basic ASM with one fourth nitrogen and modified tenth Gorham's with one half nitrogen. The respective growth rates being 0.74 for the former and 1.03 for the latter, again a 20% increase in cell concentration for a 15% increase in nitrogen level. As depicted in Figure 4 higher growth rates were obtained with glass distilled water as diluent than with Lake George water as diluent in both Basic ASM medium and modified tenth Gorham's medium. All curves indicate a predictable effect on the growth rate with increasing concentrations of phosphorus, that is, higher values of phosphorus yield higher growth rates. In all cases within the range of concentrations of phosphorus indicated, phosphorus is limiting. However, the limitation is less pronounced with Basic ASM using Lake George water as diluent. It appears that the alga cannot utilize the increased phosphorus concentration because of some inhibitory factor present in Lake George water.

The data presented in Figure 5 are a summation of experimentations with various nitrogen concentrations in modified tenth Gorham's medium with glass distilled water as diluent and Basic ASM medium with either glass distilled water or Lake George water. The curve for modified tenth Gorham's medium with glass distilled water indicates that nitrogen is present in excess in the full medium. If interest were placed on the minimization of nutrient storage and carry over, the nitrogen level could be reduced in this medium to one half the level presently prescribed. For Basic ASM medium once again the growth rates were higher with glass distilled water than with Lake George water. Increasing concentrations of nitrogen elicited higher growth rates and within the range of concentrations indicated nitrogen was limiting for Basic ASM medium.

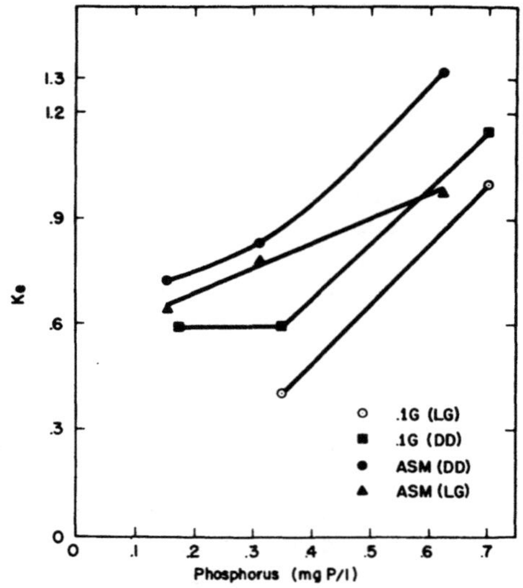

Fig. 4. Effect of Varying Phosphorus Concentrations On Values of K_e For Selenastrum capricornutum.

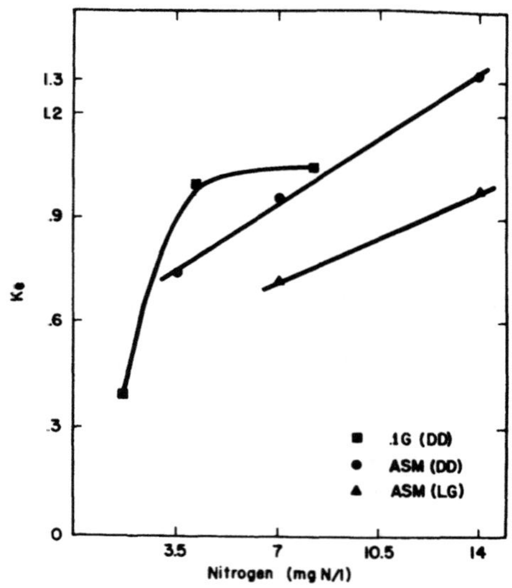

Fig. 5. Effect of Varying Nitrogen Concentrations On Values of K_e For Selenastrum capricornutum.

In summary it can be stated that there appears to be an inhibition to the growth of the organism as indicated by reduced growth rates when Lake George water is used as a diluent for the basic components of either modified tenth Gorham's medium or Basic ASM medium. To this point, further particular investigation is now being carried on, to ascertain the extent and the causative factor of such inhibition. It was also demonstrated that the concentration of nitrogen in modified tenth Gorham's medium may be reduced to one half the posited level without any significant change in the growth rate of Selenastrum capricornutum.

Note: Phosphorous was always tested in the form of phosphate in all this work.

References

Joint Industry/Government Task Force on Eutrophication, 1969. Provisional Algal Assay Procedure.

Hughes, E.O., Gorham, P. and Zehnder, A., 1958. "Toxicity of Unialgal Culture of Microcystis aeruginosa", Canadian Journal of Microbiology, 4, 225-236.

Skulberg, O.M., 1964. "Algae Problems Related to the Eutrophication of European Water Supplies and a Bio-Assay Method to Assess Fertilizing Influence of Pollution on Inland Waters", Algae and Man, D.F. Jackson, ed., Plenum Press, New York, New York, 262-299.

Skulberg, O.M., 1966. "Algal Cultures as a Means to Assess the Fertilizing Influence of Pollution", Journal Water Poll. Control Fed., 38, 319-320.

Yentsch, C.S., 1957. "A Non-Extractive Method for the Quantitative Estimation of Chlorophyll in Algal Cultures", Nature, 179, 1302-1304.

HETEROTROPHIC NUTRITION OF WASTE-STABILIZATION POND ALGAE

Varley E. Wiedeman

Department of Biology, University of Louisville

Louisville, Kentucky 40208

Waste-stabilization ponds are man-made eutrophic aquatic habitats into which man-made wastes - household to industrial - are placed to be incorporated into "stabilized" living organic matter. The living system of most waste-stabilization ponds consists in the greater part of bacteria, fungi, and algae, usually considered to function as in Figure 1. Although the algae are considered to be photosynthetic, they can only accomplish this process during daylight hours and, due to density of materials in the ponds themselves, only within the top foot or so from the surface. During hours of darkness and up to several feet from the bottom of the pond algae become oxygen requiring and carbon dioxide releasing organisms, in this respect functioning in the same manner as the bacteria and fungi. Samples from waste-stabilization ponds reveal that living algae are nearly as numerous in the aphotic zone as in the photic. If they are not photosynthetically incorporating carbon dioxide for their growth their metabolic functions may further parallel those of the saprobic bacteria and fungi.

Numerous reports of associations of algae with waste treatment have been made. A selected listing of some of these are give in Table 1.

As a part of a larger study concerned with algal ecology in a waste-stabilization pond system (Wiedeman 1964, 1965) axenic isolates representing 11 genera of green algae were examined for their ability to utilize several carbon sources (glucose, mannose, fructose, urea, sodium acetate, casein hydrolysate, and coconut milk) under a variety of environmental conditions. The algae were isolated from the Austin, Texas waste-stabilization ponds using modifications of the techniques utilized by Pringsheim (1946)

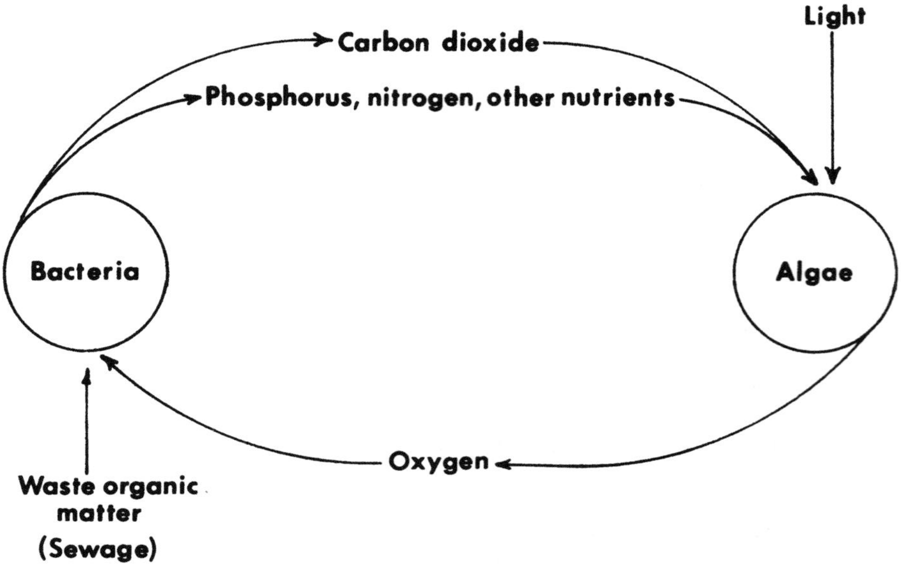

Fig. 1. Bacteria and algae cycle of a waste-stabilization pond (After Sidio *et al.*, 1961)

Table 1

Studies concerned with algae in waste treatment

Chick (1903)	Bartsch (1960)
Purdy (1937)	Maloney and Robinson (1961)
Giesecke and Zeller (1939)	Bartsch (1961)
Myers (1948)	Eppley and MaciasR (1962, 1963)
Ludwig *et al.* (1951)	Ganapati and Bopardikar (1962)
Ludwig and Oswald (1952)	Porges and Mackenthun (1963)
Oswald *et al.* (1953)	Wiedeman (1964, 1965)
Silva and Papenfuss (1953)	Wiedeman and Bold (1965)
Allen (1955)	Palmer (1967)
Maloney (1959)	Owens and Wood (1968)
Pipes and Gotaas (1960)	

and Brown and Bischoff (1962) by atomizing (Wiedeman, Walne, and Trainor, 1964) washed algal cultures onto the solidified surface of tris-buffered inorganic medium, TBIM (Smith and Wiedeman, 1964). The media used for the tests of heterotrophic nutrition of the algal isolates are listed in Table 2.

The respective carbon sources were sterile filtered into autoclaved TBIM containing 1.5 percent agar the whole being aseptically dispensed into sterile culture tubes. The environmental conditions to which the tests were subjected are listed in Table 3.

Table 2

Media used in tests for heterotrophic growth

Tris-buffered Inorganic Medium (TBIM) (Control)
TBIM + 0.01 M glucose
TBIM + 0.01 M mannose
TBIM + 0.01 M fructose
TBIM + 0.01 M urea
TBIM + 0.01 M sodium acetate
TBIM + 0.6 g/liter casein hydrolysate
TBIM (90%) + coconut milk (10%)

Table 3

Environmental conditions to which the algal cultures were submitted

12 hours light - 12 hours dark photoperiod - aerobic
12 hours light - 12 hours dark photoperiod - anaerobic*
Total darkness - aerobic
Total darkness - anaerobic*

All at 22 C.

* 1.5 ml sterile mineral oil over inoculated agar to exclude exogenous air

Six weeks after inoculation the cultures were examined for growth. On the basis of the results (Tables 4 and 5) several heterotrophic categories can be discerned. Those organisms capable of growth only by photosynthetically incorporating carbon dioxide (Category A) may be called, as is traditional, *obligate photoautotrophs*. Those algae capable of utilizing a preformed organic carbon source only in the light when exogenous air is excluded (Category B) are *photoheterotrophs*. The algae that incorporate preformed carbon sources in the light with exogenous air excluded or in the dark with air present (Category C) may function as *photo- and/or aerobic heterotrophs*. Finally, those algae capable of incorporation of the carbon sources under all conditions are considered as *euheterotrophs* (Category D).

As a result of this variety of heterotrophic possibilities the algae should be included with the bacteria and fungi as being agle to incorporate organic materials from their environment. The diagramatic representation of a waste-stabilization pond, taking these facts into consideration, would then be as in Figure 2.

In consideration of algae in relation to waste treatment there are several additional areas which should be investigated: enzyme production, protein content, mineral nutrition etc.

Other algal groups, particularly members of the Divisions Cyanophycophyta and Euglenophycophyta, should be isolated into axenic cultures from waste-stabilization ponds and subjected to studies similar to those described above.

In view of the differences exhibited by the algae in incorporation of the several carbon sources tracer studies would aid in evaluation of metabolic pathways involved and contribute to the understanding of other metabolic processes in the algae.

Equipment more refined than culture tubes with mineral oil, namely fermentation units and gas incubators equipped with light sources for photosynthetic studies, would insure more critical evaluations of the heterotrophic processes.

Table 4

Environmental conditions which supported (+) or did not support (-) growth of the algal isolates

	Light-Dark		Dark Only	
Category	Aerobic	Anaerobic	Aerobic	Anaerobic
A	+	-	-	-
B	+	+	-	-
C	+	+	+	-
D	+	+	+	+
I	I N H I B I T I O N			

Table 5

Numbers of isolates of the algal genera which exhibited growth in the various autotrophic and heterotrophic categories

Genus	Total number isolates	TBIM					Glucose					Mannose					Fructose				
		A	B	C	D	I	A	B	C	D	I	A	B	C	D	I	A	B	C	D	I
Chlamydomonas	1	1									1	1					1				
Chlorococcum	5	5					3			2		3	1		1		5				
Dictyosphaerium	2	2					1	1				2					2				
Pediastrum	2	2								2			2				2				
Coelastrum	5	5						1	1	3			1	1	3		5				
Chlorella	6	6							1	4	1	2				4		3			3
Ankistrodesmus	3	3						1	1	1			1	1		1	1	2			
Dactylococcus	2	2							1	1				2			1	1			
Scenedesmus	11	11						2	6	3			3	7	1		9	2			
Chlorosarcinopsis	1	1					1					1					1				
Stigeoclonium	1	1					1					1					1				
		Urea					Na acetate					Cas hydrol					Cocon milk				
Chlamydomonas	1	1					1					1					1				
Chlorococcum	5	5					5					5					4	1			
Dictyosphaerium	2	2					1	1				2						1		1	
Pediastrum	2	2					1	1				2								2	
Coelastrum	5	5					3	2				5					4			1	
Chlorella	6	5				1		6				2	3			1		3		3	
Ankistrodesmus	3	3					3					1	2					2		1	
Dactylococcus	2	2					2					2						2			
Scenedesmus	11	11					6	5				7	4				1	7		3	
Chlorosarcinopsis	1	1					1					1					1				
Stigeoclonium	1	Cultures contaminated																			

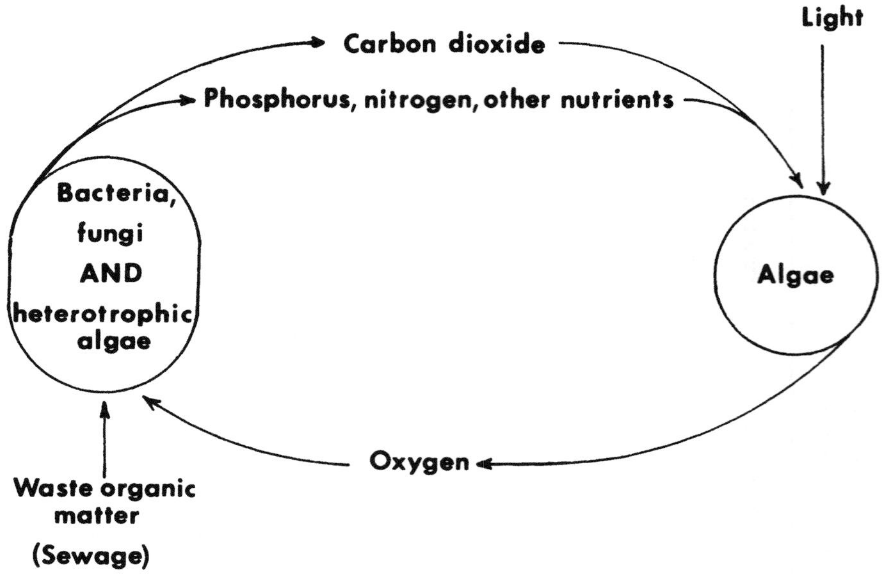

Fig. 2. Suggested bacteria, fungi, and algae cycle of a waste-stabilization pond system

Consideration should be given as to whether some algal growth is supported by organic gases (methane, etc.) known to be produced by sewage treatment processes.

SUMMARY

Waste-stabilization ponds are a rich source of organic and inorganic nutrients for the growth of three plant groups - bacteria, fungi, and algae. Bacterial and fungal representatives are known to be capable of digesting and assimilating organic carbon sources under aerobic or anaerobic conditions in either light or darkness. Algae are generally thought of as assimilating carbon for growth as a result of photosynthetic carbon dioxide fixation. Abundant algae appear in the aphotic zone of waste-stabilization ponds (which may be anaerobic in part) suggesting that some algae are capable of metabolic processes similar to those of bacteria and fungi. Experimentation with axenic green algal cultures indicates that such is the case; certain algae are capable of assimilating preformed carbon sources under all conditions and are considered to be euheterotrophs. Some are capable of assimilating the preformed carbon sources in the light whether aerobic or anaerobic and are considered to be photo- and/or aerobic heterotrophs. Some are able to assimilate the preformed carbon sources only in the light whether aerobic or anaerobic and are considered to be photoheterotrophs. Some algae can not assimilate the preformed carbon sources under any conditions and are considered to be the obligate photoautotrophs. Finally, some algae are inhibited by the preformed carbon sources.

LITERATURE CITED

Allen, M. B. 1955. General features of algal growth in sewage oxidation ponds. State Water Pollution Control Board, Sacramento, California.

Bartsch, A. F. 1960. Algae in relation to oxidation processes in natural waters. In: The Pymatuning Symposia in Ecology, The Ecology of Algae, Ed. by C. A. Tryon, Jr. and R. T. Hartman, Special Publication Number 2, Pymatuning Laboratory of Field Biology, University of Pittsburgh, Pittsburgh, Pennsylvania.

________. 1961. Algae as a source of oxygen in waste treatment. J. Water Pollution Control Federation. 33, 239-249.

Brown, R. M., Jr., and H. W. Bischoff. 1962. A new and useful method for obtaining axenic cultures of algae. Phycol. News Bull. 15, 43-44.

Chick, H. 1903. A study of a unicellular green alga, occurring in polluted water, with especial reference to its nitrogenous metabolism. Proc. Royal Soc. London. 71, 458-476.

Eppley, R. W. and F. M. MaciasR. 1962. Rapid growth of sewage lagoon *Chlamydomonas* with acetate. Physiol. Plant. 15, 72-79.

________, and ________. 1963. Role of the alga *Chlamydomonas mundana* in anaerobic waste stabilization lagoons. Limnol. and Oceanogr. 8, 411-416.

Ganapati, S. V. and M. V. Bopardikar. 1962. A comparative study of natural purification of flowing sewage in the sewage farms at Ahmedabad and Bangalore. J. Inst. of Engineers (India). 42, 672-689.

Giesecke, F. E., and P. J. A. Zeller. 1939. Treatment of settled sewage in lakes. Bull. of the A. and M. College of Texas, 4th Series, Vol. 10, No. 47.

Ludwig, H. F., W. J. Oswald, H. B. Gotaas, and V. Lynch. 1951. Algae Symbiosis in Oxidation Ponds. I. Growth characteristics of *Euglena gracilis* cultured in sewage. Sewage and Ind. Wastes. 23, 1337-1355.

________, and W. J. Oswald. 1952. Role of algae in sewage oxidation ponds. Sci. Monthly. 74, 3-6.

Maloney, T. E. 1959. Utilization of sugars in spent sulfite liquor by a green alga, *Chlorococcum macrostigmatum.* Sewage and Ind. Wastes. 31, 1395-1400.

________, and E. L. Robinson. 1961. Growth and respiration of a green alga in spent sulfite liquor. Tech. Assoc. of the Pulp and Paper Ind. 44, 137-141.

Myers, J. 1948. Studies of sewage lagoons. Pub. Works. 79, 25-27.

Oswald, W. J., H. B. Gotaas, H. F. Ludwig, and V. Lynch. 1953. Algae symbiosis in oxidation ponds. III. Photosynthetic oxygenation. Sewage and Ind. Wastes. 25, 692-705.

Owens, M. and G. Wood. 1968. Some aspects of the eutrophication of water. Water Research. 2, 151-159.

Palmer, C. M. 1967. Nutrient assimilation by algae in waste stabilization ponds. Proc. Indiana Acad. Sci. 76, 204-209.

Pipes, W. O. and H. B. Gotaas. 1960. Utilization of organic matter by *Chlorella* grown in sewage. Appl. Microbiol. 8, 163-169.

Porges, R. and K. M. Mackenthun. 1963. Waste stabilization ponds: Use, function, and biota. Biotech. and Bioenginer. 5, 255-273.

Pringsheim, E. G. 1946. Pure Cultures of Algae. Cambridge Univ. Press.

Purdy, W. C. 1937. Experimental studies of natural purification in polluted waters. X. Reoxygenation of polluted waters by microscopic algae. Pub. Health Reports. 52, 945-978.

Sidio, A. D., R. T. Hartman, and P. Fugazzotto. 1961. First domestic waste stabilization pond in Pennsylvania. Public Health Reports. 76, 201-208.

Silva, P. C., and G. F. Papenfuss. 1953. A systematic study of the algae of sewage oxidation ponds. State Water Pollution Control Board, Sacramento, California.

Smith, R. L. and V. E. Wiedeman. 1964. A new alkaline growth medium for algae. Can. J. Bot. 42, 1582-1586.

Wiedeman, V. E. 1964. Some aspects of algal ecology in a waste-stabilization pond system. *Diss.*, Univ. of Texas.

________. 1965. Chemical analyses and algal composition in a waste-stabilization pond system. Southwestern Nat. 10, 188-210.

________, and H. C. Bold. 1965. Heterotrophic growth of selected waste-stabilization pond algae. J. Phycol. 1, 66-69.

________, P. L. Walne, and F. R. Trainor. 1964. A new technique for obtaining axenic cultures of algae. Can. J. Bot. 42, 958-959.

FATTY ACIDS OF BLUE-GREEN ALGAE

Raymond W. Holton and Harry H. Blecker

Department of Botany, University of Tennessee, Knoxville. Tennessee 37916 and Department of Chemistry, University of Michigan Flint College, Flint, Michigan 48503

The Cyanophyta, or blue-green algae, is a small group of primitive organisms. The cells of these algae are very simple in their structure and like the bacteria, they are said to be prokaryotic in contrast to more complex eukaryotic cellular organization found in other plants and in animals. In prokaryotic cells, the limiting membranes and therefore the discrete organelles such as the mitochondria, chloroplasts, and nuclei that are found in cells of eukaryotic organisms, are absent. The biochemical processes associated with these structures, i.e., respiration, photosynthesis, and DNA replication and RNA transcription, nevertheless go on in prokaryotic cells. The prokaryotic cell type is considered to be a very primitive evolutionary condition and this primitiveness has been confirmed by findings in recent years of fossils which look very much like present day Cyanophyta and which have been dated as being two to three billion years old. Thus there is a good evidence that the blue-green algae evolved very early in biological evolution and in fact, it has been suggested that these organisms were the first oxygen-evolving photosynthetic cells on the earth.

In the natural environment, blue-green algae are found in a variety of habitats. While they are commonly found on soil and in water, they often are seen on and can be isolated from the barks of trees and from lichens in which are associated symbiotically with fungi. Other associations occur in the water fern, *Azolla* and in cycads. Thus though the analyses which are presented below are from algal cultures grown in various laboratories, it should be borne in mind that, in nature, these algae are found in diverse habitats ranging from the high temperatures of hot springs to the low temperatures of the Antarctic soil and water.

It might be assumed a priori, that the fatty acid content of a small group of organisms such as the Cyanophyta would be quite uniform. On the other hand, because they probably evolved a long time ago, there has been sufficient time to permit the evolution of different biosynthetic pathways if an exact fatty acid composition is not critical to the cell's structure and/or function. Likewise, if the variety of habitats in which these organisms are found influence their chemical composition, then we might expect to find variations in the fatty acid patterns from one species to another.

The first published analysis of the fatty acid composition of a blue-green alga was done by Mazur and Clarke (1942). The complexity of the chemical techniques necessary for fatty acid analyses at the time is suggested by the fact that these investigators started with 289 grams dry weight of Gloeotrichia as opposed to the 1 gram or less of sample of algae now used in gas chromatographic procedures and that in their analyses, they were able only to divide the isolated acids into a saturated or an unsaturated group. Gas chromatography was not put to use on the blue-green algae until 1964 when two different species were analyzed in two different laboratories. Levin et al. (1964) examined Anabaena variabilis and found mono-, di-, and triunsaturated acids including α-linolenic acid, a triunsaturated acid found in all green tissues which were known at that time to carry out green plant photosynthesis. These authors suggested that the linolenic acid may be somehow involved in the oxygen evolution part of photosynthesis since photosynthetic bacteria which do not evolve oxygen lack this acid. Our own work with Anacystis nidulans (Holton et al., 1964) showed a quite different pattern as the fatty acid composition was very simple and the only unsaturated acids present were the monounsaturated ones. As is shown in Table I, the acids present were principally C_{16} acids, the saturated, palmitic, and the monounsaturated, palmitoleic. Under all conditions of growth in which the temperature was varied and other conditions kept constant, used in our study, these two fatty acids made up at least 85% of the total in the alga. In these experiments the growth temperature clearly affected the quantitative composition of the acids but no significant qualitative differences were noted.

Other investigators have also examined Anacystis, a favorite laboratory organism for many kinds of physiological and biochemical experiments, and the similarities of the fatty acid pattern obtained in different laboratories is striking. It should be noted that in the data of Oró et al. (1967) gas chromatography was combined with mass spectrometry and various isomers were detected that other investigators have not detected and also that 18% of the acid

TABLE I

FATTY ACID COMPOSITION OF ANACYSTIS NIDULANS IN DIFFERENT EXPERIMENTS

Algal Growth Temp. °C.	Percentages (by weight of total) of Various Fatty Acids											% Lipid of Algal Dry wt.	Ref.
	12:0	14:0	14:1	15:1	16:0	16:1	17:1	18:0	18:1	20:0	Others		
	Carbon atoms:double bonds												
26	tr.	0.9	3.3		47.3	44.1	0.6	0.6	2.7	0.5		11	a
32	tr.	0.5	1.0		47.0	38.8	0.5	1.4	10.0	0.7			a
35	tr.	0.6	1.3		47.3	40.2	0.8	0.8	8.5	0.7			a
41		0.8	0.7		57.6	31.3	0.5	0.5	8.0	0.6			a
39	tr.	0.5	0.6		49.	34.		1.7	13.		15:0 = tr.		b
			3.	1.	40.	45.	1.		*9.		*40% Δ^9 and 60% Δ^{11}		c
		0.6	3.3	0.9	39.9	45.1	1.1	tr.	9.1			11	d
28		2.97	4.05		30.74	33.35		0.36	3.56		**	12.2	e

**iso-13:0 = 1.58; iso-14.0 = 1.71; iso-16:0 = 2.16; 17:0 = 1.17; branched 17:1 = 0.36; others - 17.99.

a. Holton et al. (1964)
b. Parker et al. (1967)
c. Allen et al. (1966)
d. Hirayama (1967)
e. Oró et al. (1967)

composition was given as "others" and not further described. It is clear that Anacystis forms a quite reproducible fatty acid pattern though it should be noted that all the cultures examined are descendents of the original algal strain isolated about 15 years ago in the Austin, Texas area.

Although there is consistency of fatty acid composition within a single algal species in different cultural conditions, examination of more than 20 different blue-green algae shows considerable variation between species in the fatty acid compositional patterns (Tables II and III). One fatty acid that has never been found in blue-green algae, although it appears to be present in all other algae (except Cyanidium caldarium, Allen and Holton, 1969) and in all green plants is trans-3-hexadececenoic acid (Nichols and James, 1968). Its possible direct involvement in green plant photosynthesis must be ruled out because blue-green algal photosynthesis has the same mechanisms as far as we know now.

From a taxonomic point of view, it appears that there is some direct correlation between the morphological complexity of the alga and its fatty acid pattern (Holton et al., 1968). Thus the only organisms with mono-unsaturated acid pattern (Table II) are very simple unicellular forms (Chroococcaceae) with the exception of the Hapalosiphon. Another isolate of this organisms (Mastigocladus, a taxonomic synomym) has a small amount of diunsaturated acid present, it should be noted. This alga is found only in hot springs and it has been suggested that such springs are very primitive habitats and may contain "relic floras" which have changed very little during recent biological evolution (Brock, 1967).

Another interesting observation concerns Spirulina platensis in which γ-linolenic acid rather than α-linolenic is found (Nichols and Wood, 1968). γ-Linolenic acid is more typical of "animal" metabolism than of plant systems, although in Spirulina it is concentrated in the galactosyl diglycerides, which in chloroplasts and other algae is where the α-linolenic acid is typically localized. Nichols and Wood suggest that Spirulina resembles the marine algae in its fatty acid and lipid metabolism, a fact that may be of some phylogenetic significance. Other biochemical evidence such as that concerning the cytochrome composition suggests that those algae with the simple fatty acid pattern like Anacystis may indeed be the most evolutionarily primitive members of our present flora and more closely related to the first autotrophic cells on earth than any others we now have available to study (Holton, 1969).

The question should be raised as to where in the cells the fatty acids are localized and what their function is. The first question is the easier to try to answer. The lipids from several blue-green algae, including Anacystis and Anabaena variabilis,

TABLE II

FATTY ACID COMPOSITIONS OF BLUE-GREEN ALGAE WITH MONO- AND DIUNSATURATED ACID PATTERNS

Family / Species	12:0	14:0	14:1	15:0	16:0	16:1	16:2	18:0	18:1	18:2	18:3	Others	Ref.
	Percentages (by weight of total) of Various Fatty Acids — Carbon atoms: Double bonds												
Monounsaturated Pattern													
Chroococcaceae													
Anacystis nidulans	tr.	0.5	1.0		47.0	38.8		1.4	10.0			20:0=0.5	a
Anacystis marina	tr.	21.	1.4	1.4	32.	36.	tr.	1.6	4.1				b
Synechococcus cedrorum	0.2	0.5	1.0		47.0	38.8		1.4	10.0			17:1=0.5	c
Mastigocladaceae													
Hapalosiphon laminosus	0.4	1.0			53.7	23.8		2.9	18.2			10:0=0.2	c
Diunsaturated Pattern													
Oscillatoriaceae													
Oscillatoria williamsii	0.6	2.0	1.2	1.7	36.	24.	14.	1.9	11.	3.9			b
Lyngbya lagerhaimii	tr.	2.0	0.8	1.1	40.	15.	tr.	1.9	31.	7.4			b
Nostocaceae													
Chlorogloea fritschii (heterotrophic)	tr.	0.7	tr.		39.2	19.0		1.5	25.8	13.0	0.4	17:1=0.5	c
Mastigocladaceae													
Mastigocladus laminosus					38.5	42.5		tr.	16.8	2.1			d

Note: Components may not total 100% in some algae as acids not listed on the table when present as less than 1.0% of the total have been omitted. In all tables, tr. = trace or less than 0.5%.

a. Holton *et al.*, (1964)
b. Parker *et al.* (1967)
c. Holton *et al.*, (1968)
d. Nichols and Wood (1968)

TABLE III

FATTY ACID COMPOSITIONS OF BLUE-GREEN ALGAE WITH TRIUNSATURATED ACID PATTERNS

Family / Species	Percentages (by weight of total of Various Fatty Acids						
	12:0	14:0	14:1	15:0	16:0	16:1	16:2
	Carbon atoms:Double bonds						
Chroococcaceae							
Agmenellum quadruplicatum	tr.	2.0	1.2	1.8	34.	15.	3.8
Coccochloris elabens	tr.	1.1	0.5	0.8	49.	12.	
Myxosarcina chroococcoides					38.2	8.6	1.2
Oscillatoriaceae							
Spirulina platensis					43.4	9.7	tr.
Trichodesmium erythaeum	2.2	21.	tr.	1.4	17.	3.7	
Microcoleus chthonoplastes	1.5	5.0	tr.	2.5	37.	13.	
Oscillatoria sp.	0.2	1.3			29.0	24.0	
O. chalybea (cells)		tr.			31.	17.3	
O. Chalybea (thylakoids)		tr.			46.1	12.1	
Nostocaceae							
Nostoc muscorum G	tr.	2.7	2.1	2.2	27.	20.	
Nostoc muscorum A	1.0	1.6	2.0		31.5	15.0	2.0
Chlorogloea fritschii	0.2	0.6	0.3		41.2	16.5	
Chlorogloea fritschii					42.3	4.9	tr.
Anabaena variabilis	tr.	1.8	1.1	0.9	32.	15.	
Anabaena flos-aquae					39.5	5.5	4.3
Anabaena cylindrica					46.0	6.4	5.6
Scytonemataceae							
Plectonema terebrans	tr.	1.4	0.8	1.1	35.	13.	5.1

Table III. Cont.

Family / Species	Percentages (by weight of total of Various Fatty Acids) 18:0	18:1	18:2	18:3	Others	Reference
			Carbon atoms:Double bonds			
Chroococcaceae						
Agmenellum quadruplicatum	2.6	16.	14.	5.2		a
Coccochloris elabens	1.2	13.	17.	2.6		a
Myxosarcina chroococcoides	4.0	6.8	9.2	33.3		b
Oscillatoriaceae						
Spirulina platensis	2.9	5.0	12.4	21.4(γ)		b
Trichodesmium erythaeum	2.6	2.8	4.2	19.	10.0=27.	a
Microcoleus chthonoplastes	3.7	14.	5.0	18.		a
Oscillatoria sp.	1.5	25.6	10.2	6.8	17.0=1.5	c
O. chalybea (cells)	1.4	4.5	7.3	38.1		d
O. chalybea (thylakoids)	2.4	4.7	5.9	27.9	21:0=0.9	d
Nostocaceae						
Nostoc muscorum G	3.1	16.	14.	11.		a
						c
Nostoc muscorum A	2.0	7.4	10.1	21.1	17:1=6.0	c
Chlorogloea fritschii	1.8	13.9	13.01	12.0	17:1=0.6	c
Chlorogloea fritschii	5.4	14.3	17.2	15.8		b
Anabaena variabilis	4.4	14.	14.	17.		a
Anabaena flos-aquae	1.0	5.2	36.5	10.7		b
Anabaena cylindrica	3.6	6.0	24.0	11.2		b
Scytonemataceae						
Plectonema terebrans	2.5	20.	11.	6.0		a

a. Parker et al. (1967)
b. Nichols and Wood (1968)
c. Holton et al. (1968)
d. Schmitz (1967)

have been isolated and the fatty acids in each lipid determined. The four predominant lipids are the same as those found in all higher plant chloroplasts and in higher algae. They are the four acyl lipids: the mono- and digalactosyl diglycerides, phosphatidyl glycerol, and sulfolipid (Nichols et al., 1965; Allen et al., 1966; Hirayama, 1967). Other neutral glycerides, phospholipids, and glycolipids present in the photosynthetic tissues of higher plants are not found in the blue-greens. Presumably these four lipids are associated with proteins in the photosynthetic lamellae of the blue-green algae and the chloroplasts. A morphological uniqueness in the blue-green algae is that they lack the limiting membrane bounding the chloroplast. Whether the lipids found in chloroplasts but not in blue-greens are localized in the chloroplast membrane is unknown. In those blue-green algae with polyunsaturated acids, these acids are concentrated in the two galactosyl diglycerides but in Anacystis, which lacks such acids, there is no particular concentration of the mono-unsaturated acids in those lipids. Because various changes in the environmental conditions such as the growth temperature alter the fatty acid composition, one is led to the conclusion that the exact nature of the fatty acid mixture present is not of extreme importance to the structure of function of alga. Nichols and James (1968) have summarized what little is known about the possible structural and metabolic functions of chloroplast lipids.

Recently studies with the blue-green alga, Chlorogloea fritschii have been completed. It has several morphological states, unusual for the blue-green algae. The stages labelled 1 through 4 are shown in Figure 1. The small short filaments are described as Stage 1 and the large round cells as Stage 4. An examination of light and temperature parameters has made it possible to discover how to cause this alga to be predominately in one stage or another. During growth, Stages II and III are intermediate in size and make up only a small fraction of the total cell population (Findley, 1969).

Determination of the fatty acid content of Chlorogloea cells grown under different conditions was carried out as follows: One gram of dry, lyophilized cells was extracted by stirring with 20 mls. of 2:1 chloroform: methanol (v/v) for three hours (Nichols et al., 1965). After filtration, the solvent was removed and the extracted lipids were saponified by refluxing them in 5% KOH in methanol for two hours (Holton et al., 1964). Non-saponifiable material was extracted with ether and the basic solution was acidified and the free fatty acids were extracted with benezene. They were esterified with 14% solution of BF_3 in methanol (Metcalfe and Schmitz, 1961). The methyl esters were extracted with hexane and separated on a 15% diethyleneglycol succinate polyester on Anachrom ABS column at 176°C. in a gas chromatograph. A thermal conductivity detector was used and identification of the acids was by comparison

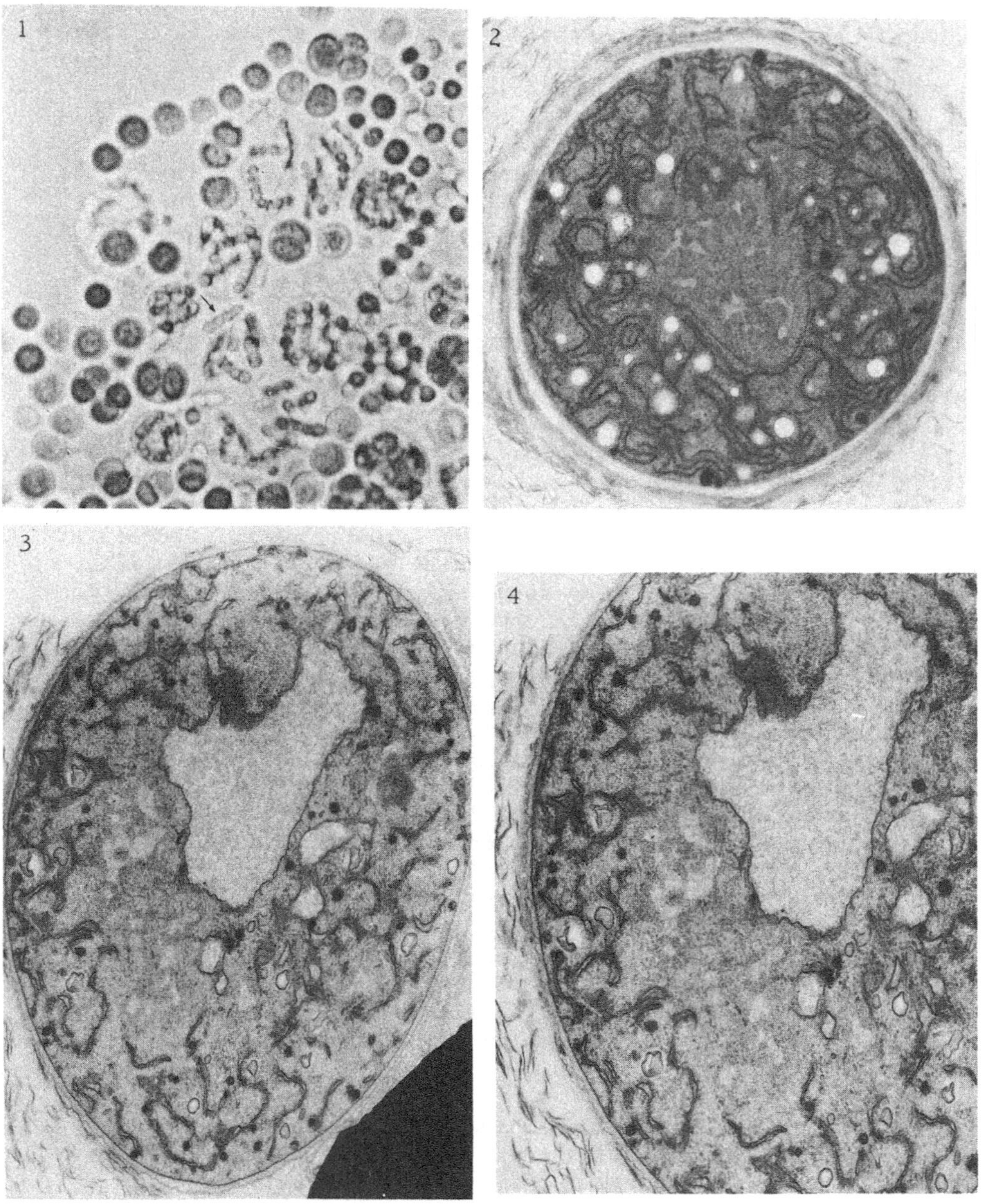

Figs. 1-4. Fig. 1: Mixed living culture of Chlorogloea fritschii showing Stage I filaments (arrow) and large Stage IV cells. Note Stage IV cells forming in several Stage I cells. X 1620. Fig. 2: Electron micrograph of cells of C. fritschii grown at 45° C. and 25 ft. c. Fixed in $KMnO_4$. X 16,800. Fig. 3: Electron micrograph of cells grown at 45° C. and 700 ft. c. Fixed in $KMnO_4$. X 16,800. Fig. 4: Same as Fig. 3 but at higher magnification. X 23,600.

with carbon number vs. log retention time plots using known esters. Separate portions of the methyl esters were reduced with hydrogen gas using a PtO_2 catalyst (Farquher et al., 1959) to aid in identification of the unsaturated acids.

The results of the fatty acid analyses are presented in Table IV. Although variations in light and temperature are large, the differences in fatty acid composition are not great. The big differences seem to be due to the temperature effect in which the unsaturation goes down and the chain length increases as the temperature is increased. Most interesting is the big differences in the amount of fatty acids present in different conditions. It would appear that Stage I cells, the short filaments, have much higher acid content than do the Stage IV cells although the possible significance of this observation must await further studies.

In a related study of Chlorogloea (Findley, Walne, and Holton, 1969), electron microscopy has been used to study the ultrastructural of Chlorogloea as it is affected by light and temperature. Figs. 2-4 show clearly that there are significant differneces at the subcellular level of Stage IV cells grown at different light intensities at the high temperature of 45°C. In low light, the lamellae are compact (Fig. 2), and the individual thylakoids are long and continuous. But in high light at the same temperature, we find fewer lamellae and those present are fragmented with the segments frequently swollen and vesiculate (Fig. 3-4). And yet the growth rates under both conditions are similar and the cells appear healthy on superficial examination. It would be valuable to be able to relate the fatty acid analyses with the differences in ultrastructure because a significant fraction of the lamellae is lipid in nature. However, it is not possible from our data to make direct comparisons as the fatty acid analyses on the algae when grown under the high light conditions contained mostly Stage I cells while the electron microscopy was done on Stage IV cells selected from this culture mixture. But it does not appear that as striking a change in acid composition has occurred as that observable in the ultrastructure, although such changes might be due to quantitative differences in lipid content rather than to qualitative ones.

Walsby and Nichols (1969) have separated the heterocysts, the likely site of nitrogen fixation in blue-green algae, from the vegetative cells of filaments of Anabaena cyclindrica. They report finding of a new lipophilic glycoside present but not found in the vegetative cells. While not presenting complete acid analyses, they report that linolenic acid is not present in the heterocysts although it is found in the vegatative cells. The four common acyl lipids are absent from the heterocysts which is of interest as photosynthetic lamellae are not found in these cells.

TABLE IV

FATTY ACID COMPOSITION OF CHLOROGLOEA FRITSCHII GROWN UNDER VARIOUS ENVIRONMENTAL CONDITIONS

Light Intensity (ft. c.)	Temp. (^{o}C.)	Percentages (by wt. of total) of fatty acids, Carbon atoms:double bonds 14:0	16:0	16:1	18:0	18:1	18:2	18:3	Algal Growth Stage	% Fatty Acid Esters per Gram Dry Weight of Algae[a]
25	25		31	24		17.	18.	10.	90% Stage I	2.8
500	25		30.	42.		21.	7.		100% Stage IV	0.02
700	45	1.4	31.	19.	6.4	37.	5.	tr.	85% Stage I	0.2
25	45		33.	8.	2.	47.	10.		100% Stage IV	0.03
dark	35	0.7	39.	19.		26.	13.	0.4	100% Stage IV	--

a Percent of fatty acid esters is approximate and was determined from the composition of the sample from the gas chromatogram and relating this content back to the weight of the algal sample.

From fatty acid analyses done on blue-green algae, several conclusions can be drawn. Certain coccoid blue-green algae have very simple fatty acid patterns; indeed the most simple of any green plants, and there is not yet any obvious correlation of fatty acid composition with function. Some relationships can be drawn between fatty acid patterns and morphological complexities and these suggest that the development of biosynthetic abilities is directly correlated with the evolution of morphological complexities. Environmental conditions do have an effect on the fatty acid compositions but there is not yet enough data available to correlate these with structure. Current fatty acid data suggest that the blue-green algae on earth today, frequently considered to be a small rather homogeneous group, may represent considerable evolutionary diversity and its members may even include relic organisms from very early periods of biological evolution.

ACKNOWLEDGEMENTS

Previously unreported work at the University of Tennessee was partially supported by National Science Foundation Grant GB-4203 to R.W.H. The authors are indebted to Drs. Davis Findley and Patricia Walne for the electron microscopy of Chlorogloea.

REFERENCES

Allen, C.F. and R.W. Holton. 1969. Lipids of Cyanidium caldarium. Unpublished manuscript.

Allen, C.F., O. Hirayama, and P. Good. 1966. Lipid composition of photosynthetic systems. In Biochemistry of Chloroplasts. (T.W. Goodwin, ed.), Academic Press, London and New York, 1, 195-199.

Brock, T.D. 1967. Life at high temperatures. Science 158, 1012-1019.

Farquhar, J.W., W. Insull, Jr., P. Rosen, W. Stoffel, and E.H. Ahrens Jr. 1959. The analysis of fatty acid mixtures by gas-liquid chromatography: Construction and operation of an ionization chamber instrument. Nurt. Rev. 17, Suppl., 1-30.

Findley, D.L. 1969. A study of the effect of environment variations on the growth development cycle, and ultrastructure of the blue-green alga Chlorogloea fritschii. Ph.D. Dissertation, The University of Tennessee, Knoxville.

Findley, D.L., P.L. Walne, and R.W. Holton. 1969. The effects of temperature and light intensity on the ultrastructure of Chlorogoea fritschii Mitra. Unpublished manuscript.

Hirayama, O. 1967. Lipids and lipoprotein complex in photosynthetic tissues. II. Pigments and Lipids in blue-green alga, Anacystis nidulans. J. Biochem. (Tokoyo) 61, 179-185.

Holton, R.W. 1969. Blue-green algae, primitive cells, and comparative biochemistry. XI International Botanical Congress, Seattle, Washington, Abstracts, p. 93.

Holton, R.W., H.H. Blecker, and M. Onore. 1964. Effect of growth temperature on the fatty acid composition of a blue-green alga. Phytochemistry 3, 595-602.

Holton, R.W., H.H. Blecker, and T.S. Stevens. 1968. Fatty acids in blue-green algae: possible relation to phylogenetic position. Science 160, 545-547.

Levin, E., W.J. Lennarz, and K. Bloch. 1964. Occurrence and localization of α-linolenic acid containing galactolipids in the photosynthetic apparatus of *Anabaena variabilis*, Biochem. Biophys. Acta 84, 471-474.

Mazur, A. and H.T. Clarke. 1942. Chemical composition of some autotrophic organisms. J. Biol. Chem. 143, 39-42.

Metcalfe, L.D. and A.A. Schmitz. 1961. The rapid preparation of fatty acid esters for gas chromatographic analysis. Anal. Chem. 33, 363-364.

Nichols, B.W. and B.J.B. Wood. 1968. The occurrence and biosynthesis of gamma-linolenic acid in a blue-green alga, *Spirulina platensis*. Lipids 3, 46-50.

Nichols, B.W., and A.T. James. 1968. The function and metabolism of fatty acids and acyl lipids in chloroplasts. In *Plant Cell Organelles* (J.B. Pridham, ed.), Academic Press, London and New York, p. 163-178.

Nichols, B.W., R.V. Harris and A.T. James. 1965. The lipid metabolism of blue-green algae. Biochem Biophys. Res. Commun. 20, 256-262.

Oro, J., T.G. Tornabene, D.W. Nooner, and E. Gelpi. 1967. Aliphatic hydrocarbons and fatty acids of some marine and freshwater microorganisms. J. Bacteriol. 93, 1811-1818.

Parker, P.L., C. Van Baalen, and L. Maurer. 1967. Fatty acids in eleven species of blue-green algae: geochemical significance. Science 155, 707-708.

Schmitz, R. 1967. Über die Zusammensetzung der pigmenthaltigen Strukturen aus Prokaryonten. I. Untersuchungen an Thylakoiden von Oscillatoria chalybea Kutz. Arch. Mikrobiol. 56, 225-237.

Walsby, A.E. and B.W. Nichols. 1969. Lipid composition of heterocysts. Nature 221, 673-674.

ALGAL SULFOLIPIDS AND CHLOROSULFOLIPIDS

Thomas H. Haines

The City College of The City University of New York

New York, New York 10031

The occurrence in algae of large quantities of sulfolipids and chlorosulfolipids often dominates the sulfur and chloride requirements in these microbes. Until this last decade, however, such substances were unknown and naturally it was not expected that they could possibly occur in sufficient quantity to have any bearing on the nutritional requirements of algae.

In 1960 a study was initiated on the sulfur metabolism of algae (Haines and Block, 1962). As a first step in this study it was deemed necessary to incubate the algae with S^{35}-sulfate and conduct a paper chromatographic survey of the sulfur-containing compounds. Three algae were selected for this study, _Chlorella pyrenoidosa_, _Ochromonas malhamensis_, and _O. danica_. Cells were extracted with cold trichloracetic acid (TCA), ethanol:ether, hot TCA and the residue hydrolysed with acid to examine the protein bound amino acids. An autoradiogram of a paper chromatogram of the ethanol:ether extract of _O. danica_ is shown in Figure 1. The autoradiogram shows that large amounts of sulfolipid (unknown No. 1) are synthesized by the organism. The cold TCA extract also showed a large amount of this material, whereas the protein hydrolysate showed a relatively small amount of cystine and methionine. It was subsequently established that the sulfolipids constituted approximately 60 to 80% of the sulfur in the cell and 3% of the dry weight (Haines and Block, 1962; Elovson and Vagelos, 1969).

A report had just been published by Benson et al. (1959) describing a very novel sulfolipid in _C. pyrenoidosa_ and higher plants. The substance is a sulfonolipid (sulfonic acid containing lipid) (Haines, 1970). The structure was subsequently shown by Daniel et al. (1961) to be diacyl-6-sulfo-O-α-D-quinovosly-(1 → 1)

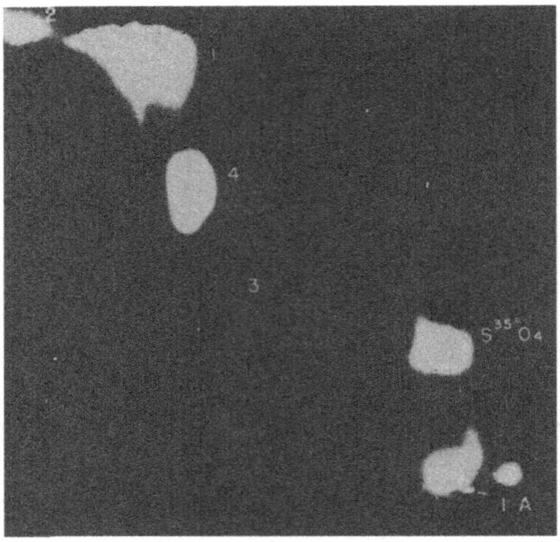

Fig. 1. Autoradiogram of a paper chromatogram of a lipid extract of O. danica grown in the presence of S^{35}-sulfate. Solvents and conditions of chromatography have been described (Haines, 1962).

glycerol:

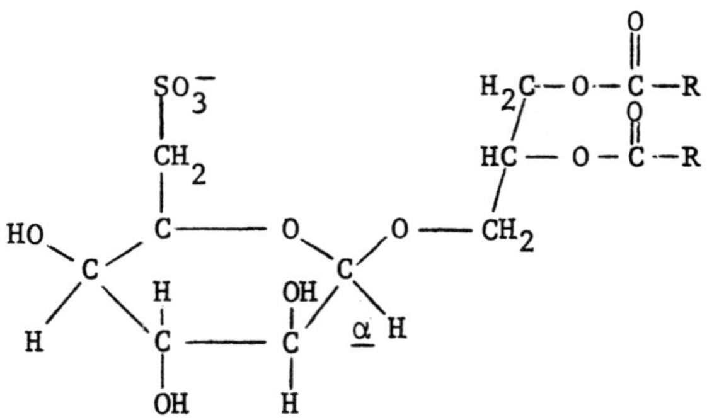

This sulfolipid has been shown to occur in all chloroplasts and there is some evidence for its participation in photosynthesis (Haines, 1970). On examination of C. pyrenoidosa a large quantity of sulfolipid was found on the autoradiogram of a paper chromatogram of the lipid extract of this alga. Co-chromatography of the two extracts, however, established that the sulfolipids in O. danica were different from the sulfonolipid in Chlorella (Figure 2).

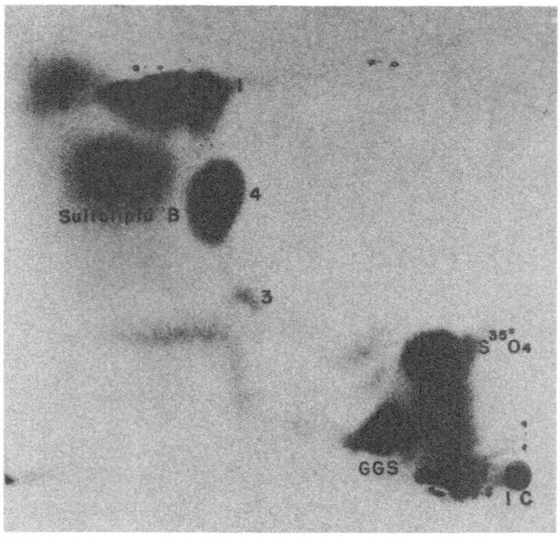

Fig. 2. Autoradiogram of a paper chromatogram of lipid extracts of *O. danica* and *C. pyrenoidosa* co-chromatographed. Sulfolipid B is the plant sulfolipid reported by Benson et al. (1959) and GGS is the glycerol glycoside sulfonate.

Chemical studies on the labelled sulfolipids soon revealed that the substances were sulfate esters and not sulfonolipids. It was also noted that the material is excreted into the medium (Benson et al. 1959). An autoradiogram of a paper chromatogram of S^{35}-labelled medium of *O. danica* is shown in Figure 3. It had already been reported that sulfate esters were not a nutritional form of sulfur in higher plants (Lowe and Delony, 1961). To re-examine this phenomena a batch of radioactively pure sulfatide was purified and fed it back to the organism. The microbe was unable to cleave the sulfate ester since no S^{35}-cystine of S^{35}-methionine was found in the cells. It is quite possible that algae are generally incapable of utilizing the sulfur of ester sulfates.

Chemical studies on the isolated sulfolipid showed it was a mixture of substances. Analysis of the mixture (Mayers and Haines, 1967) indicated a sulfur:carbon ratio of 1:11. An infrared spectrum of the preparation demonstrated the presence of *both* primary and secondary sulfate esters. These data indicated a mixture of C_{22} disulfates. In order to remove the sulfates gently and without disturbing the C-O bond a simple refluxing was established in moist dioxane for 10-15 min. This procedure quantitatively removes the sulfate to produce the corresponding alcohol with complete retention of the configuration (Mayers et al. 1969).

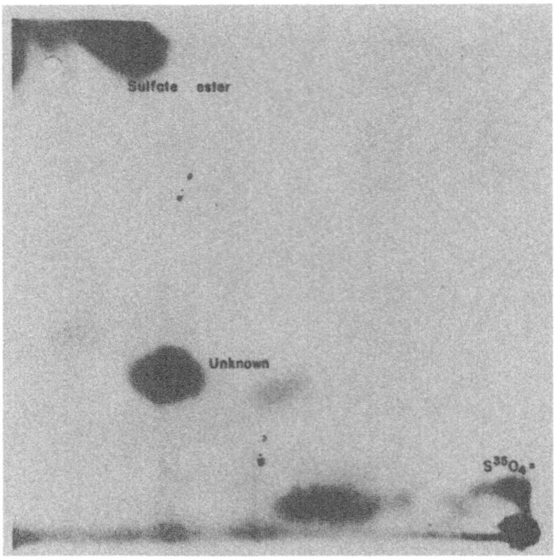

Fig. 3. Autoradiogram of a paper chromatogram of the culture medium of C. pyrenoidosa after growth in the presence of S^{35}-sulfate. Autoradiograms of the media of O. danica and O. malhamensis were virtually identical.

This procedure produced a mixture of diols which were separated on thin layer chromatography as shown in Figure 4. This plate is a recombined group not the original solvolysate. The mixture was placed on a silicic acid column and fractions collected as seen on the thin layer plate. Individual fractions were examined by elemental analysis, mass and nuclear magnet resonance spectrometry and infrared spectrophotometry. The two lower spots at position 8 on the chromatogram were the first analysed (Mayer and Haines, 1967; Mayer et al, 1969). The mass spectrum of the principal component (the lower spot) clearly demonstrated that it is 1,14-docosanediol. This was in confirmation of the other spectral and analytical evidence. Synthesis of racemic 1,14-docosanediol and examination of the synthetic material confirmed the assignment. Figure 5 shows a gas chromatograph (GC) of the fraction; less than 10% of the mixture is the tetracosanediol. Using a GC-mass spectrometer hook-up Elovson and Vagelos (1969) showed that the secondary hydroxyl on this compound was in the 15-position.

Also noted were the well known and very characteristic isotopic chloride patterns obtained from the mass spectra of polychloro compounds. Thus it was shown that the diols contain chlorides replacing hydrogen atoms on the diol chains. This suggested that the next pair of compounds at position 7 on the TLC plate

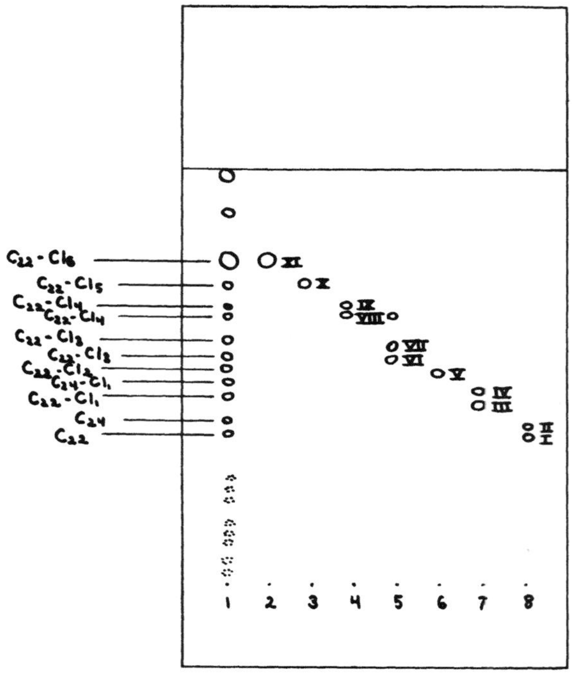

Fig. 4. Thin layer chromatogram of the diols obtained from the sulfolipids of O. danica by solvolysis in dioxane (1) (Mayer et al, 1969), and of the fractions obtained from a column of silicic acid (2-8). Roman numerals refer to the structures in Schemes II and III. Procedures for thin layer and column chromatography have been described.

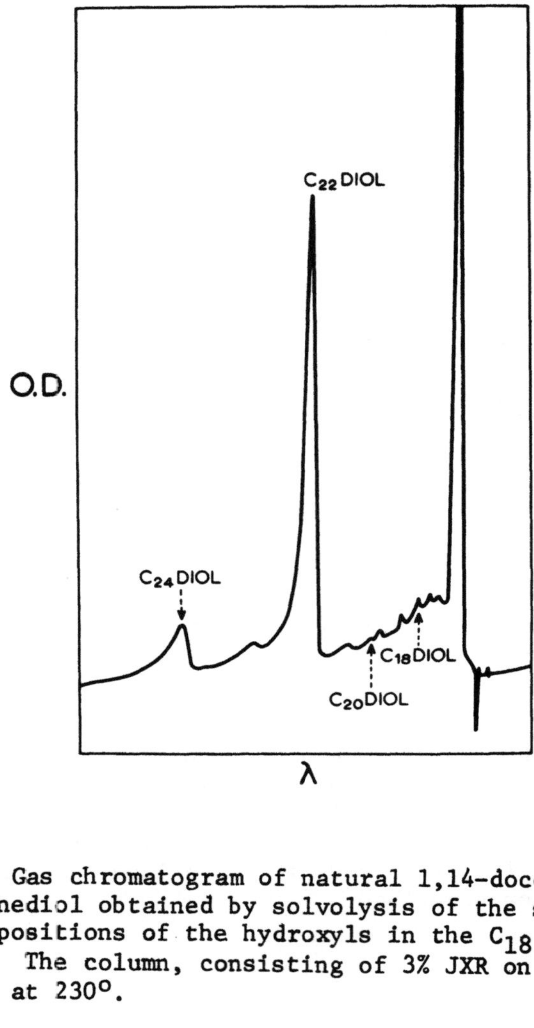

Fig. 5. Gas chromatogram of natural 1,14-docosanediol and 1,15 tetracosanediol obtained by solvolysis of the sulfatide in dioxane. The positions of the hydroxyls in the C_{18} and C_{20} diols are not known. The column, consisting of 3% JXR on Chromosorb Q, was maintained at 230°.

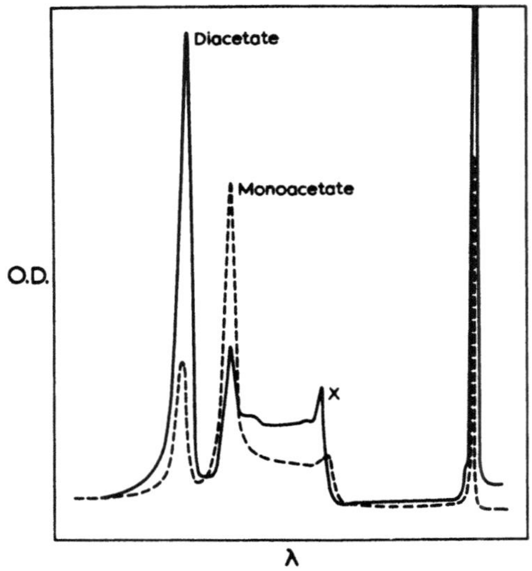

Fig. 6. G.l.c. of chlorodocosanediol after acetylation for 30 min. (......) and 1 hr. (———) with acetic anhydride in pyridine. Samples were injected directly into the Perkin-Elmer model 881 chromatograph containing a 6 ft. x 1/8 in. column (3% JXR on Chromosorb Q) at 230°.

(Figure 4) should be analysed (Haines et al, 1969) for its chloride content. An analysis showed it to contain 1 chlorine atom for 22 carbons and 2 oxygens. Since difficulty was encountered in the gas chromatography of this material, it was necessary to follow by acetylation and determination by GC (Figure 6). Without acetylation it decomposed to a compound (X) which turned out to be 14-ketodocosanol judging from its mass spectrum (Haines et al, 1969). The acetylation study showed, however, that decomposition was prevented by acetylation and that indeed it was a diol. The mass spectrum of this substance (Figure 7) showed it to be 13-chloro-1,14-docosanediol. Thus the compound was a chlorohydrin.

As a chlorohydrin it would be expected to form an epoxide in base. Furthermore the formation of an epoxide would be stereospecific and allow us to identify the configuration as <u>threo</u> or <u>erythro</u>. Thus a <u>threo</u> chlorohydrin forms a <u>cis</u> epoxide and an <u>erythro</u> chlorohydrin forms a <u>trans</u> epoxide (scheme I). Fortunately

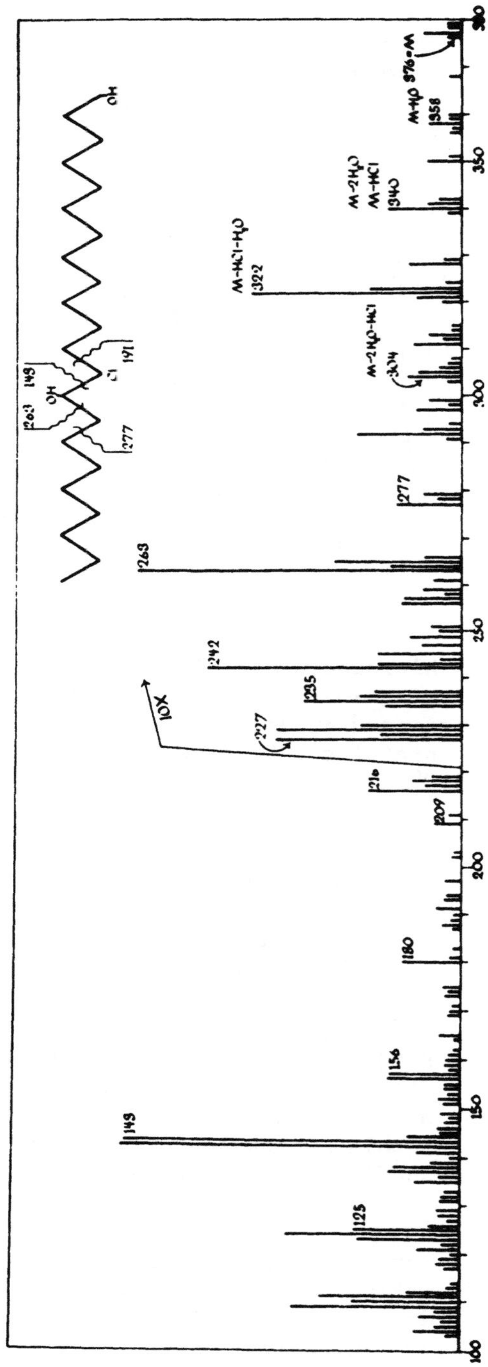

Fig. 7. Mass spectrum of 13-R-chloro-1-(R)-14-docosanediol isolated from O. danica.

Roomi, et al. (1966) had shown that these isomeric epoxides are easily separated and thereby identified by TLC. Therefore, the cis and trans 13-epoxy-docosanols were synthesized from erucic and brassidic acids respectively. The epoxide derived from the natural chlorodiol co-chromatographed with the cis-13-epoxy-docosanol which demonstrated that the compound was threo.

Schemes

The rotations of long chain chlorohydrins have been studied by Morris and Wharry (1966). The rotation of the chlorodiol was $|\alpha|_D^{27^o} = +14.7$ (C, 0.0336 in chloroform) and comparison of this rotation with the data of Morris and Wharry (1966) confirmed the threo assignment and established that the substance is threo-(R)-13-chloro-1-(R)-14-docosane diol. The configuration of the chloro is L and that of the hydroxyl is D. The configuration of the 1,14-docosanediol (without the chloro group) had been found to be L (Mayers et al, 1969). Based on the mass spectrum of the trimethyl silyl ether of this substance Elovson and Vagelos (1969) have also found it to be 13-chloro-1,14-docosanediol.

Additionally they have confirmed our assignment of the 1,14-docosanediol and found the front running spot of Fraction 7 to be 14-chloro-1-15-tetracosanediol. This is in agreement with our data which suggest that the substance is threo-(R)-14-Chloro-1-(R)-15-tetracosanediol. Likewise the structure of the compound at position 6 on the TLC plate (Figure 4) appears to be erythro-11-(S)-15-dichloro-1-(R)-14-docosanediol. These data are summarized in Scheme II.

The remaining substances are isomers of 1,14-docosanediol with increasing numbers of chlorines replacing the hydrogens up to a maximum of six. The precise location of the chloro groups on the chain has not been established although the mass spectra clearly indicate how many chloro groups are on each side of the 14-hydroxyl as indicated. Apparently six is the maximum number of chlorogroups that can be placed on the chain. The hexachloro compound dominates the mixture along with the "a-chloro" compound. The other substances remain relatively low in quantity. It should be recalled that these substances are disulfates and not diols in the algae.

An organism has been cultured - which is normally a fresh water phytoflagellate - in 3/8 saline concentration (0.72% chloride) which is just about the maximum salt it can tolerate. Under these conditions the organisms grows much slower than in its normal medium. The proportion of hexachlorosulfolipid increases with increasing salt concentration in the growth medium. At maximum salt concentration the "a-chloro" docosane disulfate is still present and at

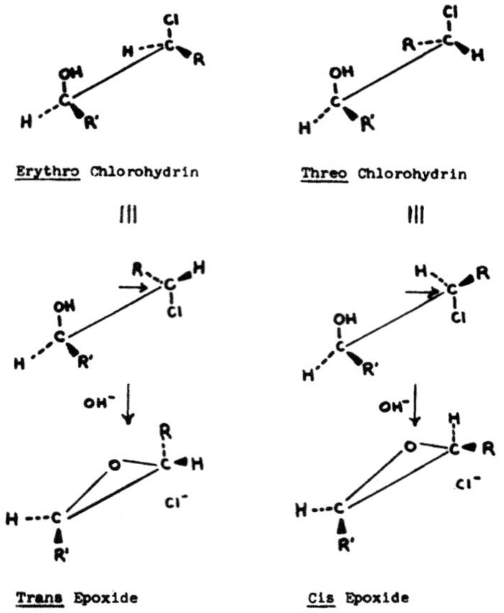

Scheme I

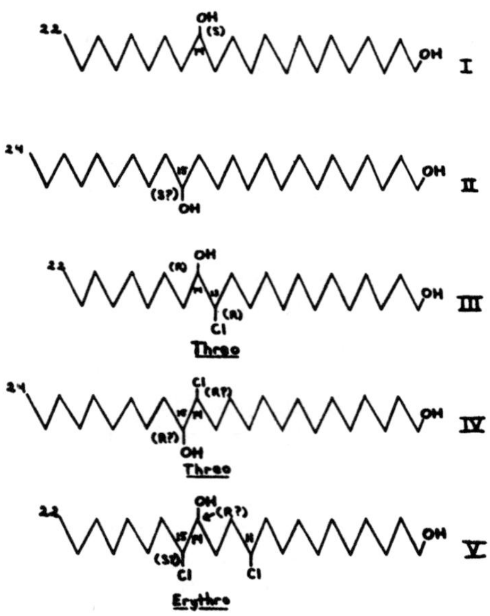

Scheme II

a minimal chloride concentration the hexachlorodocosane disulfate is present. The minimum tolerable chloride concentration has not het been tested - the low chloride concentration mentioned here is that in which chloride is only added as the hydrochloride of the nutritive amino acids that were included in the defined medium. It is interesting that the chlorination of the docosyl disulfate is proportional to chloride concentration in the medium but the available information does not suggest how the organism controls the chlorination nor why it fixes chloride at all. Until the discovery of these compounds it had always been considered that the amount of chloride in the medium was only required for its osmotic effects. In the future its biochemical activity must be accounted for in algal culture.

All sulfolipids have been demonstrated to be constituents of membranes where their location in the cell has been explored. The only other sulfolipid in algae, the chloroplast sulfonolipid, has been shown in several laboratories to be a constituent of the chloroplast membrane (Haines, 1970). The sulfatide described herein is probably in a particulate fraction of the cell and a part of the plasma membrane.

Attempts to explore the biosynthesis of this substance have also been made. C^{14}-acetate and C^{14}-octanoate are effective precursors for the sulfolipid complex, whereas C^{14}-laurate and C^{14}-oleate are not incorporated into these substances. Clearly the 8-carbon chain of octanoate can be incorporated as is into the docosyl disulfate but a 12-carbon chain is lacking an appropriate functional group. These data suggest that the synthesis of the sulfolipids and chloro sulfolipids require special enzymes which conduct reactions on substrates of the C_{10} to C_{12} range. A careful examination of the structures of the various known sulfatides and chlorosulfatides (Scheme II) suggests the biosynthetic route of Scheme IV. The route suggests that 2-trans-dodecenoyl ACP (acyl carrier protein) is converted by a specific isomerase to either the 3-hydroxy derivative or the 3-cis compound. This suggestion is based on the occurrence of such an enzyme in Escherichia coli (Helmkamp et al, 1968). The 3-hydroxy-dodecanoyl-ACP would be a direct precursor for 1,15-tetracosyl disulfate. A second isomerase of the same type is postulated which allows for the formation of 4-hydroxy-dodecanoyl-ACP (1,14-docosanyl disulfate) and the 4-trans-dodecenoyl thio ester. The biosynthetic route assumes that the chlorohydrins that are formed all occur with the same type of enzyme synthesis - namely a trans addition of oxygen and chlorine to the double bond. Thus the epoxide is first formed and chloride opens the epoxide ring. An important alternative is the formation of Cl+ which is brought into contact with the double bond and neutralized with hydroxide.

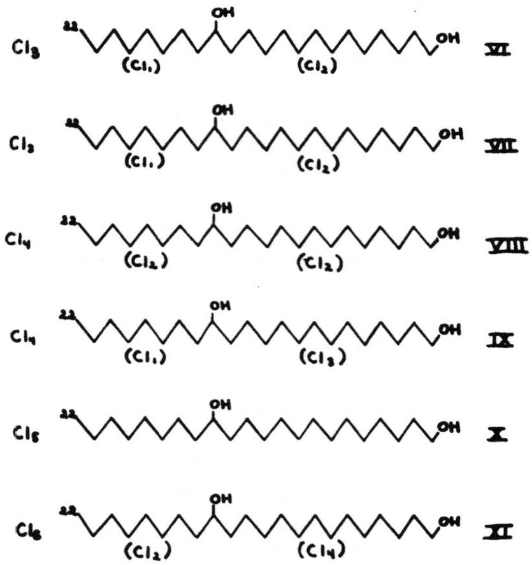

Scheme III

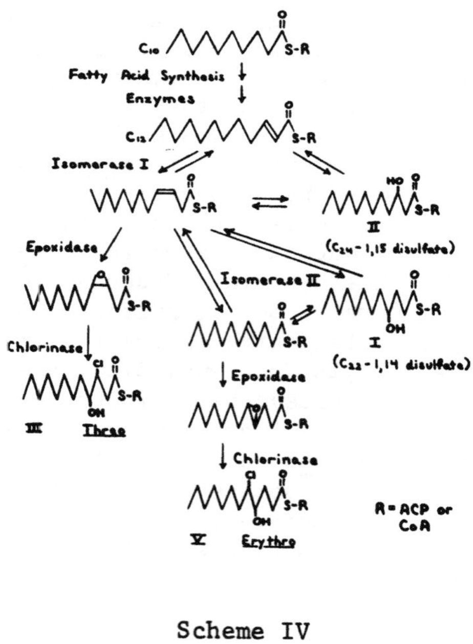

Scheme IV

This route is attractive because it explains the large variety of compounds with a minimal number of enzymes. At present however, the scheme remains speculation.

In summary, a series of 1,14-docosane disulfates and 1,15-tetracosanedisulfates have been found in Ochromonas danica and related algae. The substances contain up to six chloro groups substituting for hydrogens on the chain. They constitute a major portion of the substance of O. danica cells (60 to 80% of that is fixed by the cells varies with its concentration in the growth medium. A large quantity of these substances are excreted by the cells.

Acknowledgements: The author wishes to express his gratitude to Dr. G.L. Mayer, M. Pousada, B. Stern, R. Orner, C. Rapoport, N. Rosenbaum and C. Mooney for their contributions toward the development of these data. This work was supported by The Department of Interior, Water Pollution Control Administration (WP-00675) and by the National Science Foundation Undergraduate Research Participation Program. Particular appreciation is expressed to Mrs. Rose Gruber for assistance in the preparation of the manuscript.

References

Benson, A.A., H. Daniel, and R. Wiser. 1959. A sulfolipid in plants. Proc. Natl. Acad. Sci. 45, 1582-1587.

Daniel, H., M. Miyano, R.O. Mumma, T. Yagi, M. Lepage, I. Shibuya and A.A. Benson. 1961. The plant sulfolipid identification of 6-sulfo-quinovose. J. Amer. Chem. Soc. 83, 1765.

Elovson, J. and P.R. Vagelos. 1969. A new class of lipids: chlorosulfolipids. Proc. Natl. Acad. Sci. 62, 957-963.

Haines, T.H. and R.J. Block. 1962. The sulfur metabolism of algae. I. Synthesis of metabolically inert chloroform-soluble sulfate esters by two chrysomonads and Chlorella pyrenoidosa. J. Protozool. 9, 33-38.

Haines, T.H. 1970. in Progress in the Chemistry of Fats and Other Lipids. R.T. Holman, Ed., Pergamon Press, N.Y.

Haines, T.H., M. Pousada, B. Stern and G.L. Mayers, 1969. Microbial sulpholipids: (R)-13-chloro-1-(R)-14-docosanediol disulphate and polychlorosulpholipids in Ochromonas danica. Biochem. J. 113, 565-566.

Haines, T.H. 1965. The biochemistry of the sulfolipids. J. Protozool. 12, 655-659.

Helmkamp. G.M. Jr., R.R. Rando, D.J.H. Brock and K. Block. 1968. β-hydroxydecanoyl thioester dehydrase. Specificity of substrates and acetylenic inhibitors. J. Biol. Chem. 243, 3229-3235.

Lowe, L.E. and W.A. Delong. 1961. Aspects of the sulfur status of three Quebec soils. Can. J. Soil. Sci. 41, 141-146.

Mayers, G.L., M. Pousada and T.H. Haines. 1969. Microbial sulfolipids. III. the disulfate of (+)-1,14-Docosanediol in Ochromonas danica. Biochemistry 8, 2981-2986.

Mayers, G.L. and T.H. Haines. 1967. A microbial sulfolipid. II. Structural studies. Biochem. 6, 1665-1671.

Miyano, M. and A.A. Benson. 1962. The plant sulfolipid. VI and VII: Configuration of the glycerol moiety; Synthesis of 6-sulfo-α-D-quinovopyranosyl glycerol and radiochemical synthesis of sulfolipids. J. Amer. Chem. Soc. 84, 57-59, 59-62.

Morris, L.J. and D.M. Wharry. 1966. Naturally occurring epoxy acids. IV. The absolute optical configuration of vernolic acid. Lipids 1, 41-46.

Okaya, Y. 1964. The plant sulfolipid: a crystallographic study. Acta Crystallog. 17, 1276-1282.

Orner, R. and T.H. Haines. 1969. The occurrence of 1,14-docosanediol disulfate in Ochromonas membrane. Unpublished observations.

Roomi, M.W., M.R. Subbaram and K.T. Achaya. 1966. Separation of epoxy, hydroxy, halohydroxy, keto fatty acids and derivatives by thin layer chromatography. J. Chromatography 24, 93-98.

INDEX

GPSR Compliance

The European Union's (EU) General Product Safety Regulation (GPSR) is a set of rules that requires consumer products to be safe and our obligations to ensure this.

If you have any concerns about our products, you can contact us on ProductSafety@springernature.com

In case Publisher is established outside the EU, the EU authorized representative is:

Springer Nature Customer Service Center GmbH
Europaplatz 3
69115 Heidelberg, Germany

Batch number: 10684222

Printed by Printforce, the Netherlands